New Normal
New Connection

제 17회 동명대학교 실내건축학과 졸업작품집

+ Hybrid Connection
복합적인 연결

+ Slack Connection
느슨한 연결

+ In-between Connection
중간적인 연결

from concept to results

동명대학교 건축·디자인대학 실내건축학과 제17회 졸업작품집

본 작품집은 동명대학교 건축·디자인대학 실내건축학과 제17회 졸업논문을 대신합니다.
These exhibition fulfill thesis requirement for graduation.

CONTENTS

GREETINGS	004
INVITATION	009
THEME ARTICLE	010
SENIOR WORKS | Hybrid Connection	022
SENIOR WORKS | Slack Connection	144
SENIOR WORKS | In-between Connection	258
COMPETITION AWARDS LIST(2015-2020)	354
PROFILE	370
POSTSCRIPT	372

격 려 사

안녕하십니까?
동명대학교 총장 전호환입니다.

실내건축학과 제17회 졸업작품전 개최를 진심으로 축하드립니다.

매년 발전하는 모습을 보여주는 실내건축학과 학생들의 열정과 발전에 격려의 박수를 보냅니다. 또한, 이번 졸업작품전을 위해 학생지도에 힘써주신 학과 교수님께 감사드리며 무엇보다 우리 학생들을 헌신적으로 뒷바라지해주신 학부모님께도 진심으로 감사와 축하의 인사를 드립니다.

실내건축은 인간의 심미적 욕구 충족을 위한 삶의 공간을 연출하는 종합예술이며 성장 가능성이 매우 높은 분야입니다. 특히, 정치, 경제, 사회, 문화의 변화와 발전에 따라 실내건축의 중요성과 그 가치는 더욱 크게 부각되고 있습니다.

이러한 관점에서 향후, 실내건축학과의 위상은 물론, 전공 학생의 역할과 가치가 더욱 중요해질 것으로 생각됩니다.

사랑하는 실내건축학과 학생 여러분

제4차 산업혁명 시대는 다양한 융복합 기술이 빠르게 도입되면서 인간의 모든 삶은 상상을 초월할 정도로 빠르게 변화할 것입니다. 그러므로 여러분은 졸업 후에도 도전적이고 열정적인 배움의 자세로 지식을 더욱 심화시켜 나가야 할 것입니다.

그래서 변화를 따라잡는 사람이 아니라 변화를 주도하는 전문가로 성장하기를 바랍니다.

다시 한번 실내건축학과 제17회 졸업작품전 개최를 축하드리며 동명대학교 실내건축학과의 무궁한 발전을 기원합니다. 감사합니다.

동명대학교 총장 전 호 환

인 사 말

공간에 대한 열정과 진심 어린 디자인에 바른 생각과 마음으로 지난 4년간 배움의 결실이 드디어 찬란하게 빛나는 순간입니다. 지난 모든 고초와 인내를 통해 완성된 작품을 통해 한 걸음 더 나아가는 기회의 장으로서 실내건축학과 학생들의 졸업작품전 개최를 진심으로 축하드립니다. 특히 코로나19의 확산으로 인하여 어려운 학습 여건임에도 불구하고 수준 높은 작품들을 완성하기 위해 끝까지 노력해준 여러분들의 모습에 찬사를 보냅니다. 졸업을 앞둔 학생들에게 그간 아낌없는 격려와 늘 성심으로 지도하여 주신 교수님, 그리고 뒤에서 묵묵하게 학생들의 학업에 전념할 수 있도록 힘써 주신 학부모님들께도 진심으로 감사의 마음을 전해드리고 싶습니다. 또한 학과에 대한 사랑과 헌신으로 졸업 작품집과 졸업작품전이 성황리에 이루어지도록 남모르게 수고해 준 졸업준비위원회 여러분들에게도 감사의 박수를 보내는 바입니다.

이번 졸업 작품전은 동명대학교 실내건축학과의 예비 실내건축디자이너들이 새로운시대를 맞이하여 그간의 고민과 다양성 있는 공간 디자인에 대한 대안을 담은 신선한 작품들로 가득합니다. 이들은 지난 4년간의 노력과 열정의 결과이며 창의적 사고를 통해 새로운 공간의 가능성을 제시하고자 고민한 흔적들입니다. 아직까지 배워야 할것들도 많고 해야 할 일들도 많은 학생들이지만, 아낌없는 격려와 조언을 부탁드립니다.

졸업작품을 통해 동명대학교 실내건축학과의 또 다른 도약의 기회와 성공적인 전시회를 진행 할 수 있게 해준 우리 학생들에게도 고마움을 전하고 싶습니다. 우리 학과는 2002년 학과 신설 이후 실내건축분야의 최고 전문가들을 양성하기 위해 교수와 학생이 하나 된 마음으로 노력해오고 있습니다. 학생들을 올바른 사회인으로써 뿐만 아니라 실무 능력이 뛰어난 실용 인재로 키워내기 위하여 수많은 고민과 노력들을 쏟아왔으며, 그 결과 전공자격증 취득과 전국규모 공모전에서 엄청난 성과를 이루어 내며 지역의 최고학과를 넘어 전국에서 주목하는 학과로 당당히 서게 되었습니다.

졸업생 여러분들은 이제 학교를 떠나 한 사람의 사회인으로서, 그리고 실내건축 전문인으로서 그 첫 발걸음을 하게 됩니다. 하지만 늘 실내건축학과가 마음 깊은 곳에 자리하고 언젠가 한 번씩 떠오르는 좋은 기억과 추억가득한 학창 시절이 되었으면 하는 바램입니다. 우리 실내건축학과의 미래는 늘 여러분과 함께 만들어 왔습니다. 그리고 그것이 동명대학교 실내건축학과의 조용하지만 큰 울림이 있는 학과로서의 강점이 아닌가 합니다.
졸업작품전을 준비하여 쏟아 부었던 여러분들의 노력에 다시 한번 아낌없는 찬사를 보내며 이번 작품전을 준비하는 과정에서 얻은 소중한 지식과 경험이 토대가 되어 앞으로 훌륭한 실내건축분야의 전문인으로서 역할을해나가기를 바래봅니다.

여러분들의 희망이 곧 동명대학교 실내건축학과의 희망이며, 여러분들의 미래가 곧 우리의 미래입니다. 동명대학교 실내건축학과의 졸업생이라는 자신감과 당당함을 잃지 않고 늘 정진해 나가기를 진심으로 바래봅니다.

실내건축학과장 최준혁

New Normal
New Connection

+복합적인 연결(Hybrid Connection)

뉴노멀의 시대에는 이전에 서로 연결되어 있지 않던 기능들이 서로 결합

주거와 업무가 연결되고, 업무와 힐링이 연결되고, 쇼핑과 문화체험이 연결되고 농업과 4차산업이 연결되고, 카페와 공연이 연결되고, 병원과 복지가 연결된 복합적인 공간

+느슨한 연결(Slack Connection)

뉴노멀의 시대에는 경직되게 연결되어 있던 인위적 관계를 보다 여유롭게 결합

이와 문화활동을 중심으로 한 학교가 만들어지며, 공유와 커뮤니티를 중심으로 한 주거가 만들어지며, 유휴공간에서 창의적 교류가 활발한 오피스가 만들어지며, 힐링과 항노화를 위한 새로운 공간

+중간적인 연결(In-Between connection)

뉴노멀의 시대에는 특정하게 정의되지 않아 의외의 활동이 가능

온라인과 오프라인이 상호 연결되어 상업, 문화, 복지, 업무, 교육 등에 시너지를 불러일으키는 미래적 환경이 조성될 것이며, 그로 인해 이전에 경험하지 못했던 새로운 방식의 교류가 일어남

지도해주신 교수님들께 감사드립니다.

이권영 교수님　　**이진욱** 교수님　　**최준혁** 교수님　　**이승헌** 교수님

이은정 교수님

권원형 교수님　　**최우영** 교수님　　**박홍규** 교수님　　**김선호** 교수님

박영심 교수님　　**김기수** 교수님　　**김철홍** 교수님　　**박선정** 교수님

INVITATION.

제 17회 동명대학교 실내건축학과 졸업 작품전을 개최하게 되었습니다.

따스한 봄날과 무더운 여름, 그리고 가을과 동시에 저희들의 결실을 맺을 겨울이 다가오고 있습니다. 설레고 긴장되는 마음으로 입학 할때가 엊그제 같은데 벌써 4년이라는 시간이 흘러 졸업이라는 끝맺음을 하자니 시원섭섭한 마음뿐입니다.

2020년도 부터 COVID19로 인해 학교 행사, 회식, 온라인 수업 등 많은 제약들이 생겨 안타까운 마음도 있습니다. 하지만 아무것도 알지못했던 저희를 항상 이끌어주신 교수님들께 감사드리며 집처럼 정든 강의실과 전공실습실, 그리고 어쩔 땐 가족들 보다 더 자주 보며 친하게 지냈던 실내건축학과 동료들, 이 모든 것들이 좋은 추억으로 남아 앞으로도 좋은 인연으로 거듭날 수 있었던 시간이었습니다.

지난 4년 짧다면 짧고 길다면 긴 시간동안 어렵고 힘든점도 있었지만 다시 회상해보면 즐겁고 많은 추억들로 가득 차 있었던 것 같습니다. 앞으로도 졸업 후 사회에 나가 여러 분야에서 멋지게 활동하는 저희의 모습을 지켜봐 주시기를 바라며 저희들과 교수님들의 노력들이 합쳐 결실의 자리를 마련하였으니 제17회 실내건축학과 졸업 작품 전시회에 많은 참여와 관심을 가져주시면 감사드리겠습니다.

2021.11
동명대학교 실내건축학과 졸업생 일동

2021
Discourse on the topic
주제 담론

New Normal New Connection 주제를 제안하며…	이승헌 교수님
New Normal 시대의 실내건축 개념	최준혁 교수님
New Normal Connection, 관계의 본질에서 해답을 찾다	이진욱 교수님
그래서 여러분의 New Normal은 무엇이고 어떤 입장인가?	이권영 교수님
New Normal 시대의 바람직한 공간디자인	이은정 교수님

New Normal New Connection
주제를 제안하며...

| 이승헌교수

코로나19의 등장으로 삶의 많은 것이 바뀌고 있다. 마스크와 손소독제는 일상생활과 외출의 필수품이 되었고, 어디에서나 자연스럽게 체온을 측정하는 모습은 평범하고 당연했던 우리의 일상이 바뀌어가는 것을 보여주는 장면이다.
회사가 아닌 집에서 업무를 하고, 학교에서는 온라인으로 수업을 진행하고, 종교 예배 방식이 변하는 등 당연하게 여겨지던 대면 방식의 생활에 변화가 나타나고 있다. 이러한 변화는 우리의 라이프 스타일에도 영향을 미치고 있다. 이는 우리 생활 속의 공간들의 중요성이 더욱 커지고 있다는 것을 의미한다.
기존의 주거공간이 잠을 자고, 쉬는 등의 일상생활을 영위하는 휴식의 공간이었다면, 코로나19 이후에는 재택근무, 온라인 수업, 홈 트레이닝, 그리고 문화생활을 즐길 수 있는 공간으로 바뀌고 있다. 코로나19가 종식되어도 그로 인한 사회적 변화는 자연스러운 변화의 일부로 받아들여지게 될 것이다. 이전까지는 비정상적이라고 여겨지던 것들이 정상적인 현상으로 변화하는 시기를 말하는 뉴노멀(New Normal)의 시대가 열린 것이다. 전 세계적으로 확산된 코로나19는 사람들 간 대면접촉을 기피하는 언택트(Untact, un+contact) 문화의 확산, 원격교육 및 재택근무 급증 등 사회 전반에 큰 변화를 일으켰다. 포스트 코로나 시대에 이러한 변화들이 향후 우리 사회를 주도할 것이라 생각한다.
그래서 주거공간이나 업무시설과 인접한 오픈스페이스의 조성은 포스트 코로나 시대에 중요한 화두가 되었다. 물론 통풍이 잘되는 공간을 도시 곳곳에 마련해서 전염병 확산을 막는데도 의미가 있겠지만, 언택트 시대에서 발생하는 심리적 불안감 해소에도 긍정적인 영향을 미친다.
건축적인 측면에서 일단 이제껏 경제적 논리와 맞물려 그 가치를 잃어갔던 발코니나 테라스를 적극적으로 도입하려는 움직임이 일어나고 있습니다. 집안 내부의 오픈스페이스 확보는 통풍을 통해 전염병 감염을 예방하는 효과도 있지만, 초개인화로 인해 발생하는 사람들의 심리적 문제도 해결할 수 있는 중요한 역할을 한다. 또한 사람들이 헬스 케어에 관심이 높아지면서 기꺼이 높은 분양가를 내고서도 주거와 의료시설이 복합된 단지를 원하는 양상을 보임에 따라 의료복합주거 건물이 계획될 것이다. 이런 사람들의 선호도 변화가 결국 포스트 코로나 시대에 건축의 변화를 이끌어낼 것이라 예상할 수 있다.
포스트코로나 시대를 맞이해서 시행하는 재택근무는 집에서 이루어지는 근무형태다. 그날그날 나에게 할당된 업무를 수행하고 일을 마치면 바로 집으로 복귀. 출퇴근길을 거치는 시간을 거치지 않고 바로 역할이 바뀐다. 그렇게 되다보니 일과 삶의 구분이 그닥 없어진다. 일을 하면서도 가사를 하고 가사를 하면서 일을 한다. 업무를 빨리 처리할수록 그만큼의 자유시간이 늘어난다. 분명 나는 집에 있지만 시간마다 혹은 필요한 순간마다 나의 역할은 바뀐다.

이런 현상이 효율적이라 해서 미래는 모두 이렇게 바뀌게 될 것이라고만 예단할 수는 없다. 거리두기에 의한 연결의 차단은 일시적인 처방일 뿐이다. 와인은 와인잔에 마셔야 하고, 막걸리는 막걸리잔에 마셔야 최고의 맛을 전달하는 것과 같이, 각 기능의 고유한 성격에 맞는 공간이 있어야 한다.
공간이 만드는 환경은 인간에게 큰 영향을 준다. 사무용품과 사무용 가구들이 만드는 사무실 특유의 향, 땀 냄새와 열을 식히기 위해 약하게 틀어둔 에어컨이 있는 헬스장, 기도와 찬양소리로 가득한 교회, 분명 일도 운동도 예배도 집에서 할 수 있지만 공간이 주는 특유의 분위기에 있을 때 목적에 더 집중할 수 있게 된다.
그래서인지 프랑스에서는 코로나의 상황에서도 재택근무 수가 오히려 줄어들고 있다고 한다. 지난 3월부터 6월초까지 3개월간 실시된 자가격리 기간 동안에는 44%가 재택근무를 했고 이후 22%로 줄어들었다. 파리 외곽지역은 39%에서 15%로 재택근무자의 수가 줄어들었다. 모든 분야가 다 그럴 수 없겠지만 업무에 있어 중요한 요소는 바로 커뮤니케이션(소통)이다. 즉각적으로 이루어지는 피드백을 통한 수정, 업무지시, 브레인스토밍 등 한 공간에서 목적을 공유하고 대화를 통한 문제해결이 업무의 효율을 불러오기 때문이다.
이처럼 포스트코로나 시대가 되어도 한편에서는 기존 업무방식을 어느 정도 고수할 것이다. 왜일까? 공간은 사람과 사람의 물리적 사회관계를 형성시키며 최소한의 인간성을 실현하는 역할을 한다. 학교의 기능은 학업의 전수에 있지만 단순히 공부만 잘하는 학생을 양성하는 것이 아니라 선생님과 학생의 관계, 선후배 관계, 같은 학급의 교우관계와 같은 사회성도 함께 키우는 역할을 한다. 회사도 마찬가지다. 단순히 일만 잘하는 직원보다는 일도 잘하고 사내 관계도 좋은 직원을 더 선호한다. 사람과 사람 사이에 일어나는 변수는 정해진 업무처럼 딱 떨어지는 일이 없어 결국 한 사람의 인간성이 어떠냐에 따라 변수의 결과가 달라지기 때문이다.

이렇듯, 포스트코로나의 시대에는 어떤 연결이 가장 바람직할까? 코로나19 이전의 시대로 완전히 돌아가지도 않을 것이다. 전통적인 회사, 학교, 병원의 방식이 다 옳은 것이 아님을 우리는 이제 경험을 해버렸다. 그런 방식이 아니고도 세상은 돌아가고, 어쩌면 접촉이 아닌 방식으로도 더욱 효율적인 결과를 얻을 수 있다는 사실을 알게 된 것이다. 반면 모든 관계를 끊고 비대면으로만 세상이 돌아간다는 것 역시 상상하기 힘든 비인간적인 미래가 아닐 수 없다.
기존의 기준(Nomal)에 대한 의심을 통해 전혀 상상치도 못한 새로운 기준(New Nomal)이 들이닥치고 있다. 인간의 속도감으로는 도저히 만들어낼 수 없을 만큼 어마어마한 속도로 사회 대개조가 이루어지고 있고, 그것을 자연스럽게 받아들이는 분위기가 만들어졌다. 명절에 고향을 향해 민족대이동을 하는 시절은 이제 다시 오지 않을지도 모른다. 거리두기의 정부정책에 따라 어떤 경우는 5인 이상 모여 식사하는 것 자체가 어색하고 불안한 시간을 보냈던 적도 있다.
이런 인식의 변화는 당연히 그에 걸맞는 공간에 대한 새로운 필요를 부를 것이다. 강하게 요청할 것이다. 기존 학교공간도 의심을 하면서 지금까지와는 전혀 다른 방식으로 새롭게 연결(New Connection)되는 디자인 제안이 필요하다. 회사도, 병원도, 복지공간도, 상공간도, 결혼식장도, 장례식당도, 재래시장도, 도시의 공공공간 곳곳도, 모두 새로운 연결이 필요하다.

그래서 같이 한번 상상을 해보자. 대규모 공간에 대한 새로운 기획도 되고, 아주 자그마한 공간에 대한 디테일한 반전 기획도 좋다. 기존의 용도나 기존의 공간 구성방식을 아주 낯설게 만드는 전략으로 활성화시킬 수도 있고, 예상치 못했던 것들간의 병치나 재구축하는 전략으로 활성화시킬 수도 있다. 즐겁고 재밌고 행복한 공간을 만들어낼 수 있도록 하기 위해 무슨 짓이라도 해보자. 찢거나 비틀어보기도 하고, 이상한 것끼리 엮어보기도 하고, 전통적인 방식에 살짝 변형을 줘보기도 하고, 굳건하던 것에 균열을 가해 새로운 틈을 만들어보기도 하고... 어떤 방식이든 새로운 연결을 시도해보고, 일말의 새로운 공간에 대한 가능성을 한번 모색해보자.
졸업설계가 규모만 크게 한다고 성립되는 것이 아니다. 졸업하기 전에 자신만의 실험을 해보는 것, 자신만의 색깔을 한번 입혀보는 것, 자신만의 어휘로 상대를 설득해보려 하는 것, 자신만의 실패의 경험으로 인해 또 다시 실패할 용기를 가져보는 것, 자신만의 이야기를 시각화 해보는 것에 의의를 가지면 되지 않을까.

주제의 카테고리는 크게 세가지로 한다.

뉴노멀의 시대에는 이전에 서로 연결되어 있지 않던 기능들이 서로 결합하여 '복합적인 연결(Hybrid Connection)'이 시도될 것이다. 주거와 업무가 연결되고, 업무와 힐링이 연결되고, 쇼핑과 문화체험이 연결되고, 농업과 4차산업이 연결되고, 카페와 공연이 연결되고, 병원과 복지가 연결된 복합적인 공간들이 더욱 다양하게 실험될 것이다.

뉴노멀의 시대에는 경직되게 연결되어 있던 인위적 관계를 보다 여유롭게 결합하는 '느슨한 연결(Slack Connection)'이 시도될 것이다. 놀이와 문화활동을 중심으로 한 학교가 만들어지며, 공유와 커뮤니티를 중심으로 한 주거가 만들어지며, 유휴공간에서 창의적 교류가 활발한 오피스가 만들어지며, 힐링과 항노화를 위한 새로운 공간들이 등장하게 될 것이다.

뉴노멀의 시대에는 특정하게 정의되지 않아 의외의 활동이 가능한 '중간적인 연결(In-Between connection)'이 시도될 것이다. 온라인과 오프라인이 상호 연결되어 상업, 문화, 복지, 업무, 교육 등에 시너지를 불러일으키는 미래적 환경이 조성될 것이며, 그로 인해 이전에 경험하지 못했던 새로운 방식의 교류가 일어나게 될 것이다.

New Normal 시대의 실내건축 개념

| 최준혁교수

지금은 모든 일상이 혼란과 새로운 개념들로 난립하고 있는 현실이다. 언텍트, 뉴노멀, 펜데믹, 온라인 시대 등 흔히 근래에 많이 듣게 되는 용어들이 현 시대와 삶과 정체성을 뒤 흔들고 있다. 하지만 공간이라는, 잘 변화하지 않는 근원적 현시는 작금의 시대에 또 다른 희망의 메시지가 될 것이라 믿어 본다.

실내건축은 이전에도 그러했고, 지금도 그 자리에 그대로 존재하고 있다. 다만 그 공간을 사람들이 활용하고 사용하는 쓰임과 시간의 빈도가 달라진 것뿐이라는 생각을 해본다. 현 시점에서 우리는 지금의 시대에 실내건축에서 이야기하는 공간의 의미와 개념에 관하여 깊이 고민해 볼 필요가 있다.

본래 가지고 있는 고유한 가치는 잘 변화지 않는다. 그리고 공간이라는 것은 과거의 트렌드와 지금의 트렌드, 그리고 미래의 트렌드에 변화는 분명하게 나타나지만, 그것을 이루는 3차원의 물리적인 실체는 변하는 것이 아니라는 사실을 명확하게 인지할 필요가 있는 것이다. 공간은 장소이자 기능이고, 감성을 만들어 내는 역할을 수행하는 단초가 된다.

일상이 많이 변화되었고 점차 사람과 사람 사이의 거리도 멀어져 가고 있지만, 지금까지 역사 속에서 수많은 격변의 현상과 사건도 결국에는 시간의 흐름에 잘 대응하며 극복하고 변화하고, 적응해 왔다는 사실을 우리는 잊지 말아야 한다. 사람은 위대한 존재이며 그 어떠한 시련도 이겨내면서 지금의 시대를 만들어 냈다. 오염된 환경의 변화를 초래하여 역병을 만들어 낸 것도 사람들이지만, 그것을 이겨내기 위한 다양한 해법을 제시하는 것도 결국에는 사람들의 몫이었다.

우리는 공간을 다루는 사람들이다. 그렇기 때문에 우리도 지금의 시대를 잘 극복하기 위한 해법을 나름대로 우리들이 가장 잘 알고, 우리들이 가장 잘 하는 실내건축이라는 분야를 통해 이 시대에 지혜로이 대응하는 것이 우리들에게 주어진 사명이라고 생각된다.

'이 자리는 비워 주세요.' 코로나 19가 만든, 살면서 세상 처음 보는 광경이다. 도서관에 비어있는 자리를 두고 앉아서 책을 읽지 못하고 빈 공간으로 비워 두어야만 하는 현실이 지금의 우리네 시대이다. 하지만 공간은 조용히 우리를 언제까지라도 기다려 줄 것이라고 생각한다. 그것이 공간이 가지고 있는 가장 본원적인 장점이다. 공간은 머무름에 지쳐지지 않고 그 자리, 그 장소에서 늘 같은 모습으로 기다릴 줄 아는 것이다.

우리도 실내건축 공간에 대한 새로운 시대에 대응하기 위한 다양한 해법을 고민하고 있지만 지금의 이 혼란스러운 현실이 영원히 지속성을 갖지는 못할 것이다. 그렇기 때문에 우리는 보다 적극적으로, 그리고 보다 다양성을 가지고, 그리고 공간이라는 우리들만의 해법을 통하여 이 시대를 조용히 기다릴 줄 알아야 한다는 이야기를 하고 싶다.

'작은 일에도 무시하지 않고 최선을 다해야 한다. 작은 일에도 최선을 다하면 정성스럽게 된다. 정성스럽게 되면 겉에 배어나오고, 겉에 배어나오면 겉으로 드러나게 되고, 겉으로 드러나면 이내 밝아지고, 밝아지면 남을 감동시키고, 남을 감동시키면 이내 변화하게 된다.'는 중용 23장의 문구가 떠오른다.

오직 세상에서 지극히 정성을 다하는 사람만이 나와 세상을 변화하게 할 수 있다는 의미를 가진 좋은 글귀라고 생각된다. 영화 역린에서도 명대사로 꼽히는 문장이다.

지금은 융합, 메타버스, 혼용, 인터체인지 등의 수많은 어휘들이 공간에 대한 새로운 시도와 다복합성을 대변하고 있다. 물론 이러한 시도도 모두 의미가 있다. 하지만 새로움만이 반드시 시대의 해법이 되는 것은 아니기 때문에, 우리 실내건축인들은 공간의 의미와 근원과 근본에 대한 고민이 더 필요한 시대라고 생각한다. 그렇기 때문에 그 어느 시대 보다 지금의 우리들은 공간을 통해 세상을 바꾸기 위해 정성과 최선을 다해야 한다고 생각한다.

비워진 자리를 다시 찾기 위한 디자인이 아니고, 비워진 자리를 그냥 두고 기다릴 줄 아는 디자인이 필요한 것이다. 공간은 사용성에 기반을 두고 있지만, 우리들의 주변을 잘 살펴보면 실제로 사용하지 않지만 공간으로써 그 역할을 충분히 하고 있는 공간들도 많이 있다.

사용하기 위한 공간도 좋겠지만 지금은 보여지는 공간, 머무는 공간보다는 지나침이 있는 공간, 혼잡함 보다는 여유로움이 넘치는 공간, 쓰임보다는 의미가 있는 공간 만들기에 조금 더 집중할 필요도 있다는 말이다. 그것이 작금의 실내건축의 개념과 의미라고 생각한다.

특별한 공간 디자인에 대한 해법을 찾으라는 것도 아니다. 공간이라는 강력한 물리적 현시를 묵묵히 바라볼 줄 아는 안목과 감성 공간을 통해 공간의 가치 부여와 커뮤니티를 증진시키는 방법보다는 공간이 가지고 있는 본질에 이제는 보다 더 집중할 필요가 있다고 생각한다. 그것이 이 새로운 시대를 나아가야 하는 우리들에게 필요한 실내건축적 개념이 아닐까?

우리네 옛 전통 건축에서 나타나는 공간이 공간 자체로 의미와 쓰임이 있는 그냥 조용하게 머물러 있는 여백과도 같은 공간 디자인은 어떨까?

New Normal Connection, 관계의 본질에서 해답을 찾다.

| 이진욱교수

인류 역사상 이렇게 동시간대에 전 인류와 국가가 하나의 위기에 봉착한 적이 있었을까? 가장 완벽한 위기는 - 실제 역사적 사건인지에 대한 점은 논외로 하자면 - 성서에 등장하는 '노아의 방주'의 대홍수 사건이 아닐까? 하지만 완벽한 검증은 어렵기에 오늘 날부터 거꾸로 거슬러 올라가자면 제1차, 제2차 세계대전과 같은 전쟁, 요즘 자주 언급되는 스페인 독감, 유럽의 흑사병과 같은 전염병의 대유행 등의 역사적 사건들이 있었지만 이 또한 전 인류에게 영향을 미칠 만큼 큰 영향력이 있었다고 할 수는 없다. 오히려 그 파급력을 보자면 2008년 발생한 금융사태가 촉발한 세계경제의 위기가 더 큰 파급력이 있었을 것이고, 우리가 지금 그렇게도 흔하게 사용하는 뉴노멀이라는 용어도 여기에서 시작되었으니 코로나 시대 이전의 가장 강력한 위기는 2008년 세계경제 위기로 볼 수 있을 것이다.

위기의 파급력은 연결 여부에 달려 있다. 세계경제의 위기 상황에서도 동일 경제 공동체에 포함되지조차 않았던 소수국가들에게는 그저 다른 나라의 뉴스거리로만 흘러지나갔을 이야기일테며, 잔혹한 세계대전의 참상 속에서도 여유롭게 평화로운 삶을 살아가던 사람들도 있었다. 스페인 독감과 같은 전염병이 창궐한 세상에서는 가족과 이웃이 하루아침에 싸늘한 주검이 되어버리는 지옥과 같은 현장이 있었지만 세상의 대다수는 그런 사실이 있는지 조차 모르며 하루하루의 일상을 살아갔을 것이다. 심지어 노아의 시대에 일어났던 대홍수는 전세계 인류를 몰살하였지만 개개인에게는 그냥 우리 동네에 큰 홍수가 난 것일 뿐이다. 옆 동네가 어떻게 되었는지, 지구 반대편이 있는지 조차 알 수 없던 시대이지 않은가. 이것이 연결의 힘이 아닐까? 기술의 발전은 지역과 지역, 세계와 세계를 물리적으로 이어주었으며 지식과 정보, 자본을 하나로 이어주고 있다. 그래서 이번 코로나 사태가 한 순간에 전세계를 마비시키며 우리 한사람 한 사람의 삶을 바꿔 놓은 진짜 뉴노멀의 시대를 열어준 것이 아닐까? 어떻게 보면 이러한 연결이 없었다면, 코로나는 일부 지역에서 유행하다 사라질 역병정도의 사사로운 일이 아니었을까?

연결의 문제만도 아니다. 연결은 다른 연결과 연결되고, 또 다른 연결이 이루어지고 한쪽에서는 알 수도 없는 연결이 만들어지고, 다른 차원의 연결이 또 이루어지며 컨트롤할 수 있는 차원을 넘어서는 연결이 끝없이 이루어지게 된다. 지금 우리의 세계는 이 끝없는 무한 연장의 연결 사회가 되었다. 코로나의 전파를 끊을 수 없는 한가지 이유가 바로 이 무한 연결 사회에 있을 것이고, 또 다른 이유는 바로 이러한 연결에서부터 만들어지는 관계로 인할 것이다. 관계는 연결보다 더 복잡하고 다차원적이며 감정적이고 비논리적이다. 연결은 끊을 수 있을지 몰라도 관계를 끊을 수 없기에 연결을 끊지 못하는 역설적인 상황이 오늘날 코로나 대유행의 뉴노멀 시대를 만들었을 것이다.

코로나의 끝은 이제 보이고 있다. 그 주역은 백신과 치료제가 될 것이지만 이 짧은 시기를 견딜 수 있게 만들어 준 것은 연결과 관계의 변화이며, 이는 곧 기술의 질서개편이라 할 수 있다. 기술의 질서개편이라는 것은 과학과 기술이 발전함에 따라 만들어지는 새로운 기술들이 사회적 여건에 따라 주목받기도 하고 사라지기도 하고 겨우겨우 남아있기도 하다가 특정한 사건이나 유행의 변화에 따라 사라진 기술이 다시 부활하기도 하고 대유행이 순식간에 사라지기도 하고 명맥만 유지하다 갑자기 초대박이 터지기도 하는 변화를 의미한다.

즉, 마스크는 예전부터 있었다. 체온측정도 있던 것이다. 화상회의도 있었고 줌과 같은 프로그램도 부지기수였다. 하지만 코로나로 인한 절박한 수요의 변동은 기존의 질서를 무너뜨리고 시장의 재편을 가져오게 하였다. 새로운 경험과 도전은 우리들로 하여금 사소한 것에서부터 가치관과 믿음의 변화를 가지게 하였다. 관계의 변화를 경험할 수밖에 없도록 우리를 몰아세웠고 이 변화는 다시 이전으로 돌려지지 않을 것 같다. 코로나에 대한 두려움은 사라질 수 있지만 변화된 연결과 관계는 새로운 세상을 향해 나가고 있다.

새로운 연결의 세계, 그리고 그 속에서의 변화하는 새로운 관계는 어떤 것일까? 사람과 사람의 관계, 사물과 사람의 관계, 사물과 사물의 관계, 기술과 정보, 그리고 이믈이 이르기 까지 복잡다차원의 관계들은 어떤 세상을 만들어 갈까? 코로나는 뉴노멀이 될 수 없다. 코로나가 쏘아 올린 새로운 연결과 관계가 뉴노멀의 시대를 열어갈 것이다.
온라인 공간은 뉴노멀이 될 것인가? 메타버스는 뉴노멀이 될 것인가? 부캐의 시대는 뉴노멀의 기준이 될 것인가? 이러한 새로운 연결의 세계에서 공간은 어떠한 역할을 하고 어떻게 변화해 나갈 것인가? 돌이켜보면 이러한 것들이 지금 새롭게 탄생한 것이 아니다.
싸이월드의 흥행과 몰락의 사례만 살펴보더라도 온라인, 메타버스, 부캐, 코인의 모든 요소들이 있었음을 부인할 수 없다. 그 이전에도 존재하고 지금도 진행형이고 더 발전한 기술을 통해 유행하고 있지만 그 흥행과 몰락은 관계의 본질에 의해 결정된다고 생각한다.

새로운 것의 출현은 항상 우리를 설레게 한다. 신세계가 열리고 모든 것이 변할 것 같은 희망을 준다. 이러한 격변의 시기에 당연히 가짜가 판을 치며 세상을 현혹한다. 가짜가 진짜처럼 보일 수는 있지만 결국 시간은 서서히 올바른 방향으로 자리잡아 갈 것이고, 이러한 올바른 방향에 제대로 편승하기 위해서는 우리는 관계의 본질에서 해답을 찾아야 한다.
공간의 관계에서도 마찬가지이다. 사람과 공간, 공간과 공간, 사물과 공간, 정보와 공간의 연결속에서, 새로운 연결 속에서, 뉴노멀 커넥션에서 사람과 공간, 공간과 공간, 사물과 공간, 정보와 공간의 관계의 본질을 찾아간다면 우리는 제대로 된 길을 걷고 있는 것이다.

그래서 여러분의 New Normal은 무엇이고 어떤 입장인가?

| 이관영 교수

언뜻 귓등으로 듣긴 했으나, 별로 관심을 갖지 않았다. 알다시피 스스로 꼰대를 자칭하고 있으니, 그냥 그렇게 별관심 없이 지나친다.
숙제가 떨어져 구글링해 탐색해본다. 새로움을 뜻하는 NEW와 평범함, 보통, 표준이라는 뜻의 Normal의 합성어로, New normal은 시대의 변화에 따라 변화한 표준을 말한다. 뉴노멀이란, 2003년 미국의 벤처투자가인 로저 맥나미가 처음 사용한 말로 2000년대 초반에 형성된 미국의 버블경제 이후 새로운 기준이 일상화된 미래를 일컫는 용어다. 당시 미국은 버블경제의 거품이 빠지면서 급속도로 경기가 악화됐다.
그리고 악화된 경제 상황은 이전과는 다른 새로운 경제의 기준을 형성했다. 그간의 경제를 좌우했던 기존의 규칙들이 무너지고 새로운 원칙들이 정립되는 시대를 뜻하는 용어가 뉴노멀이다. 그러한 의미의 언어가 전 분야, 전 세계로 확대된 것이다.

미국의 버블 경제 사태 이후 무너진 기준을 새로이 세운다는 의미에서 시작되긴 했지만, 2020년 초부터 시작된 코로나19 바이러스에 의한 팬데믹 상황은 전 지구적 현상이 되어, 경제뿐만 아니라 정치와 문화 등 사회 전반에 걸쳐 세계적 대혼란을 일으키고 있다.
이는 탈세계화의 가속화, 디지털 전환의 촉진, 소비행태의 변화, 언택트(비대면)문화의 확산 등, 지난 2년간 실로 엄청난 변화를 요구하고 있다.
따라서 다가올 미래에 대한 예측을 전제로 새로운 기준과 표준을 만들어야 할 필요성이 있는 것이다.
건축이나 실내건축 또한 이러한 현상을 반영할 수밖에 없는 실정이다. 그게 추세니까. 그리하여 공간의 측면에서 보자면, 효율성을 중시하던 올드 노멀의 시대에는 공간의 집중화가 중요했지만, 팬데믹 이후 뉴 노멀의 시대에는 공간 집중의 완화, 소규모 단위 공간 공동체 활성화, 생태계와 공존 가능한 에코로지 라이프 공간 등을 추구하게 된다.
그런 의미에서 한 사례로 베란다나 테라스 등의 가치에 대한 재인식과 디자인이 필요해지는것과 같다.

재택 근무의 필요성이 확대되는 상황에서 공동 주택 거주자의 입장에서는 외부에서 이루어지던 활동이 실내에서 충족되어야 하므로 현재의 3bay 벽식구조 시스템의 아파트에서 공간을 나누는 고정 내력벽의 존재는 공간의 확대와 축소를 불가능하게 한 요소이다.

뉴 노멀 시대의 활동에 적합한 공간으로 가져가기 위해서는 벽식구조 시스템이여야 하는 필수적인 요소를 제외하고는 모두 기둥식 구조 시스템으로 전환하여 공간 변화의 유동성을 확보하도록 하면 된다.
예컨대 아파트에서 상하 이동에 필요한 엘리베이터 홀, 계단실, 상하수도 피트, 화장실, 단위 주호의 구분벽 등을 제외하고 내부 내력 벽체들은 모두 기둥화하여 공간 변화의 유동성을 확보하는것도 한 방법이 된다.
내부가 기둥식 구조 시스템으로 바뀌면 기둥 사이의 벽은 필요에 따라 폐쇄나 개방이 가능하여 공간의 확장과 축소가 가능해진다.
특히 전통 한옥에서와 같이 내벽을 분합문 처리하여 들어 올리거나 내릴 경우 수시로 공간 변화가 가능해진다. 이 경우에도 현대생활의 프라이버시가 요구된다면 접이식 문 등 다양한 수단이 강구될 수 있다.

종합 홈 인테리어 전문기업 ㈜한샘 지난 17일 '뉴노멀 시대의 새로운 가능성 홈택트 라이프(Hometact Life)'라는 주제로 2020년 가을 라이프스타일 트렌드를 발표했다. 한샘은 신종 코로나바이러스 감염증(코로나19) 사태 이후 많은 부분이 달라질 '뉴노멀(New normal)' 시대에는 주거공간에도 변화가 필요하다고 강조한다.
이에 한샘은 집을 뜻하는 홈(home)과 접촉을 뜻하는 컨택트(contact)의 합성어인 '홈택트(Hometact)' 라이프스타일을 제안한다.
모든 것이 집으로 연결되는 라이프스타일을 뜻하는 단어로, 밖에서 이뤄지던 다양한 활동이 집 안으로 옮겨오고 있는 사회현상을 반영했다. '홈택트(Hometact)' 라이프스타일의 세부 키워드는 홈족, 홈오피스, 스마트 홈, 펫테리어(Peterior), 리모델링 솔루션의 총 5가지를 선정했다.

최근 집에서 많은 활동을 하는 '홈족'이 크게 늘고 있다. 재택근무와 온라인수업이 활성화되면서 집을 홈카페·홈트레이닝룸으로 활용하는 사람도 많아졌다. 이에 한샘은 이번 발표회에서 거실·침실·부엌과 같은 주거공간의 고정적인 역할을 넘어 한 곳에서 다양한 활동을 할 수 있는 멀티 공간을 제안한다.
재택근무와 온라인수업이 확산하면서 일과 생활을 분리하는 '홈오피스' 인테리어도 급부상하고 있다. 한샘은 PC나 노트북 등을 편리하게 사용하면서 업무에 집중할 수 있는 공간을 꾸몄다.
사물인터넷(IoT) 기술로 가구·가전이 조화를 이루는 '스마트 홈'도 주목받는다. 한샘은 코로나19로 앞당겨진 스마트 라이프를 지원할 수 있는 홈 인테리어를 연출한다. 단순히 가전제품들을 채워 넣는 것이 아니라 집의 구조와 동선, 설비 등을 고려해 더욱 편리하게 만들었다.
반려인구가 폭발적으로 증가함에 따라 관련 수요도 늘고 있다. 한샘은 사람과 반려동물이 공존하며 사용할 수 있는 '펫테리어(Peterior)'도 선보인다.

로마제국 시대에는 제국의 논리와 이를 대변한 황제가, 중세시대에는 신(성경)과 그의 대변자가, 신을 죽이고 나서는 이성과 자본이 뉴 노멀 행세를 했다. 아직도 넓은 의미에서는 이성과 자본이 빅 브라더이다.
올드 노멀로 안 통하니까 뉴 노멀이라는 새로운 가치를 세워 여러분을 가 나안에 인도하려고 한다. 애초부터 올드 노멀은 특정 상황, 특정 공간과 시간에서 통하는 기준으로, 특정 집단의 이익에 복무하고자 하는 한계를 가지고 만들어진 것이다.
기준과 표준을 만들고자 하는 소수의 강자와 강대국의 이익을 대변하기 위해 다수의 약자와 약소국의 희생을 담보로 만들어지기 십상이다.
한정된 자원과 에너지를 누가 많이 차지할 것인가 하는 분배의 문제는 끊임없이 인간세상에서 반복되어 온 것이다. 공정하게 평등하게 나누자고 하는것이 더 부자연스런 것일 수도 있다.

뉴 노멀도 거시적 측면에서 보면 그런 과정의 하나일 수 있다. 그런 측면에서 이를 받아들이는 주체로서 여러분의 생각은 어떠한지를 묻고 자문하는 것이다. 속더라도 알고속는 채 해야 그나마 돈벌이라도 된다. 한 시대를 풍미했던 어떠한 가치도그 생명이 오래가지 못했다.

건축분야에서 근대에 한정해서 보더라도 복고주의, 역사주의, 절충주의, 낭만주의, 모더니즘, 해체주의, 브루탈리즘, 포스트모더니즘, 레이트모더니즘 등 수많은 뉴 노멀이 떠올랐다 사라졌고 또 사라질 것이다.

한편에서 보면 특징 노멀을 만들어 팔아먹나 추송자들이 알만하면 또 내팽겨치고 또 새로운 노멀을 만든다. 왜 이런 현상이 생기는가? 지속 가능한 노멀은 없는가? 모든 것은 분배의 문제이다.
경제, 사회, 문화, 시간, 공간 등을 어떻게 분배할 것인가 하는 문제에 대한 근원적 인식이 필요하다. 넓은 의미에서 분배를 어떻게 할 것인가가 바로 디자인이다.
그래서 내가 여러분에게 수업시간에 매번 강조한 바 있듯이, "디자인은 형태의 문제가 아니라, 나의 인식의 문제이고, 나의 경험체계의 문제"인것이다. 즉 우리가 만들고자 하는 문명에 대한 총체적 인식에서 출발하지 않고 부분에 매달리다 보면, 항상 남 따라 장 가게 된다.

오늘의 주제인 뉴 노멀 또한 자본주의 안에서의 스쳐지나가는 순간과 일부에 불과하다. 부분 선의 집합이 전체 선이 될 수는 없다.
여러분이 주체가 되어 인식을 바꾸고 경험을 바꾸지 않으면, 뉴 노멀에 대한 어떠한 디자인도 제대로 된 디자인은 아니다.
여러분이 어떠한 분야 어떤 일을 하더라도 여러분의 운명을 바꾸기 위해서는 주체로서 인식과 경험, 기억을 바꾸려고 노력해야 한다. 이러한 나의 의견도 버리고 여리분만의 관점을 만들기를 희망해본다.

지금 문제가 되고 있는 올드 노멀을 포함한 수백년간 만들어진 노멀은 서구의 세계관에 뿌리를 두고 만들어진 문명이다. 정도 차이는 있지만 같은 토양과 기후 아래 돋아난 다양한 독버섯과 같다. 서구 문명, 특히 자본주의는 채워지지 않는 욕망에 기인한다.
지구라는 한정된 공간 내에서 자원과 에너지는 유한하기에 다양한 형태의 자원과 에너지가 고갈되면, 죽음의 문명이 될 것은 자명해 보인다. 이러한 현대문명의 위기에서 벗어나, 다수의 생명체가 공존 가능한 새로운 문명의 모습을 창조하기 위해서 다른 대안을 모색할 수밖에 없다.

그 대안으로 인간과 자연의 공존을 모색해 왔던 과거 동양의 세계관과, 이에 바탕한 동양 문명에서 해법을 찾아보자는 것이다. 그것이 바로 나의 노멀-'한국성(韓國性) 찾기'이다.
이로부터 현재까지 얻은 키워드는 샤머니즘(무교, shamanism)의 회복,

기(氣)- 흐름과 겹(layer), 마당-기(氣)와 장(場, field), 디지로그(digilog)-디지털로부터 아날로그로, 복제(複製)의 의미와 아우라(aura), 궁강(宮綱)의 의미와 현상 등이다. 그 중 하나를 작년 졸업전시 담론에 이어 소개할까 한다. 전남 담양 소쇄원을 방문하고 느꼈던 것에 대한 물음과 열쇠어, <기(氣)- 흐름과 겹(layer)>(1993)이다.

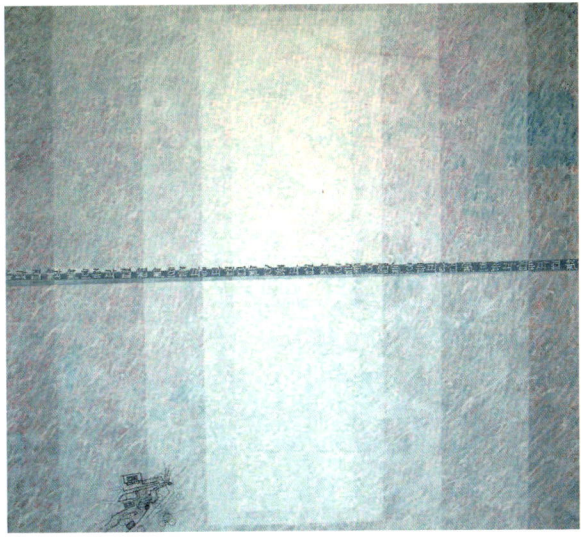

New Normal 시대의 바람직한 공간디자인

| 이은정 교수

뉴노멀 커넥션 시대에 일상의 변화를 만든 새로운 문명은 제4차 산업혁명의 출발을 인류의 변화에서 풀어낸 것으로, 포노 사피엔스라는 신인류의 등장과 특징이 새로운 문명의 실체, 산업군별 시장 변화, 새 시대의 인재상에 대해 진지하게 생각하게 하고 있다. 이에 우리는 새로운 시각으로 세상을 바라볼 수 있도록, 혁명의 시대속에 위기보다는 기회를 볼 수 있도록, 혼란스러움 보다는 헤쳐나갈 수 있는 능력을 키워야겠다.

새로운 시각이란 무엇인가? 지금 우리가 살고 있는 시대는 규칙이 없고, 성의 구분이 없고, 시대 구분도 없는 무성주의이다. 르네상스, 바로크, 로맨티시즘, 히피를 뒤섞어 이 모든 시대를 수용하는 탈 장르의 시대에 살고 있다. 우리가 싫어하고 무서워하던 벌레도 과감하게 디자인 요소로 등장한다. 여성과 남성의 구분이 없는 젠더리스룩을 입고 다니고, 올드한 것들이 뒤섞여 최신 트렌드를 창조한다. 우리가 갈망하는 것은 무언가를 소유하고 싶은 게 아니라 아이디어라는 본능에 감지하고 싶어한다.
다가오는 시대에 생존하고 싶다면 위험하지만 해야 할 무언가가 있다. 공장을 부수고 무인택시에 투자하고 킬러콘텐츠 데이터의 신이 되고, 온·오프라인이 결합하면 좋을 것 같다.

뉴노멀의 핵심 키워드로는 비대면이다. 기업들은 재택근무가 뉴노멀이 될 것을 확신하며 필요하지 않은 자산을 매각하고 있다. 기업들은 원격업무 확산에 따라 업무효율을 높일 수 있는 디지털 신기술 도입은 물론 직원들의 소속감과 업무 의욕을 높이기 위해 가상현실 공간을 적극 활용해야 하는 시대에 도래하고 있다.
일상은 서서히 단순화되고 사람들의 만남이 줄어들고 있고, 자동차와 집 등은 소유보다 임대를 선호하는 미니멀 라이프 스타일이 유행하고 있다. 미니멀리즘 라이프 스타일은 자발적으로 불필요한 물건이나 일과 등을 줄여 본인이 가진 것에 만족하는 게 특징이며 생활이 단순해지면서 마음과 생각이 정리되면서 삶이 더 풍요로워 진다는 것이다.
대량소비에 대한 비판적 시각이 늘었고, 소비를 최소한으로 줄여 삶의 질이나 경험에 가치를 두는 현상이 많아졌고, 필요한 소비는 중고 구매 등으로 최소화하며, 중고거래 이용도 활발해졌다. 또한 사회인구학적 상황, 고령화와 가족의 해체가 가속화되고 1인 가구가 증가하고 있다. 또한 인공지능에 대한 이해를 기반으로 가사노동을 최소화해 다양한 개성을 추구하는 라이프 스타일이 신속하게 확산된 환경에 있다.

뉴노멀 시대에 가장 많이 바뀌게 된 것은 생활과 장소 소비 트렌드의 변화로 일은 무조건 회사에서, 공부는 학교에서라는 고정관념을 깨고 있으며,

채식을 주로 먹는 비거노믹스나 열성고객을 나타내는 팬슈머, 착한소비를 지향하는 그린슈머들도 등장하고 있다. 소비자들이 기업 활동을 단순히 응원하는 것을 넘어 적극적으로 간섭하는 팬슈머 트렌드가 부상하고 있는데, 팬슈머는 특정인물에 열광하는 팬덤과 소비자란 뜻의 컨슈머를 합성한 단어로 단지 브랜드를 좋아하는 것에 그치지 않고, 해당브랜드의 기획부터 생산까지 전 과정에 관여하며 비평하는 열성 고객이 등장하고 있다.
기존에 버려지는 제품을 단순히 재활용하는 차원을 넘어서 디자인을 가미하는 등 새로운 가치를 창출하여 새로운 제품으로 재탄생하는 업사이클링도 유행하고 있다. 재활용 의류 등을 이용해 새로운 가방으로 재탄생하거나 버려진 현수막을 리디자인하여 장바구니로 만들어지기도 한다. 백화점에 직원들이 기증한 옷과 재활용 옷더미를 쌓아올려 쇼윈도우에 디스플레이를 하고 옷들은 발달 장애가 있는 성인들을 고용하는 의류 재활용 사회적기업에 기증되었다.
파격적인 윈도우 디스플레이는 패스트 패션으로 인한 의류 과소비와 환경파괴에 대한 경고도 내포되고 있으며 쓰레기 매립장을 배경으로 한 광고 캠페인과 같은 메시지를 보여주고 있다. 생활 속에 버려지거나 무심코 생각했던 것이 새로운 가치를 더한 디자인으로 탄생되기도 하는 것이다.

이러한 다양하고도 특색있는 시대에 어떠한 새로운 연결의 공간이 되어야 우리의 삶의 공간이 윤택하고 풍요로워 질 수 있을까 생각해 보지 않을 수 없다. 기업들은 고객의 두 가지 양극화된 니즈에 주목하였다. 현재의 공간은 테크놀로지와 휴먼 터치의 융합이라는 콘셉트하에 만들어진 체험형 공간을 만들고 있다. 손목에 디지털 밴드를 차고 공간 내 여러 제품을 체험해보

다가 단말기에 밴드를 가져다 대면 상품 정보가 밴드에 저장된다. 공간에서 체험을 끝낸 후 밴드를 제시해 온라인에서 구입을 하게 되는데 밴드에 고객이 체험한 제품의 정보가 저장되어 언제든 활용가능하다는 것이다. 디지털 콘텐츠와 리얼공간이 융합된 체험공간은 공간을 방문하기 전과 방문 시, 그리고 방문 후까지의 체험이 연계되도록 만들어졌으며, 이어 체험한 모든 상품이 밴드에 저장되어 공간을 떠나기 전 QR코드를 한번 스캔하기만 하면 상품이 저장된 온라인 페이지로 연결이 된다.

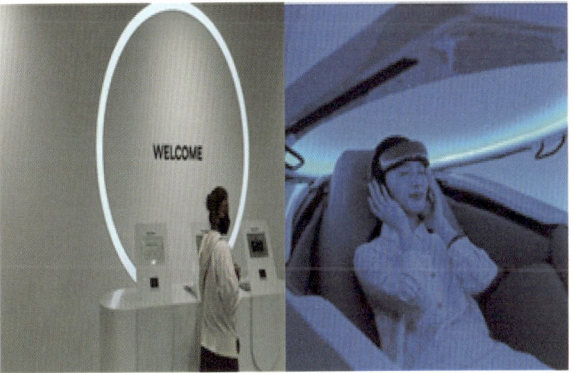

코비드19로 인해 세계적으로 트렌드에 큰 변화를 일고 있는데 비대면 거래량이 늘고 있는 가운데 피지털 리얼리티의 보편화로 오프라인의 위기가 점차 가시화되는 추세 속에서 위기를 타개하기에 박차를 가하고 있다. 오프라인 기반에서 온라인 같은 편리함을 제공하면 소비자들을 오프라인 매장으로 끌어들일 수 있다. 온라인으로 상품을 주문한 후 매장 근처에 차를 대고 물건을 받아가는 방식도 이미 일상화되어가고 있는 시대이다.
피지털(Phygital)이 일상의 선두주자로 떠오르고 있는데, 오프라인의 공간을 의미하는 피지컬과 온라인을 의미하는 디지털의 합성어이다. 온라인 쇼핑은 검색으로 정보를 쉽게 찾을 수 있다는 장점이 있지만 필요한 것을 얻는 것에 부담이 따를 수 있다. 디지털을 활용해 오프라인 공간에서 육체적 경험을 확대한다는 의미로 최근 일상의 형태에 적용되고 있다.
디지털이 일상이 된 지금 이 시대에 오프라인 공간을 설계할 때, 디지털의 융합을 고민해보고 실행한 피지털(Physical+Digital)이야말로 공간과 시간을 넘어 대중들에게 공감을 불러일으킬 수 있을 것으로 보인다. 온라인의 삭막함과 망막함을 오프라인이라는 공간에 따뜻하고 인간적인 감성을 결합시킨다면, 누구에게나 만족감을 느낄 수 있는 미래지향적이며 가치있는 디자인으로 행복한 공간이 될 수 있을 것이다.

1
Hybrid Connection
복합적인 연결

■ 702 STUDIO **(최준혁 교수님)**

■ 703 STUDIO **(이승헌 교수님)**

남승욱 Nam Seung Uk

로컬허브 플랫폼

원도심 창작공간 또따또가를 하나로 잇는

백상민 Baek Sang Min

Multifunctional Cafe in the Future

미래의 다목적 기능화 카페 공간

성형석 Seong Hyung Seok

Aging Campas for Dynamic Equilibrim

시니어들의 동적평형을 위한 에이징 캠퍼스

박유정 Park Yu Jeong

Work module for creative 'work at home'

창의적인 재택근무를 위한 워크모듈

변혜림 Byeon Hye Lim

워킹트레블러의 새로운 공간 : 코리빙워크스페이스

일상의 공간에서 벗어나 일상에 새로운 경험을 더하다

김건훈 Kim Geon Hoon

A public library for children and adolescents

어린이, 청소년을 위한 공공도서관

성종현 Sung Jong Hyun

화훼문화가 결합된 복합문화공간

공공의 성격과 상거래의 성격이 복합된 뉴노멀 커넥션

허예솜 Heo Ye Som

Studio Complex For Family Bonding

가족 유대감 형성을 위한 스튜디오 복합공간

김현정 Kim Hyun Jeong

Work Life Intergration : Creative Base Office

삶과 일이 통합된 창의적인 업무공간 거점 오피스

원정은 Won Jung Eun

Medical Volunteer Community Education Center

의료 자원봉사 커뮤니티 교육관"함께 할게"

정주훈 Jung Ju Hoon

Resource Circulation Public Relations Center

자원순환 홍보관

허준보 Heo Jun Bo

Traditional Market Support Center

전통시장 소상공인 지원센터

로컬허브 플랫폼
원도심 창작공간 또따또가를 하나로 잇는

남승욱
NAM SEUNGUK

skarkejdtod@naver.com

Awards
2020 전산응용건축제도기능사자격증 취득
2020 한국실내디자인학회 특선
2020 한국공간디자인대전 은상

전세계적으로 발병한 코로나 사태로 인해 기존 사회의 방식은 전염에 매우 취약한 환경임이 들어 났다. 타인과의 만남을 지양하는 삶의 방향이 제시 되었으며 이는 결국 커뮤니티 형성의 부재를 불러일으켜 이전과는 전혀 다른 생활양상이 새로운 기준이 되는 뉴노멀 시대를 열게된다. 솔리드한 도시, 솔리드한 집단 속에서 질병은 더 빠르게 확산된다. 그렇기에 사람의 발길이 닿지 않는 유휴공간을 다양한 관계를 형성 시킬 수 있는 커뮤니티공간으로 재탄생시켜 시민들을 넓고 고루퍼지게 하여 도시에 여유로운 숨을 불어넣는 다공적 공간을 형성한다.

1F Local Hub
지역과 도시가 연결되는 공간

BACKGROUND

펜데믹으로 인한 유휴공간 발생 가속화

전세계적으로 발병한 코로나 사태로 인하여 기존 사회의 방식은 전염에 매우 취약한 환경임이 들어났다. 타인과의 만남을 지양하는 삶의 방식을 제시 되었으며 이는 결국 커뮤니티 형성의 부재를 불러일으켜 이전과는 전혀 다른 생활양상이 새로운 기준이 되는 뉴노멀 시대를 열게된다.

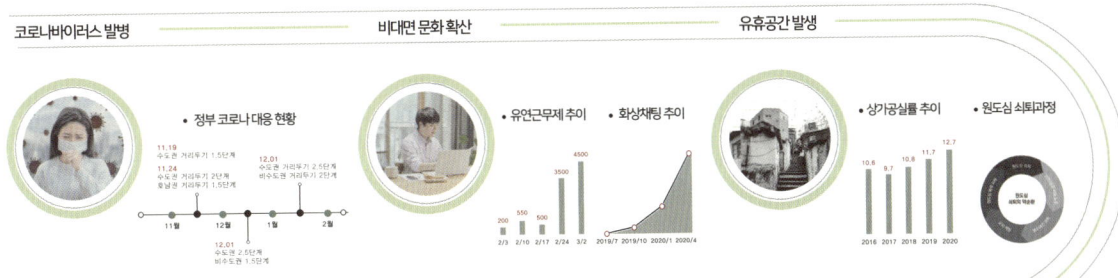

유휴공간을 창작공간으로 '또따또가'

부산 중앙동의 40계단을 중점으로 유휴공간을 작가의 창작공간으로 탈바꿈 시키는 지원사업 '또따또가' 코로나 19 여파로인해 증가하는 유휴공간을 지역작가들이 모여 소통하는 허브공간으로 재탄생 시킨다.

TARGET

SITE

또따또가 아트맵

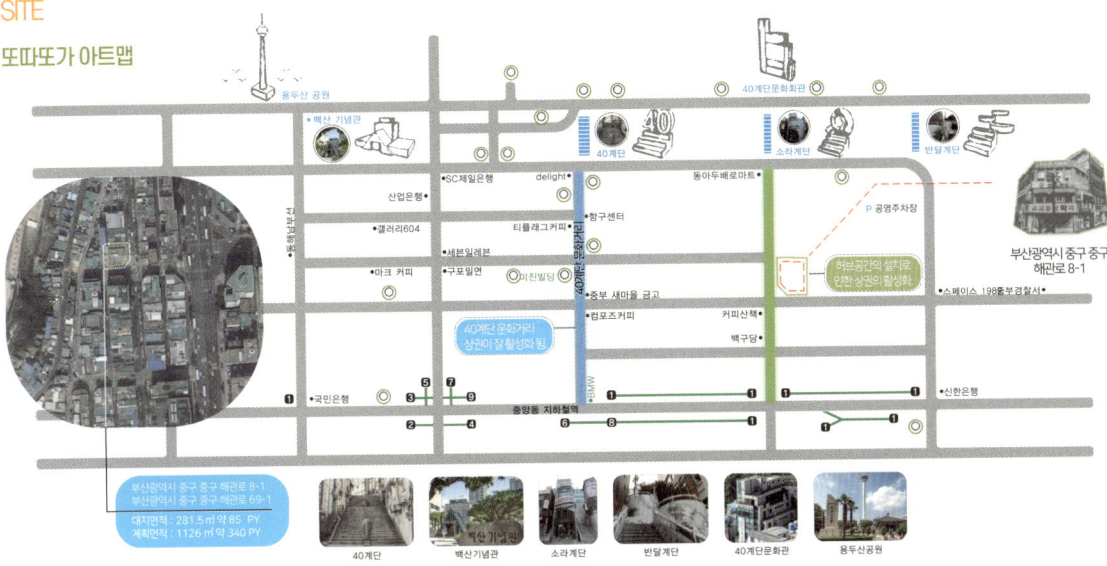

SPACE PROGRAM

1F Local Hub

또따또가의 입주 작가들뿐 아니라 지역주민·관광객 또한 자유롭게 이용할 수 있도록 오픈되어 있는 허브적 기능의 공간.

contents

카페 라운지	여행자 센터	팝업 공간

2F Culture Connecting Space

작가와 이용자 간의 관계형성을 위하여 로컬 아트샵과 아트워크 클래스가 운영되며 지역성과 소통하는 공간.

contents

아트워크 살롱	커뮤니티	로컬아트샵

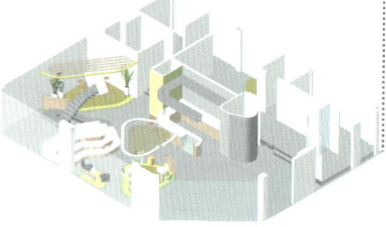

3F Inspiration Lounge

작가간의 교류를 통해 유동적인 소통과 협업을 유발하여 서로의 영감을 공유할 수 있는 공간.

contents

핫데스크	커뮤니티	메이커 스페이스

3F Tool Library

2층과 연계하여 보이드로난 계단을 통하여 프로그램에 필요한 도구를 자유로이 대여할 수있는 툴 라이브러리를 두었다.

contents

도구 공유	3D 프린터	머테리얼 북

CONCEPT

다공적 공간 porosity space

뚫린 구멍을 통해 우리는 그 내부를 들여다 볼 수 있으며 대상의 본질을 느낄 수 있다. 하지만 여유없이 솔리드한 환경은 경계를 형성시키고 대상을 단절시킨다.

공간속에 다양한 형태의 공극들을 통해 내부의 프라이빗 함을 노출시키고 자연스런 유입과 순환을 유도하여 단절 되어 있던 공간에 여유로운 숨을 불어넣는다.

솔리드	공극 형성	기능성 부여	관계 형성

빈틈없이 솔리드한 공간은 오히려 공간의 단속을 유발함.	다공성 공간을 형성하여 부드러운 동선과 함께 표면을 노출시킨다.	다공질의 구획에 다양한 기능성을 부여한다.	기능성이 부여된 공간 속에서 다양한 관계가 형성된다.

SPACE PROCESS

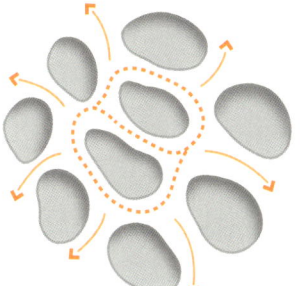

Alveola 공간의 공극화

폐포의 형태적 특성은 부드럽고 가벼운 다공질의 스펀지와 같은 구조가 공기를 흡수하고 순환시킨다는 것이다. 폐포의 형태적 특성을 치환한 유선형의 공간들은 여유로운 흐름을 가진다. 또한 표면적의 증가로 인해 프라이빗 함이 노출된 개방감 있는 공간은 솔리드한 도시속에 여유로운 쉼터를 제공하며 집단을 교합시켜 관계를 형성한다.

  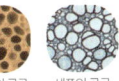

나무의 공극 해면체의 공극 세포의 공극 석재의 공극

  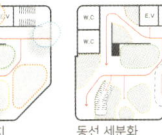 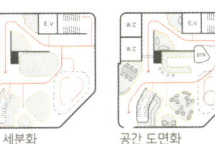

공간 조닝 동선 계획 다공질 스케치 동선 세분화 공간 도면화

   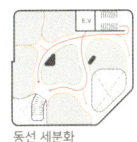 

공간 조닝 동선 계획 다공질 스케치 동선 세분화 공간 도면화

공간 조닝 동선 계획 다공질 스케치 동선 세분화 공간 도면화

Neutral Zone 중성 공간

갑작스런 공간의 변화는 부담감을 불러온다. 퍼블릭한 공간에서 직접적인 공간의 연결은 공간의 특성을 해치게 된다. 그렇기에 퍼블릭함과 프라이빗함을 이어주는 중성적 성격의 휴식공간을 두어 두 공간 간의 경계를 흐려 자연스런 연결을 유도한다. 프라이빗과 퍼블릭의 조화는 서로 다른 집단의 커뮤니티가 형성되도록 유도한다.

직선의 공간구획 유선형의 공간구획 중성공간 구획

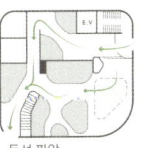 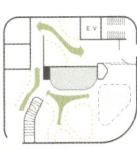 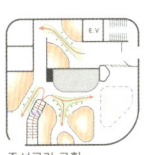 

동선 파악 접점 영역화 중성공간 구획

   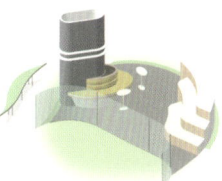

동선 파악 접점 영역화 중성공간 구획

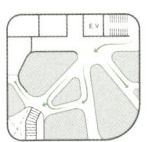   

동선 파악 접점 영역화 중성공간 구획

KEYWORD PROCESS

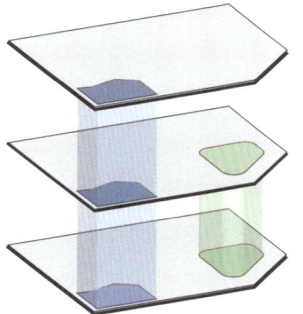

3F
아트워크 살롱에서 열리는 프로그램에 필요한 공구들을 툴라이브러리에서 공유한다.

2F
카페라운지에서 아트샵으로 자연스럽게 동선이 흘러 아트워크 살롱의 프라이빗함을 접한다.

1F
카페라운지 에서 시민을 유입시키고 보이드의 계단을 통하여 상호 보완적 동선을 유도한다.

Vertical Connection 수직적 연결

다공성 공간의 연출은 평면에서 그치지 않고 3차원 성격까지 확장되어 수직으로 공간을 연결시킨다. 층을 관통하는 보이드는 공간의 개방감을 주는 동시에 층과 층사이를 연결하는 동선의 기능을 수행한다. 보다 자유로워진 층간의 이동과 함께 루버등을 이용한 수직적인 디자인 요소로 다양한 집단간의 커넥션을 유도한다.

보이드 형성
보이드는 수직적인 개방감을 주어 공간의 입체감을 더하여 깊이감 있는 구성이 가능하다.

동선의 연결
보이드와 함께 계단을 통한 동선의 연결로 인해 공간의 흐름을 더욱 자유로이 한다.

커뮤니티
수직적인 디자인 요소와 함께 계단의 자투리 공간을 이용한 커뮤니티 존을 형성한다.

Palimpsest 흔적위 덧쓰기

갑작스런 공간의 변화는 부담감을 불러온다. 퍼블릭한 공간에서 직접적인 공간의 연결은 공간의 특성을 해치게 된다. 그렇기에 퍼블릭함과 프라이빗함을 이어주는 중성적 성격의 휴식공간을 두어 두 공간 간의 경계를 흐려 자연스런 연결을 유도한다. 프라이빗과 퍼블릭의 조화는 서로 다른 집단의 커뮤니티가 형성되도록 유도한다.

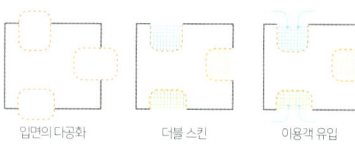

입면의 다공화 | 더블 스킨 | 이용객 유입

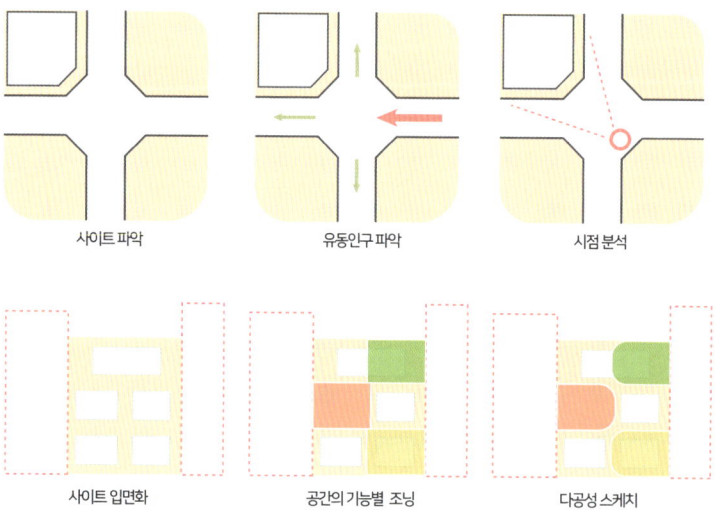

사이트 파악 | 유동인구 파악 | 시점 분석

사이트 입면화 | 공간의 기능별 조닝 | 다공성 스케치

1F PLAN

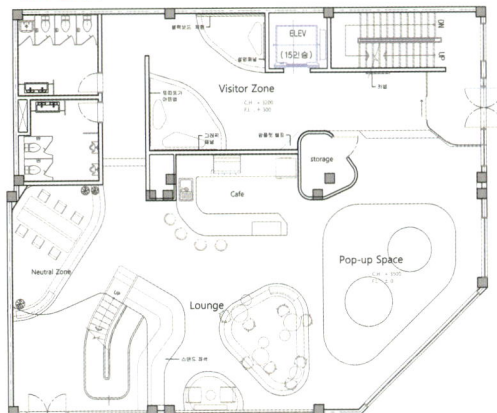

1F SHILLING PLAN

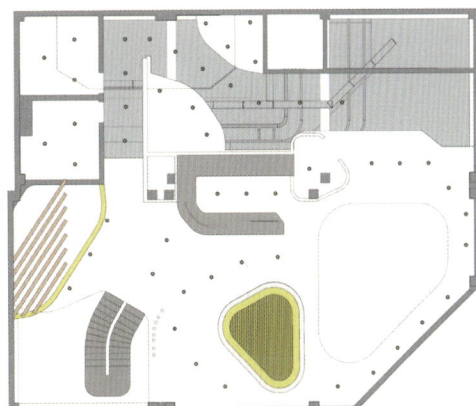

2F PLAN

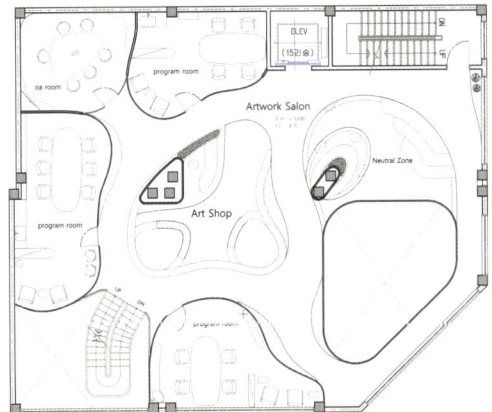

2F SHILLING PLAN

3F PLAN

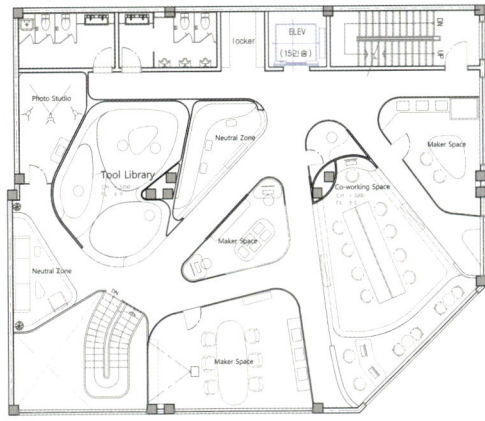

3F SHILLING PLAN

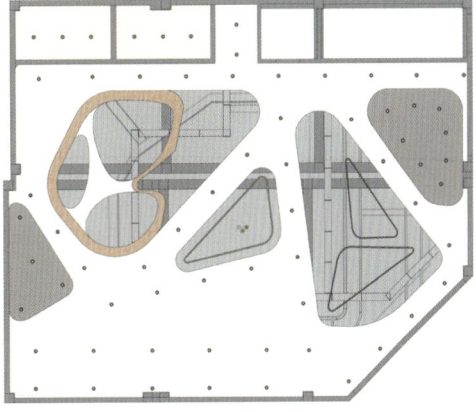

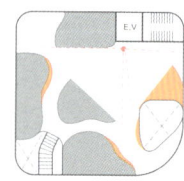

2F Culture Connecting Space
지역성과 예술을 조합시킨 커뮤니티

계단과 엘리베이터를 통해 진입하면 퍼블릭과 프라이빗의 경계를 중화 시켜줄 커뮤니티 공간이 위치하고 로컬아트샵을 중심으로 작가와 이용객들을 위한 클래스룸이 제공 된다.

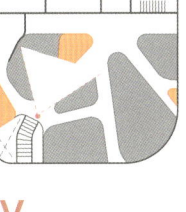

3F Tool Library
도구와 노하우를 공유하는 공간.

2층에서 진행되는 아트 워크샵과 3층의 코워킹 스페이스에서 사용되는 각종 작업을 위한 도구들을 공유하는 공간이다. 각 층간의 편리한 동선을 위해 계단과 승강기에 인접한 위치에 설계하였다.

3F Inspiration Lounge
아이디어와 영감이 교류하는 공간.

1) 유선형의 공간의 배치로 지역아티스트들이 자유롭게 이동하며 작업할 수 있는 공간.

2) 핫데스크를 중심으로 여러명의 작가가 협업할 수 있는 공간을 연출하였으며 라운지를 중심으로 메이커 스페이스 툴 라이브러리, 커뮤니티를 위한 휴식공간 등 작가들을 위한 다양한 시설이 구비되어있다.

key map

Multifunctional Cafe in the Future
미래의 다목적 기능화 카페 공간

백상민
BAEK SANG MIN
qta8719@naver.com

Awards
2020 한국공간디자인대전 장려상

코로나 19가 가져온 전 세계적 사회문화의 변화 역시 우리 건축에 반영될 것은 어김 없는 현실이며, 기존 실내 공간에 대한 근본적인 개선과 새로운 개념의 공간 조성을 위한 최적의 기회가 될 수 있다. 그 가운데 가장 먼저 언급되어야 할 것은 공간의 변화라고 할 수 있다. 효율성을 앞세운 공간 구성, 사용자 위주의 수요 충족을 위한 실내 공간 계획에서도 코로나 19 언택트 시대에서도 직접적인 대면 컨택트에 대한 욕구가 소거될 수는 없으며, 네트워크 사회는 변이를 거듭하며 온라인과 오프라인 공간에서의 경계성을 허물어 비대면 사회에서의 실내 계획이 중요한 과제가 되었다. 이전과는 다른 변화된 생활을 기반하여 복합적 시선으로 사회문제의 니즈를 접목시켜 뉴 노멀 언택트 시대에서의 변화된 공간을 구성한다.

BACKGROUND

지금도 커피와 함께인가요?

한국 커피시장 규모 6조 육박…지난해 1인당 353잔 마셨다

오늘도 각각 다른 이유로 사람들은 카페를 찾습니다. 누군가와 대화하기 위해, 공적인 공간과 차 한 잔이 필요해서 또는 약속시간이 애매할 때 간단히 허기를 달래기 위해, 적당히 시끄럽고 적당히 아늑한 작업공간이 필요하거나 독서를 하기 위해서, 또는 정말 순수하게 커피가 좋아서 카페를 방문합니다.

[국내 커피 시장 규모]
- 한국 커피시장 규모 **5조 4000억원** 2000년도 부터 연평균9%씩 증가 추세
- 커피 전문점 2조 5000억원
- 인스턴트 커피 1조 8000억원
- 캔피, 병커피 1조 1000억원

[국내 커피산업 전망]
291 (2015) → 317 (2016) → 336 (2017) → 353잔 (2018년)

[커피 전문점에 선택시 고려사항]
1. 커피의 맛 55.5%
2. 가까운 곳 41.2%
3. 매장 분위기 36.8%
4. 좌석의 안락함과 편안함 36.2%
5. 커피의 가격 35.4%

[즐겨 마시는 커피 종류]
- 커피전문점 커피 53%
- 인스턴트 커피 28%
- 캔/병 커피 7%

코로나로 인한 소비의 변화! 카페도 이제 언택트 시대!

[무인서비스 부추기는 업황]
- 비대면 서비스
- 최저임금 **8,720원** 2021년 최저시급 (2020년 대비 1.5% 인상)
- 최저임금 인상은 높은 인건비로 인하여 오히려 소상공인들의 고용부담이 높아지고 고용감소를 유발한다. 실제 최저임금 인상의 혜택이 저소득자에게 귀착되지 않는 포퓰리즘이라고 주장된다.
- 점원없는 조용한 쇼핑선호 85.9%
- 무임점포 이용의사 있어 62.0%

[카페 유형별 전년도 대비 성장률]
- 무인카페 50%
- 가성비 대용량 전문카페 24%
- 프랜차이즈 카페 5%

무인카페 커피 한 잔 가격은 커피 전문점의 절반 수준이고 연중무휴 365일 운영이 가능하다. 커피 머신이 항상 일정하게 커피를 내리기 때문에 맛에도 변화가 없다.

[비대면 서비스와 심리만족]
- 20대 56.4
- 30대 45.6
- 40대 41.6
- 50대 37.6

(비대면 서비스에 대한 심리적 편안함 만족도, 연령별) 비용절감 측면에서 효과가 있고, '손님은 왕이다'와 같은 갑을 관계로 인한 갈등도 최소화 시킬 수 있다.

[무인카페의 커피유통]
1. 바리스타 커피제조
2. 케그용기 유통
3. 자동화 무인기계
4. 소비자 만족

TARGET

[언택트에 대한 MZ세대의 시각과 디지털 소비형태 변화]

MZ 세대 과도한 연결을 피하는 심리적 충족

주문할때도 굳이 말하고 싶지않고 의사소통 메시지가 더 편해. 과도한 연결은 부담스러움.

시대가 변할수록 소비 형태도 변화하면서 대면을 꺼리는 보다 기술들이 늘어나고, 그에 따른 기술들이 발전했어!

개인적인 성향이 짙은 젊은 세대 중심으로 성장

[움직이는 트렌드 MZ 세대란?]
- 밀레니엄세대 1980년도 초 ~2000년대 초반
- Z세대 1990년도 중반 ~2000년대 중반 출생
- MZ 세대 43.9%
  - 베이비부머 24.6%
  - 밀레니엄세대 21.7%
  - Z세대 22.2%
  - X세대 17.7%
  - 기타 13.8%

'MZ 세대는 그 자체로 콘텐츠다'라는 말이 있다. 현재 MZ세대는 신흥 소비세력으로 꼽히고 있으며 개인의 개성과 취향을 우선시하고 이를 적극 소비한다.

[MZ세대 잡아라! 소비트렌드 주도]

MZ 세대의 트렌드는 단순한 소비행위가 아닌 경험, 라이프스타일의 완성도를 높이는 소비를 위주로 한다.
- 경험을 중시하는 소비
- 가성비 우선 소비
- SNS 소통 = 커뮤니케이션
- 판플레이:판(컨텐츠의 집합) + PLAY(놀다)
- 클라우드 소비:서로 공유하는 소비(ex.전동킥보드)

[소비자가 원하는 공간안에서 트렌드를 찾다]

사람들은 '~이런 것이 있었으면 좋겠어.' 라는 화두로 먼저 원하는 바를 생각하고 기발하고 다양한 아이디어를 접목한 재밌는 상품과 공간이 등장하기를 바란다.

- 소비자의 니즈충족 우선
- 언택트 무인화 시스템
- MZ세대 트렌드 키워드
- 오감 충족 컨텐츠 재창

이런 심리를 이용하여 카페의 공간과 내부의 컨텐츠를 고객이 원하는 니즈와 트렌드를 반영해 공간의 구성을 계획하고 컨텐츠를 계획 한다.

PUBLIC RELATIONS "SNS용 사진을 찍을수있는 예쁜공간의 카페를 찾아요"

COMFORTABLE "커피와 휴식(힐링)을 동시에 즐길 수 있는 곳이 필요해요"

STUDY "눈치보지 않고 공부를 할수 있는 스터디존이 있었으면 좋겠어요"

BUSINESS "코로나로 인해 사무실이 없는 회사인데 미팅을 할 공간이 필요해요"

SOCIALIZING "흔한 카페가 아닌 재미있는 요소가 있는 카페를 원해요"

SITE & SITE ANALYSIS

[부산 부산진구 전포대로199번길 38]
부지 323.90㎡, 건축물 388.64㎡ (약 210평)

- 부산 카페하면 떠오르는 지역이나 카페를 이용할 때 중요하게 생각하는 요소나 부분이 있나요?
- 부산 카페하면 전포카페거리가 떠올라요. 카페를 이용할 때도 중요하지만 접근성과 카페를 이용한 전후의 주위에 인접해 있는 문화시설이나 음식점등을 같이 이용할 수 있는지를 생각해요.

카페의 접근성과 기능을 당연시하여 주위의 문화적, 상업적 인프라가 강해진 곳을 선호하는 경향을 보인다.

[ACADEMY] [COMPANY] [RESTAURANT]

부산 서면의 중심가에 위치하 있으며, 인근에는 교육시설과 회사, 그리고 음식점들이 분포되어 있어 학생들의 스터디 공간, 직장인들의 휴식, 관광객 및 문화시설을 이용하는 이용객들의 니즈를 반영해 사이트를 선정하였다.

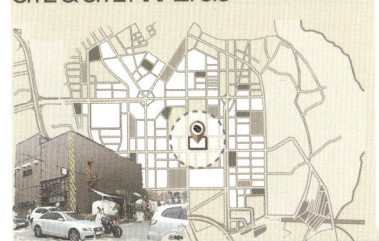

PROGRAM

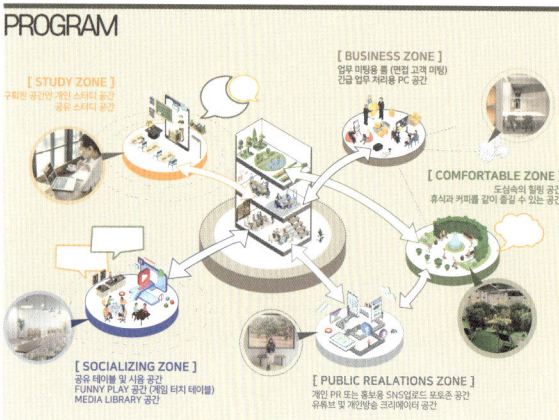
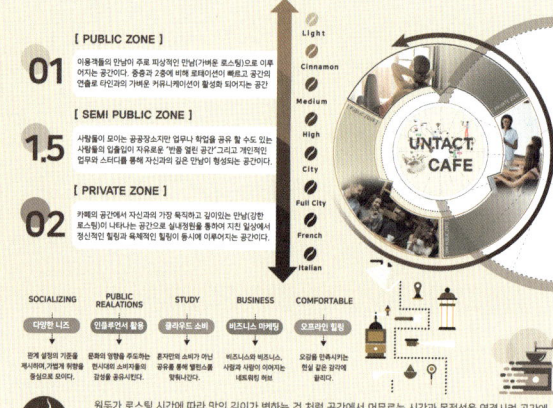

[STUDY ZONE]
[BUSINESS ZONE]
[COMFORTABLE ZONE]
[SOCIALIZING ZONE]
[PUBLIC RELATIONS ZONE]

01 [PUBLIC ZONE]
1.5 [SEMI PUBLIC ZONE]
02 [PRIVATE ZONE]

SOCIALIZING | PUBLIC RELATIONS | STUDY | BUSINESS | COMFORTABLE

카페를 이용하는 다양한 고객들의 니즈를 파악하여 공간마다 ZONE을 생성해 다양한 프로그램을 도출하고 이용객들이 오감을 충족시켜 컨텐츠들을 구성하여 단순한 카페씨의 목적성을 지니는 공간이 아닌 다기능적인 공간의 연출로 실내의 가구 및 공간의 레이아웃 컨텐츠들의 연결성으로 실내디자인의 컨텐츠와 자연스럽게 어우러지도록 계획했다.

원두가 로스팅 시간에 따라 맛의 깊이가 변하는 것 처럼 공간에서 머무르는 시간과 목적성을 연결시켜 공간에 따라 기능과 감성이 변화할 수 있도록 구성하였다. 카페 방문의 목적이라고 할 수 있는 [만남]을 로스팅 하는 시간에 따라 맛이 변하는 원두의 빗대어 공간에서의 목적성과 의미를 부여하여 공간을 연출하였다.

CONCEPT

E:sPace sSo
[ESPEISO : 에스페이쏘]
ESPRESSO + SPACE

[ESPRESSO COFFEE]
STROMG — NO MILK / WITH MILK — ESPRESSO / MACCHIATO
SMOOTH & CREAMY — WET MILK / FROTHY MILK — LATTE / CAPPUCCINO
WITH HAZELNUT — HAZELNUT
WITH CHOCOLATE — MOCHA

UN.TACT. CAFE

Purpose of Crema Connection < CREMA >
이용자의 목적성을 연결하여 공간(CREMA)을 구성하다.

Blending Content Process < BLENDING >
다양한 블렌딩 컨텐츠로 풍부한 맛이 있는 공간을 연출하다.

Roastery Awaken Potential < ROASTERY >
완성된 공간에서 잠재력을 일깨우다.

Sustainable System Design < SUSTAINABLE >
도심 속 지속가능한 힐링 시스템을 디자인하다.

에스프레소는 첨가된 재료에 따라 여러가지 종류의 커피로 모습이 변화된다. 이런 에스프레소처럼 커피라는 공통점을 가지고 카페를 방문하는 목적이 다른 사람들을 재료로 삼아 공간에서의 목적성을 부여하고 공간의 레이어를 구획 및 분리하여 다양한 목적에 따라 공간의 컨텐츠와 구성 요소들을 더 다양하고 풍부해지도록 연출한다.

CONTANTS CARD

[PERSNAL COFFEE ZONE]

키오스크를 통해서 자기 자신에게 맞는 커피를 커스텀 하여 무인 시스템으로 선택하여 즐길 수 있고 메인 디지털 패널에는 카페에 대한 프로모션을 전시한다.

[FUNNY PLAY ZONE]

클라우드 터치 테이블을 통해 여러 사람들이 하나의 매개를 공유하여 새로운 사람들과의 자연스러운 만남을 유도하고 카페에서의 다양한 경험과 재미를 연출한다.

[MEDIA LIBRARY ZONE]

영상소비가 많아지는 트렌드를 활용해 고객이 원하는 영상물을 선택하여 자유롭게 커피를 마시고 감성하고 같은 관심사를 가진 사람들과 소통의 공간을 연출한다.

[PHOTO ZONE]
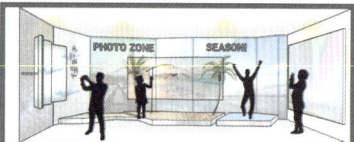
가변성이 있는 포토존을 설치하여 매번 컨셉에 따른 느낌을 달리하여 시즌마다 새로운 공간을 활용하여 SNS에 업로드시 카페의 홍보까지 할 수 있도록 계획한다.

[POP-UP STORE ZONE]

데드 스페이스 존을 기업이나 개인 또는 공공의 목적으로 공간을 대여하여 사용자에 따라 다르게 연출하여 홍보 효과 및 하나의 컨텐츠로써 사용할 수 있도록 연출한다.

[PICKOK & EVENT ZONE]

카페 내부에 팬시 자판기를 설치하여 이용객들의 편의성을 유도했고 이벤트존으로 프린트 무료 서비스등 카페를 이용하는 고객에게 색다른 서비스를 제공한다.

[RELAX BODY ZONE]

노이즈 캔슬링존으로 외부의 소리를 차단하고 자연의 컬러를 담은 은은한 조명을 사용해 공간에서의 안락함과 편안함을 최대로 끌어 올리는 효과를 연출한다.

[NOISE CANCELING ZONE]

타오르는 모닥불을 공간의 중심에 연출하여 모닥불을 보며 사색에 잠기어 현실에서의 무게를 내려놓고 편안함을 느낄수 있도록 따뜻한 공간으로 연출한다.

[SPACE CLOUD ZONE]

사용자들이 다목적 공간을 대여하여 목적을 부여시켜 사용할 수 있도록 하여 이용자의 다양한 니즈들을 충족시켜 하나의 공간이 가변성을 가지도록 연출한다.

KEYWORD PROCESS Blending Content Process : 다양한 블렌딩 컨텐츠로 풍부한 맛이 있는 공간을 연출하다.

서로 다른 종류의 원두를 섞어 다양한 커피 맛을 만들어내는 블렌딩의 기술처럼 카페에서도 차를 마시는 것 이외의 카페에서 제공하는 복합적 서비스를 체험할 수 있는 공간으로 다양한 체험과 이색적인 컨텐츠로 구성되어 소비자들에게 문화적 체험을 제공하고 새로운 문화를 창조해 내는 카페를 연출한다.

KEYWORD PROCESS Roastery Awaken Potential : 완성된 공간에서 잠재력을 일깨우다.

생두를 볶아 커피의 특유의 맛과 향을 극대화 시키는 과정을 로스팅, 그리고 원두의 맛을 극대화 시켜주는 사람을 로스터라고 한다. 로스터리는 잠재적 능력을 가진 사람들이 자신의 꿈을 로스팅하는 꿈 많은 로스터들의 공간이다, 로스터들의 잠재력을 일깨워주도록 커스텀 로스터리를 디자인하여 연출 및 구성한다.

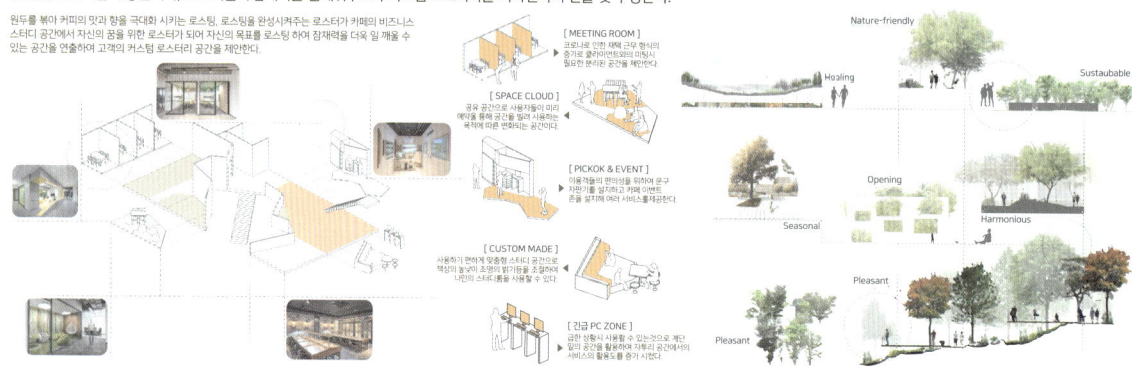

KEYWORD PROCESS Sustainable System Design : 도심 속 지속가능한 힐링 시스템을 디자인하다.

환경 파괴 없이 자연친화적으로 생산하는 착한 커피를 Sustaubable Coffee라고 한다. 서스테이너블 커피는 자연환경을 지켜 커피농가의 좀 더 안정적인 삶을 유지해준다. 이처럼 도심속에서도 지친 일상에 쉼을 얻을 수 있는 안식처이자 심리적 치유 공간으로서 누구나 편안한 휴식을 취할 수 있게 연출한다.

Sustainable Coffee
서스테이너블 커피(Sustainable coffee)는 커피 재배 지역을 발전시켜 커피 재배 농가의 삶의 질을 개선하고 수질과 토양, 생물 다양성을 보호하며 장기적인 관점에서 안정적으로 커피를 생산하는 시스템인 서스테이너블 커피라는 개념을 공간에 대입하여 공간을 구성한다.

1F PLAN

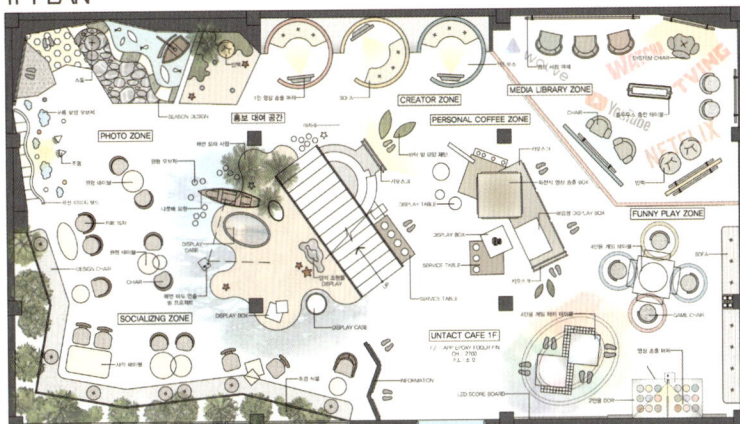

PROGRAM 01
FUNNY PLAY MEDIA LIVRARY

공유 공간으로 터치테이블을 통해 여러 게임들을 즐기면서 서로 소통하고, 자신이 원하는 영상을 찾아 시청한다.

PROGRAM 02
PERSONAL COFFEE

사람에게 잘 어울리는 퍼스널 컬러가 있듯이 자신과 가장 잘 맞는 원두들을 키오스크에서 사용을 통해 찾을 수 있는 공간이다.

PROGRAM 03
PROMTIONAL SALE ZONE

일정 기간동안 브랜드의 상품이나 카페의 작품을 홍보 및 판매할 수 있도록 이용객들에게 대여하는 공간이다.

PROGRAM 04
PHOTO ZONE CREATOR ZONE

카페를 주문할 때 카페 광고 QR 코드가 찍혀있는 사진 필름을 제공하여 SNS에 업로드로서 사진 재촬영과 홍보 효과를 가진다.

2F PLAN

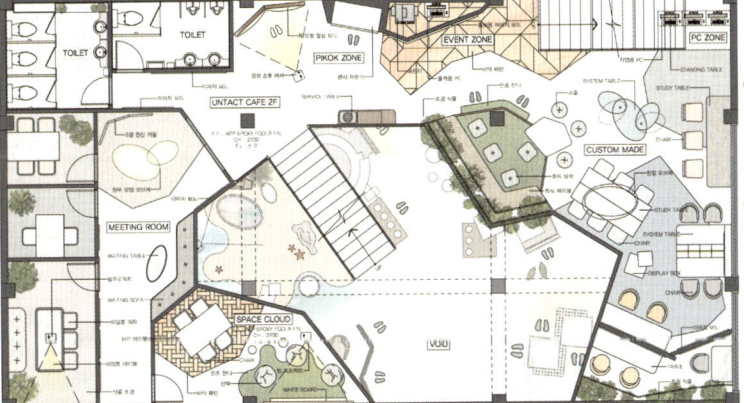

PROGRAM 05
CUSTOM MADE PICKOK

카페안에서 필기구류를 구입할 수 있고 카페, 카페음료를 위한 책자나 노트와 쪽지의 필기가 색조절이 가능한 공간이다.

PROGRAM 06
MEETING ROOM

재택근무가 늘어, 편안한 가벼운 업무 미팅의 장소로 카페를 이용하는 일이 많아져 카페 안에서 미팅룸을 구성한 공간이다.

PROGRAM 07
SPACE CLOUD

개인 및 공유 스터디 공간으로 스마트한 업무와 예약을 잡아 공간을 사용하며 목적에 따라 공간의 색감이 달라진다.

PROGRAM 08
SERVICE PC ZONE EVENT ZONE

매장 이벤트나 상수 주체시 시 및 프로모션 이벤트 등을 지원하는 비즈니스 이벤트 협업부스를 구성한 공간이다.

3F PLAN

PROGRAM 09
COMFORTABLE ZONE

실내공간에서 산소 공유와 휴식을 취할 수 있고, 정신적인 힐링과 육체적인 힐링을 동시에 제공하는 공간이다.

PROGRAM 10
FOREST ZONE

날씨의 영향 위치의 영향을 받지 않는 도심속의 작은 숲으로 피톤치드와 산소존에서의 힐링으로 활력을 불어넣어준다.

PROGRAM 11
NOISE CANCELING

도심의 시끄러운 소음과 웅성 거림에 지친 이용객들을 위한 노이즈캔슬링 부스로 외부 소음을 완벽히 차단한다.

PROGRAM 12
RELAX BODY

바쁜 점심시간에 잠시 휴식을 취하러 온 이용객들에게 카페 한잔의 여유라는 서비스로 달콤한 휴식을 선사한다.

잠재력을 일깨우는 완성된 공간

CUSTOM MADE, PICKOK

카페에 노스터디존 등장으로 카공족, 코피스족들의 공부 또는 업무를 할 곳이 줄어들고 있다. 카공족, 코피스족들의 학업 및 자기개발과 업무를 위한 공간과 학업, 업무를 공유할 수 있는 공간으로 책상의 높이와 조명의 밝기등 색조절이 가능하게 하여 이용객 자신에게 맞게 커스텀 할 수 있도록 공간을 계획한다. 그리고 카페 내부에 팬시 자판기를 설치해 외부로 나가지 않고도 간편하게 핀기구나 소모품을 구입할 수 있도록 무인 판매 공간을 연출하여 이용객들의 편의성을 유도하고, 매달 증명사진 및 프린터 무료 이벤트 등을 지원하는 이벤트 무인 팝업부스를 계획하여 부담 없이 이용할 수 있는 공간을 연출한다.

도심 속 지속가능한 힐링 시스템 디자인
NOISE CANCELING, RELAX BODY

1) 코로나 19로 인해 지친 사람들에게 일상의 소중함이 더욱 절실해지고 있는 만큼 실내정원 안 노이즈 캔슬링존으로 외부의 소리를 차단하고 자연의 컬러를 담은 은은한 조명을 사용해 공간에서의 안락함과 편안함을 최대로 끌어 올릴 수 있는 효과를 연출해 공간을 계획한다.

2) 바쁜 일상에서 휴식을 제대로 취하지 못하는 이용객들을 위한 정신적인 힐링과 육체적인 힐링을 동시에 즐길 수 있는 공간이다. 날씨의 영향, 위치의 영향을 받지 않는 도심 속 작은 숲으로 피톤치드로 활력을 불어 넣어주고, 안마의자 서비스로 달콤한 휴식을 선사한다.

Aging Campas for Dynamic Equilibrium
시니어들의 동적평형을 위한 에이징 캠퍼스

성형석
SEONG HYUNG SEOK
shs8784@naver.com

감성시대에서 뉴노멀이 사람들의 감정교류들을 멀어지게 해선 안된다. 코로나로 인해 뉴노멀의 핵심 키워드로 '언택트'로 꼽을 수 있는데 이는 '몸이 멀어지면 마음도 멀어진다' 라는 말이 있듯이 사람들의 교류를 약화 시킨다. 사람과 사람이 만나서 표정, 몸짓, 언어 등으로 교류하고 이를 통해 사회성을 기르고 스스로 크게 성장하고 발전을 할 수 있다. 그런데 사회성을 기르는 학생들과 교류가 필요한 노인들에게는 지명적이다. 우리는 코로19를 이겨낼 것이며 이 사회의 자라나는 미래와 우리의 아름다운 노후를 위해 우리는 언택트가 아닌 '인터체인지'가 되도록 문제를 해결해야 한다.

HEAT ZONE : 조명공예 수업방 + 휴게 공간

FREE ZONE : 휴게 공간

BACKGROUND

코로나19의 영향으로 개인, 단체 등 사람과 사람사이의 많은 답답함과 단절이 생겼다. 이로 인해 사적공간과 공적공간 등 공간의 개념이 변화중이다. 이런 환경속에서 불편함을 크게 겪는 많은 사람들이 있었지만 아주 큰 불편함을 겪는 사람들은 사회성을 길러야할 어린이와 학생, 소통이 필요한 노인들일 것이다. 점차 고령화되는 사회에서 이들을 배려하는 공간이 필요하다. 이들 중 노인인구 안에서 점차 경제활동이 증가하면서 소비문화와 트렌트에도 영향을 주며 노인 복지의 필요성을 강조시키며 젊고 활동적인 엑티브 시니어가 등장했다. 이들의 등장으로 외부환경, 안정성, 사회활동, 건강 등 재조명 되었다. 이들을 위해 이 시대에서 언텍트가 아닌 노인들의 새로운 교류를 만들어 낼 수 있는 공간을 계획하고자 한다.

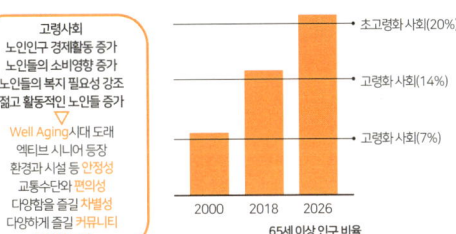

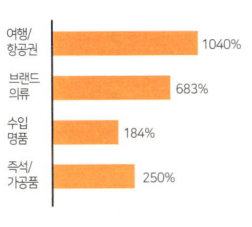

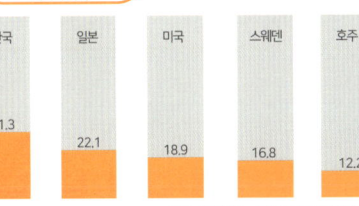

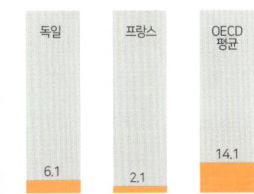

SITE

주소
부산 해운대구 좌동순환로 473 해운대로데오아울렛
(건축면적: 3,12.065㎡, 2F : 약 945평)

특징
1. 신중년인구 1위 답게 길거리에 돌아다니시는 어르신들이 많다.
2. 운동, 산책, 낚시 등 활동적인 어르신이 많다.
3. 근처 미포철길 공원과 바다 등 산책하기 좋은 환경이 있다.
4. 젊은 관광객도 오기 때문에 다양한 세대와 교류가능하다.

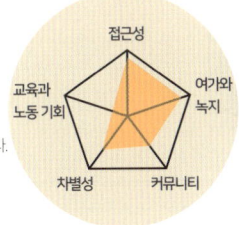

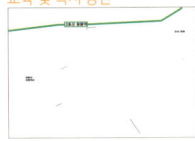

주거 공간 - 주변 초등학교, 연수원, 요양원, 노인복지센터 등이 있으나 접근성이 떨어지는 곳에 위치하며 문화를 즐길 수 있는 공간이 부족하다.

상업 공간 - 주변 편의점, 대형마트, 치과, 은행 등이 위치하고 있으며 편리한 교통과 접근성이 좋아 고령자들의 소비영향이 크다.

교육 및 복지 공간 - 주변 아파트 단지, 오피스텔, 주택, 빌라 등 주거공간들이 위치하여 노인인구 1위 답게 50대 이상 고령자들이 많다.

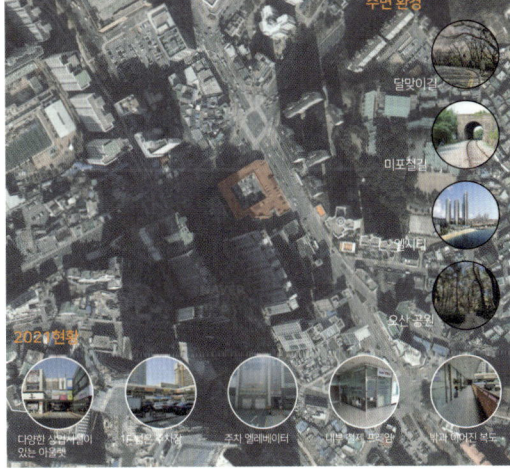

TARGET

엑티브 시니어
'오늘의 노인은 어제의 노인과 다르다'라며 붙은 이름이며, 시니어 중 건강하여 안정적인 경제력과 여유로운 시간을 바탕으로 하고 싶은 일을 스스로 찾아 도전하는 세대를 말한다.

	전통적 노년층	엑티브 시니어
생활 의식	보수, 비관적인 인생관	합리적, 미래지향적
노년기 의식	인생의 종말기	자기실현의 기회
삶의 태도	검약, 소박, 취미 없음	여유, 즐김, 다양한 취미
독립성	자녀 등에 의지	독립심, 사회 시스템에 의지
노후 설계	자녀 세대에 의지	계획적인 노후 설계
가치관	노인은 노인답게	나이와 젊음은 별개
레저관	일의 재미, 여가는 수단	여가 자체의 가치와 목적화
자산 처분	자녀에게 상속	본인을 위한 처분
여행 형태	친목 등 단체여행	여유 있는 부부 여행
취미 생활	노인끼리 교류	취미의 다양화, 다양한 교류
생활 스타일	순 한국식 선호	타 문화와 교류하는 생활

"나이가 드니까 놀지 않는 것이 아니다
놀지 않기 때문에 나이가 드는 것이다."
- 버나드 쇼 -

"노인이 되는 것은 비참한 사람이 되는 것이 아니라 자기의 나이답게 살 수 없는 사람만이 비참한 사람이다"
- 유진 벨틴 -

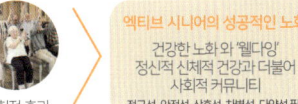

필요성 : 접근성, 안정성, 상호성, 차별성, 다양성

엑티브 시니어의 기대 효과

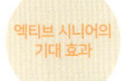 신체적 효과
  정서적 효과
 사회적 효과

엑티브 시니어의 성공적인 노화
건강한 노화와 '웰다잉'
정신적 신체적 건강과 더불어 사회적 커뮤니티
접근성, 안정성, 상호성, 차별성, 다양성 필요

CONCEPT

Dynamic Equilibrium
동적평형

생체의 형태나 성분이 외견상 일정하게 유지되고 있지만 내용, 내부에서 다양한 요소들이 순환하고 변화하는 상태

내외부간의 역동적인 질서를 창출하는 상태

< 동적평형의 예 >

우주
생명
공간

생명은 동적 평형상태의 흐름이다
복잡한 시스템으로 구성된 생명체는 변화하는 외부 환경에 적응하려 하고 내부적 모순 속에서 최적의 안정 상태를 찾으려 끊임없이 변화하고 있다.

공간의 동적 평형상태를 이루는 것은 사람
사람은 공간의 상태변화를 줄 수 있는 물질이다. 사람이 있는 공간은 살아있는 공간, 없는 공간은 죽은 공간이 되고 살아있는 공간은 사람의 내면을 자극 시키는 물질이다.

사람과 공간이 서로 동적평형 상태를 이룬다.

그 외 동적평형을 볼 수 있는 곳 : 사회, 화학, 날씨, 지질, 주식 등

 동적평형의 원리가 담긴 음양 오행
음양설 / 오행설

우주와 인간 안에서 대립적이지만 상보적인 음과 양이 확장하거나 수축하며 생성과 소멸의 변화가 이루어지면서 우주의 운행이 결정된다.
목, 화, 토, 금, 수의 다섯가지가 음양의 원리에 따라 행함으로 우주와 인간 내면에서 생성과 소멸의 변화가 이루어진다는 것

< 음양 오행의 예 >

오행	나무(木)	화(火)	흙(土)	쇠(金)	물(水)
방위	동방	남방	중앙	서방	북방
성질	생성	성장, 분열	조화	결실	응집
계절	봄	여름	간여름	가을	겨울
색	청색	적색	황색	백색	흑색
키워드	접근성	차별성	상호성	안전성	다양성
의미	시작, 부드러움	분명함, 발산적 에너지	포용력, 화합	수렴, 응축	자유로움, 유연

사주 팔자
사람은 공간의 상태변화를 줄 수 있는 물질이다.

풍수지리
사람은 공간의 상태변화를 줄 수 있는 물질이다.

< 키워드 >
접근성 / 차별성 / 상호성 / 다양성 / 안전성

동적평형 사례 Mondrian Composi-

'그림이란 비례와 균형 이외의 다른 아무것도 아니다'라는 말을 남긴 몬드리안의 예술을 자연의 절대적인 규칙을 비례와 균형으로 표현했다.
수평선과 수직선의 이차원적 요소는 음양을, 삼원색과 검정색과 하양색은 오행을 의미하고 수평수직의 순수한 관계와 색과 색의 순수한 관계로 우주의 본질과 질서, 그리고 오행의 속성을 몬드리안식으로 표현했다.

비례와 균형 / 수평수직의 순수한 관계 / 색과 색의 순수한 관계

접근성	시니어들이 쉽게 이해되고 다가갈 수 있는 옛 향수와 감성을 자극시킬 동양적인 소재를 이용한다.	이해하기 쉬운 디자인	접근성	木
차별성	시니어들의 젊은 정신을 자극시킬 5가지의 성격을 지닌 공간을 통해 색다른 즐거움을 준다.	공간의 개성	차별성	火
커뮤니티	공간과 공간, 사람과 사람 사이에서 여러 커뮤니케이션을 통해 그들만의 문화를 만들어 가도록 유도한다.	사람, 공간 조화	상호성	土
교육과	오행의 의미를 가진 다양한 프로그램을 통해 교육과 일거리를 통해 다양한 즐거움을 준다.	다양한 즐거움	다양성	水
여가와 녹지	5가지 공간들 속에서 여가를 즐길 컨텐츠와 '실내 속 자연'을 즐길 수 있도록 한다.	건강한 문화 형성	안전성	金

= 엑티브 시니어들에게 접근성이 좋은 음양오행을 재해석해서 차별성을 주며 안정성을 만들고 다양성을 즐길 프로그램을 기획한다. 그리고 이를 통해 서로 교류, 커뮤니케이션을 통해 그들만의 문화를 만들어가면서 내면의 동적평형을 이룰 공간을 계획한다.

PROGRAM

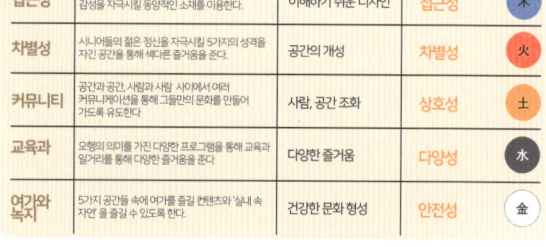

HARD ZONE
만물을 거두는 가을을 의미
추진력과 단단함, 긴장하다의 의미
보다 나은 발전을 하려는 수렴과 응축의 성질
Main (전공) 단단한 발전의 금속공방, 레진공방
Side (교양) 스스로 발전시키고 수렴하는 체육실, 사진관

FREE ZONE
계절의 끝인 겨울을 의미
모든것을 흡수하여 다양한 성분이 있다.
어떤 형태에 구속되지 않고 유동적인 성질
Main (전공) 자유롭고 다양한 미술
Side (교양) 다양한 활동과 음료를 즐길 카페와 오락방

FLOW ZONE
화합, 조절, 중화, 안정의 의미
특별한 기운들이 서로 어우러지게

공간과 공간을 이어주며 자연스러운 흐름이
자유로운 거래 장터
중화와 안정을 위한 휴식공간

HEAT ZONE
불과 열을 지배하는 여름을 의미
항상 발산하려는 에너지가 넘친다.
화려하고 폭발하는 성질
Main (전공) 화려간 개성의 조명 공방, 요리
Side (교양) 열과 화려함을 즐길 족욕, 안마,

START ZONE
생명의 시초가 되는 봄을 의미
함께 성장하고 발전하며 서로의 명예를 존중하며 상대가 있음으로 하여 부드럽고 평안해진 성질
Main (전공) 부드러운 시작의 목공, 라탄
Side (교양) 도서관, 기초 교육 및 안내 데스크

PROCESS

MODULE DESIGN

시니어 엑티브들에게 이해하고 접근하게 쉽도록 단순한 모듈 디자인을 계획한다. 몬드리안의 구성요소 같이 비례와 균형, 수평수직, 색과색의 관계를 표현하며 음양오행을 담아 동적평형을 만들어간다.

< MOTIVE >

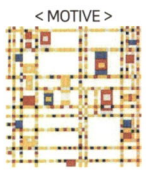

몬드리안의 **부기우기**

뉴욕의 넘치는 활기와 부기우기라는 음악을 수평수직으로 표현한 작품

< 오행의 의미 >

 부드럽게 나아가다   화려하게 풀어놓다

 단단하게 수렴하다   여유롭게 이어주다

 자유롭게 흘러가다

 시작, 직선, 부드러움을 의미
수평 수직을 통해 그리드를 그려 공간의 밑바탕을 만든다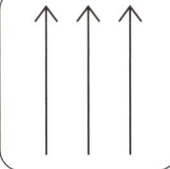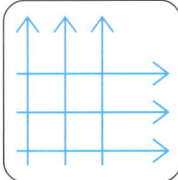

 개성, 발산, 흩어짐을 의미
그리드 위에 개성을 흩뿌린다.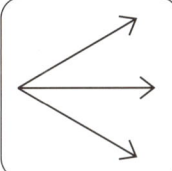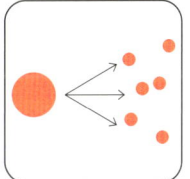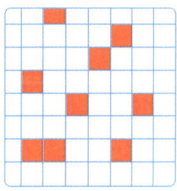

 포용, 화합, 조화를 의미
흩뿌려진 개성을 이어준다.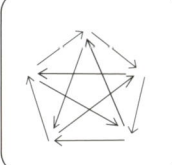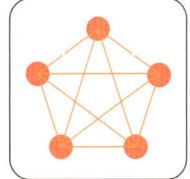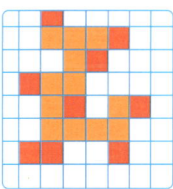

 수렴, 응축, 긴장을 의미
개성들이 모여 영역을 만든다.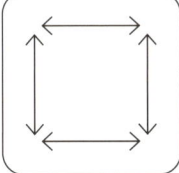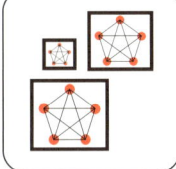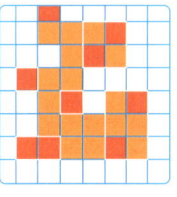

 자유로움, 유연함, 흡수를 의미
영역들이 자유롭게 변하고 다양한 요소들이 들어간다.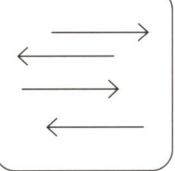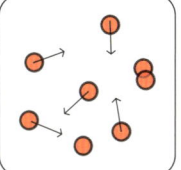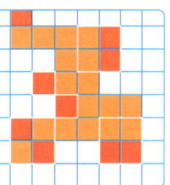

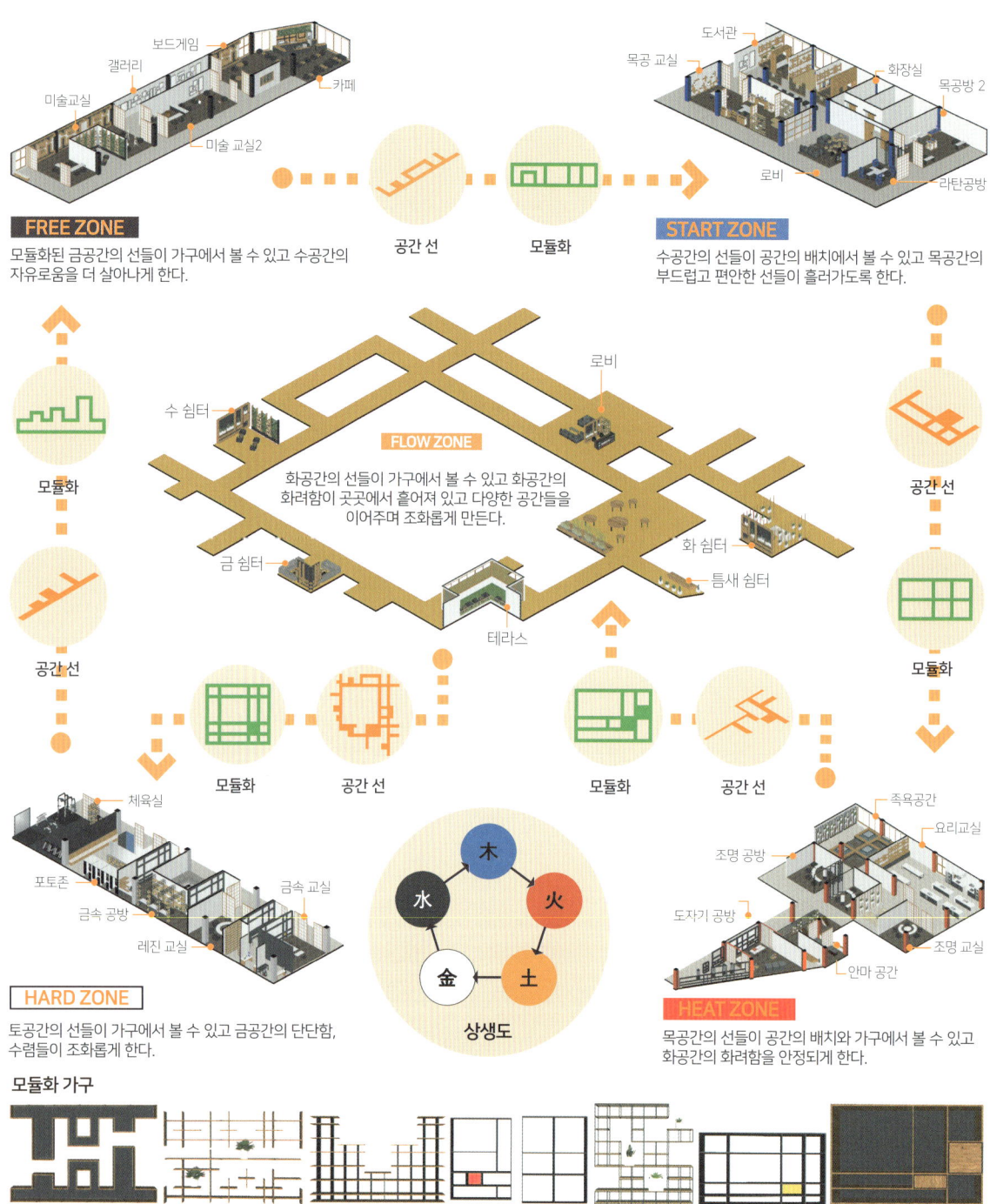

PLAN

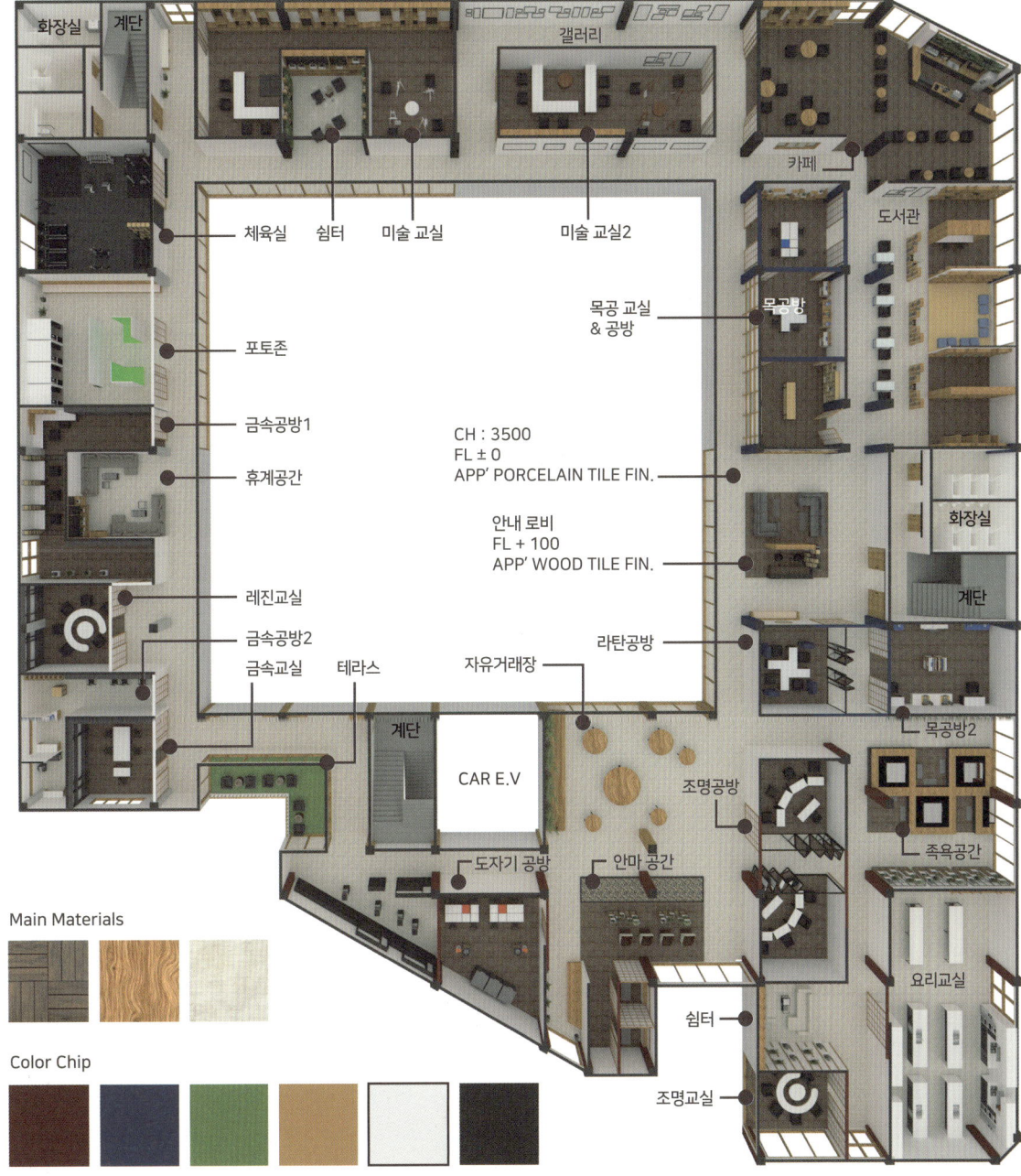

Main Materials

Color Chip

START ZONE : 도서관

START ZONE : 목공방

HEAT ZONE : 요리교실

HEAT & FLOW ZONE : 마사지 + 자유장터

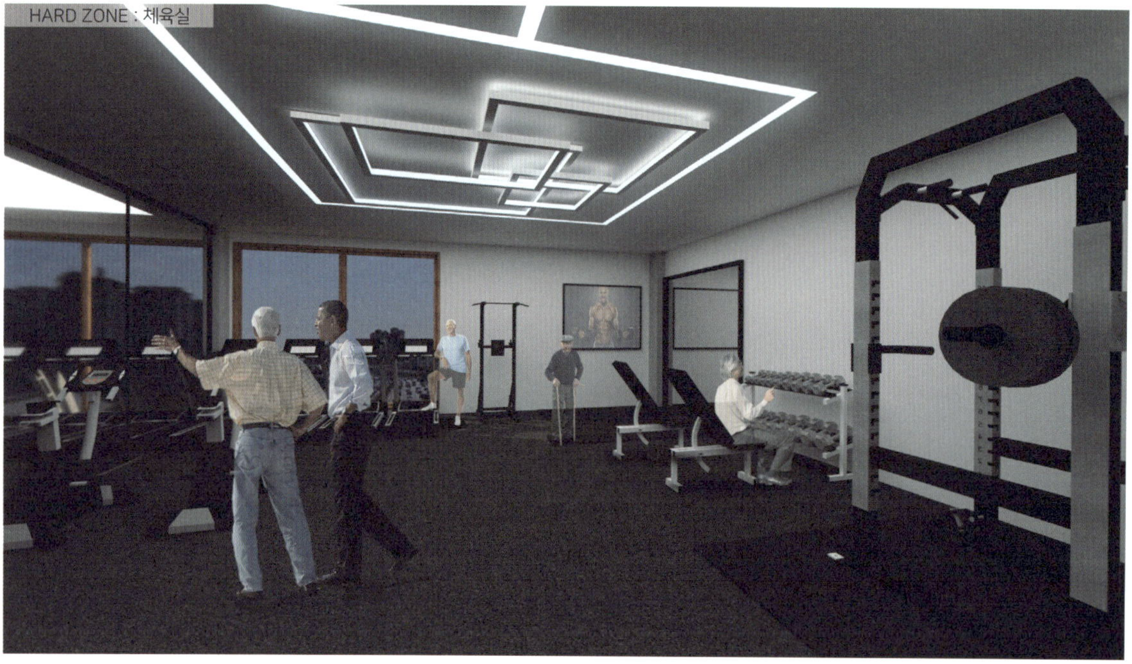

HARD ZONE : 체육실

HARD ZONE : 금속공방

FREE ZONE : 미술교실

FREE ZONE : 카페

Work module for creative 'work at home'
창의적인 재택근무를 위한 워크모듈

박유정
PARKYUJEONG

yujeong090@naver.com

Awards
2020 GTQ 1급 자격증 취득
2020 한국실내디자인학회 특선
2020 한국공간디자인대전 우수상

2021 실내건축기사 자격증 취득

시간·장소 구애받지 않고 일하는 언제든
'워크 애니웨어(Work Anywhere)'

코로나를 기점으로 근무환경 또한 지금까지의 근무방식을 돌아보고 새로운 방향성을 모색하게 되었다. 재택근무, 영상회의가 보편화되고 이 변화에 따라 근무방식이 유연근무제가 '뉴노멀' 근무방식으로 자리잡을 것이다.

Agora Space

다른 업무를 보는 공간 사이에 있는 공간으로 잠시 휴식을 취하면서 식사를 할 수 있는 공간으로 구성되어있으며 다양한 업무방법을 진행할 수있도록 구성하였다.

BACKGROUND

신종 코로나바이러스 감염(코로나19)이 장기화가 진행되면서 재택근무·자율출퇴근제 등 유연근무제가 기업의 뉴노멀(New Normal) 근무방식으로 자리잡고 있다. 주요 기업들은 코로나19가 종식돼도 코로나 이전과 같은 사회로 돌아가기는 힘들 것으로 내다보고, 코로나19에 대처하기 위해 임시방편으로 도입했던 재택근무 등 유연한 근무형태를 상시화·제도화를 도입하는 회사들이 늘어나고 있다.

재택근무 도입시 높았던 효율성이 코로나의 장기화로 인해 업무효율성이 떨어지고 있다. 조사에 따르면 재택근무로 생산성 저하는 부분적으로 많은 직장인들이 효율적인 재택근무환경을 갖추지 못한 것에 기인한다.

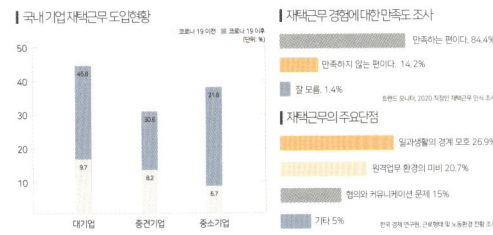

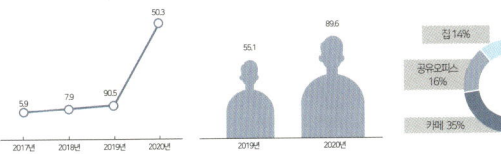

개인업무환경을 제공하는 집무살

코로나 19로 바뀐 기업의 모습중 하나인 재택근무. 재택근무가 늘어나면서 집에서는 재택근무를 할 수 없는 다양한 이유로 '코피스족'(카페에서 일하는 사람들), 호텔에서 업무를 보는 '재텔근무' 공용오피스를 이용하는 사람들이 증가하고 있다. 여러시설을 이용해보고 불편한 점들을 개선하여 '집무살' 이라는 공간을 통해 기존 공유오피스와는 다른 개인의 워크모듈을 제공한다.

USER & NEED

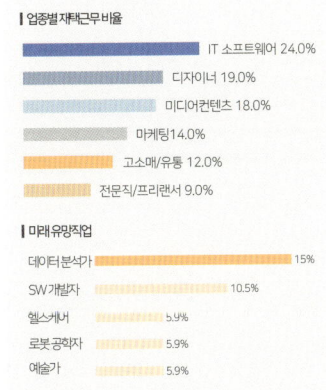

IT & SOFTWARE
IT 기업의 사무실은 생산성을 높이기 위해 고안된 공간인 동시에 독창성과 디자인적 감각을 엿볼 수 있는 공간이 필요하다.

Occupation
프로그래머, 보안인테 솔루션, 모의해킹전문가, 인공지능전문가

Needs
• 아이디어들을 기록할 수 있는 보드
• 장시간 근무로 인해 스탠딩 데스크 공간 필요

INTERIOR & DESIGN
창의성이 중요하기 때문에 창의성을 발휘할 수 있는 공간과 편하게 일할 수 있도록 개방적이고 유연한 공간이 필요하다.

Occupation
게임 디자이너, 웹디자이너, 제품디자이너, 그래픽 디자이너

Needs
• 샘플룸, 디자인 라이브러리 공간
• 작업하기 좋은 넓은 데스크와 수납공간

DIGITAL MEDIA
너무 조용한 공간보다는 약간의 소음이 있는 공간과 여러가지 업무를 볼 수 있는 공간이 필요하다.

Occupation
UX/UI디자이너, GUI디자이너, 웹사이트 에디터, 콘텐츠 기획자

Needs
• 음향을 체크해볼 수 있는 방음부스
• 업무 범위 다양성에 맞게 커팅되는 데스크

WORK MODULE PROCESS

자율성은 업무효율을 높이는 매개체의 역할을 할 수 있고, 자율성으로 개인 통제력이 커진 듯 느껴 스트레스가 줄고 자신감이 올라간다. 직업에 따른 업무방식의 특성을 알고 그에 맡는 조닝 유형을 분류하고, 몰입 소통의 정도 및 개인 특성에 따라 선택할 수 있도록 몰입과 집중도에 따라 개방, 개인/개방, 가수/집중, 개인/집중. 다수 4가지로 분류하였다.

Open - Personal

Ideas + Information | Across The Table | Around The Table | Meeting

개방-개인의 분류는 기존 오피스 조닝에서 업무공간과 동일하게 볼 수 있으며 파티션이나 가림판, 혹은 오픈 형태로 배치된 개인 워크스테이션을 의미한다.

Open - Multiple

Making Sense | Solving + Co-creating | Co-creating + Decisions | Strategy

개방-다수는 소음 환경에서 몰입이 더 잘되거나, 소통을 위해 아이디어 환기가 필요한 경우 개방적 성격을 가짐에도 사생활 보호와 업무영역을 분류한다.

Intensive - Personal

Creative Thought | Co-creation | Co-creation | Learning

집중-개인은 외부 방해물이 온전히 개인 업무에 몰입할 수 있는 환경에서 경우 타인의 움직임이나 시선의 방해로부터 벗어나는 공간을 의미한다.

Intensive - Multiple

Reflection | 1 On 1care | Nurturing Care | Wellbeing

집중-다수공간은 팀 회의나 다수와 함께 소통하며 업무에 몰입해야하는 경우에 사용하므로 회의 빈도와 회의 인원에 따라 공간을 분류한다.

PROGRAM

PUBLIC SPACE

Office pantry | Library | Meeting Room | Cafeteria | Telecube | O.A Room

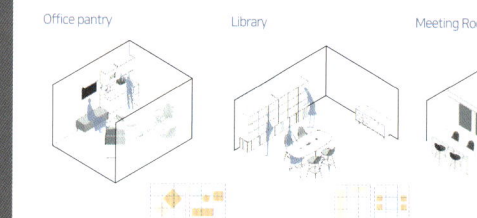
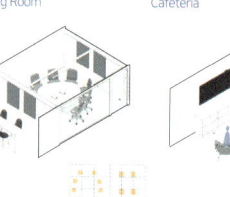
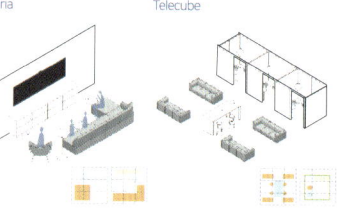

WORKMODULES

Side By Side | Micro Pack | Harbor | Hush Chair

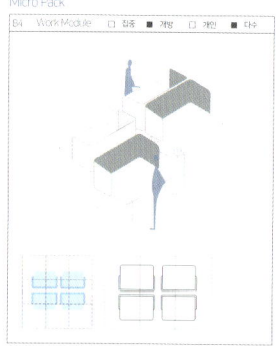
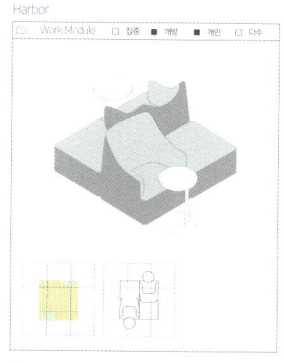
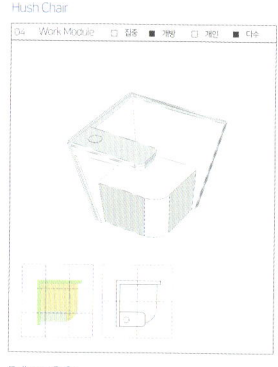

Open Stagy | Prospect | Cruise | Pullman Sofa

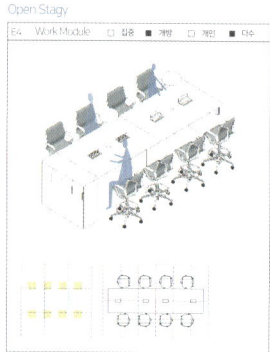
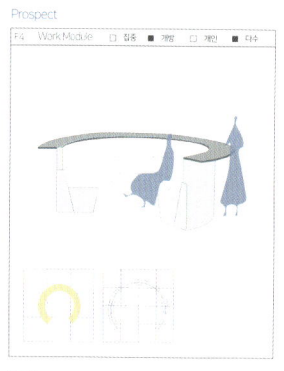
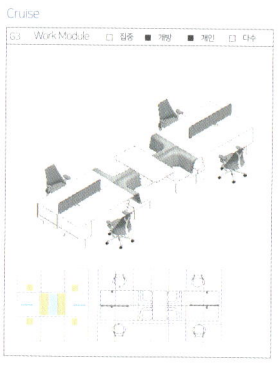
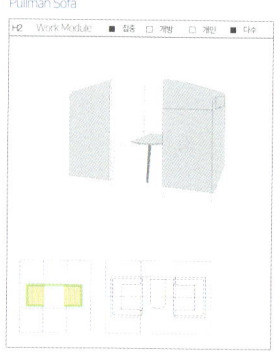

Nest | Cave | Hue Booth | Prospect

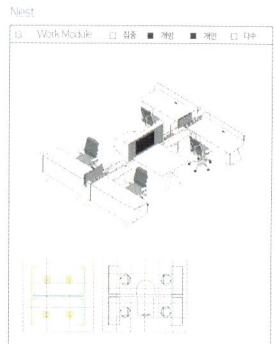
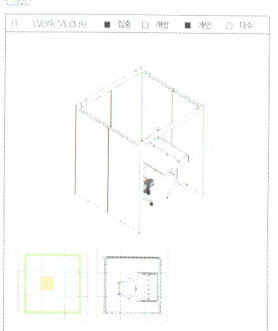

SPACE PROGRAM

■ Intensive - Personal ■ Intensive - Multiple ■ Open - Personal ■ Open - Multiple ■ public space

PROGRAM - UNIT

소프트웨어 개발 집무실

[TYPE]	[150m²]				[100m²]			
A - Side By Side	1	2	3	4	1	2	**3**	4
B - Micro Pack	1	**2**	3	4	1	**2**	3	4
C - Harbor	1	2	3	**4**	1	2	3	**4**
D - Hush Chair	1	2	**3**	4	1	**2**	3	4
E - Open Stagy	1	**2**	3	4	1	2	3	4
G - Cruise	**1**	2	3	4	1	2	3	4
H - Pullman Sofa	1	2	**3**	4	1	2	3	4

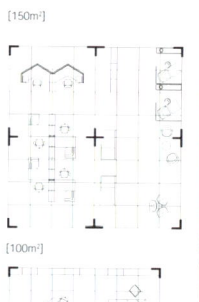

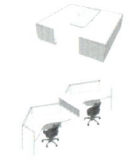
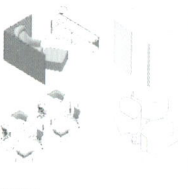
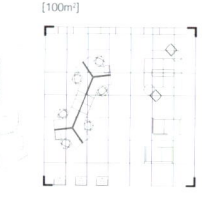

실내건축디자이너 집무실

[TYPE]	[150m²]				[100m²]			
A - Side By Side	1	2	**3**	4	1	2	3	4
B - Micro Pack	1	**2**	3	4	1	2	3	4
E - Open Stagy	1	2	3	**4**	1	2	3	4
F - Prospect	1	**2**	3	4	1	2	**3**	4
G - Cruise	**1**	2	3	4	**1**	2	3	4
H - Pullman Sofa	1	**2**	3	4	1	**2**	3	4
K - Hue Booth	1	2	**3**	4	1	2	3	**4**

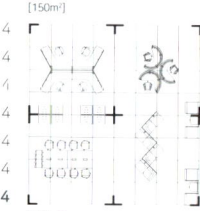

멀티미디어 편집 집무실

[TYPE]	[150m²]				[100m²]			
F - Prospect	1	2	3	**4**	1	2	3	4
G - Cruise	1	**2**	3	4	1	2	3	4
H - Pullman Sofa	1	2	**3**	4	1	2	3	4
I - Nest	1	**2**	3	4	1	2	3	**4**
J - Cave	1	2	3	**4**	1	2	3	4
K - Hue Booth	1	2	**3**	4	1	2	3	4
L - Podwork	**1**	2	3	4	1	2	3	4

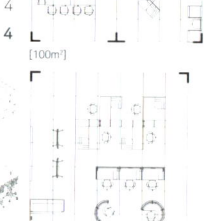

PLAN

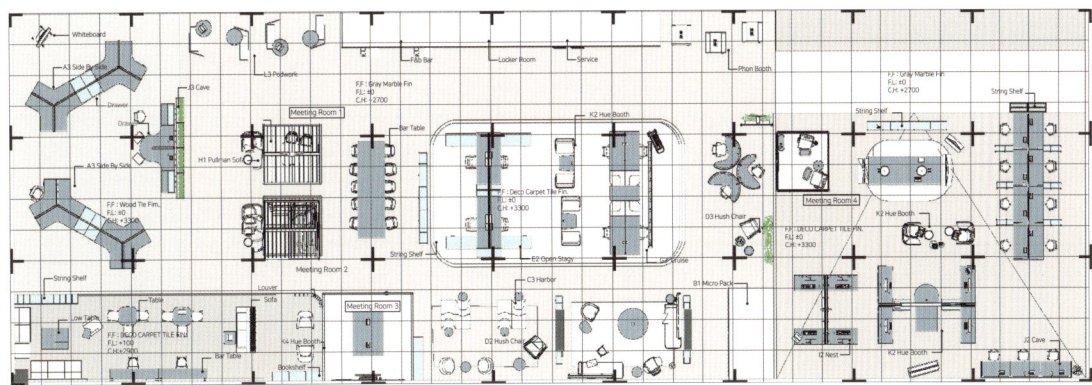

ELEVATION A-A'

ELEVATION B-B'

Wellbeing Space
일하면서 받는 스트레스를 이완할 수 있는 휴식공간으로 다양한 자료를 갖춰 직원들이 활용할 수 있는 공간으로 제공한다.

Develop & Growth Space

식물과 녹색 벽을 우리의 모든 공간에 통합하면 자연 세계와의 연결이 가능하고 차분하며 실제로 공기를 정화하고 여과할 수 있도록 공간을 구성하고 유연한 소통이 일어날 수 있도록 공간으로 구성되며 더불어 타인에게 방해가 될 수 있는 장시간 통화도 맘편히 할 수 있는 폰부스를 곳곳에 마련해 두었다.

Democratic Planning Space

작은 회의실, 화상회의를 할 수 있는 공간으로 디자인하여 조금 더 다양한 방식으로 업무를 할 수 있도록 한다. 익숙한 공간에서 벗어나 혼자만의 공간의 제공하여 창의적적인 아이디어 창출할 수 있도록 한다.

워킹트레블러의 새로운 공간 : 코리빙워크스페이스

일상의 공간에서 벗어나 일상에 새로운 경험을 더하다.

변혜림

HYELIM BYEON

byeon0225@naver.com

Awards

2020 한국실내디자인학회 특선

우리는 2020년 처음 나타난 COVID-19이후 외출을 할때는 마스크를 쓰고 사람들 간의 거리를 두며 어디를 가든 체온을 측정하는 것이 일상이 되었다. 이에따라 우리는 포스트 노멀의 시대를 마무리하며 뉴노멀의 시대에 맞게 우리의 생활을 변화시키고 있다. 회사에서는 출근 대신에 재택근무가 실행되고 여기서 몇몇의 회사들은 지속적인 재택근무에 가능성을 알게 되었다. 재택근무가 가능한 35%의 화이트 컬러 직업군은 정규직이 프리랜서로 전환될 수 있으며 청년들도 프리랜서로 일을 찾게 될 수 있다는 말이 나오고 있다. 점점 기존과는 다른 새로운 업무 형태를 가지게 되면서 프리랜서들은 자신의 집, 동네, 지역이 아닌 더 넓은 장소를 여행하며 일을 할 수 있는 새로운 라이프스타일을 추구하며 자연스럽게 물리적인 한계로 인해 만날 수 없었던 그룹들 사이에서 새로운 소셜믹스가 이루어지고 이들은 공통의 추억을 가지며 더 단단한 공동체가 될 것이다.

코리빙워크
[코리빙+코워킹 스페이스]

주로 비지니스를 위해 오는 사람들을 대상으로 객실내에 업무를 볼 수 있는 공간이 작게 마련되어 있어 공간의 사용자들 또는 지역주민들과의 사회적 교류의 기회를 기대하기 어렵다.

일을 하면서 여행을하는 프리랜서를 위한 공간으로 객실과 업무공간이 분리되어있으며 사용자들이 오피스공간을 공유하면서 자연스럽게 커넥션의 기회를 높이며 사회적 교류가 이루어진다.

비지니스호텔

#Local Lounge

BACKGROUND

재택근무 업무효율성
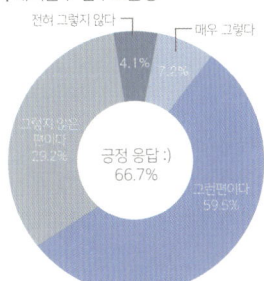
긍정 응답 :) 66.7%

재택근무이후 라이프스타일 변화 평가
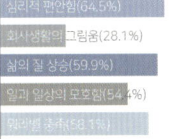
- 심리적 편안함 (64.5%)
- 회사생활의 그리움 (28.1%)
- 삶의 질 상승 (59.9%)
- 일과 일상의 모호함 (54.4%)
- 명분별 존중 (53.3%)
- 이후의 재택근무 어려움 (44.6%)

재택근무 지속여부
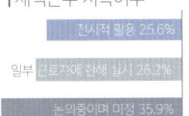
- 전적적 활용 25.6%
- 일부 근로자에 한해 실시 26.2%
- 논의중이며 미정 35.9%
- 종식 후 중단 12.3%

재택근무 가능한 업무

white컬러의 직종 35% 재택근무화 활동↑

코로나로 인한 회사에서의 변화
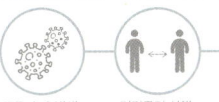   
코로나19 발생 → 거리두기 실행 → 회사에서 근무 → 시간제 운영 → 재택근무 실행 → 재택근무 업무 효율성 발견

회사CEO의 입장에서 코로나는?
코로나로 인해 직원들이 회사가 아닌 집에서 근무하게 되며 오너의 입장에서는 자신의 직원들과 프리랜서들의 차이를 느끼지 못하게 됨. 그러므로 4대보험이나 퇴직금등을 챙겨야하는 정규직 보다 프리랜서를 더 선호하게 될 것이고 많은 정규직도 프리랜서로 전환되며 정규직 채용보다는 프리랜서 계약률이 더 높아질 가능성이 높아진다.

정규직
- 계약기간이 없음
- 4대보험, 의료보험 가입
- 퇴직금, 연금지급

<

프리랜서
- 프로젝트 마다 계약으로 할 수 있음
- 일정한 소속이 없음

SITE

Site : 부산 수영구 남천바다로33번길 104
- 대지면적 : 501.6㎡
- 건축면적 : 379.5㎡
- 연면적 : 887.3㎡
- 층수 : 3층 (H : 2,800)

유동인구 : 부산의 대표관광지로 부산사람들에게도 처음인 곳이나 광안리에 위치 여행객들을 물론 지역주민들도 많이 방문
교통 편리성 : 지하철역은 물론 역시 주거시설이 함께 있다보니 버스정류장 여기 여러군데 분포해있어 교통이 편리
관광지 : 부산 대표적인 관광지로 여러대회 행사여부 산사람들이 가장 즐겨찾는 장소로 광안리와 수변공원이 위치

● 주거지역 ● 상업지역

TARGET

Main target 부산을 찾아온 "워킹트레블러" [Worker+Traveler]

코로나 이후 해외여행 대신 국내여행을 하는 사람들이 늘어나 부산에 프리랜서 시대에 적합한 공간을 만들어 새로운 사회적교류를 일으키고자 한다.

<프리랜서> <리포터> <단기출장자>

국내여행 선호지역
1. 제주 (42.4%)
2. 강원 (22.1%)
3. 경북 (7.7%)
4. 전남 (7.0%)
5. 부산 (6.0%)

국내여행 선호도 증가
73.2% 69.8% 70.5% 75.2%
2017 2018 2019 2020

Sub target1 창의적교류가 필요한 "부산지역의 프리랜서"
Sub target2 멘토들이 필요한 "대학생들_예비 프리랜서"

수도권지역과 비교해 프리랜서들과 대학생들의 교류가 이뤄질 수 있는 공간이 상대적으로 많이 부족한 부산에 사람들간의 교류가 이뤄지고 공감을 얻을 수 있는 공간을 마련한다.

수도권과 부산의 교류공간의 차이

- 서울 및 경기도지역 412곳
- 부,울,경 지역 38곳

부산프리랜서 증가
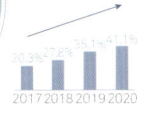
20.3% 25.1% 31.1%
2017 2018 2019 2020

2030 프리랜서 인식

부정적이다 (24.8%)
긍정적이다 (47.5%)
몰라요 (27.7%)

CONCEPT

New Connection Hub For Shared Community

워킹트레블러로 부산을 방문한 사람들과 부산지역의 프리랜서들이 코리빙워크 스페이스에서 만나 협력을 통해 시너지효과를 창출하고 개방된 공간에서 공간뿐만 아니라 개인의 생각과 재능, 경험을 공유하며 다양한 커뮤니티와 관계를 형성하고 공통의 추억을 가지게된다.

| CONCEPT1_ 공간 속 공유프로젝트 [Who & What]

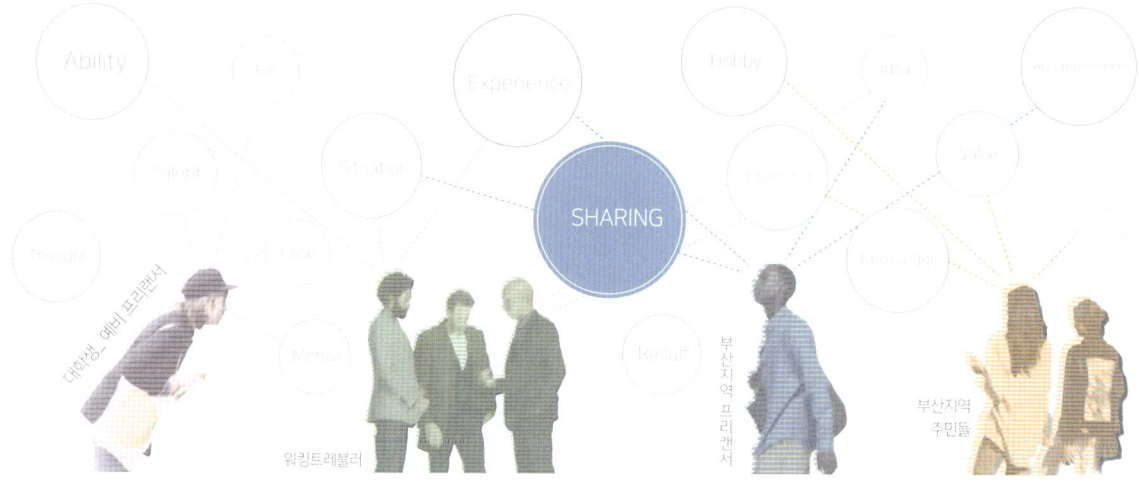

| CONCEPT1_ 공간 속 공유프로젝트 [How]

프리랜서 & 프리랜서의 ____ 공유
부산을 찾아 온 워킹트레블러와 부산지역의 프리랜서들이 각자가 지닌 능력들을 공유하고 협업한다.

프리랜서 & 대학생의 ____ 공유
프리랜서를 희망하는 학생들과 프리랜서들이 모여 멘토-멘티 관계를 형성하여 일에 대한 도움을 주고 받는다.

주민들 & 여행자의 ____ 공유
프리랜서가 아닌 한 개인으로서 각자가 가지고 있는 취미나 재능을 공유하며 관계의 깊이를 더한다.

소통을 통한 공유

 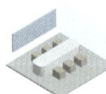 

정보공유를 통한 소통공유 / 지식습득을 통한 소통공유 / 전문분야를 통한 소통공유

동기를 통한 공유

벽을보고 앉아 자신의 업무를보고 앉지 자신의 업벽을보고 앉아 자신의 업무에만 집중가능 / 무에만 집중가능 / 무에만 집중가능

가치를 통한 공유

 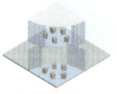 

강연등을 통한 가치공유 / 취미활동을 통한 가치공유 / 독서를 통한 가치공유

학습을 통한 공유

전문성을 위한 학습공유 / 공감각을 통한 학습공유 / 독립적인 개별 학습공유

과정을 통한 공유

브레인스토밍을 통한 과정공유 / 오픈커뮤니를 통한 과정공유 / 회의를 통한 과정공유

경험을 통한 공유

놀이를 통한 경험공유 / 체험을 통한 경험공유 / 매체를 통한 경험공유

결과를 통한 공유

회의를 통한 결과도출 / 편안한 분위기속 소통가능 / 스탠딩공간으로 가벼운 업무

활동을 통한 공유

동아리를 통한 활동공유 / 프로젝트결성을 통한 활동공유 / 정보공유를 통한 활동공유

성취를 통한 공유

목표달성을 통한 성취공유 / 프로젝트성공를 통한 성취공유 / 자기만족을 통한 성취공유

CONCEPT2_ 새로운 만남의 형태

1 유연한 상호작용

[cascading] [low furniture] [surround]

2 사람들의 유입

[glass] [ceiling flow] [draw in]

3 다양한 관계

[individual] [a few idea] [3-4 people]

4 적극적인 소통

[natural hearing] [open thinking] [division]

CONCEPT3_ 다양한 사람과 생각이 모여 채워지다.

뉴노멀시대가 되면서 일상의 경계가 확장되어 거리적한계로 이전에 만날 수 없는 사람들이 커넥션 할 기회가 생겼다. 그러면서 더 다양한 생각과 경험, 능력들이 모여 자신의것을 다른사람들에게 공유하며 지역공동체보다 확장된 공유공동체를 이루며 서로를 채워간다.

_Shape 구성기준

- 성별_ (남1, 여2)
- 나이_ (10대1, 20대2, 30대3 이하)
- 가정환경_ (3, 2, 1)
- 종교_ (불교1, 크리스천2, 성당3)
- 거주지_ (거주기의 문화수준)
- 형제자매_ (위동0, 1명1,2명2)
- 대인관계_ (3, 2, 1)
- 대외경험_ (많다3, 보통2, 적다1)

_Example

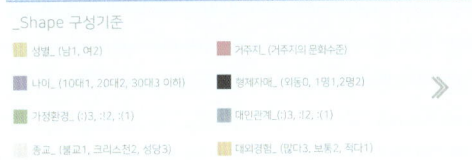 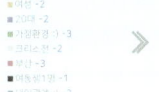 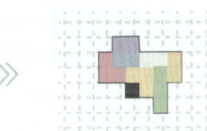

1F Common Connection

 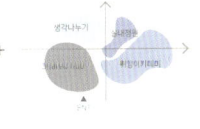 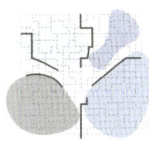 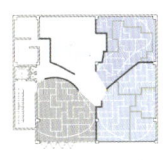 

[공간 속 다양한 우리의 모임 평면화] [1층 기능별배치] [라인연결 + 정리화] [벽체라인 + 조닝 구체화] [1층공간 입체화]

2F Playing Room

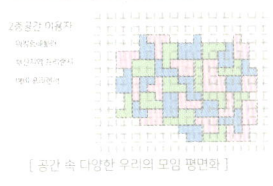  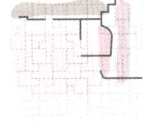 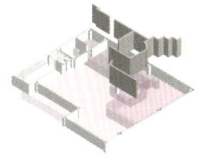

[공간 속 다양한 우리의 모임 평면화] [2층 기능별배치] [라인연결 + 정리화] [벽체라인 + 조닝 구체화] [2층공간 입체화]

3F Local Lounge

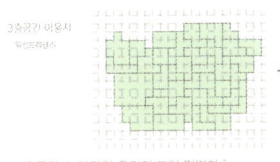  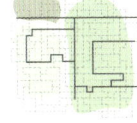 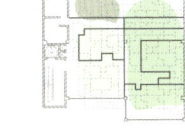 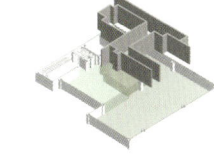

[공간 속 다양한 우리의 모임 평면화] [3층 기능별배치] [라인연결 + 정리화] [벽체라인 + 조닝 생성] [3층공간 입체화]

ZONING & SPACE PROGRAM

1. 취향 아카데미
2. 그리너리 카페
3. SHATE HUB
4. 생각나누기
5. 안내데스크
6. With We
7. Gather Work
8. Focus On
9. Guest House
10. 로컬라운지
11. 키친다이닝
12. 안내데스크

1F . COMMON CONNECTION PLAN scale :1/100

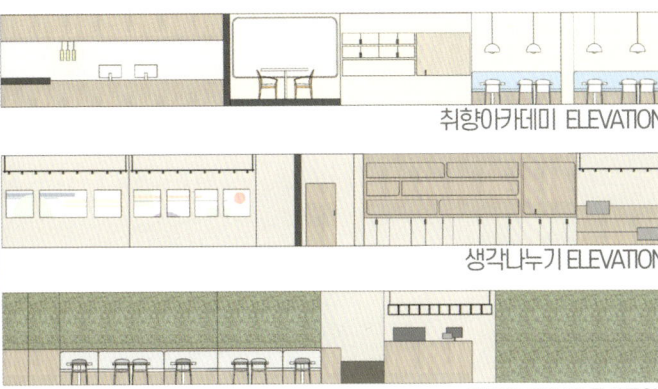

취향아카데미 ELEVATION

생각나누기 ELEVATION

GREENERY ELEVATION

2F . PLAYING ROOM PLAN scale :1/100

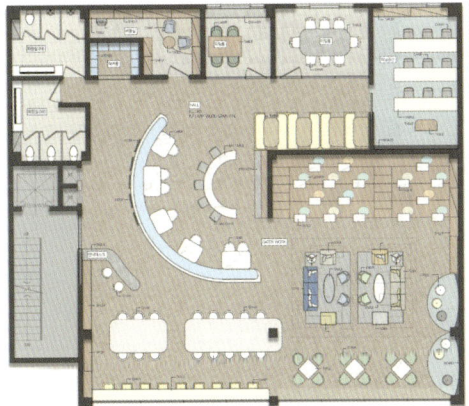

GATHER WORK ELEVATION

GATHER WORK ELEVATION

WEWORK ELEVATION

3F . LOCAL LOUNGE PLAN scale :1/100

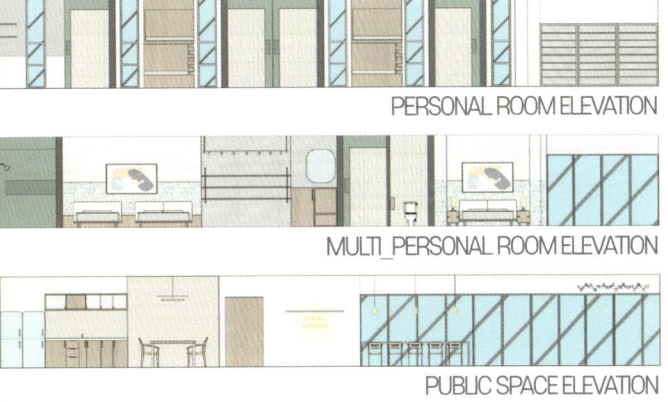

PERSONAL ROOM ELEVATION

MULTI_PERSONAL ROOM ELEVATION

PUBLIC SPACE ELEVATION

SHARED HUB _ BOOK CAFE

1층에 위치한 북카페로 사용자들이 독서를 하거나 필요한 정보들을 얻을 수 있는 공간이다. 자연의 색과 재료를 사용하여 사람들이 여유롭고 편안하게 휴식을 취할 수 있도록 하였다.

Gather Work

2층에 위치한 오피스 공간으로 프리랜서들이 작업하는 주요 공간이다. 프리랜서들 간의 소통이 활발하게 이뤄질 수 있도록 오픈플레이스로 공간을 구성하여 사람들이 격없이 어울러질 수 있는 공간이다.

A public library for children and adolescents.
어린이, 청소년을 위한 공공도서관

김건훈
KIM GEON HOON
geonhoon4665@naver.com

코로나19로 인하여 전 세계적으로 사회적 변화가 일어나고 있다. 사회적 변화가 어떻게 점점 변화하고 있는지를 빨리 찾아 볼 수 있는 방법 중 하나가 건축이다. 현재 코로나19로 인하여 이동적 제약이 한정되어 있어 대부분 주거공간에서 많은 시간을 보내, 주거공간 내의 개인적인 공간의 활용도를 중요시하고, 베란다나 테라스의 공간적인 부분을 많이 활용할려고 한다. 또한 도시공간의 집중완화, 소규모 단위 도시공간 공동체활성화, 생태계와 공존하는 공간 즉 문화복합공간이 필연적으로 필요하다고 생각이 든다.

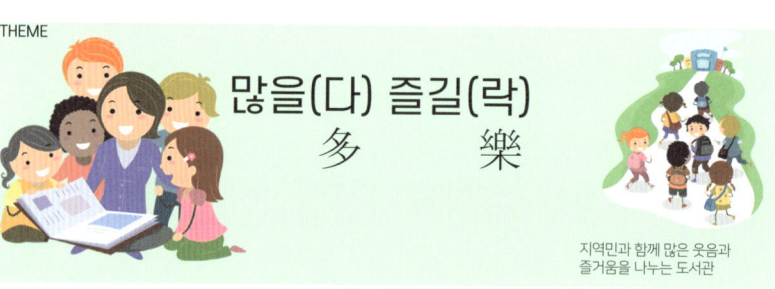

BACKGROUND

코로나19의 여파로 인해 재택근무가 많아지고, 많은 학생들이 비대면 수업을 통해 교육적인 환경이 많이 좁아지고, 점점 이동반경이 좁아짐에 따라 집근처,동네로 이동이 많아지고있다. 이에 따라 재택근무에 부족한 시설, 학생들의 교육 환경을 동네 공공도서관을 통해 제공하고 지역민들이 편안이 쉴수있는 휴식처를 제공한다.

필요성
| 도서관 증가함에도 이용객이 줄어드는 이유

현재 도서관은 점점 증가하는 추세이지만, 인터넷이나 모바일을 이용해 자료를 검색하고 카페등지에서 개인의 여가시간을 보내는게 일상이 되었으며,또한 대형서점들의 글로벌 브랜드 들과 손을 잡고 고객들에게 더 편안하고 쾌적한 환경을 제공하여 방문자 수는 줄어들고 있다. 그래서 현재 도서관을 설계를 할때 단순히 책만 읽는 공간이 아닌 책도 같이 읽을 수 있는 다양한 프로그램과 현대인의 라이프스타일의 트렌드에 맞춰 여러가지 기능들이 모여 문화복합공간으로 공간을 제공하는 추세이다.

SITE

명칭 : 부산광역시립명장도서관

위치 : 부산광역시 동래구 명안로46번길 35

면적 : 1,699

계획 면적 : 1층(126PY), 2층(126PY)

선정이유 : 1994년 3월29일에 개관하였고, 현재 트렌드에 맞춰 리모델링을 하여 주변 학교 학생들과 지역민 누구나 편히 이용 할 수 있기때문이다

내부

외부

TARGET

1. MAIN TARGET — 청소년

독서의 관심도는 ... 이다. 그리고 독서량과 관심도는 어떤 독서환경을 제공 하느냐에 독서량과 관심도가 향후 달라지기 때문에 독서에 대한 관심을 가질수 있게 독서 환경을 제공해준다.

2. SUB TARGET — 어린이, 지역민

현재 시대에 이웃간의 공동체 의식이 사라져 가고 있으며 문화복합 도서관을 통해 이웃간의 유대감형성을 향상시키고 어린이들이 그 지역의 대한 문화를 접하는 기회가 거의 없기 때문에 쉽게 배울 수 있도록 한다.

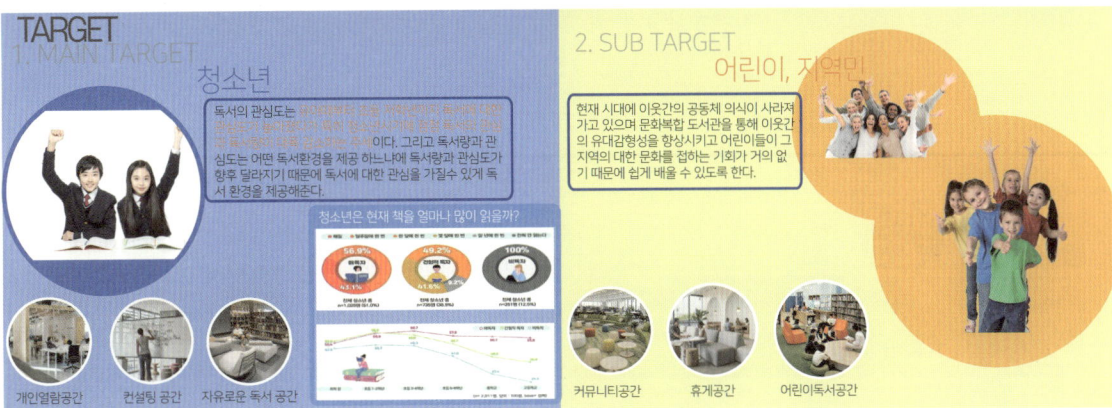

CASE STUDY

배봉산 숲속 도서관

증평군립도서관

스톡홀름 시립 도서관

서초청소년도서관
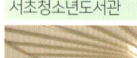

의정부 미술도서관

분석결과

현재 우리는 삶의 개인의 취향과 여가시간의관심이 많아지면서 공간의 역할이 단지 목적이 아니라 공간의 기능과 역할에 관심이 높아져서 이 공간안에서의 체험성있거나 정보 여러가지 기능을 한 꺼번에 할 수 있는 문화복합공간에 관심이 많아지고있다

1F Community zone

INFORMATION

■ 키오스크   ■ 책 반납 컨베이어   ■ 무인시스템

읽고싶은 책 위치나 정보를 쉽게 알 수 있도록 키오스크를 배치하고 책 반납을 빠르고 원활하게 할 수 있도록 컨베이어를 배치한다.

북 테라픽

■ 내추럴 디자인   ■ 책 나눔공간   ■ 휴게공간

오픈공간으로 디자인해 정적인 분위기가 아닌 편안한 분위기 속에서 책을 읽고 친구 또는 지역민과 함께 소통하면서 커뮤니티가 될 수 있는 휴식처를 계획해 만든다.

1F Exciting zone

어린이 부산문화체험관

■ 빔 프로젝트   ■ 강의실   ■ 문화체험 소공연장

2F Learning zone

직업 가상체험,교육공간

■ 소규모 영상관   ■ VR 체험공간   ■ 자기개발 독서

고학년은 진로에 대한 생각과 관심이 많아지는 나이이므로 직업에관한 정보를 쉽게 알려주기위해 VR,AR를통해 재미있고 흥미있게 체험할 수 있는 공간과 직업관련된 책을 읽을 수 있는 공간을 만든다.

2F pared zone

그룹 스터디룸

■ 1인실   ■ 단체 회의실   ■ 휴게공간

다같이 사용하는 열람실은 대화하면서 이용 할 수 없기 때문에 부담없이 편안하게 학생들이 소통하면서 새로운 정보나 모르는 정보를 서로 공유하면서 배울 수 있도록 그룹 스터디룸을 만들어 효율성을 높인다.

CONCEPT

SALON THE LIBRAY

'SALON'프랑스어로 '응접실','사교모임'을 뜻하고 이 공간 안에서 자유롭게 남녀노소, 신분, 직위와 상관없이 누구나 토론하며 취미활동을 즐길 수 있는 하나의 커뮤니티 공간을 뜻한다. 'SALON'을 도서관에 부합시켜 점점 사라져가는 지역사회의 공동체의식을 촉진시키고, 우리가 살고 있는 지역사회를 함께 이끌어가면서 발전 시킬 수 있게 복합문화공간을 통해 공동체 의식을 일깨워준다.

KEYWORD

도서관 이용자를 위해 다양한프로그램을 통해 이용자간의 커뮤니티가 원활 할 수 있는 다기능의 장소가 되게 하였고, 이용자들의 삶의 질을 향상시킬 수 있도록 편안하게 쉴 수 있는 공간을 구비하고, 공간의 투명성을 부여해 개방감을 주게한다.

다양성

관람형 프로그램

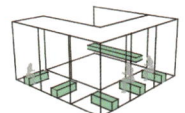
개인 열람공간

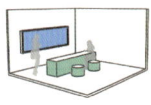
지역민을 위한 취미 공유터

투명성

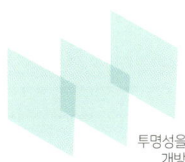
투명성을 통한 공간의 개방감을 증대

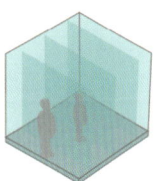

지역문화 학습과 체험을 디지털 매체와4D,VR를 통해 쉽게 흥미를 느낄 수 있도록 유도하면서 자연스럽게 학습에 대한 흥미를 느끼게 하고, 조형적인 디자인을 통해서 공간안에 생동감을 준다.

접근성

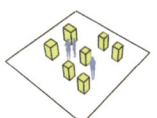
디지털 매체를 활용해 정보제공

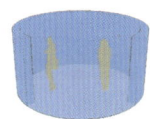
4D,VR를 통한 체험형 공간

스마트 디바이스를 통해 직업,진로 교육공간

조형성

연속된기둥을 활용해 공간의 생동감을 부여

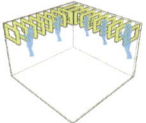
천장 조형물을 통해 아이들 놀잇감 제공

방문객들이 공간을 통해서 흥미와 호기심을 쉽게 자극하기 위해 오감을 느낄 수 있도록 각 공간마다의 놀이적 요소와 다양한 공간의 재료를 통해 경험과 재미를 느끼게 하고, 공간의 높낮이나, 가변적인 요소를 형성해 색다른 경험을 불어넣는다.

유도성

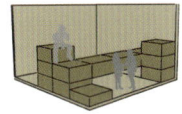
공간의 레벨에따른 호기심 유발

다양한 색상

다양한 재료

가변성

벽 회전을 통한 가변성

가구 가변을통해 개방감,공간활용성 증가

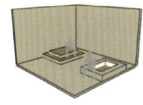
바닥 높낮이에 따라 역동적인 휴식공간 제공

ZONING & SPACE PROCESS

1F 조닝배치

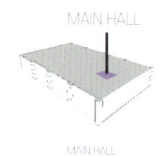 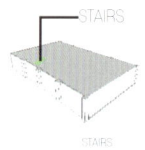 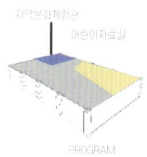

2F 조닝배치

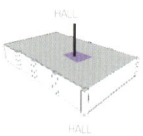 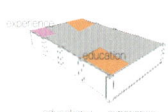 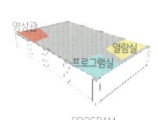

각 공간의 기능적 영역설정

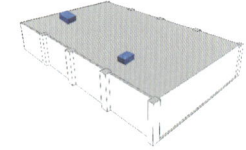 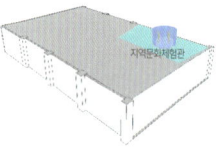 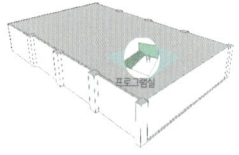 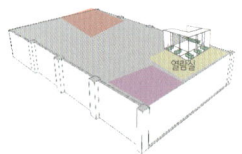

INFORMATION 　　VR ZONE 　　Community zone 　　private reading room

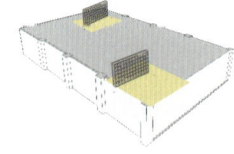 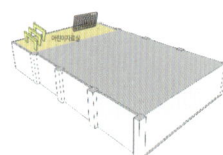 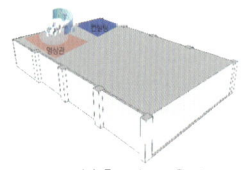 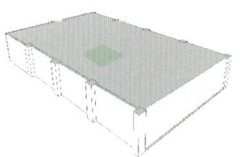

BOOK SHELF 　　Children reading - playground 　　Job Experience Center 　　Rest area

COORDINATION

1F PLAN

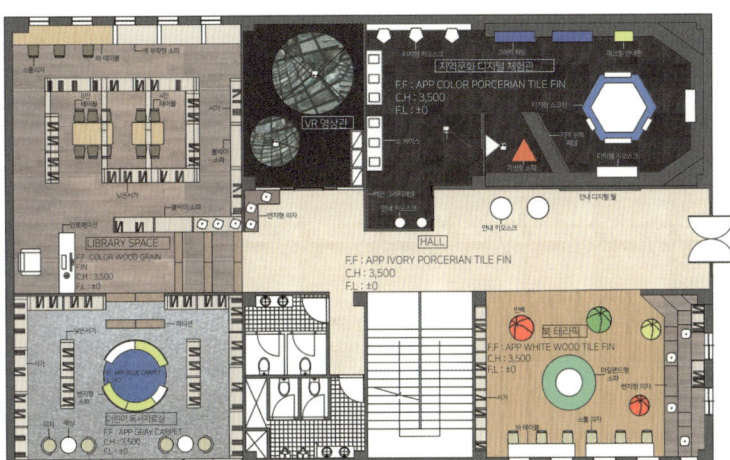

2F PLAN

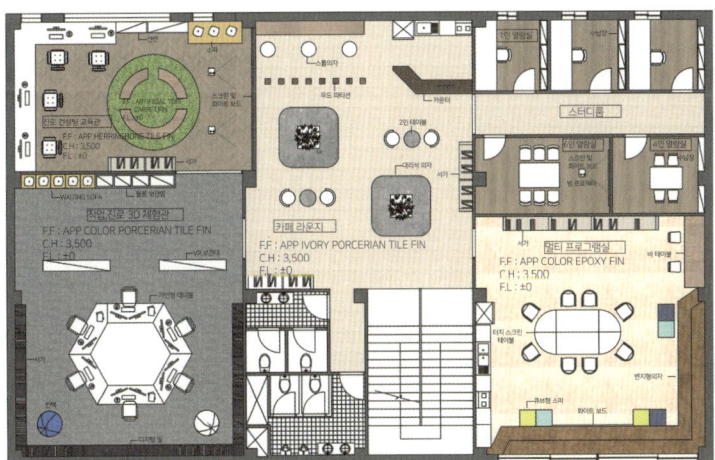

1F SECTION

2F SECETION

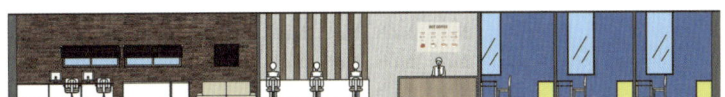

COLOR & MATERAIL

zone_1 어린이 자료실

zone_2 북 테라픽

zone_3 컨설팅 교육공간

1F CEILING

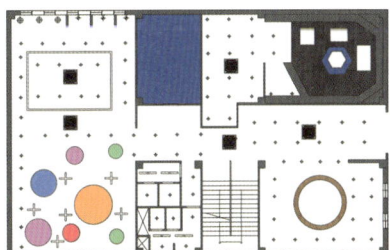

2F CEILING

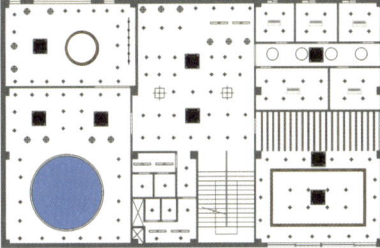

1F 어린이 독서자료실

어린이들의 독서 공간을 자유롭게 이동하면서 책을 읽으면서 놀 수 있는 공간이다. 아이들의 위한 공간이기 때문에 바닥은 푹신한 카펫을 재료로 사용하였고, 다양한 제작 서가,가구를 통해 흥미를 가질 수 있게 했으며 다양한 밝은 컬러를 사용해 호기심과 공간의 생동감을 연출 하였다.

2F 진로,직업 3D 체험관

학생들이 쉽게 진로를 결정할 수 있게 다양한 영상과 3D 를 제공하여 즐기면서 배울수 있는 공간이다. 단순히 책만 읽는 공간이 아니라 글로 배울 수 없는 부분을 다양한 프로그램을 통해 색다른 경험을 받을 수 있고 공간에 속도감을 부여하기 위하여 다양한두ㄲ와 사선을 통하여 역동적인 느낌을 주었다.

화훼문화가 결합된 복합문화공간
공공의 성격과 상거래의 성격이 복합된 뉴노멀 커넥션

성종현
SUNGJONGHYUN
tjdwhde6@naver.com

Awads

2019 GTQ 1급 자격증 취득

2020 AI 아이디어공모전 특별상

2021 건축기사자격증 취득

꽃집들은 많지만 다들 규모가 작고 종류도 한정적 일 수 밖에 없습니다. 연합 매장의 성격을 띄면서 공판장 성격으로 같이 물건을 떼오고, 다중 다양한 샵들을 각자 브랜딩하며, 같이 커뮤니티를 형성해 의논하고 공동 브랜드도 창출하고, 반면 고객들은 소공원처럼 언제든지 산책하듯 방문이 가능하고 작은 플라워카페에서 쉬기도 하며 꽃에 관한 여러가지 교육과 체험하는 동시에 꽃과 관련된 여러 작품들도 관람할 수 있는 한마디로 공공의 성격과 상거래의 성격, 마을단위 소공원 성격이 복합된 공간을 제시합니다.

※ '**직조**' 라는 개념을 공간에 반영시켜 형태를 **직조화** 하며 공간을 **유기적** 으로 사용한다

BACKGROUND

77.4%
반려 동물과 반려식물은 서로 대신할 수 없는 그만의 특징이 있다

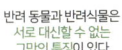
69.4%
반려 식물을 키우는 사람이 충분히 이해가 된다

61.8%
1인가구 증가로 인해 반려식물을 키우는 사람들이 증가할 것

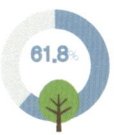
53.9%
식물에게도 반려동물만큼의 애정이 생길 수 있다

반려식물은 공기정화에 좋다
지금 시대에는 반려식물과 같은 식물로 공기정화를 시켜주는 것이 최적이다

반려식물은 인테리어 효과가 있다
누구나 쉽게 키울수 있으며 관상용 식물로 사용 할 수 있다. 인테리어용으로 좋다

점차 주변에서 식물에 대한 욕구를 충족시킬 곳이 줄어들고 있지만 코로나로 인해 욕구는 증가되었다. 여기에 하나의 대안이 될 수 있는 반려식물을 제시한다. 집에서 나가지 않으며 동시에 식물 등 그린에 대한 욕구를 채워줄 뿐 아니라 **특유의 안정감과 편안함**을 제공한다

이와같은 효과가 있는 반려식물로 인하여 시민들의 **식물 생활화**를 부추기는 공간을 형성하여 본다

화훼산업의 문제점 및 개선책

문제점
· 다양성 부족
· 사치품의 인식
· 높은 진입장벽
· 즐길거리 부족

→

변화 및 기대방향
· 컨텐츠 도입
· 생활화 확대
· 식물 욕구 충족

SITE

침체된 도시의 활성화

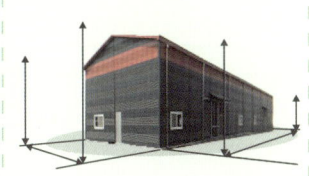

주거지역이 넓게 분포되어있으며 상업적인 부분이 맞닿아 있다. 또한 식물에 대한 공간이 부족하므로 선정하게 되었다

부산의 지하철인 2호선과 동해선이 가까운 거리에 위치하며 동시에 큰 도로가 주변으로 위치해 있어 이동에 있어서 편리하다

주변 기주지역이 밀집한 곳이며 동시에 이동과 교통이 편리하여 이용하기 수월한 곳에 위치한 공장을 선택하였다

주소: 부산 수영구 구락로 113 엠에스퍼니쳐
건물면적: 337.3 PY (46m x 22m)
층고: 8,000mm

기존의 공장,창고를 새로운 복합문화공간으로 주변 지역도 밝아지고 도심 속 작은 문화공간이 생겨 쾌적한 생활여건을 조성하기 위해 도심 속의 공장을 선택하였다

TARGET

MAIN TARGET
식물을 구매하고 교육을 원하는 시민
꽃집은 품종이 너무 부족한데 반해 공판장은 구매 이외에 즐길 부분이 없다. 때문에 이 곳에서 다양한 품종을 구매하며 또한 다양한 문화생활을 즐길 수 있도록 한다

SUB TARGET
다양한 복합 시설을 이용하는 시민
평소 관심이 없었던 시민들도 와서 체험하며 새로운 경험을 하고 이에 화훼문화의 생활화가 자연스럽게 이루어 지며 꽃에 대한 관심 또한 증가하고 화훼산업의 활성화를 기대한다

꽃집 이용자 조사 출처:한국토지주택공사

불편한 점
접근성 불편 43%
시설 부족 25%
행사 부족 10%
기타 20%

편한 점
다양한 수목 61%
깨끗한 시설관리 20%
기타 20%

SPACE PROGRAM

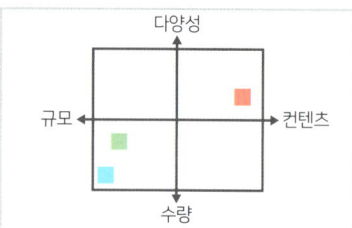

판매의 공간
연합 매장의 성격을 띠면서 공판장과 같은 역할을 하는 공간이다

참여의 공간
체험을 하는 공간과 인식의 변화 및 꽃꽂이 프로그램 등을 교육하고 배우는 공간이다

휴식의 공간
이용하는 시민들이 언제든지 휴식을 할 수 있는 공간이다

산책로 공간
자연스러운 형태를 산책의 형상으로 구성

체험적 공간
간단한 체험을 할 수 있는 공간을 마련

휴게 공간
다양한 사람들이 여러 방식으로 쉴 수 있는 공간

CASE ANALYSIS

기성 꽃집의 결론
컨텐츠의 다양성 및 이동이 가능
작은 규모로 제한적인 품종 수

화훼공판장의 결론
넓은 공간으로 품종의 다양성 확보
컨텐츠 부족으로 이용자들만 이용

문제점
기존의 꽃집은 컨텐츠의 다양성이 존재하지만 어쩔수 없는 작은 공으로 다양성이 확보되지않고 공판장의 경우 다양성이 확보되지만 컨텐츠 부족으로 이용객들만 이용한다는 문제점이 있다

방향성
꽃에 대한 인식이 변화가 될 수 있도록 접근성을 용이하게 하기 위해 다양한 컨텐츠를 중심으로 이용 가능하도록 하며 식물의 생활화를 돕고 동시에 부진한 화훼산업에 일조한다

■ 대구 가화꽃집

■ 양재화훼공판장

■ 엄궁화훼공판장

CONCEPT

"직조"

여러가지 공간, 다양한 장소와 목적 등이 한 곳에 어우러져 각각이 서로에게 영향을 끼치며 도움을 주고 받으며 단단하게 연결되는 공간으로 구성하여 직조의 의미와 결합하여 나타내보도록 한다

※ 대표적인 직조형태 : 대표적인 단순직조 형태

※ 직조의 활용 : 직조형태의 의미를 공간에 적용

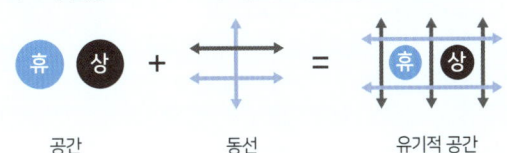

[직조패턴의 공간 분리]

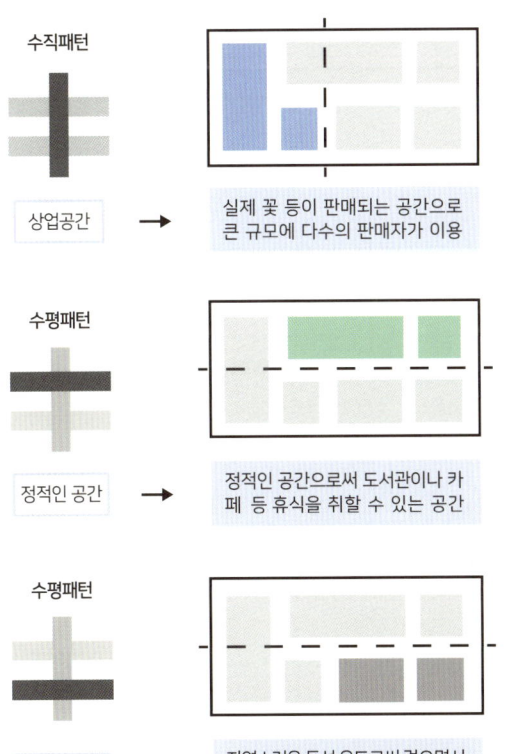

[분리된 공간의 동선 구성]

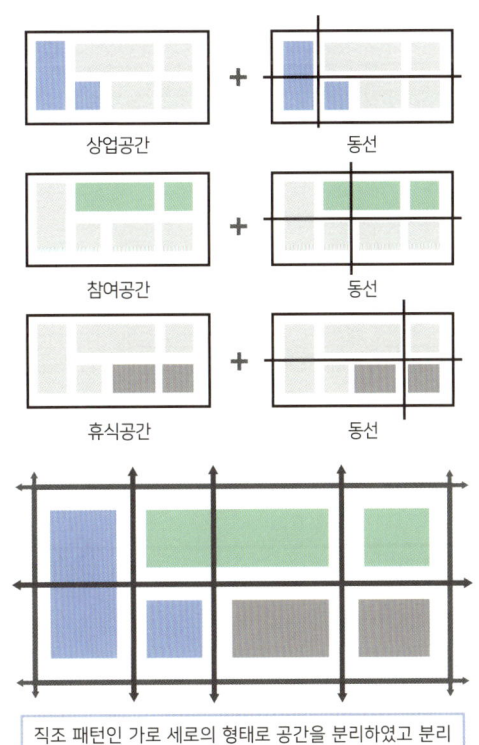

직조 패턴인 가로 세로의 형태로 공간을 분리하였고 분리된 공간 사이사이에 동선을 배치하여 각 공간들을 연결시켜 상호 유기적으로 공간을 구성하려고 하였다

KEYWORD

면의중첩

- 중첩의 의미

직조의 구조상 서로 얽히고 겹쳐지며 견고해지며 서로 상호작용하도록 되어진다. 공간의 면에 수직적 입체감을 주어 단면적인 형태에서 벗어나 입체감준다

- 직조의 단면 : 세로로 자른 단면의 형태

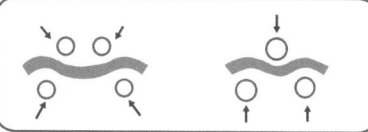

- 중첩의 형태 : 여러 겹의 중첩으로서 형태

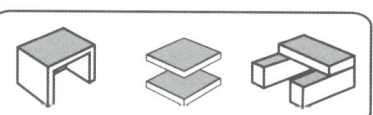

-공간의 역할분석-

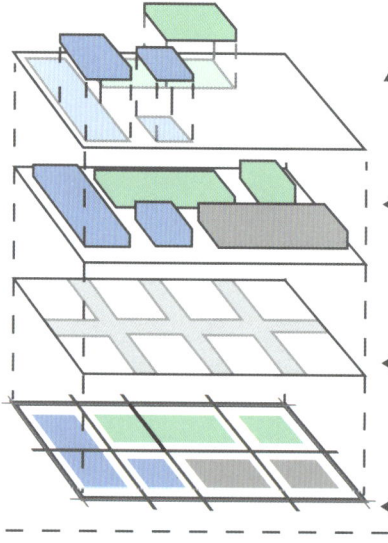

중층 공간
공간 자체의 중첩으로 수직적으로 겹쳐지거나 밑부분을 활용하는 것

단면 공간
내부에 수직적인 형태의 구조물로써 입체감 및 변화를 준다

동선
각각의 상업, 휴게, 참여의 공간을 동선으로써 일체화

공간 구성
기존의 공간을 상업휴게, 참여 및 휴게의 부분으로 구성한다

선의연결

● **횡방향 연결** 두 부재를 단순히 직선 형태로 연결하는 횡방향적 연결을 나타내기 위해 다양한 형태의 **계단**을 주로 이용한다.

● **종방향 연결** 모를 짜집는 형태로 두 공간을 이어준다는 의미의 종방향적 연결은 **목재구조물**이나 **천정** 등을 이용해 나타낸다

: 발전과정

 → 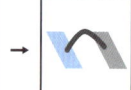 →  →

: 입체 구조물의 연결표현

 →  →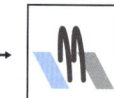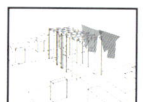

연결된 형식을 입체적으로 변형하여 구조물로 형성

1. 계단 폭의 이용 : 폭의 변화를 주어 계단의 공간을 활용한다

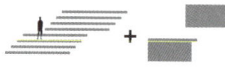

2. 높낮이 이용

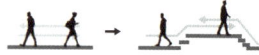

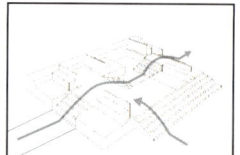

높낮이 변화로 인해 동적이고 하나의 컨텐츠로써 이용도 가능 하도록 구성하며 동시에 공간의 볼륨감 변화를 준다

: 바닥 구조물의 연결표현

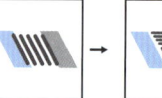 →  →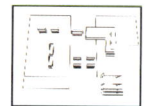

연결된 형식에 여러 패턴을 도입하여 바닥의 구조물로 표현

: 천장 구조물의 연결표현

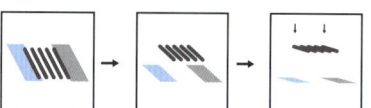

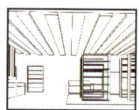

천장에 설치하여 위에서 봤을 때 선 적인 요소 표현

1F FLOOR

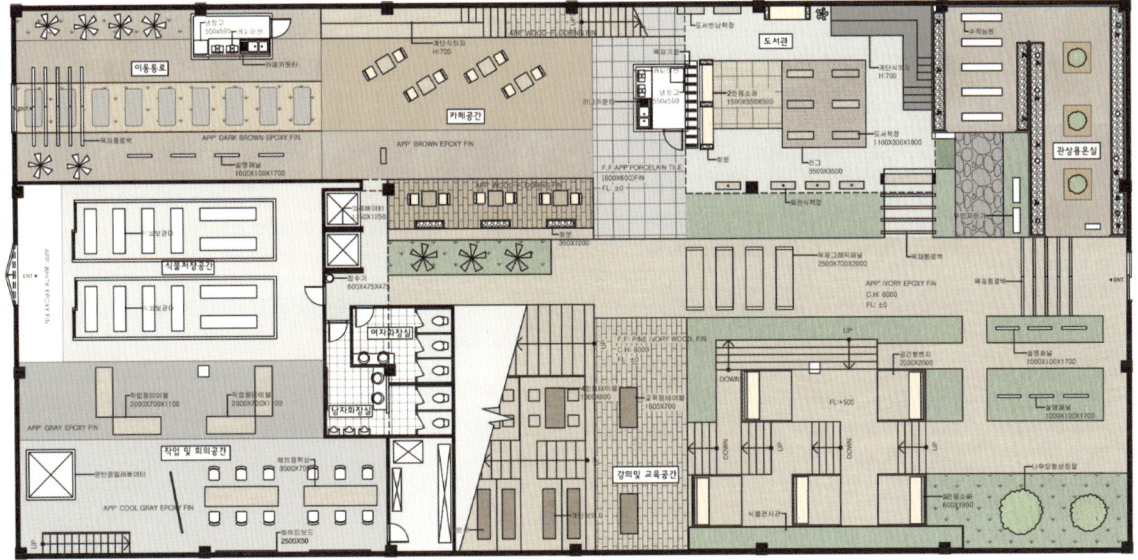

MIDRISE FLOOR

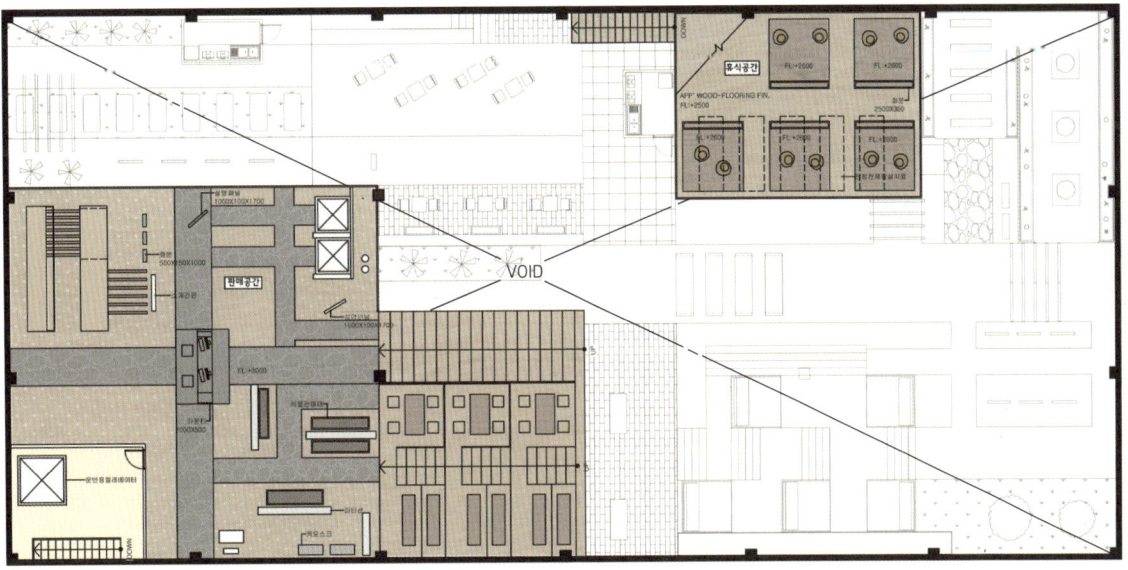

쉬어갈 수 있는 안락한 도서관
화훼문화 속 정적인 쉼터의 공간

1) 전체적인 공간을 두 부분으로 나누자면 정적인 공간과 동적인 공간으로 구성된다. 도서관은 정적인 공간으로써 식물을 구경하러 오는 것에 더불어 휴식을 취하며 공원의 형태로 이용하는 곳으로 사용된다. 남녀노소 불문하고 꽃에 관심이 없더라도 도서관 자체를 이용하며 더불어 꽃에 대한 관심도 늘어날 수 있다

2) 가장 눈에 띄는 천장부분은 공간의 컨셉인 직조의 형태를 단순화 한 직선적 패턴을 가로 세로 형태로 배치하였고 전체적으로 개방된 공간이지만 목재구조물과회전책장을 전면에 배치하여 공간을 나눠줌으로써 정적인 활동을 가능하도록 한다

개인판매자들이 만드는 판매공간
여럿 판매자들로써 다종다양한 식물을 판해하는공간

1) 화훼문화가결합된 복합공간으로써 이공간은 판매의 공간이다. 여러가지 형태의 식물이 구비되어 있고 꽃집에서 볼 수 없었던 많은 종류의 식물이 판매되고 있다. 앞의 휴게하는 공간과 계단으로써 자연스럽게 연결이 되어있어 식물에 관심이 크게 없더라도 올라와서 구경할 수 있고 그러면서 식물의 진입장벽도 낮추는 효과는 물론이고 식물의 생활화도 자연스럽게 유도가 될 수 있다

2) 공간의 주된 디자인 요소인 직조의 형태를 단순화 하여 나타낸 큰 규모의 수직 구조물이 주요 형태이다. 판매자들은 가로 세로로 짜여진 구조물 사이사이에서 판매를 진행하며 중앙에 공동으로 계산을 진행하는 계산대가 위치한다. 이 공간은 2층에 위치하고 있고 밑의 공간에는 식물이 운반되고 저장되며 여러 회의나 창고의 공간으로 사용되는 곳이 위치하도록 하였다

Studio Complex For Family Bonding
가족 유대감 형성을 위한 스튜디오 복합공간

허예솜
HEOYESOM
ysh071102@naver.com

Awards
2020 GTQ 1급 자격증 취득

코로나 19를 계기로 많은 변화가 생겼다. 집에서 지내는 시간이 늘어났고, 우리 모두는 사회적으로 거리를 두게 되었다. 그러면서 새롭게 나타난 뉴노멀(New Normal) 이란 영어 단어 그대로 '새로운 표준'이며, 우리말로는 새 기준 또는 새 일상이라고 말할 수 있다. 집에서 보내는 시간이 늘어난 만큼 가족과 함께하는 시간이 증가했고, 비대면으로 서로 소통하게 되었다. 예전과는 다른 일상이지만, 새로워진 일상에서 추억을 공유하고 가족과 가족 더 나아가 사람과 사람 사이의 거리는 가까워지는것이 뉴노멀이라고 생각한다.

BACKGROUND

| 코로나19로 인한 관계의 변화는?

코로나19로 인해 관계가 가까워진 집단 1순위는 '가족'

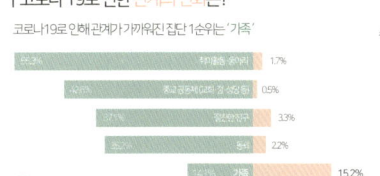

| 집에 머무르는 시간이 많아지면서…

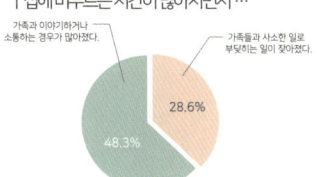

코로나19로 집에 있는 시간과 더불어 가족과 함께지내는 시간이 늘어났다. 또 개인 여가시간보다는 가족 여가시간이 증가했고, 그로 인해 가족관계는 가까워지기도 했으나 반대로 멀어지기도 했다. 가족과의 관계가 가까워진 사람들은 가족과의 친밀감 형성을 위해, 멀어졌던 사람들은 관계회복에 초점을 맞춘 공간이 필요하다.

| 가장 제대로 된 가족사진이 있나요?

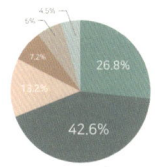

많은 사람들이 버킷리스트로 꼽을 만큼 의미가 있지만, 특별한 행사가 있는 경우를 제외하고 가족사진을 찍기는 힘들다. 하지만 가족 사진은 힘들 때 우리를 위로해주며, 함께 모여서 찍는 것만으로도 가족간의 유대감 형성에 도움이 된다. 또한 그 과정 자체만으로도 즐거운 이벤트가 되기에 가족 사진을 찍으면서 항상 곁에 있어 소중함을 잃고 지냈던 서로의 의미를 되돌아 보는 공간을 제안한다.

Hybrid Connection

SITE

위치 : 부산광역시 해운대구 청사포로58번길 38
용도 : 제2종근린생활시설
연면적 : 1,241.31㎡ (375PY) 지상 3층 건물
대지면적 : 3,548㎡

-> 현재는 카페로 사용되고 있으며 전체적으로 층고가 높고, 창이 사방으로 열려있어 채광이 잘 된다. 바다가 보이는 곳에 위치하고 있어 조망이 좋은 특징이 있다.

주요 특징

01 500M 이내에 주거시설, 어린이집 등이 위치하고 있어 인구 밀집도가 높다.

02 청사포, 달맞이길, 블루라인파크 등 관광명소들이 위치하고 있으며, 관광객이 많이 찾는 곳이다.

03 도로와 주변 버스의 운행이 원활하여 접근이 용이하다.

04 건물 주변으로 조경 면적이 넓게 있고, 주차공간이 확보되어 있다.

주변 관광지

▶ 청사포   ▶ 달맞이길   ▶ 블루라인파크

TARGET

MAIN TARGET

의미있는 사진을 남기고 싶은 다양한 가족

▶ 가족, 친구와 하는 여가활동

49% TV 시청
19% 모바일 콘텐츠, 다시보기 시청
17% 산책 및 걷기

가족과 함께 하는 시간은 증가했지만, 주로 TV시청 등을 많이 하는 것으로 나타났다. 여가시간에 TV시청이 아닌 가족사진을 찍으면서 의미있는 시간을 보내고 다양한 체험을 할 수 있는 공간을 제공한다.

SUB TARGET

지역 주민 + 가족 관광객

▶ 올해 여행을 하는 이유

39% 가족과 연결하는 기회를 얻기 위해
24% 친구들과 만나기 위해
22% 파트너와 여행하기 위해

가족, 친구들과 의미있는 시간을 보내는 등 여행을 통해 현재 부족했던 것을 채우려는 사람이 늘어나고 있다. 여행을 통해 관계를 연결하고 싶어하는 사람들을 위한 공간을 제공한다.

SPACE PROGRAM

스튜디오 공간

가족 캘린더   가족 셀프 사진   추억 리마인드

영정 사진

가족 유대감 공간

역할 바꾸기   버킷리스트 작성   가족 사진 퍼즐

유언남기기   가족사진나무

1F MEMORY ZONE

전시공간   포토월   라운지

전시, 영상등을 감상하며 가족의 소중함을 느낄 수 있는 공간   의미 있는 사진을 보고, 공간에 대한 추억을 남기는 공간   전시공간과 함께 휴식을 즐길 수 있는 공간

2F STUDIO ZONE

인포메이션   컨셉 스튜디오   대기공간

촬영 컨셉, 장소등을 선택하고 안내받는 공간   여러가지 사진 촬영을 하면서 추억을 나눌 수 있는 공간   사진 촬영 전 소지품정돈 및 점검하고 의상도 고를 수 있는 공간

3F COMMUNITY ZONE & STAFF ZONE

소통공간   앨범제작공간   스태프존

가족과 소통하며 유대감을 쌓을 수 있는 공간   앨범,영상 제작 / SELF 제작 공간   직원들이 작업하고 휴식을 취할 수 있는 공간

CONCEPT

FRACTAL

: 일부 작은 조각이 전체와 비슷한 자기유사성을 갖는 기하학적 형태

부분과 전체가 똑같은 모양을 하고 있다는 자기 유사성 개념을 기하학적으로 푼 구조를 말한다. Fractal은 단순한 구조가 끊임없이 반복되면서 복잡하고 묘한 전체 구조를 만드는 것으로, 즉 '자기유사성(self-similarity)' 과 순환성'(recursiveness)'이라는 특징을 가지고 있다.

▶ 일상생활 속 Fractal

  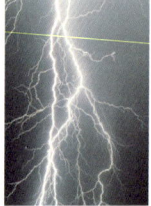  

- 잘라도 형태가 유지되는 브로콜리
- 동일한 형태의 잎이 반복되는 고사리잎
- 반복적으로 유사한 형태를 유지하는 번개
- 인형 안에 인형이 겹겹이 들어있는 마트료시카
- 겨울왕국 애니메이션 속 반복되는 눈의 결정인 육각형 구조

사람은 태어날 때부터 혼자가 아니라 가족을 구성하고 있다. 어릴 적 부모님과 맺은 관계의 패턴이 성인이 되어서도 반복될만큼, 가족의 의미는 중요하다. 쉽게 말해서 어릴 때의 경험이 하나의 패턴이 되고, 성인이 된 후에도 반복된다는 것이다. 가족과 함께한 경험을 바탕으로 의미있는 공간을 계획한다.

01 자기유사성

공간의 규모
추억을 담는 행위는 사진, 앨범이나 액자등 프레임의 형태로 간직한다. 프레임의 형태는 같지만 증명사진부터 수첩, 사진앨범, 액자까지 크기는 다양하다. 크기가 다양한 프레임을 하나의 Unit으로 해석하여 기능에 따라 공간을 구성한다.

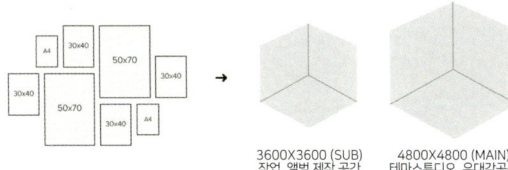

3600X3600 (SUB) 작업, 앨범 제작 공간
4800X4800 (MAIN) 테마스튜디오, 유대감공간

공간의 시각적 표현
프레임 형태를 천장과 벽면에 장식적인 요소로 사용하여 전체적인 공간의 구성과 같도록 시각적으로 표현하여 자기유사성의 의미를 강조한다.

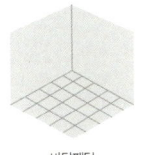 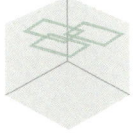 

바닥패턴 조명 디자인 벽면패턴/그래픽요소

02 반복성

공간 배치
기능별 공간을 생성하여 대입하고, 프레임의 형태를 반복시켜 중심이 되는 공간을 동선의 매개체로 두어 공간을 유기적으로 연결하여 사용자들의 자유로운 동선이 가능하도록 배치한다.

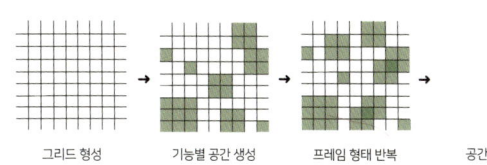

그리드 형성   기능별 공간 생성   프레임 형태 반복   공간에 배치

공간 구성
반복된 프레임을 공간에 구성하여 액자 속 가족사진의 모습처럼 함께하는 순간을 기억한다. 또한 그 공간의 기능에 따라 알맞은 용도로 사용이 가능하도록 한다.

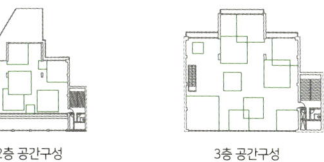

2층 공간구성   3층 공간구성

03 중첩성

기능의 중첩
사용자가 이동하는 복도공간에 아트샵, 갤러리의 기능을 추가하여 하나의 기능을 하는 단순한 공간이 아닌 여러가지 기능을 함으로써 흥미를 유발한다.

아트샵 공간   갤러리 공간   앉을 수 있는 공간

수직, 수평적 중첩
수직적인 요소와 수평적인 요소를 중첩시켜 서로 높낮이가 다른 공간을 생성하여 용도에 맞는 내부에서 여러 가지 경험을 할 수 있도록 구성한다.

 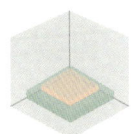

수직적인 중첩   수평적인 중첩

04 불규칙성

가구의 다양성
사용자들의 소통이 중심이 되는 공간에 다양한 가구를 사용하여 단조롭고 지루하지 않은 소통공간을 형성해 공간을 활용한다.

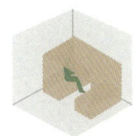 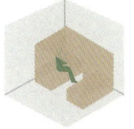 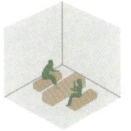 

버킷리스트 공간   유언남기기 공간   역할바꾸기 공간

다양한 재료의 사용
공간을 분리하는 벽을 다양한 재료로 사용하여 공간의 활용도를 높여주고 각 재료를 통해서 사용자들의 공간에 맞게 원활한 소통을 할 수 있도록 한다.

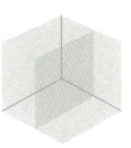 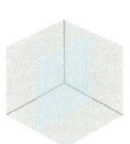 

반투명 재료   투명 재료   불투명 재료

PLAN

1F

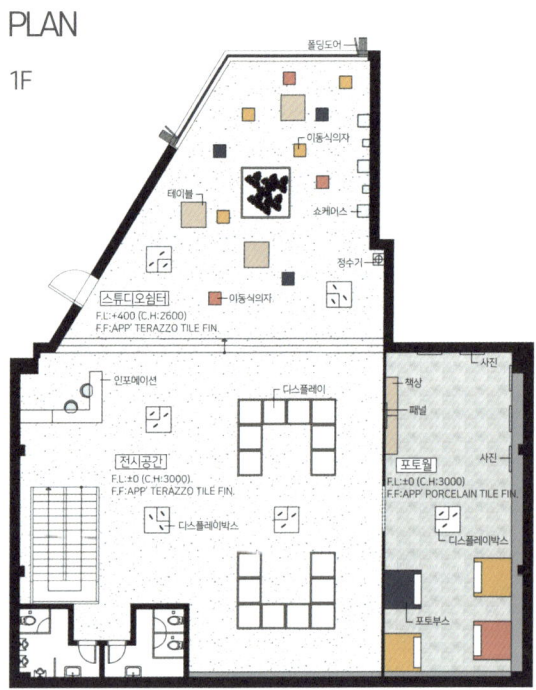

COLOR & MATERIAL

3F

COLOR & MATERIAL

2F

COLOR & MATERIAL

| PANTONE | PANTONE | PANTONE | PANTONE | PANTONE |
| 4067 C | 2262 C | 7401 C | Cool Gray 1 C | 430 C |

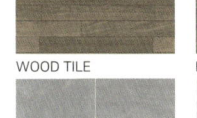
WOOD TILE

HARRINGBON TILE

PORCELAIN TILE

MARBLE TILE

ELEVATION

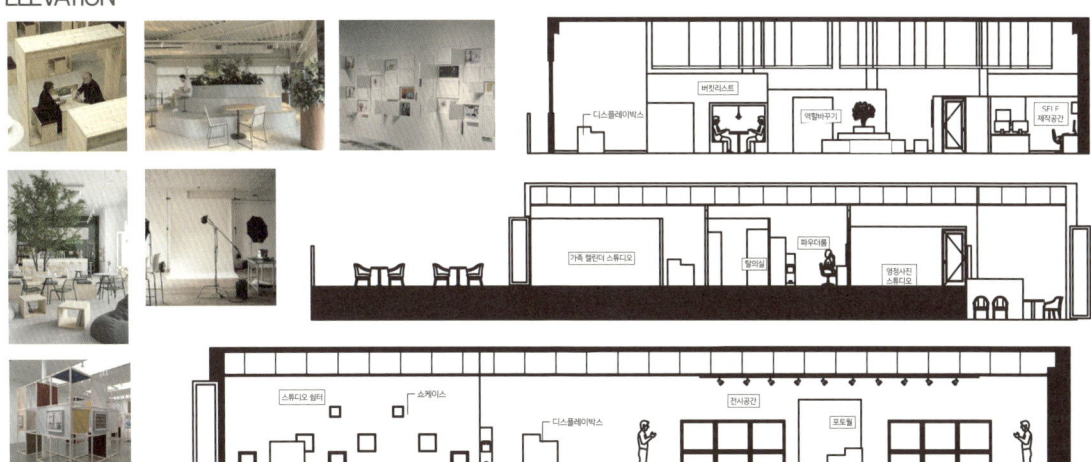

가족 유대감 공간
전시공간

1) 가족과의 멀어진 관계를 돈독하게 만들거나 추억을 쌓을 수 있는 공간으로 가족 캘린더 만들기, 영정사진, 추억리마인드, 가족셀프사진찍기 등 여러가지 사진 촬영을 할 수 있다. 복도 중앙에는 가족 사진 나무를 두어 찍은 사진을 걸어 추억을 공유하고, 벤치에 앉아쉴 수 있는 공간을 계획한다.

2) 가족 사진 전시와 포토월 등을 감상하며 가족의 소중함을 느낄 수 있는 곳이며, 중간 중간 디스플레이 박스를 두어 아트샵 공간을 마련하였다. 전시관람과 함께 휴식을 즐길 공간에 소중한 이야기가 담긴 물건을 쇼케이스에 전시하면서 추억을 되새길 수 있도록 계획한다.

Work Life Intergration : Creative Base Office
삶과 일이 통합된 창의적인 업무공간 거점 오피스

김현정
KIM HYUN JEONG

stacienala@naver.com

Awards
2020 전산응용건축제도기능사 자격증 취득
2020 한국실내디자인학회 입선
2020 한국공간디자인대전 특선

WORK-LIFE-INTERGRATION (워라인)
: 삶과 일이 통합되는 삶을 나타내는 신조어

2020년 코로나 바이러스의 확산으로 우리의 일상에 많은 변화가 생겼다. 뉴노멀은 시대, 환경에 따라 세상에서 새롭게 기준이 되는 것을 이야기하는 신조어이다. 포스트 코로나 이후에 뉴노멀 시대로 접어드는 세상에서 가장 변화가 일어난 일과 쉼의 경계가 모호해지고, 기존의 업무를 끝내고 운동을 하러 가는 것이 워라밸 이라면 점심 시간에 운동을 하고 상쾌한 기분으로 다시 업무를 시작하는 것이 워라인 이다. 일에서 느끼는 성취와 성장이 삶의 동력이 되고 그 행복한 삶이 조직에서 높은 성과를 창출하는 상호 보완적 삶의 형태이다. 기존에 있던 방식에서 새로운 방식을 도입하여 전 보다 더 발전한 방식으로 삶을 이어 나가는 형태로 새롭지만 평범하고 평범 하지만 새로운 웰컴제너레이션 시대의 첫 시작인 뉴노멀이라고 생각한다.

BACKGROUND

NEW NOMAL

New(새로운) + Nomal(평균, 보통)

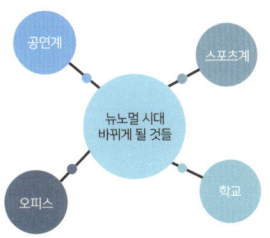

뉴노멀 시대에 바뀌게 될 여러 직종중 최근 많은 변화를 보이고 있는 오피스가 재택근무 등도 있지만 포스트 코로나 시대에 중요한 화두인 주거공간이나 업무시설과 인접한 오픈 스페이스, 거점 오피스를 선택하였다.

많은 기업들이 거점 오피스에 대한 반응이 빨리 오고, 수요도 점점 늘고 있다.

거점오피스란? 정해진 회사가 아니라 주변에 있는 가까운 사무실을 골라 출근하는 뉴노멀의 대표적인 근무 형태이다. 스마트워크와 재택근무의 중간단계의 업무 형태이고 두가지의 단점을 보완된 점이 있기때문에 더욱 떠오르고 있다. 거점 오피스가 나오기까지 많은 문제점들과 기존의 것들을 파악해야한다.

코로나로 인하여 많은 기업들은 재택근무를 시행하였는데 편한점도 있었지만 그에 따르는 문제점들도 많았다. 전국에 남아도는 공실들도 활용하는 방안을 찾아야 한다.

업무의 효율은 떨어지고 직원들과의 의사소통의 문제

PROBLEM

해외에는 이미 활성화된 다양한 오피스 구성이 한국에는 보편화 되어있지 않다.

창의적이고 다양한 공간 부족

일의 양이 많아지면서 사람들이 자기계발과 취미활동을 온전히 즐길 수 없는 상황이다.

자기계발, 취미활동(휴식) 시간 부족

일과 자기계발, 휴식 세가지를 다 잡을 수 있는 공간 필요

SITE

명칭 : 파나카 B
위치 : 부산광역시 금정구 금정로 94
높이 : 19.8 m² (약 367.92평)
대지면적 : 493.6 m²
계획 면적 : 1,214.14 m² (344PY) 지상 4층

▶ 내부사진

4층 건물 (컨셉의 다양성)
이 사이트는 4층으로 이루어져 있고, 특징은 1층과 2층, 3층과 4층이 연결되어 있는 구조이다. 기존의 특이한 구조를 활용하여 층별로 다양한 컨셉을 구현할 수 있다.

교통시설 (지하철, 버스)
거점오피스에서 중요한것 두가지중 하나인 주거지역과 가까운 곳이다. 직원들의 출퇴근 시간을 줄여줄 수 있는 장점을 잘살릴 수 있도록 주거지역과 근접한 곳을 선택했다.

접근성 (주거지역)
거점오피스의 제일 중요한 점인 주거지역 과 가까운곳이거나 교통편이 편리한 곳 이여야 한다. 이곳은 걸어서 10분 이내에 지하철역이 두곳이 있다. 버스 또한 걸어서 10분 이내 20개에 달하는 정거장이 있다.

마당과 주차장
포스트 코로나 시대에 가장 중요시되고 있는 마당과 차를 가지고 오는 사용자가 있을 수 있기 때문에 주차장이 있는 사이트를 선택했다.

TARGET

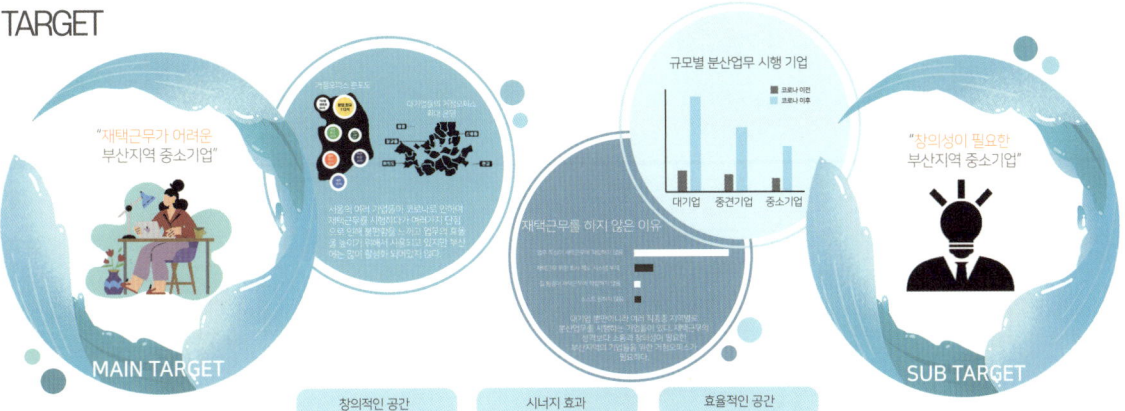

SPACE PROGRAM

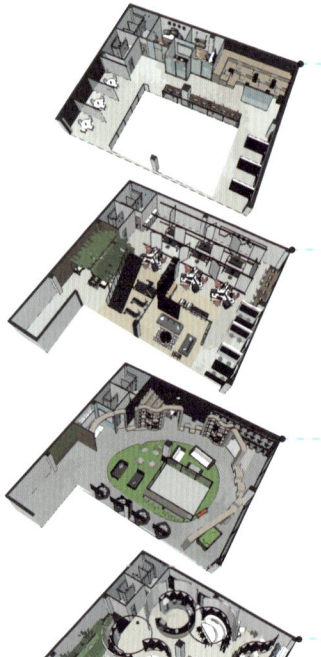

4F 소통을 끌어내다,

EMPATHIC COMMUNICATION ZONE
(공감적 소통 공간)

- 업무공간
- 화상공간
- 아이디어 공유 공간

3F 창의력을 끌어내다,

CREATIVE ZONE
(창의적 공간)

W.L.I. ZONE

- 업무공간
- 소회의실
- 그린 존
- 운동공간
- 휴식공간

2F 신체를 활용하다,

PHYSICAL ZONE
(신체적 공간)

NUDGE ZONE

- 미니 영상실
- 게임 공간
- 휴게공간
- 브레인 스토밍 공간

1F 심리를 건드리다,

INFORMATION

PSYCHOLOGICAL ZONE
(심리적 공간)

- 안내데스크
- ABOUT OFFICE
- 카페
- 스낵코너
- 미팅룸
- 카페테리아

CONCEPT

창의적인 사고와 행동을 자연스럽게 이끌어내는 공간

LIQUIDIZING AFFORDANCE DESIGN

:물이 흐르는듯한 유동적인 속성으로 자연스럽게 어떠한 행동을 끌어내는 디자인

포스트 코로나 이후에 뉴노멀 시대로 접어드는 세상에서 일과 쉼의 경계가 모호해지고, 정해진 오피스로 출근을 하는 형태가 아닌 좀 더 나아가 집에서 가까운 곳으로 출근을 하는 새로운 근무 방식이 찾아들었다.
이러한 상황에 맞게 공간의 사용자들이 일과 쉼의 경계는 존재하되, 단절된 것이 아닌 합쳐짐으로써 워라밸을 충족시키고, 창의적인 아이디어를 자연스럽게 표출할 수 있도록 물이 가지고있는 속성들과 특징들을 비유하여 디자인의 방향을 설정하였다.

1층 가벽
외부인과 사용자가 뒤섞이는 공간으로 외부인의 자연스러운 유입과 사용자의 행동을 유도하여 재미있고 자유로운 느낌을 준다.

2층 구조물
인위적인 벽으로 나뉘지 않고 물결의 구조물로 자연스럽게 공간을 구분하고 책장과 의자 로도 사용하면서 고정관념의 틀을 깨어 창의적 아이디어를 유도한다.

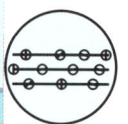 

3층 보드
상부의 레일을 따라 화이트 보드가 움직이면서 사용자가 필요할때 사용할 수 있다. 간단한 회의가 필요할때 보드를 움직여 집의적으로 공간을 구성하며, 아이디어를 상시 공유하고 직원들간 유대 관계를 올림으로써 시너지 효과를 기대할 수 있다.

CONCEPT KEYWORD 1

1. 결합의 속성

외부인과 내부인이 뒤섞이며 결합되는 1층 공간을 물의 표면장력 특성을 가져와 사용한다. 물은 수소와 산소의 결합물이며 액체와 기체 사이 분자끼리 표면을 만들어 모양을 생성하는 특성을 표면분자와 평형분자의 장력이 형성되면서 부딪히는 장력간의 공간을 구성하여 유기적으로 분할한다.

1) 표면에 있는 유체 분자
분자의 결합

2) 평형상태의 유체 분자

3) 표면분자와 평형분자의 장력 형성

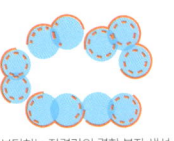
4) 부딪히는 장력간의 결합 분자 생성
결합분자로 공간 분리

CONCEPT KEYWORD 2

2. 흐름의 속성

물은 자연에 의해 순환하며 흐르는 속성을 가지고 있다. 단순히 흐르는 기능만 하는 것이 아닌 주변과 상호연계성을 이루고 있는데 공간간의 흐름을 표현하기 위해 모든 요소들이 연결되어 사용자의 행동을 흐르듯이 자연스럽게 유도하는 디자인을 공간속에 표현한다.

1) 흐르는 물 이미지화

2) 흐름의 단순화

3) 바닥에 표현

-> 물이 흐르는 이미지화하여 자연스럽게 공간이 나누어지는 모습을 공간에 배치하여 행동을 유도한다.

1) 물결 이미지화

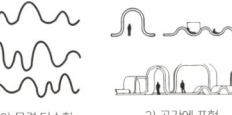
2) 물결 단순화   3) 공간에 표현

-> 물결을 단순화하여 의자로 표현하고 모든 쉼을 이어줌으로써 독특하며 색다른 공간분리의 역할을 한다.

1) 물의 파장 이미지화   2) 파장 단순화   3) 천정에 표현

-> 물이 떨어지면서 생기는 파장을 단순화하여 천정의 조명으로 나타낸다.

CONCEPT KEYWORD 3

3. 변형의 속성

물의 속성중 담는 용기에 따라 모양이 계속 변하는 변형의 속성을 활용하여 3층의 가구들과 배치를 가변성있게하여 정해진 공간이 아닌 필요에 따라서 공간을 창의적, 유동적으로 공간을 분할하고 자유로운 분위기에서 창의적인 아이디어 구상을 유도한다.

1) 보드를 이용하여 유동적인 공간 분할

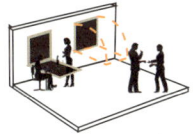
2) 접이식 보드를 이용한 유동적인 변형

3) 가변 파티션을 활용하여 공간 분할
(열린공간)

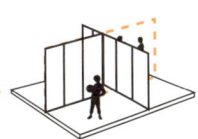
4) 가변 파티션을 활용하여 공간 분할
(닫힌 공간)

CONCEPT KEYWORD 4

4. 투명의 속성

물이 가지는 투명성은 안을 볼 수 있어서 시각적으로 교류가 가능하고 개방감 을 준다. 또, 공간의 거리감이 가깝게 느껴지는 특성이 있는데 이러한 속성을 이용하여 공간을 투명하면서 열린공간과, 멀리있는 회사와의 화상업무를 하며 거리와 상관없이 이야기하고 교감할 수 있는 공간을 구성한다.

1) 공간의 벽을 유리로 구성하여 시각적 교감

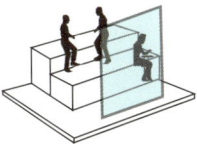
2) 개방된 업무공간, 자유로운 아이디어 교류 공간

3) 투명한 공간 속, 시간과 공간을 뛰어넘는 화상회의 공간

4) 반투명한 천을 이용한 유동적인 업무공간

PLAN

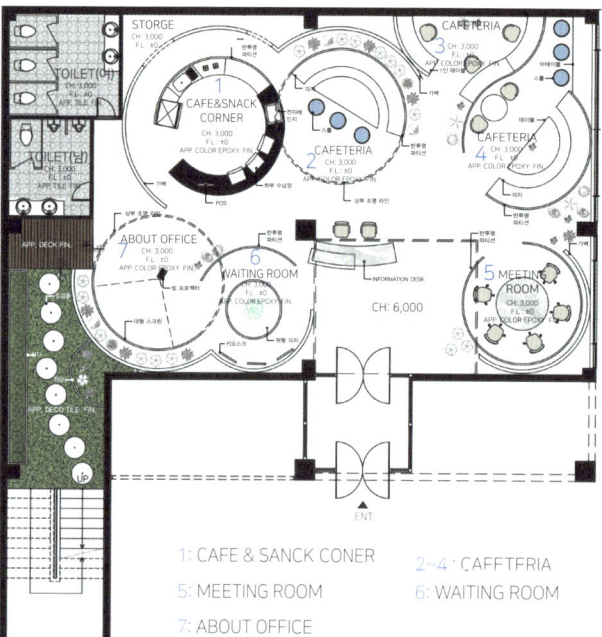

1: CAFE & SANCK CONER
2~4: CAFETERIA
5: MEETING ROOM
6: WAITING ROOM
7: ABOUT OFFICE

1: VIDEO ROOM
2: BRAIN STORMING ZONE
3: STAFF LOUNGE
4: GAME ZONE
5: BRAIN STORMING ZONE

COLOR & MATERIAL

1F 심리를 건드리다 - 휴식의 속성

사용자가 공간에 들어설 때 편안한 느낌을 받기 위해 자연의 색상을 pale톤으로 사용한다.

2F 신체를 활용하다 - 흐름의 속성

라운지 공간의 성격상 사람들이 모이는 장소이기에 중간으로 집중될수 있는 색으로 배치하고 주변의 색상과 톤을 다운시킨다.

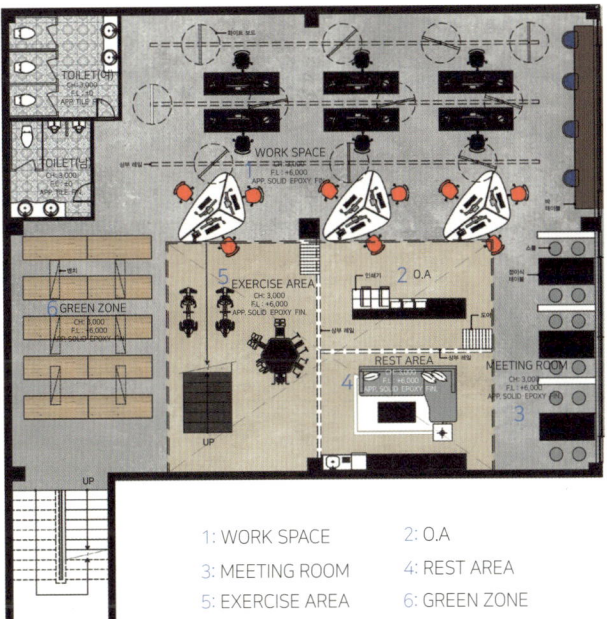

1: WORK SPACE 2: O.A
3: MEETING ROOM 4: REST AREA
5: EXERCISE AREA 6: GREEN ZONE

COLOR & MATERIAL

3F 창의력을 끌어내다 - 변형의 속성

BRICK | GREY SOLID EPOXY | BEIGE SOLID EPOXY

OAK WOOD | DARK WOOD | VERTICAL SIDING WOOD

11-0110 TCX | 17-1137 TCX | 18-1453 TCX | 19-4307 TCX | Black 6 C #101820

업무공간은 한색으로 사용하여 차분한 분위기를 형성하고 난색을 포인트색으로 사용하여 공간속에 활력을 넣어준다.

1: VISION SPACE 2: WORK SPACE
3: IDEA SHARE ZONE 4: WORK SPACE

4F 소통을 끌어내다 - 투명의 속성

BRICK | GREY SOLID EPOXY | OAK WOOD

VERTICAL SIDING WOOD | WOOD DECO TILE | SMOKE VENEER

12-4302 TCX | 17-1137 TCX | 19-4307 TCX | Black 6 C #101820

3층과 이어지는 업무공간으로 전체적인 분위기는 차분한 한색을 사용하고 사용자들간 소통이 필요한 공간은 따뜻한 브라운 컬러를 사용한다.

3_ 창의력을 끌어내는 창의적인 업무공간
워크 스페이스, 소통 업무공간

1) 전형적인 틀과 고정관념에서 벗어나 공간에 유동적인 변화를 주어 사용자가 자연스럽게 아이디어와 창의력을 끌어낼 수 있도록 업무공간을 구성하고 사용자들간 자연스럽게 유대관계를 형성하도록 공간을 구성하여 자유로운 분위기와 업무 속에서 시너지 효과를 유도하는 공간을 계획한다.

2) 거점 오피스는 본사가 따로있는 오피스의 형태인데 거리가 떨어져있는 오피스와 소통을 할 수 있는 업무공간이다. 물의 특성중 투명한 성질을 빗대어 표현한 공간으로, 공간을 구성하는 벽을 투명한 유리로 하여 열린공간의 느낌을 주고 멀리 있는 회사와 거리에 상관없이 교감할 수 있는 공간이다.

2 _ 신체활동을 유도하는 라운지

게임 공간, 넛지 공간

물이 가진 특성중 흐름의 속성에 빗대어 표현한 공간으로 물이 자연스럽게 공간에 따라 흐르듯이 사용자들이 공간에 들어섰을 때 타의에 의한 강압적인 느낌이 아닌 자연스럽게 공간에 흘러들어와 사용자들간 섞여서 자유롭게 즐길 수 있는 공간이다. 자유로운 행동의 유도를 위해 공간을 특정짓지 않고 물결의 특성을 나타낸 구조물을 사용하여 공간을 구분함으로써 모든 쉼공간을 이어주고 공간이 연결된 느낌을 준다. 일을 하다가 쉬고 싶을 때 모여서 머리속을 환기시켜주고 아이디어가 떠오르지 않을 때 창의적인 공간속에서 자유롭게 아이디어를 나누면서 사용자들간 시너지 효과와 더 창의적인 아이디어를 끌어낼 수 있는 공간으로 마련한다.

Medical Volunteer Community Education Center
의료 자원봉사 커뮤니티 교육관 "함께 할게"

'노멀하다' 라고 여겼던 공간은 기존의 행태와 습관, 방식 등에서 벗어나서 새로운 요구에 부합하는 새로운 현상을 현재의 표준으로 삼는 공간의 의미로 사용하는 듯하다. 과거를 반성하고 새로운 질서를 모색하는 시점으로 시대 변화에 따라 새롭게 부상하는 표준의 의미로 새로운 공간을 기존의 용어와 단어로 정의하기 어렵기에 이를 설명하기 위한 도구로써 등장했다고 할 수 있다. 다시 말해 '뉴노멀 공간' 은 우리가 만나게 될 예측 불가능한 미래 혹은 변화된 공간을 기존의 개념으로 다양한 인프라를 갖춰 여러 가지 기능을 수용하는 동시에 개인의 감성적 인식까지도 만족시켜주는 공간이다. 의료 자원봉사 커뮤니티 교육관은 돌봄이 필요한 주민을 위해 개개인의 욕구에 맞는 교육과 서비스를 누리고 함께 살아가며, 자아실현과 활동을 할 수 있도록 하는 사회서비스로 건강을 위해 교육과 서비스, 주거자 간의 커뮤니케이션 및 사회적 관계 형성할 수 있는 뉴노멀 공간이다.

원정은
WON JUNG EUN
wonj3331@naver.com

Awards
2020 한국실내디자인학회 입선
2020 한국공간디자인 대전 특별상

2021 실내건축기사 자격증 취득

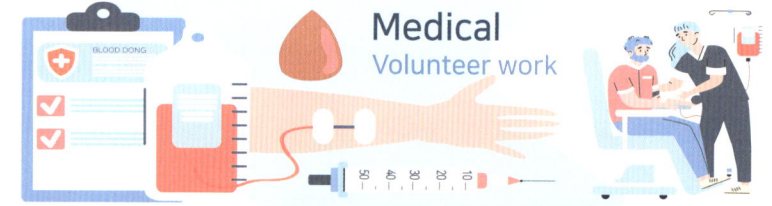

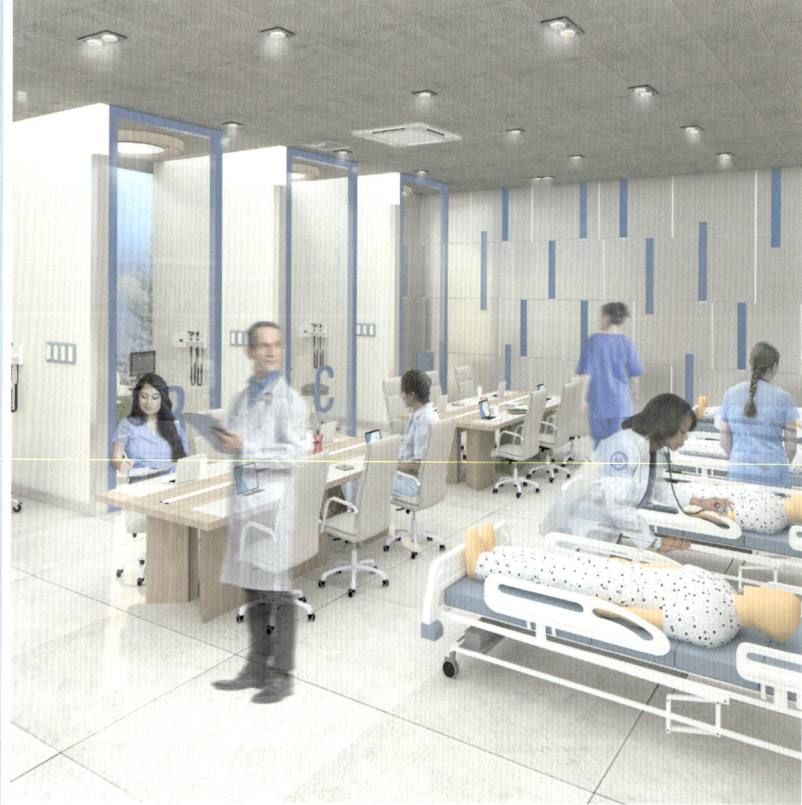

BACKGROUND

2020년 **코로나19시기**의 자원봉사활동의 실태와 선호도가 체계적으로 정리되어 '2020년 자원봉사활동 실태조사'가 공개되었다. **자원봉사활동 참여율은 33.9%로**, 2017년에 비해 **12.5%가** 증가하였다.

[자원봉사활동 참여율] [자원봉사활동 참여 주기] [자원봉사 활동처]

정기적 53.2% / 비정기적 46.8
매 주 12.3 / 매 분기 16.4 / 매 월 24.5

보건의료 및 사회복지기관.시설 38.5%
종교단체 32.9%
교육기관 17.4%
관공서 및 공공기관 17.3%

문제성

의료 자원봉사활동중단하고 싶었던 적이 있다
25.7% / 없다 74.3

중단 느꼈던 이유
- 쾌적하지 않은 교육 환경
- 부적합한 업무 배치
- 활동경비 부담

의료 자원봉사 불만족 이유 (%)
실제로 한 봉사활동이 내가 생각했던 것과 달라서
2017년 25%
2020년 31.3%
자원봉사활동 담당자가 없거나, 있어도 별로 도움을 주지 못해서
16.7%
21.1%
내가 원했던 자원 봉사 활동에 배치되지 않기 때문
8.3%
17.7%

필요성
교육센터의 활동

가까운 미래 지역 사회에봉사하도록 설계된 교육 프로그램에 관한 것이다. 프로그램은 사회적 필요에 대한 철저한 평가의 결과이며 향후 치료 속성에 영향을 미칠 수 있다. 훈련된 새로운 의료 전문가는 의료 시스템의 문제를 해결하는 데 중요한 역할을 한다.

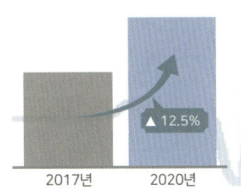

1 여러 의료 전문가의 기여에 대한 이해를 포함하는 조정 된 환자 중심 의료 모델을 지원하는 전문가 간 교육

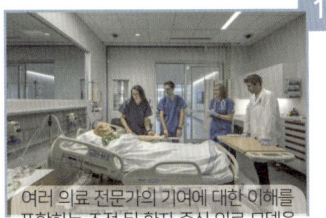

2 정신 건강 및 약물 사용 조건을 가진 개인의 요구를 잘 해결하기 위해 통합 된 기본 및 행동 건강 서비스의 개발을 촉진

3 건강의 사회적 결정 요인은 다섯 가지 핵심 영역 [경제적 안정성, 교육, 사회 및 지역사회 상황, 건강 및 건강관리, 이웃 및 건축 환경]과 건강에 미치는 영향을 포함

4 다양한 소비자와 커뮤니티의 고유한 문화, 언어 및 건강 문해력을 인식하고 해결하도록 의료 서비스 제공 업체를 교육함으로써 개인의 건강을 개선하고 건강한 커뮤니티를 구축

5 목표 설정, 리더십, 연습 촉진, 워크플로 변경, 결과 측정, 조직 도구 및 프로세스 조정을 통해 품질 개선 및 환자중심치료를 지원하여 새로운 팀 기반 치료 제공 모델을 지원하는 것을 목표

6 변화하는 의료 시스템에서 효과적으로 연습하기 위해 학생과 의료 전문가를 실천하는 데 필요한 특정 기술과 역량을 목표

SITE

양산 부산대학교병원 기숙사
대지위치 - 경상남도 양산시 양산물금지구 택지개발 3-3단계 양산부산대학교병원
대 지 면 적 - 231,000㎡ / 건 축 면 적 - 1,293.61㎡ / 연 면 적 - 6,011.43㎡

소 계 5,637.02㎡ / 합 계 6,011.43m2

지하 1층- 물탱크실, 기계실, 전기실, 발전기실, 영선실 [374.41㎡]
지 상 1층- 행정실, 관리실, 편의점, 로비, 다목적실, 체력단련실, 경비실, 용역원실 [800.04㎡]
2 층- 2인실, 휴게실, 세탁 및 다림질실, 장기수납실, 화장실 [798.18㎡]
3 층- 2인실, 휴게실, 세탁 및 다림질실, 장기수납실, 화장실 [798.18㎡]
4 층- 2인실, 휴게실, 세탁 및 다림질실, 장기수납실, 화장실 [801.54㎡]
5 층- 2인실, 휴게실, 세탁 및 다림질실, 장기수납실, 화장실 [813.30㎡]
6 층- 2인실, 휴게실, 세탁 및 다림질실, 장기수납실, 화장실 [813.30㎡]
7 층- 1인실, 휴게실, 세탁 및 다림질실, 장기수납실, 화장실 [812.48㎡]

SPACE PROGRAM

"함께 할게" 의료 자원봉사 커뮤니티 교육관

관찰 ZONE - 도서관, 다목적 강의실
다양한 의료 전문 분야의 최근 치료 방법에 대한 정보와 의사, 간호사 및 기술자 및 기타 의료 전문가의 직업 지식과 의료 분야의 역량을 향상시키는 특정 지식 및 관찰 기회를 제공한다. 전문 지식과 기술의 범위, 폭 및 깊이를 향상시키는 것을 목표로 한다.

펠로십 ZONE - 학생/교수 협업 스튜디오, 학습공간, 라운지
참가자의 학문적 기술을 향상시키기 위해 의료 전문가또는 연구자로서의 미래 경력에 유용한 도구를 제공한다. 의사, 간호사, 기술자및 다양한 하위 전문분야에 자신의 기술을 집중하는데 관심이있는 기타 의료 인력을 위한 뛰어난 의료 교육을 제공한다. 독립적인 학습과 현대 임상 교육, 교수진 멘토링, 교훈적인 지침 및 최고 수준의 연구를 결합한다.

시뮬레이션 ZONE - 의료 시뮬레이션실, 가상 임상실험실
참가자의 숙련도를 높이기 위해 의학 교육이 협력하는 시뮬레이션 다양한 분야 접근 방식으로 고품질 교육을 제공한다. 참가자는 주로 환자 치료와 관련된 주제에 대한 수업 및 현장 임상 관찰 프로그램에 참석한다.

 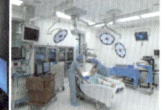

힐링 ZONE - 카페테리아, 야외가든, 탈의실

CONCEPT

커뮤니티케어 community care   공공-성 복합화 커뮤니티

돌봄이 필요한 주민을 위해 지역사회에 거주하면서 개개인의 욕구에 맞는 교육과 서비스를 누리고 함께 어울려 살아가며, 자아실현과 활동을 할 수 있도록 하는 사회 서비스 체계를 의미한다. 지역사회중심의 돌봄 서비스인 커뮤니티케어는 지역 사회와 공동체의 커뮤니티화를 촉진하여 그동안 살아온 공동체 내에서 지속적으로 삶을 영위해나갈 수 있다. 따라서 건강을 위해서 지역 사회의 역할이 매우 중요하며 주거자 간의 커뮤니케이션 및 사회적 관계 형성이 매우 중요하다.

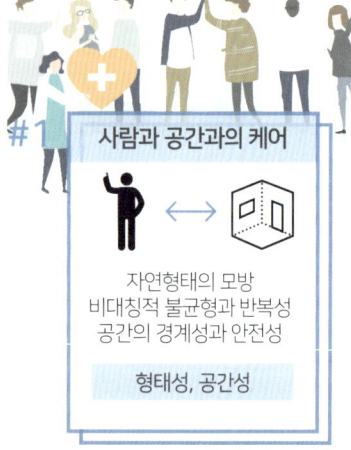

상이한 것들의 수용 ▶ 경계의 막을 조절 ▶ 서로의 경계의 간섭 ▶ 커뮤니티로서의 통합형 복합화

#1 사람과 공간과의 케어

자연형태의 모방
비대칭적 불균형과 반복성
공간의 경계성과 안전성
형태성, 공간성

#2 사람과 자연과의 케어

시간에 따른 빛의 시각성
자연요소를 통한 후각성
체험을 통한 촉각성
감각성

#3 사람과 사람과의 케어

지역 특성을 고려한 디자인
사람간의 어울림
사회성을 높이는 배치
장소성

분산적 공유, 공유적 분산

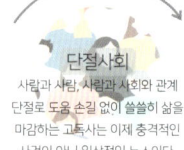
단절사회
사람과 사람, 사람과 사회와 관계 단절로 도움 손길 없이 쓸쓸한 삶을 마감하는 고독사는 이제 충격적인 사건이 아닌 일상적인 뉴스이다.

안부 묻는 사회
일상적인 안부인사를 넘어 우리가 서로 연결 되어 있음을 인식하는 가운데 서로에게 관심을 갖고, 관계의 깊이의 폭을 넓히기 위한 다양한 활동을 진행한다.

위험사회
과거에는 비일상적이던 위험이 (유해화학물질, 미세먼지 등) 모든 계층에게 일상적으로 다가오고 있다.

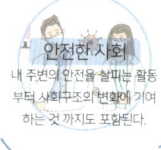
안전한 사회
내 주변의 안전을 살피는 활동부터 사회구조의 변화에 거하는 것 까지도 포함된다.

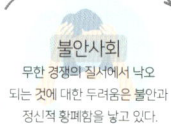
불안사회
무한 경쟁의 질서에서 낙오 되는 것에 대한 두려움은 불안과 정신적 황폐함을 낳고 있다.

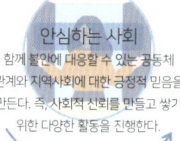
안심하는 사회
함께 불안에 대응할 수 있는 공동체 관계와 지역사회에 대한 긍정적 믿음을 만든다. 즉, 사회적 신뢰를 만들고 쌓기 위한 다양한 활동을 진행한다.

1. Care between people and space

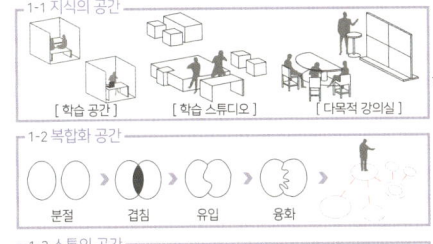

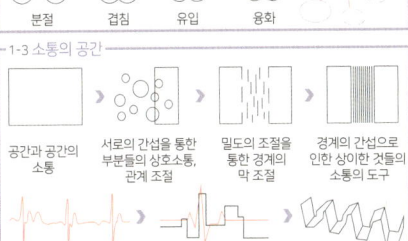

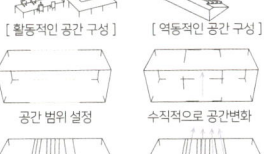

(1) 피난처성 (Refuge)
모든 에너지가 '나'와 '우리'를 향해 가까이 수렴되는 형국을 지클지형적 감각의 공간적 조건을 일컫는 것이다. 작업의 집중적 효율성과 프라이버시를 통한 안정감을 얻기 위해 중요한 요소이다.

(2) 흐름 (Flow)
공간적 역동성을 의미, 인간 중심으로 생각하고 프로그램의 시각적 자극과 시각적 흐름과 허공적 흐름을 의미하기도 한다. 동선과 시선이 자유롭고 연속적인 흐름 확보는 자신감증대로 업무효율을 높이고 스트레스를 감소시키는 중요한 요소이다.

(3) 조망성 (Prospect)
자연으로의 조망은 자연의 존재로서의 개인적 자존감을 높여주며 자존심의 감정을 일으키고 직장동료간 상호 시선확보된 사회적 조망은 정서적 교류 동체력을 통해 공동체적 자존감을 증가시킬 수 있다.

(4) 허공 (Void)
능동적으로 외부와 교류를 지원하는 공동체성 공간과 수동적으로 자신과의 내면적 교류를 지원하는 사색 공간으로 나누어진다. 여유 있는 공간을 급조시키는 것은 사색의 행위를 통해 마음 안정과 해방을 얻는 시간을 증대시켜주며 깊은 생각 기회를 통해 보다 나은 업무상 아이디어를 도출하는 데에도 도움이 되는 것이다.

2. Care between people and nature

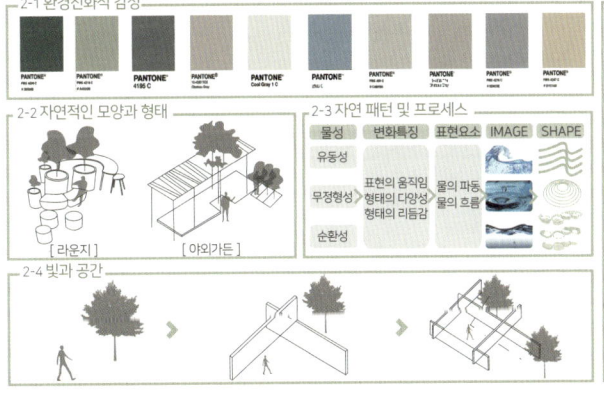

3. Care between people and people

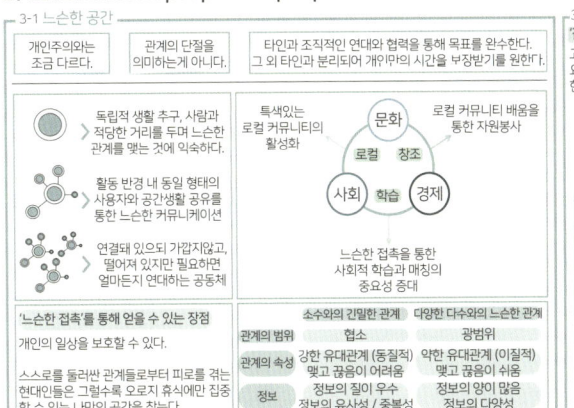

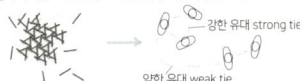

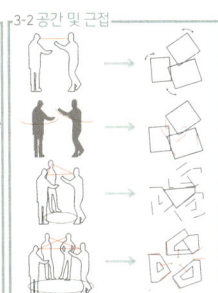

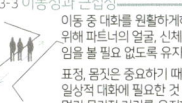

3F PLAN SCALE : 1/100

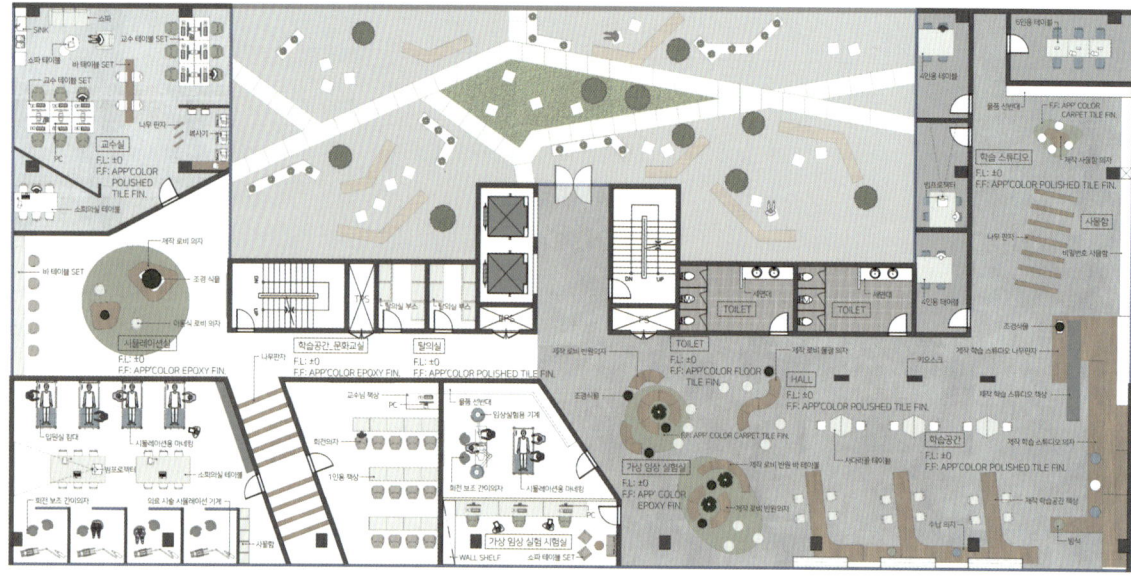

2F PLAN SCALE : 1/100

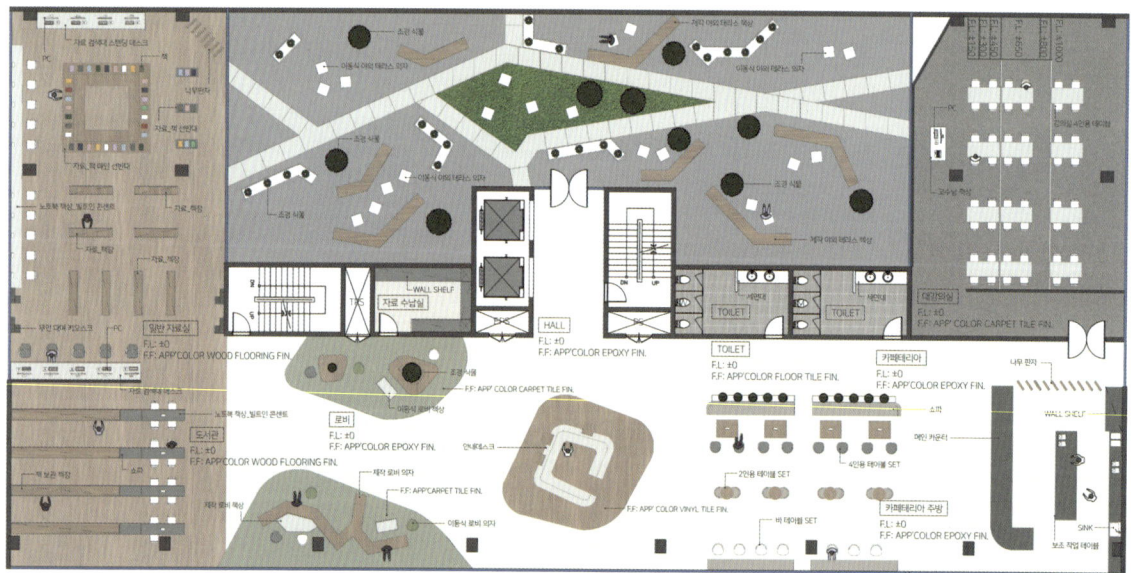

ELEVATION - A SCALE : 1/100

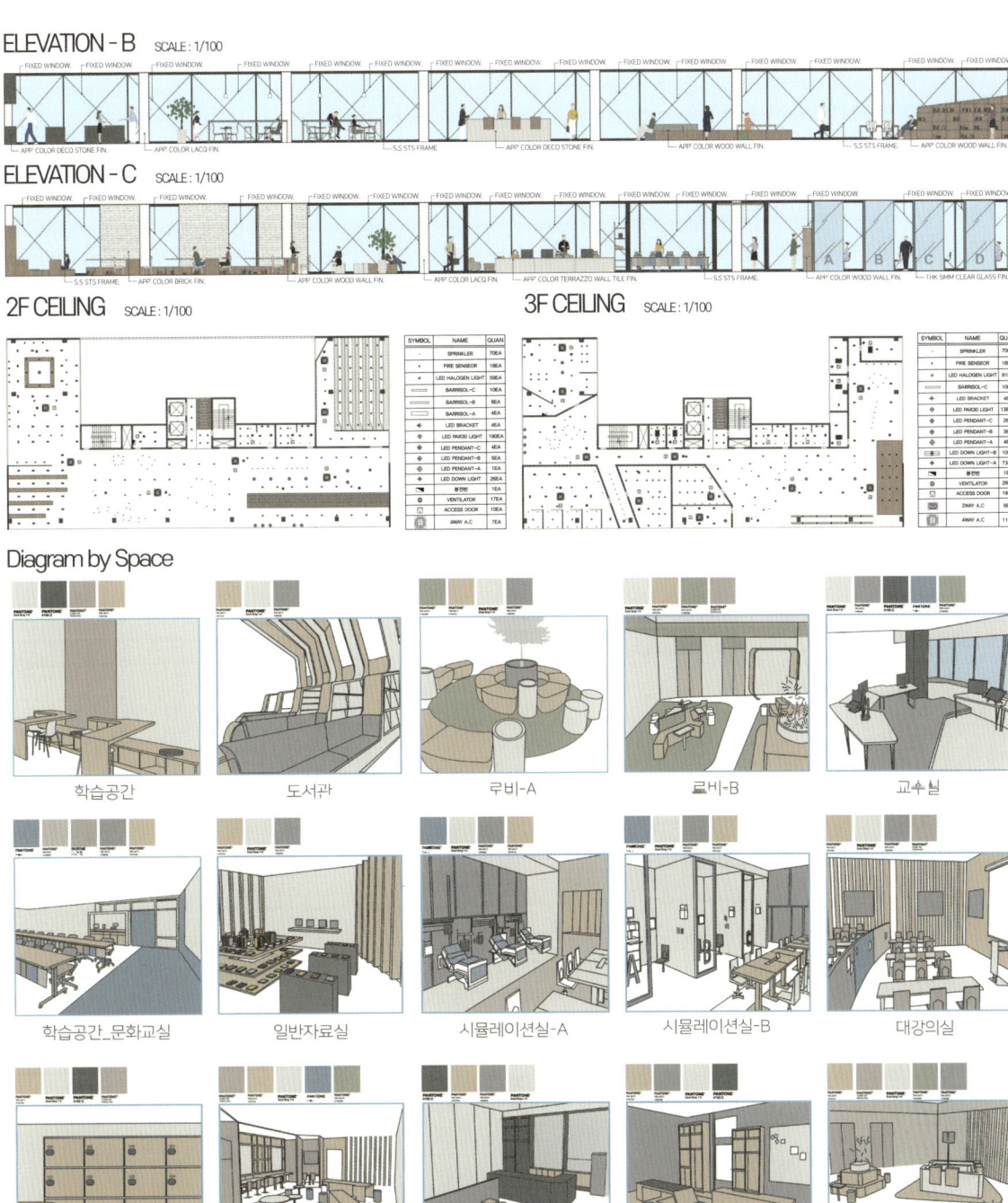

2F _ 사람과 공간과의 케어
도서관, 일반자료실, 카페테리아

도서관과 일반자료실은 의료 교육과 실습 학습의 필요성과 이용자를 대상으로 정보를 전달할 수 있는 역할을 수행하여 교육센터의 기능을 수행하여 사용자들의 공식적 학습과정을 보조하고, 다른 교육·문화기관과 유기적인 협력관계를 유지하여 복합문화 프로그램을 제공한다. 또 자기교육 활동에 필요한 다양한 자료 제공, 교육 프로그램과 장소를 제공한다. 카페테리아는 복합적 성격을 보유하기 위해서 고정적 성격을 주는 공간이 아닌 변화를 받아들여 동적인 행위 요구를 충족시킬 수 있는 공간으로 간섭과 수용, 흡수와 번짐을 통해 타이트한 접촉이 아닌 느슨한 접촉으로의 공존적 확장을 경험 할 수 있는 공간이다.

3F _ 사람과 자연과의 케어

학습스튜디오, 사물함, 학습공간, HALL

학습공간이자 놀이공간이며, 가장 오랜 시간을 함께 보내는 공간이다. 또한 교육공간 자체로 교육적 의미를 가지는 물리적·실존적 공간이라고 할 수 있고, 학생들의 초점에 맞추어 편안하고 활동적인 공간으로 구성 교육공간에서 개개인의 개성을 존중하여 서로 다른 사고방식을 일깨울 수 있는 다양한 공간을 조성해준다. 사회적 변화에 따른 그 공간을 사용하는 사용자들에게 초점을 맞추어 교육공간의 특성을 보다 정확하게 파악함으로써 정밀하고 세밀한 공간이다.

RESOURCE CIRCULATION PUBLIC RELATIONS CENTER

자원순환 홍보관

정주훈

JUNG JU HOON

goh700@naver.com

Awards

2021 실내건축기사 자격증 취득

뉴노멀의 뜻은 시대변화에 따라 새롭게 부상하는 표준으로, 경제위기 이후 5~10년간의 세계경제를 특징짓는 현상이다. 현재 코로나19사태로 인하여 일상생활들이 많이 변화하고 있다. 야외에서 다수로 모여있는 집합이 금지되었고 서로 얼굴을 알아볼 수 없는 마스크가 일상이 되었다. 온라인 커머스와 택배, 배달등이 급격하게 증가하였고 이로 인해 플라스틱 즉 일회용품 사용량이 급격하게 증가되었다. 시대변화에 따라 대처할 수 있는 방법은 빠르게 모색하는 것이 긍정적인 뉴노멀을 만들 수 있을것이라고 생각한다. 앞으로 빠르게 변화하고 있는 시대에서 적응할 수 있는 미래지향점에 대해서 변한 삶의 질을 바꿀 수 있다고 생각한다.

BACKGROUND

심각해지는 환경오염

EGU(유럽지구과학연맹) 논문 빙하녹는속도 30년전보다 65% 증가

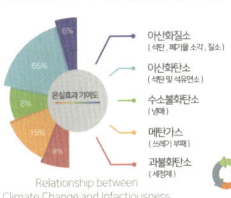

Relationship between Climate Change and Infectiousness

* 2017년 대기 중 아산화탄소 농도 405PPM 기록 "역대최고치"
* 석유로만들어지는플라스틱일회용품 포장재 1659T 전년도대비 12% 증가

환경오염에 의한 기후변화 → 해수면 상승, 온도 상승, 자연재해 발생, 전염병 확산

* 2019년 COVID-19 바이러스 전세계 강타 "코로나 바이러스 확진자 98,665명
* "코로나 19 원인은 기후변화" 바이러스 품은 박쥐들 아시아로 유입

100세시대 물건의 평균 수명도 늘어나야한다

COVID - 19는 왜 발생하였는가?

- 기후변화로 인한 빙하속 바이러스 유출
- 기후변화로 인한 모기활동량 증가
- 기후변화로 인한 강수량의 변화

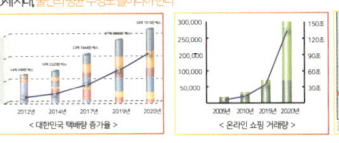

"2000년 이후 20년 동안 5개 전염병 발생 전염병 발생주기 급격히 증가 산업화 이후 지구 평균 기온 1.1℃ 증가"

"온라인거래액 134.5조원 : 사상 최고치 커지는 라이브 커머스 시장"
"코로나 급습" 택배량 21% 급증 택배앱 다운로드 1240만건 돌파

"하루 쓰레기 배출 4만 8618톤 테이크아웃 급등 1회용 마스크 쓰레기 증가"

쓰레기를 업사이클링 해결을 생각해보자

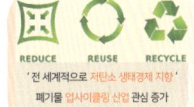

- 업사이클링 홍보공간
- 업사이클링 기획전시관
- 업사이클링 체험관
- 업사이클링 팝업스토어
- 환경오염의 실태관
- 친환경 작은도서관

업사이클링의 사전적 정의를 찾아보면 "자원을 절약하고 환경오염을 방지하기 위해 물건을 재생산하여 이용하는 일"이라고 되어 있다. 우리가 쉽게 버리는 물건들은 대부분 업사이클링이 가능한 것들이다. 버리기전에 먼저 예쁘고 담고 가만히 바라보고 공들이 생각해보면 물건을 리사이클링 할 수 있는 건강한 아이디어가 번뜩일 것이다. 평균 100세 시대 아주 작은 실천이 우리의 세상을 더욱 깨끗하게 만들 수 있다.

"전 세계적으로 저탄소 생태경제 지향" 폐기물 업사이클링 산업 관심 증가 폐기물 섬유 자원화를 위한 솔루션

SITE

다양한 친환경 재활용을 통한 폐기물 처리를 이용한 환경문제 개선

부산 강서구, 자원협력순환센터

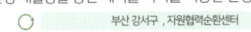

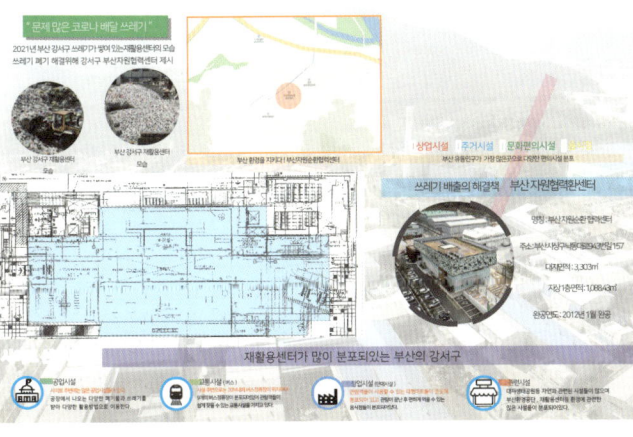

쓰레기 배출의 해결책 - 부산자원협력센터

재활용센터가 많이 분포되어있는 부산의 강서구

- 교육관 내부
- 체험학습장
- 전시관 내부
- 공연장
- 체험 영상관 학습장
- 휴게실
- 전시관 내부
- TV 내부

총면적 : 1179.36m² (356.76평)
자원순환협력센터 이용되고 있는 이용면적

SITE SOLUTION
부산자원순환협력센터는 주변 재활용 관련 시설들과 함께 환경을 위해 많은 기여를 한다.

SOLUTION
환경오염이 심한 현대 '부산자원순환센터'에 재보문 기술을 더한 전시관을 설립하여 환경에 대한 많은 홍보를 한다.

대저생태공원 | 가덕도 | 김해공항 | 정거벽화마을 | 대항전망대 | 범방동패총

TARGET

MAIN TARGET - 미래 환경을 책임질 청소년

환경에 대한 내용은 공공적인 성격을 띄어 많은 사람들에게 유익한 정보를 주어야 하여 부산 내에 환경적으로 알려져있고 여유사를 가져와 편하게 정보를 얻을 수 있는 부산의 청소년들을 MAIN TARGET으로 선정하였다.

SUB TARGET - 환경 전문가 그룹과 업사이클링에 대한 관심이 많은 지역 그룹

자료과 정보를 한에 볼 수 있도록 하여 업사이클링에 대한 많은 정보를 얻고, 환경오염에 대한 재활용 산업이 각광받고 있음에 관심을 가지는 그룹들에 더욱 더 많이 잘 전달 수 있도록 하여 SUB도 멘토로 선정하였다.

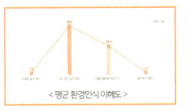

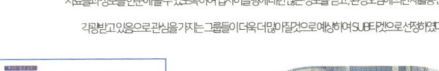

STORY LINE

 모두가 함께 관심을 가져야할 , 친환경 재활용 업사이클링   RE-MAKE Resource Circulation Center

기후변화예방을 위하여 여행을 떠나다
- 기후변화에 관심을 가지다
- 기후변화예방에 대해 알아보다
- 기후변화예방을 위하여 정보를 찾아보다

기후변화 방법을 찾아 여행을 떠나다
- 기후변화예방 방법 업사이클링을 체험하다
- 환경이 깨끗해진 미래환경로 떠나다
- 미래에 대한 생각을 하며 깨달음을 얻다

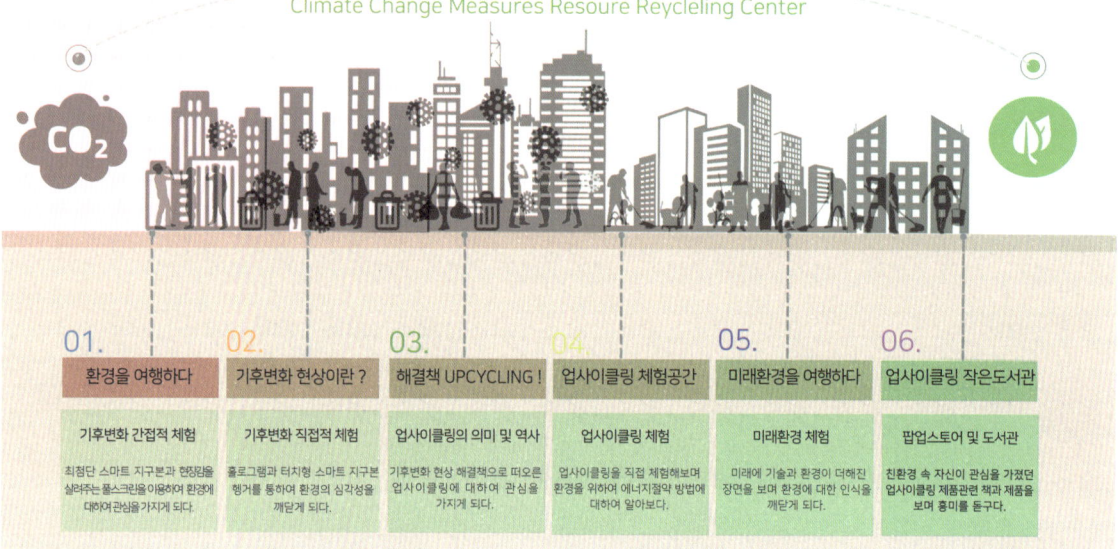

Climate Change Measures Resoure Reycleling Center

01. 환경을 여행하다	02. 기후변화 현상이란 ?	03. 해결책 UPCYCLING !	04. 업사이클링 체험공간	05. 미래환경을 여행하다	06. 업사이클링 작은도서관
기후변화 간접적 체험	기후변화 직접적 체험	업사이클링의 의미 및 역사	업사이클링 체험	미래환경 체험	팝업스토어 및 도서관
최첨단 스마트 지구본과 핸드맵을 설치주는 풀스크린을 이용하여 환경에 대하여 관심을 가지게 된다.	홀로그램과 터치형 스마트 지구본 행거를 통하여 환경의 심각성을 깨닫게 된다.	기후변화 현상 해결책으로 떠오른 업사이클링에 대하여 관심을 가지게 된다.	업사이클링을 직접 체험해보며 환경을 위하여 에너지절약 방법에 대하여 알아보다.	미래에 기술과 환경이 더해진 장면을 보며 환경에 대한 인식을 깨닫게 되다.	친환경 속 자신이 관심을 가졌던 업사이클링 제품관련 책과 제품을 보며 흥미를 돋구다.

05. 미래환경을 여행하다

01. 환경을 여행하다

전시연출방법

풀스크린과 최첨단 스마트 지구본 모형을 통하여 전시를 하기 전 기후변화로 인한 지구 환경문제를 간접적으로 체험하는공간을 연출한다.

04. 업사이클링 체험공간

전시연출방법

업사이클링을 직접 재료를 찾아 체험할 수 있는

사례를 전시하여 정보를 더욱 유익하게 얻을 수

사이클링

06. 업사이클링 작은 도서관

전시연출방법

기후변화에 대한 관련 정보를 실내 친환경 공간속에서 휴식을 취하며 얻을수 있는 공간을 연출한다.

Traditional Market Support Center
전통시장 소상공인 지원센터

허준보

HEO JUN BO

wnsqh97@naver.com

Awards

2019 국제사이버디자인트렌드 대전 입선
2019 SPACE DESIGN CREATOR AWARD 특별상
2019 양산남부고등학교 공간혁신프로젝트 표창장

2020 실내건축학과 학회장
2020 한국실내디자인학회 입선
2020 한국공간디자인대전 특별상
2020 AHCT CULTURE CONTENTS
　　　아이디어 공모전 대상

2021 건축디자인대학 학생회장
2021 실내건축기사 자격증 취득

코로나로 인해 우리의 일상은 그전과 많이 달라졌다. 사람을 만나야만 가능했던 일들이 이제는 온라인적인 요소들과 최소한의 만남만으로 가능해지고 있다. 많은 변화가 있겠지만 그 중에서도 코로나 19로 인해 음식업 소상공인들이 오프라인 시장이 쇠락하고 온라인 음식배달 시장이 성장이 눈에 띄게 보인다. 하지만 전통시장 소상공인들은 연령대가 높고 정보가 부족해 온라인 시장에 뛰어들지 못하고 있었다. 그래서 코로나 때문에 어려움을 겪는 상인들에게 도움이 될 수 있는 전통시장 소상공인 지원센터를 기획하였다.

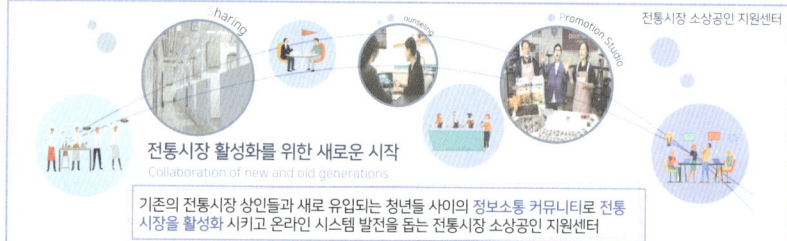

BACKGROUND

청년들의 부재
소상공인 실태 조사 현황

전통시장 평균연령
출처:소상공인진흥공단
52.9 (2016), 53.7 (2017), 55 (2018), 56 (2019)

전통시장 연령별 분포 ■ 20~39세 ■ 40~59세 ■ 60세 이상
2016: 11.1 / 61.4 / 27.5
2017: 10.4 / 59.8 / 29.8
2018: 7.6 / 58.6 / 33.8
2019: 7.7 / 53.9 / 38.4

커뮤니티의 필요성

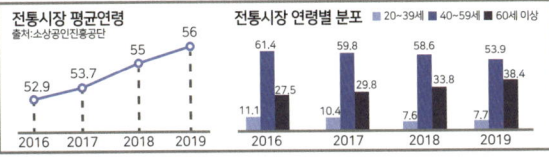
시장 문화 커뮤니티공간 → 신,구세대 협업

전통시장 평균 연령대의 증가로 빠르게 변하는 시대에 흐름에 적응이 힘든 상황이다. 기존 상인 들의 경험과 노하우를 온라인적인 다양한 지식들을 가지고 있는 청년들과 서로 공유하는 커뮤니티가 있다면 전통시장을 빠르게 활성화 시킬 수 있다.

공유주방이란?
코로나 19사태에 따른 공유주방 수요 증가

- 주방 공간과 집기를 대여해주고, 업체에서는 조리에만 집중할 수 있도록 배달과 관련한 일체 서비스를 제공
- 저렴한 가격으로 비교적 부담이 적은 창업, 폐업이 가능하여 소상공인들에게 큰 인기를 얻고 있음
- 모든것이 자동화가 된 ICT 기반 스마트 공유주방으로 발전중

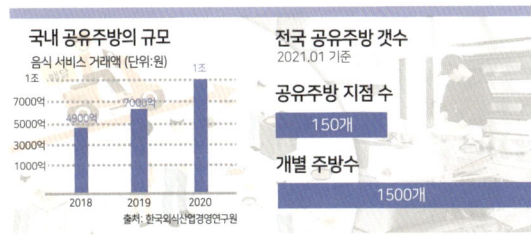
국내 공유주방의 규모
음식 서비스 거래액 (단위:원)
2018: 4900억, 2019: 7000억, 2020: 1조

전국 공유주방 갯수 2021.01 기준
공유주방 지점 수: 150개
개별 주방수: 1500개
출처: 한국외식산업경영연구원

SITE

구포초등학교, 구포시장, 덕천역, 덕천초등학교

구포시장 구포복합빌딩
위치: 부산광역시 북구 구포동 592-4번지 구포복합빌딩 1층
연면적 3015.17㎡ 지상 3층 건물
층고 4000MM 건축면적 842㎡ 리모델링 지상 1층 (255py)

SITE 현재 용도
현재 1층은 상점으로 사용중

SITE ANALYSIS

● 교육시설 ● 전통시장 ● 교통시설

제조,유통 상점들의 적응 부족
구포시장의 음식점들은 배달 이용을 통해 판매를 진행하고 있으나 다른 제조,유통 상점들은 어려움을 겪고 있음

교육시설 (초,중,고등학교)
주변에 기숙사, 많은 주거지역으로 많은 학생들이 살고 있어 시장에서 다양한 먹거리 주문 가능

교통시설 (지하철, 버스)
버스, 지하철 3호선 (구포역, 덕천역 2,3호선) 등 편리한 교통으로 신속한 배달이 접근이 용이함

PROBLEM
- 코로나로 인한 오프라인 위주였던 전통시장 경쟁력 약화
- 빠르게 변화하는 온라인 시대에서 연령대가 높은 전통시장 소상공인 정보 부족
- 청년세대의 일자리 부족과 창업의 장벽으로 설 자리 부족

SITE INFORMATION
구포시장 구포복합빌딩
- 구포시장내에 지어진 신축건물로 현재 2층만 상업시설로 이용중
- 3층은 공실인 상태라서 멈춰있는 공간이며 구포시장 내에 있어 시장을 이용하는 고객들이 접근하기 매우 용이함

TARGET

MAIN TARGET
창업을 위해 다양한 정보를 얻고 싶은 **청년계층**

청년들의 음식점 창업률은 증가하고 있으나 20대 5년내 생존율은 16%로 매우 저조하다. 정보와 경험, 노하우가 부족한 청년계층들은 시작조차 부담스러운 현실이다.

SUB TARGET
온라인 정보가 부족한 **전통시장 소상공인**

코로나, 온라인 시장의 성장으로 인해 오프라인 고객 감소
IT관련 정보 부족
전통시장의 홍보 수단 필요

SPACE PROGRAM

성장하는 온누리 주방
경쟁력을 높이는 공유주방 공간

어려움을 겪고 있는 전통시장 소상공인들과 청년 예비 창업자들의 부담을 덜어주고 부담없이 시작 할 수 있는 새로운 시작의 공간

온누리주방 - 조리에만 집중 할 수 있는 스마트 공유주방
온누리 푸드코트 - 전통시장만의 경쟁력을 높이는 푸드코트
픽업 공간 - 공유주방에서 배달 효율을 최대로 하기 위한 공간
온누리 창고

너나들이 정보 공유마당
젊은세대와 기존세대의 소통 커뮤니티, 휴식 공간

지원센터에 창업을 하려는 청년세대들과 기존에 전통시장에서 종사하던 소상공인들이 정보를 공유하며 전통시장의 가치를 재생산할 수 있는 공간

너나들이 개발실 - 개인적으로 자신을 돌아보며 자기계발을 통해 경쟁력을 키우는 공간
너나들이 이야기마당 - 가게운영,관리에 필요한 지식을 습득할 수 있는 북카페 공간
너나들이 쉼터 - 상인,지역민,배달기사 님들이 쉴 수 있는 휴식 공간

두드림 정보 교육마당
소상공인들의 고민을 상담하고 도와주는 컨설팅 공간

소상공인들이 온라인적인 다양한 정보와 창업과 매출 증진 계획, 아이템 구상등 사업 컨설팅 및 지원을 받을 수 있는 공간

두드림 상담지원실 - 창업과 가게의 아이덴티티를 활성화 할 수 있는 방안, 아이템 구상등을 지원하는 컨설팅 공간
두드림 강연마당 - 유능한 전문가들을 초대해 강연, 노하우 전수를 할 수 있는 강연장
두드림 요리마당 - 신,구세대간에 요리나 아이디어등을 공유하고 요리 강연을 들을 수 있는 공간

백년가게 알림터
전통시장의 매력을 알리는 스튜디오 공간

구포시장만의 오래되고 전통있는 가게, 지역적인 특색과 문화를 가지고 있는 다양한 물품들을 홍보할 수 있는 전문 스튜디오 홍보 공간

백년가게 알리미 - 전통시장내에 특색있는 가게와 상품을 홍보할 수 있는 스튜디오
온택트 요리교실 - 지역민들의 관심을 높이는 전통시장의 온라인 요리교실
백년가게의 역사 - 구포시장만의 매력을 가진 물품이나 가게를 홍보할 수 있는 공간

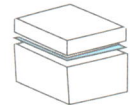

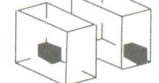

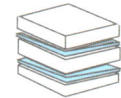
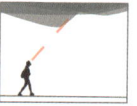
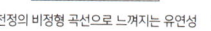

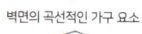

CONCEPT

노마디즘 (Nomadism)

논문<노마디즘 특성 및 표현요소에 의한 유형별 공유주방 공간계획의 관한 연구>

노마디즘(Nomadism)은 특정한 방식이나 삶의 가치관에 얽매이지 않고 끊임없이 새로운 자아를 찾아가는 것을 뜻하는 말로, 고정된 중심에서 벗어난 자유로운 이동이 강조되고 물리적 이동뿐만이 아니라 기존 영역을 넘어 새로운 가치를 창조하는 정신적 이동까지를 의미한다. 공유주방의 고정되어 있지 않은 특성과 어떤 방향으로든 바뀔 수 있는 다양성이 전통시장 소상공인 지원센터의 다양한 공간을 통해 신,구세대가 서로 협력하며 전통시장 활성화를 위한 유의미한 가치를 만들어낸다.

유연성 있는 공간 디자인 — 01

고정되어 있지 않은 유연한 공간디자인과 한정적이지 않는 공간기능을 가지며 이동이 가능하고 가변구조,사용자의 목적,사용 빈도 등을 다양한 공간프로그램으로써 수용하며, 상황에 따라 변화하는 유연한 공간으로 표현한다.

시선이 유연한 투명성
- 투명한 가벽을 이용한 효과적인 정보 공유
- 바닥과 천정의 투명성을 이용한 정보 전달

가변적인 요소를 활용한 공간 분할
- 기능을 충분히 수행하면서 효과적인 공간 분할
- 공간과 기능이 결합된 연출

유연한 형태의 구조
- 천정의 비정형 곡선으로 느껴지는 유연성
- 벽면의 곡선적인 가구 요소
- 벽을 활용한 유연한 곡선

자유로운 동선을 통한 관계 활성화 02

자유로운 동선을 통해 열린공간을 제공하고 경계를 무너뜨리며, 어떤 지점에서든 다른 지점과 연결되어 다양한 접근경로를 가진다. 그로인해 우연하게 만나게 되는 마주침은 다양한 네트워크 를 형성할 수 있는 기회가 된다.

가구 배치와 구조의 자유로움

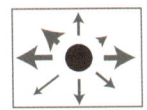
나선형의 가구 배치로 인한 자유로움

열린 공간 제공

일부 열린 주방으로 다양한 네트워크 형성

개구부를 통한 주방간의 소통

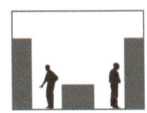
공용공간의 통합으로 편의성 증진

시선이 자유로운 개방감 있는 공간

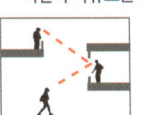
서로 다른 눈높이에서의 소통

외부의 빛을 통한 개방감 증대

자유로운 가구 배치로 정보 접근성 확보 / 자유로운 동선 확보

시선의 교차로 인한 상호작용 / 공유주방간 인지적 요소의 확대

VOID 공간으로 개방감 상승 / 투명성 있는 바닥을 활용한 시선 확보

전이공간의 미학적 연결 03

전이 공간은 건축에 있어서 미학적으로 포인트가 되는 공간이다. 공간과 공간사이의 중계 공간에서 필요에 따라 경계를 모호하게 만들어 자연스럽게 전이를 시키거나 경계를 뚜렷하게 하여 공간을 구분짓는다.

벽과 천정의 전이

천정의 거울을 활용한 공간 경계 모호

천정과 벽의 패턴과 같은 가구 활용

전이 공간의 미학적 연결

시선에 따른 상징성 있는 전이공간 연출

개구부의 빛을 활용한 상징성

내부와 외부의 연결로 정체성 표현

공간 진입에 따른 다양한 정보 제공

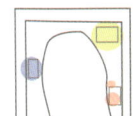

패턴 변화에 따른 공간의 경계 구분 / 패턴 통일로 공간사이의 자연스러운 연결

전이 공간의 개성을 부여한 상징성 부각

중첩공간의 성격 구분

내,외부를 구분 지어 주는 벽을 모호하게 함으로써 경계 불확실

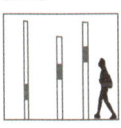
전이공간의 가벽 나열로 인한 진입으로 정체성 표현

주체적 공간 형성 04

탈영역성은 노마디즘 공간의 기능과 영역에 의하여 강제로 분류되어 소속된 개인이 아닌 각각의 개인적 주체가 독립적인 의사를 가지고 필요에 따른 공간을 형성한다.

독립적인 공간

가변적인 가구를 활용한 공간형성

주체적인 공간 형성

다양한 이야기를 할 수 있는 공간을 통한 커뮤니티 형성

다양한 컨셉의 주방 배치

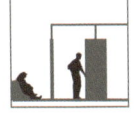
주방의 개성을 표현할 수 있는 형태적 요소

벽의 패턴을 통한 개성 표현

가변적인 가구를 활용한 공간형성

가변적 벽을 활용한 다양한 커뮤니티 형성 및 구분

주방마다 다른 테마를 부여해 이야기 형성

각각 다른 구조를 통한 개성

ZONING & SPACE PROCESS

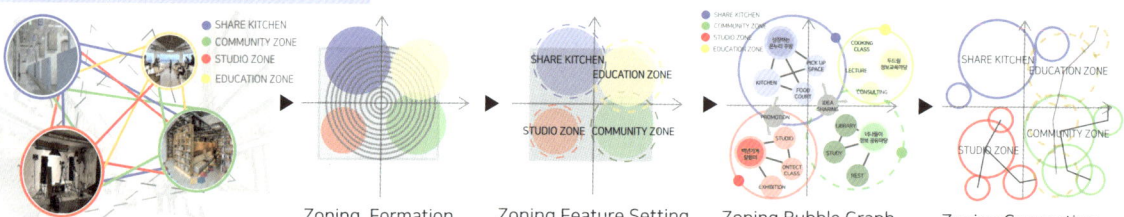

Zoning Formation | Zoning Feature Setting | Zoning Bubble Graph | Zoning Connection

1F SPACE PROCESS

2F SPACE PROCESS

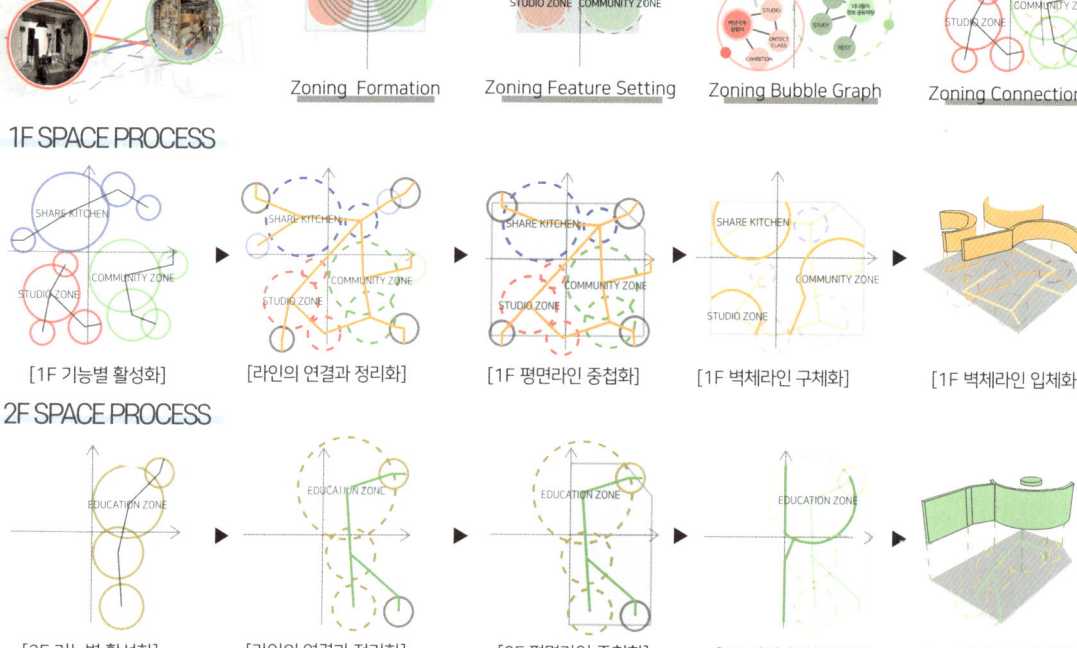

[1F 기능별 활성화] | [라인의 연결과 정리화] | [1F 평면라인 중첩화] | [1F 벽체라인 구체화] | [1F 벽체라인 입체화]

[2F 기능별 활성화] | [라인의 연결과 정리화] | [2F 평면라인 중첩화] | [2F 벽체라인 구체화] | [2F 벽체라인 입체화]

SPACE DESIGN PROCESS DIAGRAM

Concept Materialization 컨셉 구체화

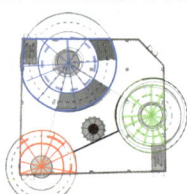

Informationization of Space
이용자와 공간의 서로 연결되는 다이어그램 과정들을 천장에 표현 부분부분 조명과 볼륨을 조화롭게 배치하여 표현

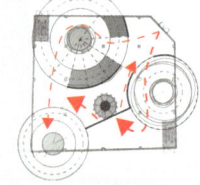

Structural Configuration
공간의 벽체를 형성하여 영역을 확정하고 출입구를 통해 공간별 동선 구분

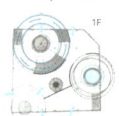

시선이 유연한 투명성

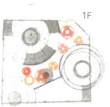 

비정형의 곡선

Volume and Floor Pattern
요소에 의해 형성된 형태들의 바닥의 볼륨과 패턴을 주다

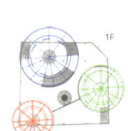 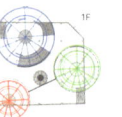

자유로운 방사형 배치

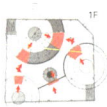

전이 공간의 상징성

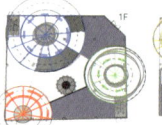  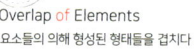

Overlap of Elements
요소들의의 형성된 형태들을 겹치다

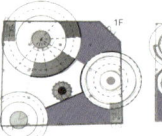

공간별 중심 라인 형성으로 면 생성

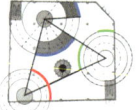

중심 사이의 라인 연결로 벽체 구획

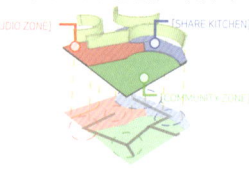

벽체 라인 입체화

PLAN

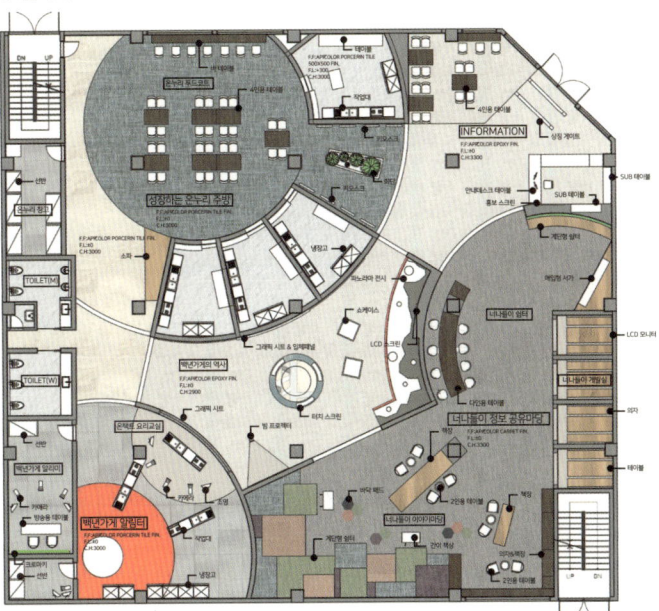
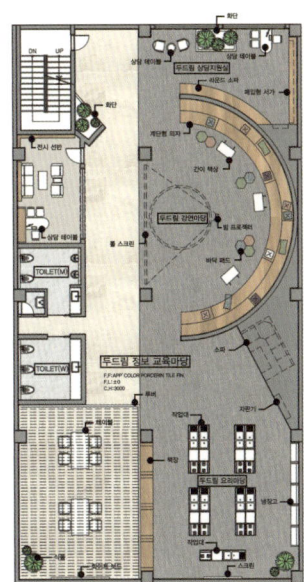

CEILING

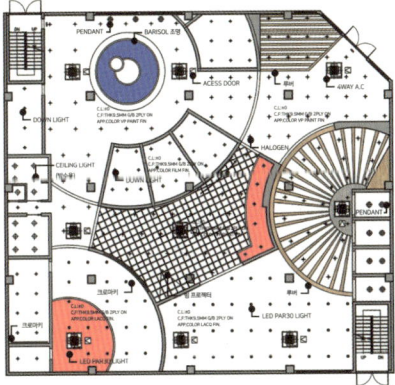
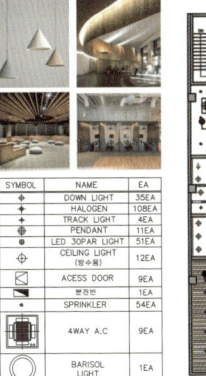
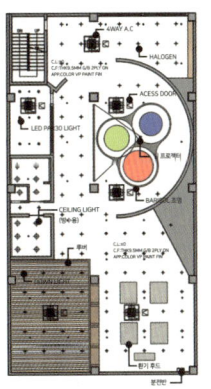
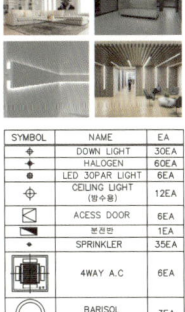

ELEVATION

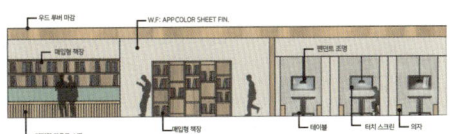
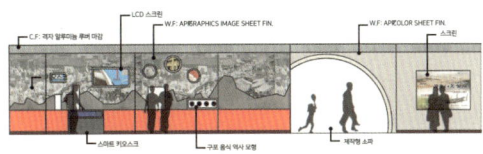
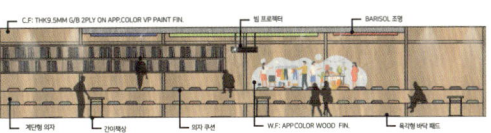

성장하는 온누리 주방
경쟁력을 높이는 공유주방 공간

어려움을 겪고 있는 전통시장 소상공인들과 청년 예비 창업자들의 부담을 덜어주고 부담없이 시작할 수 있는 새로운 시작의 공간이며 시장 내에 위치하여 구포시장만의 개성있는 음식들로 경쟁력을 확보할 수 있다. 지역민들이 부담없이 이용할 수 있어 맛도 즐기고 구포시장의 특색을 엿볼 수 있다.

너나들이 정보 공유마당
젊은세대와 기존세대의 소통 커뮤니티, 휴식 공간

지원센터에 창업을 하려는 청년세대들과 기존에 전통시장에서 종사하던 소상공인들이 정보를 공유하며 전통시장의 가치를 재생산할 수 있는 공간이다. 북카페로 구성하여 편하게 휴식을 취할 수 있고 개인적인 자기 계발 공간을 통해 정보들을 습득하기 용이하다.

백년가게 알림터

전통시장의 매력을 알리는 스튜디오 공간

구포시장만의 오래되고 전통있는 가게, 지역적인 특색과 문화를 가지고 있는 다양한 물품들을 홍보할 수 있는 전문 스튜디오 홍보 공간이다. 홍보 스튜디오 공간인 백년가게 알리미, 온택트 요리교실, 백년가게의 역사를 보여주는 전시공간이 있다.

두드림 정보 교육마당

소상공인들의 고민을 상담하고 도와주는 컨설팅 공간

소상 공인들이 온라인적인 다양한 정보를 얻을 수 있는 공간이며 창업과 매출 증진 계획, 아이템 구상등 사업 컨설팅 및 지원을 받을 수 있다. 두드림 상담지원실, 강연마당, 요리마당으로 다양한 변화를 추구하며 원하는 방향을 보다 쉽게 나아갈 수 있다.

2
Slack Connection

느슨한 연결

- 702 STUDIO **(최준혁 교수님)**
- 703 STUDIO **(이승헌 교수님)**

곽윤호 Kwak Youn Ho

Eco-friendly Office Sharing Fill Through Emptying

비움을 통해 채움을 공유하는 친환경 오피스

정하빈 Jeong Ha Bin

Future Education Space Innovation Project

초등학생들을 위한 미래 교육 공간

우성혜 Woo Seong Hye

Talent Donation Service Center

저소득층 청소년을 위한 재능나눔 봉사센터

강서연 Kang Seo Yeon

"Shade", Women's bath lounge

여성들의 일상속 쉼터의 존재"그늘", 대중목욕탕의 리뉴얼 여성목욕라운지

주소정 Ju So Jeong

도심에서 발견한 도원경"

친환경 프로그램으로 힐링하는 그린향노화센터

송영진 Song Young Jin

Shared residential Space SEMI-HOUSE

공통의 추억을 만들고 개인의 휴식을 연결하는 공간

김도길 Kim Do Gill

철저한 자기관리를 위한 복합헬스장

시대의 변화에 맞춘 복합 헬스장

김준현 Kim Joon Heyon

Creative Playground For Alpha Generation

알파세대를 위한 창의력 놀이공간

임헌택 Im Hun Tack

Urban Regeneration Community Space

마을활성화를 통한 도시재생 커뮤니티 공간

나광원 Na Gwang Won

S T ART COMMUNITY CENTER

청년 예술 커뮤니티 복합 문화 플랫폼

서자은 Seo Ja Eun

Community Space for Local Creators

로컬크리에이터를 위한 창업 커뮤니티 공간

허화영 Heo Hwa Young

Book Playground For Parents and Toddlers

집콕 부모와 유아동을 위한 어린이 책 놀이터

Eco-friendly Office Sharing Fill Through Emptying
비움을 통해 채움을 공유하는 친환경 오피스

곽윤호
KWAK YOUN HO
yhkwak5409@gmail.com

Awards
2020 GTQ 1급자격증 취득
2020 한국실내디자인학회 주제공모전 입선
2020 제13회 공간디자인 대전 특선
2020 AI-ICT CULTURE CONTENTS 최우수상
2020 전산응용건축제도기능사 자격증 취득

2021 실내건축기사 자격증 취득

뉴노멀은 팬데믹 시대에 의한 일시적인 방식이 아니라 미래를 생각하며 영구적으로 갈 수 있는 디자인을 생각할 수 있어야 한다. 그중에서 변화가 가장 필요하다고 생각되는 사회적기업을 선정하여 사람들과의 다른 일반 기업들과의 차이점을 중점으로 두어 미래지향적인 복합 오피스를 구축하는 것을 목표로 했다. 새로운 라이프 스타일을 추구하는 것만이 아닌 4차 산업이 발달함에 따라 독창성, 창의성이 중요해지며, 다른 기업들과 달리 커뮤니케이션에 훨씬 더 비중을 두고 있는 사회적기업을 알맞게 변화시키며 날마다 늘어나고 있는 기업들에게 혁신적인 교육과 관리를 통해 많은 사람들에게 관심을 가지게 하며, 지역이 발전 될 수 있도록 하는 참신한 워라밸을 꿈꾸는 오피스를 제안한다.

경계없는 휴식 HEALING PAUSE SPACE
CAFETERIA, MULTI ROOM

정적이고 조용한 휴식보다는 직원들의 활발하고 쾌적한 휴식을 제공하기 위해서 기존 휴게실과는 다르게 일과 휴식의 경계를 무너트려 CAFE, MULTI ROOM을 비롯한 AV ROOM에서는 적극 참여하는 놀이 휴식을 제공하고, 자유롭게 업무의 아이디어를 공유할 수 있도록 공간을 계획한다.

BACKGROUND

부산에서 **사회적기업**을 위해 일하는 연구센터들은 이와같이 나눠져서 업무를 보고있으며, 그렇기에 서로 협력을 하는데에 있어서 제약이 있고, 정확한 협업에 문제가 되어가고 있다. 현재 **사회적기업**이 계속해서 늘어가고 있는 지금, 팬데믹 현상으로 어려움을 겪고있으며, 이와같은 **사회적기업연구원**들을 한데모아 업무효율성을 증가시키는 공간이 필요하다.

일시적이 아닌 미래를 생각한 공간 변화가 필요하다.

필요성 (개선방향)

1. 업무 효율성 증대, 자기개발등을 위한 공간 필요
2. 현시대의 공간 기능에 따른 올바른 공간 디자인 필요

- 자기개발을 위한 아카이브 + 커뮤니케이션을 위한 회의 공간
- 부분적인 열린 공간 + 접촉을 최소화하는 디지털

COMMUNITY VOID — OPEN NATURER, ARCHIVE
UNTACT WORKING — UNTACT WORKING SPACE
DIGITAL CONNECTING — DIGITAL WORKING SPACE

매출감소율, 긴급운전자금과 경제 기업 비중

- 사회적 경제조직 코로나 19 매출감소율 29%
- 긴급운전자금 여부 76%
- 사회적기업 경제 비중 52.5% / 47.5%

■ 20% 내외 ■ 40% 내외 ■ 60% 내외
■ 80% 내외 ■ 기타 ▲ 수도권으로 치중

활성화를 위한 복합 허브 필요

혁신적 공간 활용
- 사회적기업 육성 및 기업가 발굴
- 네트워크 공간
- 지역기반의 SE 육성성 공간

| COMMUNITY | 정보 자료실 |
| SE 인큐베이팅 | SE 아카데미 |

소통(참여)하는 방식의 사회적기업 지원으로 성장 토대마련

사회적기업들은 점점 더 늘어나가고 있으나, 경제적인 기능이 수도권에 머물러있거나 제대로 관리, 교육할 수 있는 공간이 부족하다. **팬데믹 현상**으로 인해더욱더 심각한 현황을 보이고 있으며, 이러한 문제점들을 보완하기 위해 **한곳으로 집중시키기는 하나, 색다른 복합 오피스**를 제공 하고자 한다.

SITE

● 금융시설 — SITE 주위로 은행등 금융시설들이 많이 즐비하고 있으며, 경제성장에 많은 영향을 끼치고 있다.

● 교통시설 — 지하철 2호선과 3호선 함께 존재하는 환승역이면서 500M이내에 수많은 버스정류장이 있으므로 직장인들의 이동에 편리함을 주고있으나, 교차로가 존재해 교통에 약간의 불편함이 있다.

● 사회적기업 — SITE 주변 다양한 사회적기업이나 지원센터들이 존재하고 있지만, 이 기업들에게 도움을 주거나 성장을 도울 수 있는 기관이 존재하지 않는다.

● 선정이유 — 사회적기업연구원을 하나로 통합시키고 사회적기업들이 쉽게 접근 가능할 수 있도록 본래의 사무실을 확장, 건물의 용도와 기능이 **사무공간**으로 적합한 SITE이기때문에 **사회적기업연구원**을 계획

위치 : 부산광역시 수영구 수영로 688
기능, 용도 : OFFICE
대지면적 : 600.89㎡
연면적 : 1627.89㎡ (지하 4층 / 지상 6층)
계획면적 : 1182.12㎡ (지상 4층 ~ 6층), 358py

PROBLEM — 사회적기업을 지원, 관리하는 기업 턱없이 부족
+ COVID-19로 인하여 재택근무시행 하지만, 업무에 관한 능률성이 현저히 떨어짐

SOLUTION — 공간의 활용성을 극대화 시키고, 직원들간의막힘없는 소통으로서 업무효율성의 성장을 기대시키는 공간 계획

OPEN NATUR OFFICE

TARGET

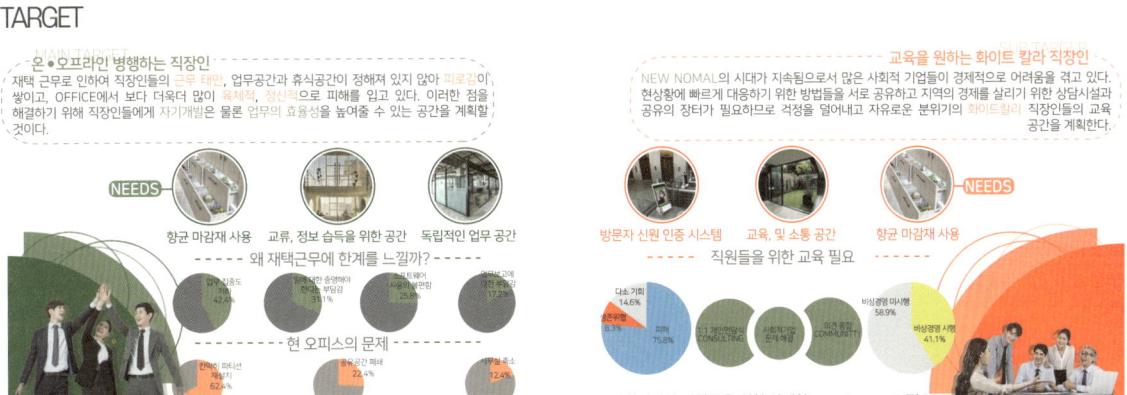

온·오프라인 병행하는 직장인
재택 근무로 인하여 직장인들의 근무 태만, 업무공간과 휴식공간이 정해져 있지 않아 피로감이 쌓이고, OFFICE에서 보다 더욱더 많이 육체적, 정신적으로 피해를 입고 있다. 이러한 점을 해결하기 위해 직장인들에게 자기개발은 물론 업무의 효율성을 높여줄 수 있는 공간을 계획할 것이다.

NEEDS — 항균 마감재 사용 / 교류, 정보 습득을 위한 공간 / 독립적인 업무 공간
왜 재택근무에 한계를 느낄까?
현 오피스의 문제

교육을 원하는 화이트 칼라 직장인
NEW NOMAL의 시대가 지속됨으로서 많은 사회적 기업들이 경제적으로 어려움을 겪고 있다. 현상황에 빠르게 대응하기 위한 방법들을 서로 공유하고 지역의 경제를 살리기 위한 상담시설과 공유의 장터가 필요하므로 걱정을 덜어내고 자유로운 분위기의 **화이트칼리** 직장인들의 교육 공간을 계획한다.

NEEDS — 방문자 신원 인증 시스템 / 교육, 및 소통 공간 / 항균 마감재 사용
직원들을 위한 교육 필요
사회적기업 직원들을 위한 상세한 CONSULTING 필요

SPACE PROGRAM

1. CREATIVE WORK SPACE 4F
- 사회적기업들의 발전을 위한 연구 및 기획을 위한 사무공간
- 사회적기업 관계자들에게 좋은 영향을 줄 수있는 교육공간
- 자유로운 아이디어들을 공유할 수 있는 회의 공간

PROTECT ZONE | AGILE AND MOBILITYZONE | FILLING THE VOID ZONE

발전을 위한 업무 공간

외부인들에게 전체적인 OFFICE 안내와 연구원 직원들에게 쾌적한 환경으로 업무를 가능하게 해주는 업무공간

SOLUTIN 제공을 위한 공간

밀폐된 공간에서의 회의가 아닌 OPEN된 공간에서의 기획 업무, 자유로운 아이디어 공유를 통한 업무 원활

2. 5F 자기개발 OPEN ARCHIVE
- 직원들의 정보습득 및 지식 공유를 위한 공간
- 사회적기업을 위한 교육공간

AUTOMATIC DESK | SHARING INFORMATION FOREST | OPEN LECTURE ROOM

미래로 향하는 자기개발 공간

자연이 어우러진 OPEN된 LIBRARY와 DIGITAL ARCHIVE를 통한 다양한 자료 습득, 개인적인 열람공간

교육을 통한 정보습득 공간

사회적기업 관계자들에게 성장 및 해결방안을 교육, 제시, 서로의 의견을 공유하는 열린공간

3. HEALING PAUSE 6F
- 업무에 지친 직원들이 휴식할 수 있는 공간
- 카페닝 식음 가능한 공간
- 사적 이야기 꽃을 피우는 공간

NATURE WITH HEALING

VOID COMMUNITY SPACE | NATUR WITH MULTIROOM | NATURE WITH OPEN CAFE

업무와 휴식의 경계가 없는 공간

직원들이 소소하게 사적인 서로의 이야기를 하면서 유대감을 형성하여 친밀감을 증가시키는 공간

CONCEPT

FILL IN THE EMPTY FOR SOCIAL ENTERPRENEUR
사회적 기업인을 위한 비움안의 채움

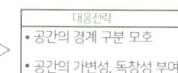
- COMMUNICATION 발전
- 공간의 기능 확장

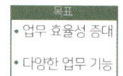
- 공간의 경계 구분 모호
- 공간의 가변성, 독창성 부여

- 업무 효율성 증대
- 다양한 업무 기능

다른 OFFICE에서 보다 소통이 더욱 필요하고 상호 협력을 중요하게 생각하며, 사회적기업의 성장을 도울 수 있는 창의성이 중요해짐에 따라서 효율적인 공간을 계획하려한다. 사용자들의 NEEDS를 수용함으로서 공간의 속성을 정확히 이해하고, 답습하지 않은 업무공간으로 공간에 비움을 계획하면서 사람들간의 관계는 채우는 공간을 만들어낸다. 사용자들에게 필요한 개방성, 융통성, 독창성, 미래성, 독립성, 안전성, 상호성, 환경 친화성을 반영하여 방향을 정한다.

OVERLAPPING RELATIONSHIP
(공간적 조우)
: 중첩공간을 활용한 시각적 조우

- 실내 형태의 중앙에 생성되는 VOID
- 위치 및 방향 인지의 기능으로 자연스러운 연결 유도
- 시각적 VOID(공간의 연속성, 투명성, 수직, 수평적 확장, 외부와 내부의 경계모호)

사람들의 동선이 겹쳐지는 공간에 공간 속에 또 다른 공간을 계획하여, VOID를 형성하고 외부와 내부의 경계를 흐릿하게 하기 위해 투명성을 이용하며, 사람들간의 교류와 협업, 소통이 원활하도록 한다.

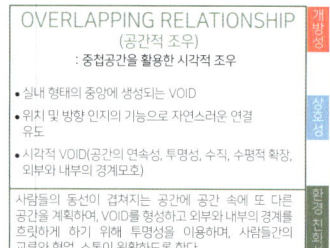

UNBOUNDARY EFFICIENCY
(공간의 다층성)
: 업무와 휴식의 경계를 무너트린 공간구조 다양성

- 공간의 기능 확장
- 공간적 통합요소로서의 공간구조 의미 확장
- 바닥, 벽체, 가구등의 기능 변화

벽체의 기능 변화, 가구의 기능 변화 등 다양한 변화에 따라 업무나 휴식이 유연하게 흘러가게 하기 위해 공간의 기능을 확실하게 구분짓지 않고 그 경계를 모호하게 함으로서 유기적인 공간을 계획한다.

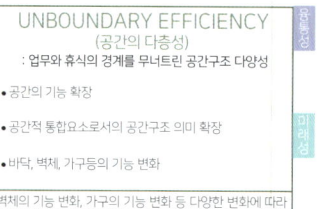

ORGANIC CONNECTION
(공간의 독립적 연결)
: 공간과 사용자의 연결, 끊임없는 진화

- NETWORK의 형태
- 독립적인 공간의 유기적인 연결
- 디지털 미디어와의 결합을 통한 새로운 가능성, 사이버 스페이스

단순한 공간 분리가 아닌 독창적인 형태의 독립적인 공간을 다른 공간들과 확실하게 구분짓고, 그 공간 안에서 다양한 DIGITAL매체를 활용해 단절되어 있으면서도 단절되어 있지않은 독창성 있는 공간을 계획한다.

KEYWORD

1. OVERLAPPING RELATIONSHIP (공간적 조우) : 중첩공간을 활용한 시각적 조우

1-1) DENSE OPENNESS 밀집된 개방성

공간의 구성을 계획할때, 사용자들의 동선이 겹치는 곳에 OPEN 공간을 만들어 전혀 다른 기능의 공간관입으로 인해 사용자들에게 새로운 공간을 부여해주고, 시각적으로 해방감을 느끼게 해주며 자연스러운 행태의 유도 또한 기대할 수 있다.

    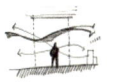 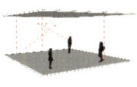

동선의 중첩에 의한 연속성 / 새로운 공간 도출 / 회전을 활용한 가벽 / 투명성에 의한 시각적 해방 / 공간의 수직 확장 활용 / 바닥의 고저차를 높여 유동적 행태 발생

1-2) OFFENSIVE RECIPROCITY 적극적 상호성

사용자와 공간의 상호작용 및 사용자와 사용자간의 교감을 이루어 줄 수 있게 하고, 상호간에 다양한 활동, 소통, 협업 등을 연속적으로 원활하게 가능하게 할 수 있는 상호성을 갖는 공간을 계획한다.

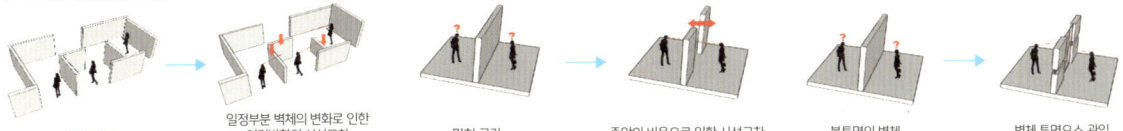

막힌 벽체 / 일정부분 벽체의 변화로 인한 여러방향의 시선교차 / 막힌 공간 / 중앙의 비움으로 인한 시선교차 / 불투명한 벽체 / 벽체 투명요소 관입

1-3) ENVIRONMENTALLY FRIENDLY 환경 친화성

공간의 쾌적성을 불어넣어주는 환경 친화성은 공간이 사용자에게 편안함을 제공해주며 공기 순환을 적극 수용하는 공간으로 밀폐된 공간이 아닌 감각적인 확장을 기대할 수 있게 해준다.

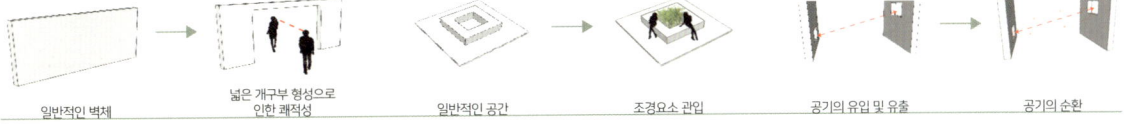

일반적인 벽체 / 넓은 개구부 형성으로 인한 쾌적성 / 일반적인 공간 / 조경요소 관입 / 공기의 유입 및 유출 / 공기의 순환

2. UNBOUNDARY EFFICIENCY (공간의 다층성) : 업무와 휴식의 경계를 무너트린 공간구조 다양성

2-1) VARIABLE FLEXIBILITY 가변적 융통성

공간을 변형이 쉬운 구조로 계획하고, VOID 형성으로 인한 다양한 DEAD SPACE를 공간에 맞게 사용하여, 사용자들에게 또 다른 공간을 느낄 수 있게 해주며 의도적으로 변형시킬 수 있도록 계획한다.

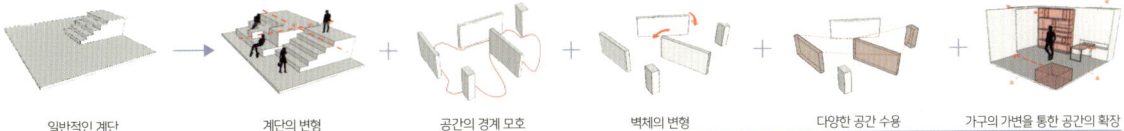

일반적인 계단 / 계단의 변형 / 공간의 경계 모호 / 벽체의 변형 / 다양한 공간 수용 / 가구의 가변을 통한 공간의 확장

2-2) FUNCTIONAL FUTURESTIC 기능적 미래성

변형이 가능한 공간의 기능을 목적에 맞게 공간의 기능을 확장시키고, 업무공간과 휴게공간의 경계를 무너트리면서 미래인적 공간을 계획하며 사용자들의 다양한 행태를 기대할 수 있다.

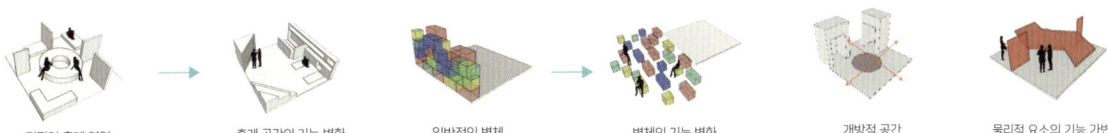

정적인 휴게 영역 / 휴게 공간의 기능 변화 / 일반적인 벽체 / 벽체의 기능 변화 / 개방적 공간 / 물리적 요소의 기능 가변

2-3) AMUSING ORIGINALITY 유희적 독창성

다양한 레벨 높이의 변화를 이용한 공간 영역 분할, 공간에 다양한 유희적 요소들의 도입으로 사용자들의 접근성을 더 유리하게 하고, 그 공간에서의 머무름과 집중할 수 있도록 한다.

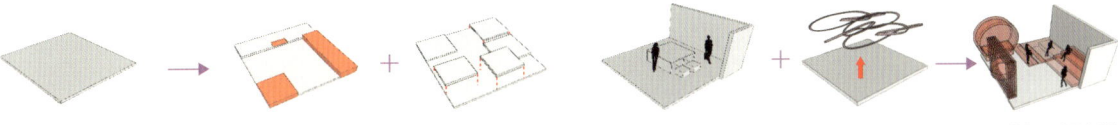

일반적인 바닥 / 바닥의 레벨 변화를 통한 분리 / 공간의 레벨 변화를 통한 분리 / 정적인 공간 / 일정하지 않은 비정형 곡선에 의한 유희성 / 유희적 요소의 공간 대입

3. ORGANIC CONNECTION (공간의 독립적 연결) : 공간과 사용자의 연결, 끊임없는 진화

3-1) AREA OF THE INDEPENDENCE 영역의 독립성
개방되어 있는 업무공간에 확실한 경계를 주어 분리시키고, 사용자들이 각 공간에서 개인 업무에 대한 집중을 끊임없는 것을 기대할 수 있다.

독립된 공간 형성 → 사용자와 사용자의 연결 → 중심성 표현 → 벽체 형성 → 네트워크 환경 형성

3-2) PSYCHOLOGICAL SAFETY 심리적 안전성
공간의 완전한 분리로 인해 사용자들이 심리적으로 안정감을 느끼고, 다른 사용자들의 접근을 지양함으로서 사용자에게 맞는 공간으로 업무의 능률성이 올라가는 것을 기대할 수 있다.

   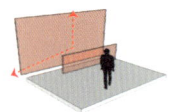

개구부 형성으로 인한 외부 풍경으로 인한 안정감 / 안정감있는 컬러 사용 / 외부 시선 차단 / 충분성 확보로의 안정감

3-3) MEDIUM FUTURESTIC 매개에의한 미래성
유기적인 공간으로 만들기 위해 공간의 형태만 변화시키는 것이 아닌 그것을 넘어 다양한 디지털적인 매체를 활용도 하여 공간감의 유기성을 느낄 수 있게 해준다.

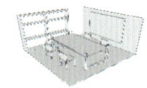 +  +  +  →

단순한 독립된 공간 / 매체에 대한 접근 / 홀로그램 회의 도입 / 혼합현실 시스템 / 공간의 진화

SPACE PROCESS

4F ● 개방성 ● 환경 친화성 ● 독립성 ● 안전성 ● 상호성 ● 미래성

ㅣ평면 구조에 공간 특성을 적용하여 형성된 면을 통해 공간 구성

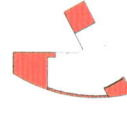    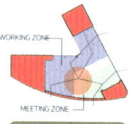

건축적 고정 요소 제외 / 구성 프로그램 / 특성 요소 적용 / 요소의 CONNECTION / 생성된 영역 프로그램 배치

ㅣCONCEPT 대입 후 벽, 바닥, 천장, 볼륨 형성으로 인한 공간 형성

 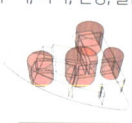   

세부 영역 볼륨 형성 / 겹쳐진 볼륨 정리 / 바닥 높낮이 부여 / 벽체 형성

ㅣCONCEPT 요소 공간에 맞게 적용

COORDINATION

발전을 위한 CREATIVE WORK SPACE

'편안한 집중력' 업무 공간에 자율성을 부여하여 집에서 근무 하는 듯한 편안하고 안락한 공간을 연출하고자 한다.

공간을 이용하는 사용자들은 홀로 독립공간을 사용할 때 편안함을 목적으로 독립공간을 이용하며, 심리적으로 편안한 색채를 사용하되 집같은 익숙한 색채를 사용하여, 사용자들에게 편안함으로 인하여 업무에 집중할 수 있도록 공간을 계획한다.

MATRIAL & FURNITURE

새로운 공간 도출
사용자들의 동선이 겹쳐지는 곳에 새로운 공간을 도출, 개방적이고 넓은 개구부 이용 그리고 벽의 높낮이를 다르게 하여 자유로운 시선 이동 가능

 →
동선의 중첩에 의한 연속성 / 새로운 공간 도출

자유로운 회의 공간
업무 공간과 휴게 공간의 경계를 허문 공간이며 바닥에 단차를 두어 공간에 수직적으로 확장시켜 보임

공간의 수직 확장 활용 / 층고를 높여 유동적 형태 발생

물리적 가구 요소의 기능적 변화
네트워크 형태의 중심에 있는 공간으로 위치가 가변되는 가구를 이용하여 사용자들의 목적을 변화시킴

독립된 공간에 연결성을 띈 네트 / 외부 풍경으로 인한 / 물리적 요소의 기능 가변
따른 벽체 형성 / 워크 환경 형성 / 안정감

예약제 시스템을 도입해 독립적으로 사용가능한 팀위 회의실로 홀로그램을 활용

 +  +
홀로그램 회의 도입 / 혼합현실 시스템 / 끊임없는 진화

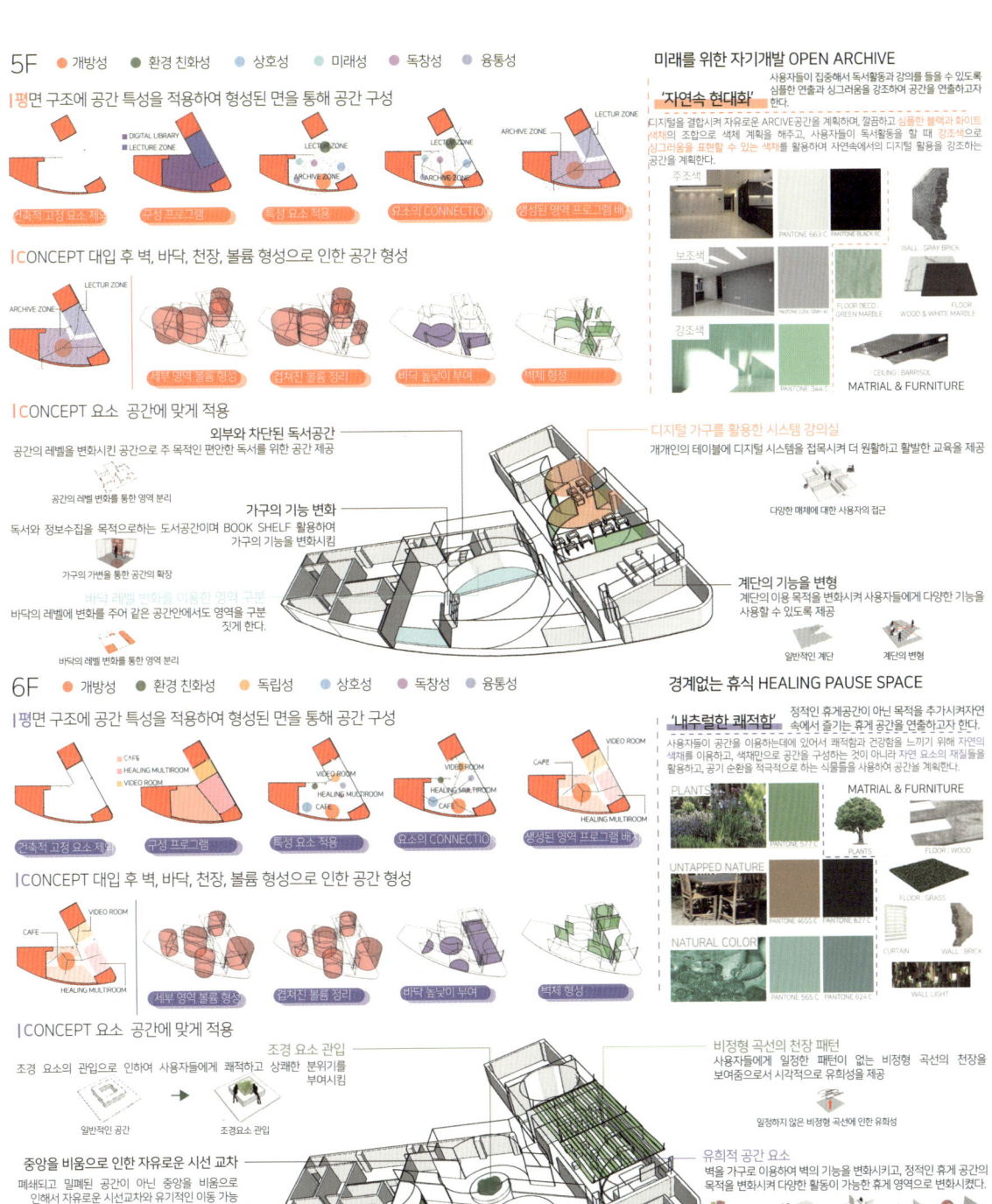

4F PLAN

1. HALL
2. MEETING ROOM1
3. PLANNING TEAM
4. COMMUNITY ZONE
5. PR TEAM
6. MEETING ROOM2
7. CONSULTING TEAM
8. CEO ROOM

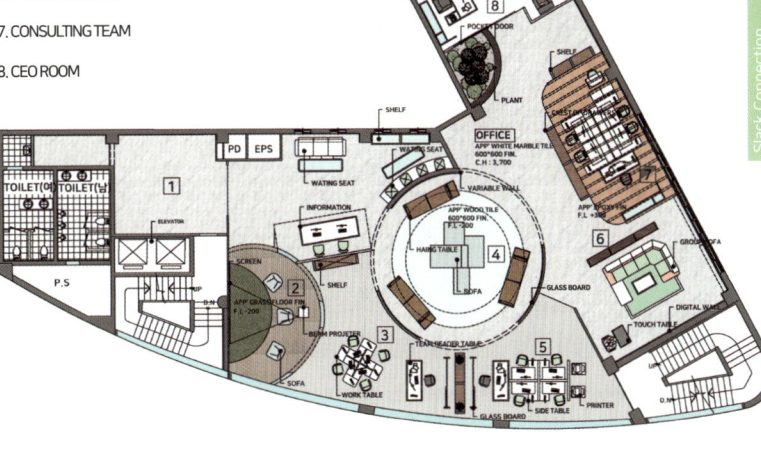

CREATIVE WORK SPACE
TEAM WORKING SPACE, MEETING ROOM

으로 하며, 중앙에는 COMMUNICATION을 강화하는 공간으로
공간을 만들어내며 다양한 디지털 매체를 통해 업무를 진행한다.

5F PLAN

1. HALL
2. READING ROOM
3. LIBRARY HALL
4. DIGITAL LIBRARY
5. DIGITAL LECTUREROOM

6F PLAN

1. HALL
2. KITCHEN
3. WAITING ZONE
4. CAFETERRIA
5. MULTIROOM
6. AV ROOM

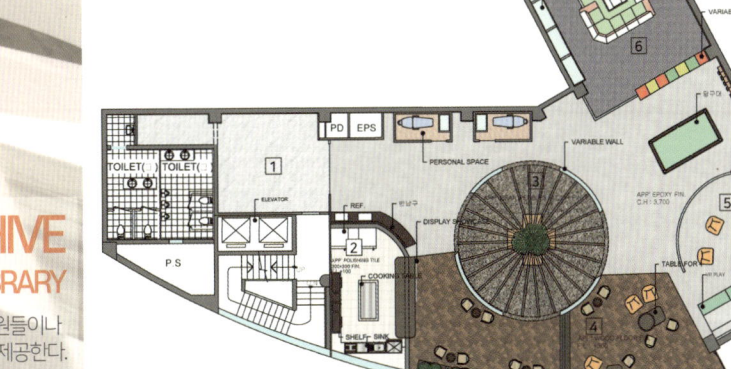

를 위한 자기개발 ARCHIVE
LIBRARY

면 조용하다는 편견을 깨트리며 계단을 변형시켜 직원들이나
하게 하여 적극적인 분위기를 연출하며 색다른 공간을 제공한다.

Future Education Space Innovation Project
초등학생들을 위한 미래 교육 공간

정하빈

JEONG HA BIN

gkqls99318@naver.com

Awads

2020 한국실내디자인학회 입선
2020 한국공간디자인대전 입선

2021 실내건축기사 자격증 취득

코로나 19 팬데믹이 일상화된 요즘, '뉴 노멀'에 대한 이야기들이 많이 나오고 있다. '뉴 노멀'은 '시대 변화에따라 우리에게 시작되는 새 기준, 새 일상'이라는 말로 해석될수 있다. 코로나19 시대는 우리에게 새기준과 새일상을 제시 하고 있다. 우리 주변에서는 사소하지만 많은 변화가 일어나고 있고 우리는 이런 변화에 맞추어 더불어 살아가고 있다 우리는 새 기준에 맞춰 새로운 시대의 막을 열어야 한다. 우리가 살면서 가장중요하고 기초가 되는 교육의 공간의 변화는 오늘날 더욱더 중요한 문제로 떠오르고 있다. 우리는 새 기준에 맞춘 교육공간의 패러다임을 제안한다.

BACKGROUND

'아이들은 우리의 미래다'라는 말이 있다. 우리나라 대부분의 학생들은 12년이라는 긴 시간을 학교에서보낸다. 청소년기의 학생들에게 장소와 공간에 대한경험은 정서적, 감성적 영향을 준다. 그렇기 때문에 미래의인재를 키우는 학교건축은 우리에게 중요한 과제 거리이다. 학교공간은 학생들에게 다양한 체험의 기회와 창의력을 키울 수 있는 공간들을 제공해야 한다. 학교 공간이 바뀜 으로써 드디어 우리의 미래가 바뀔 것이다 코로나 펜데믹과 더불어 미래교육 혁신 공간을 제안한다.

Problem

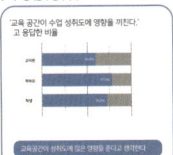
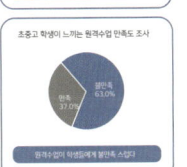
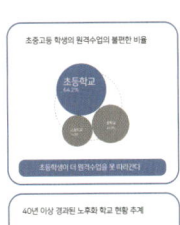
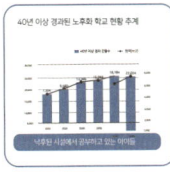

Need space

- 새로운 환경의 창의력의 공간이 필요
- 비대면 수업과 대면수업의 공간 필요

Project Goal

아이들의 마음을 움직이는 새로운 교육환경을 만들자 포스트 코로나 시대에 학교에서 공부 할 수 있게 만들자

Project Vaule

 따뜻한 유래한 자유로운

Space purpose

창의적 교육 공간을 만들자

창의성과 감성지능의 개념을 통해 초등학생들은 창의적이고 감성적인 공간에서 다양한 의미 만들기가 가능하고 이를 통해 경험을 축적 하게 되고 더많은 결과를 낳게 된다 창의성과 감성지능 이라는 두개 요소는 초등학생 공간을 논함에 있어 중요하다 시각경험의 구현방법 으로 공간속에 설정되 요소를 시간성과 결합이 되어 다양한 시각적 경험을 유도하고 이는 공간 사용에 있어서 초등학생들의 다양한 형태로 나타나고 공간에 활기를 주게 된다

SITE

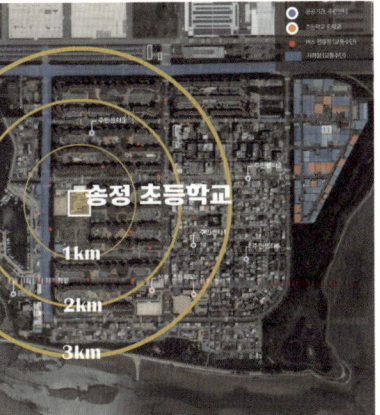

명칭	송정 초등학교
위치	부산 강서구 신호산단4로 10 송정초등학교
기능과 용도	학교 시설
연면적	12,342.98㎡ (3733.75py)
계획면적	F1-1/F2-2/F3-3,4/F4-5,6 학년교실(30개)
	1685.95 ㎡ (510py)
완공연도	1946년 10월 13일

※송정초등학교 실내 교실 모습 외부 환경에 비해어둡고 폐쇄적이다. 워낙 오래돼서 개보수를 몇 번하여 지저분하게 보이는 모습이 있다. 일반적인 획일적인 네모모양의 교실모양을 하고 있다 교실내에 놀이시설이나 특이한 점, 교과목을 위한 도구 등은 없다.

LOCATION

 Community Schoolzone   Convenient location

2km이내에많은 지역센터가 위치하여 있다. 초등학교 주변은 주거 단지가 모여있다 공공 시설이 주변에 분포 하여 송정 초등학교를 중심으로 지역발전에 도움을 줄 것이다

2km내에하나의 초등학교와 중학교를 볼수 있다. 신호초등학교 주변에 있는 가까운 교육시설을 활용하여 교육 시설 서로간에 소통하여 교류하여 새로운 교육의 장을 만들어 보자

교통이 매우 편리한 위치에 있다 방경 3km 이내에 큰 도로가 있어 교통이 매우 편리하고 1km이내에서 버스를 타고 내릴수 있는 좋은 교통 환경이 구축되어 있다.

PROBLEM

- 다양한 콘텐츠를 받접 및 스케치업 복합문화공간마련
- 지역주민들 사이의 소통공간부족으로 인한 커뮤니티문제
- 주변 교육공간을 활용한 통합된 교육의 장 마련

CONCLUSION

지역 공동체의 소통의 장 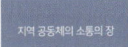 송정초  주변 교육공간의 화합의 장

TARGET

다른 학급별 똑같은 학급 공간에서 똑같은 수업을 받는다?!
학급별 창의력의 맞는 다른 공간을 제안 해야 한다.

학급별 아이들에게 맞는 학습환경 필요 ▶ 학급별 창의력의 도움이되는 교실공간 조성

창의력과 교육 공간과의 관계

윌리엄 디킨스 박사 (미국 브루킹스 연구소)는 "환경상의 조그마한 변화가 IQ에 즉각적이고도 매우 큰 영향을 미칠 수 있으며, 나이가 들면 지능에 미치는 환경적 역할이 줄어드는 반면, 어린 시절 교육적 환경에 놓이게 되면 IQ는 즉각적으로 상승할 수 있다"고 하였다(김기현, 김정희, 신자은, 2011). 이는 창의성이 지속적으로발달하는이 시기에 적절한 자극과 환경의 제공이 창의성 발달에 큰 영향을 미칠 수 있음을 시사한다.

창의력이 발달의 학습공간이 중요한 역할을 한다. 청소년기에 어떤 공간에서 교육을 받았는 가는 성인기가 되어 중요한 역할을 한다.

곡선에 의하면 성인기부터는 창의력이 급격하게 감퇴하지만 아동기부터 청소년기까지는 창의성이 지속적으로 발달하는 특성을 가지고 있음을 볼 수 있다.

이경화 외(2012) 연구에 의하면 그래프를 보는 바와같이 초등학교 1학년부터 6학년까지의기간 동안 창의성이 전반적으로 높아지는 경향을 보이나 2학년과 5학년 때 다소 낮아지는 W자 형태의 발달양상을 보인다고 보고 하고 있다

창의성 발달 곡선

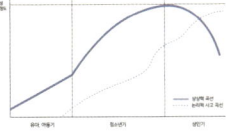

학년별 창의성 발달 경향

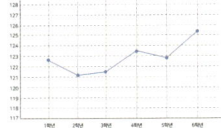

SPACE PROGRAM

복도		
1234층	길쭉한 직사각형의 모양의 재미없는 복도공간 다른교실을 이동하기 위한 공간이다	
	▶ 친구들끼리 서로 어울리며 정보를 공유하고 관계가 형성될수 있는 공간을 제안한다	

1,2,3,4 층 복도 공간
감각의 플레이 친절한 공유 공간
생각할 수 있는 공간 Reflect : space to think
안락성　유쾌성　유연성　활동성　정서성
☑ 소요실　공용공간, 도서공간, 공유공간, 교류공간, 휴게공간, 관계공간

4F		
	6학년	학교공간을 누구보다 잘아는 학년이고 새로운 성장의 전단계 이다
		▶ 학업의 신경쓰는 공간을 마련하고 독립적인 사고와 판단을 하는 공간을 제안한다
	5학년	공부의 공간에 관심이 생기고 학업에 대한 갈망이 있다
		▶ 문제를 해결하는 과목별 전문적 특성을 살린 학업의 공간을 제안한다

5, 6 학년(고학년) 공간
배움의 스테이 비범한 학습 공간
공유할 수 있는 공간 Collaborate : space
자율성　전문성　융통성　다양성　협력성
☑ 소요실　국어공간, 수학공간, 과학공간, 미술공간, 음악공간, 휴게공간

3F		
	4학년	학교에서 자율적으로 자신의 뜻을 행하고 싶어한다
		▶ 독립성을 키우고 스스로가 활동하고 의견이 수렴되는 공간을 제안한다
	3학년	학교공간 거의 다 안다 똑같고 평범한 공간은 교육의 흥미를 잃을 것이다
		▶ 흥미의 공간 새로운 모험적인 자신들만의 아지트적인 공간을 제안한다

3, 4 학년(중학년) 공간
비밀의 아지트 개방적 비밀 공간
연결하고 탐험할 수 있는 공간 Play: space to connect
연결성　유희성　소통성　경험성　탐색성
☑ 소요실　소통공간, 도서공간, 공유공간, 관계공간, 휴게공간, 공부공간

2F		
	2학년	학교에 있는 시간이 자칫 지루해 할수도 있을것이다
		▶ 친구들과 즐겁게 지낼수 있는 놀이가 가능한 공간을 제안한다
1F	1학년	학교라는 공간은 처음 이고 익숙하지 않은 공간에 대한 막연한 두려움과 공포를 느낄수 있다
		▶ 격식있고 딱딱한 공간에서 벗어나 유연하고 안락한 공간을 제안한다

1, 2 학년(저학년) 공간
상상의 놀이터 발랄한 놀이 공간
자극과 영감을 주는 공간 Stimulate : space for inspiration
안락성　유쾌성　유연성　활동성　정서성
☑ 소요실　놀이공간, 도서공간, 공유공간, 교류공간, 휴게공간, 공부공간

CONCEPT

Creatively in-between 어떤 장소나 사물, 행위, 사건 따위의 중간중간.

Creatively in-between 개념으로 아이들이생활하는 실질적인 영역과 아이들의 눈높이에서 공간 사이사이에 아동의 창의성을 지원하는 물리적 공간 디자인 요소를 적용해 설계 '사이'는 명사로 첫째, 한곳에서 다른 곳까지. 또는 한 물체에서 다른 물체까지의 거리나 공간. 둘째, 한때로부터 다른 때까지의 동안. 셋째, 서로 맺은 관계. 또는 사귀는 정 분과 같은 뜻을 가진 단어이다. 초등학교 공간이 '사이'라는 단어가 가진 뜻처럼 창의적인 사이 공간성과 시간성 과 관계성 을 알아가고 가질 기회의 장소가 될 수 있도록 아이들 의 실질적인 활동영역에서 더욱 밀접한 관계를 맺고 '기존학교 건물과 신축건물 사이', '교실과 교실 사이', '바닥과 바닥이 생기는 사이'처럼 아주 일상적인 공간들 사이사이에 이질감 없이 배치되도록 고려했다

공간성
한곳에서 다른 곳까지. 또는 한 물체에서 다른 물체 까지의 거리나 공간
하늘과 땅 사이/ 교실과 교실 사이/ 바닥과 천장 사이/ 복도와 복도 사이/ 교실과 복도 사이

시간성
한때로부터 다른 때까지의 동안
수업 시간 사이/ 쉬는 시간 사이/ 방과후 시간 사이

관계성
서로 맺은 관계. 또는 사귀는 정분
친구 사이/ 선후배 시간 사이/ 선생님과 제자 사이/ 부모와 자식 사이

Creatively in-between
미래학교 창의 융합 교육 환경 요소에 따른 공간디자인

INDEX

 ● ● TOGETHER
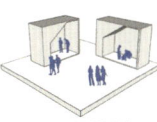 ● ● INSERTION
 ● ● BETWEEN
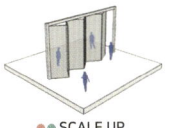 ● ● SCALE UP
 ● ● MOVE CHANGE
 ● ● PLAYGROUND

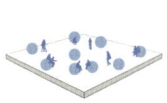 ● ● BALL PLAY
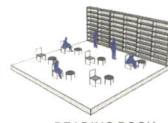 ● ● READING BOOK
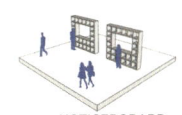 ● ● NOTICEBORARD
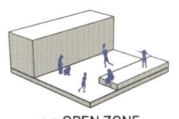 ● ● OPEN ZONE
 ● ● OVERLAY
 ● ● PLANTS ZONE

 ● ● OUT-INSIDE PLAY
 ● ● INSIDE PLAY
 ● ● PLAY FLOATION
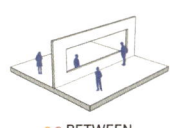 ● ● BETWEEN
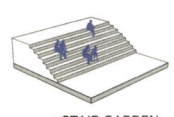 ● ● STAIR GARDEN
 ● ● THEATER

 ● ● INDIVIDUAL
 ● ● TEAM
 ● ● GROUP
 ● ● BRANCH
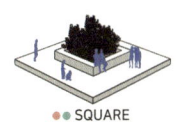 ● ● SQUARE
 ● ● HOUSEGROND

 ● CHANGE
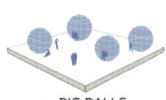 ● BIG BALLS
 ● DIVERSITY
 ● ● DEBATE
 ● PSYCHOLOGICAL
 ● ● SOCIAL OPENNESS

 ● ● SKYLIGHTING
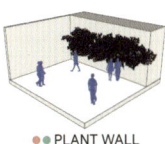 ● ● PLANT WALL
 ● ● IN-OUT BOUNDARY
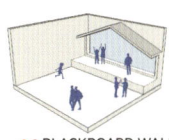 ● ● BLACKBOARD WALL
 ● ● SECRET PLAYGROUND
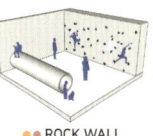 ● ● ROCK WALL

 ● ● TACKING GROAND
 ● LOW AREAL
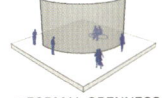 ● FORMAL OPENNESS
 ● ● TERRAIN PLAY
 ● SHARING
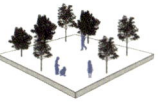 ● ● OUT-DOOR GARDEN

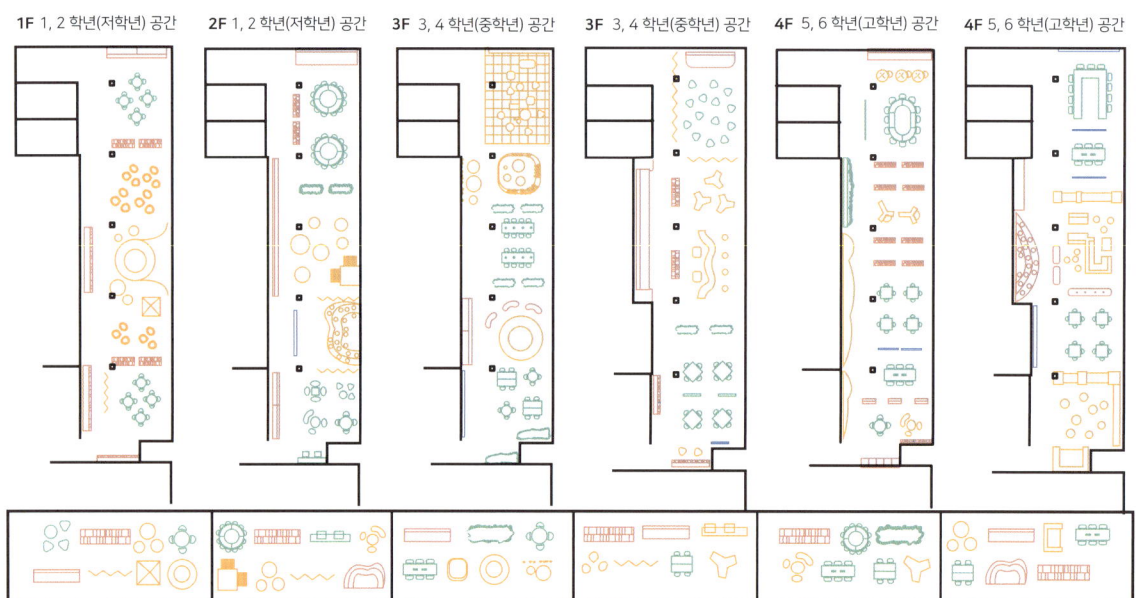

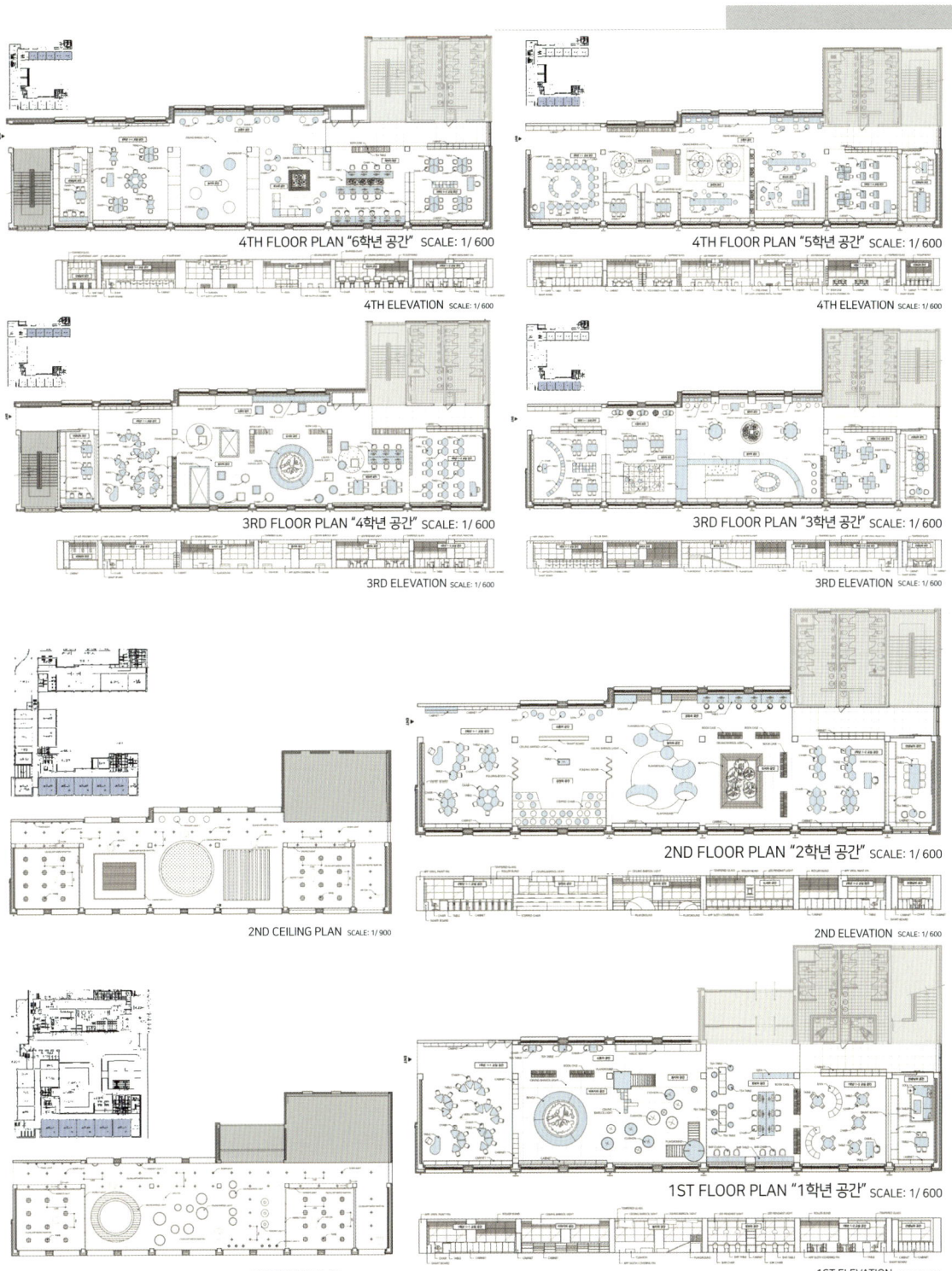

F3. 3학년_공유의 공간

3학년의 공간으로써 토의나 책을 읽을수 있는 공간과 매트에 앉아서 이야기 할수 있는 공간 을두어 학생들 사이에서 자유로운

생활을 할수 있도록 만든 공간이다 벽에 그래픽 이미지를 두어 심심하지 않은 공간을 만들었다

아이들은 교실이 아닌 다른 새로운 공간에서 또다른 활기참을 발견한다

F4. 3학년 _ 정보의 공간

정보의 공간과 놀이의 공간으로 자유롭게 이야기하면서 공부 할수 있는 공간이다

교실이라는 공간에서 벗어난 아이들 만을 위한 휴식의 공간이다

아이들이 공간을 마음껏 사용하면서 새로운 취미나 활동을 발견할수 있다

또한 교실과 교실 사이의 이어지는 공간이기도 하다

Talent Donation Service Center
저소득층 청소년을 위한 재능나눔 봉사센터

우성혜
WOO SEONG HYE
woosh0501@naver.com

Awards
2020 한국실내디자인학회 특선

2021 POWER POINT 2016 자격증 취득
2021 ACCESS 2016 자격증 취득

기존의 시대가 아닌 새로운 시대가 돌입했다. 거리에 붐비던 사람들, 떠들썩하던 학교, 연말에는 다양한 약속이 줄지어 있던 예전과 다르게 말 그대로 '뉴노멀' 우리가 당연히 누리던 평범한 일상이 뒤바뀐 것이다. 점차 시간이 지날수록 코로나19 사태의 상황이 단기간 멈출 수 있는 성격이 아니라는 점이 점차 드러났다. 제2·제3의 코로나 사태가 일상화되거나 향후 비대면 사회가 더욱 가속화 된다는 예측이 맞는다면, 지금까지의 자원봉사 활동방식에도 변화가 필요할 것이다. 지금까지 자원봉사는 함께 발로 뛰면서 만들어가는 활동방식 대부분이 대면 방식에 기반을 두고 있기 때문이다. 봉사센터는 무슨 이름으로 그리고 어떤 방식으로 자원봉사활동을 이어갈 수 있을까? 접촉하지 않고 대면하지도 않는 방식의 자원봉사활동이라면.

마음; TACT

온택트와 언택트로 새로운 라이프 스타일이 도래한 현재. 단절된 사회속에서도 사람의 손길이 필요한 이들이 있다.

AGIT ZONE_멘토 커뮤니티 공간

'ON THE GROUND' 공간은 학생들과 봉사자들이 멘토링할 수 있는 공간. 휴식공간에서 자연스럽게 이어지면서 적절히 공간이 분할되어 집중적으로 활동할 수 있는 공간으로 조성해 주었다.

BACKGROUND

코로나와 소외된 사람들

COVID-19 출현은 사회 시스템 전반에 걸쳐 큰 위협을 끼쳤고 그로인해 급격한 사회적 변화가 이루어지면서 빠른 속도로 다시 자리를 갖추어 가고 있는 방면 미흡한 안정성과 관심을 받지못하는 사람들이 여전히 우리 곳곳에 공존하고 있다. 이들은 도움의 손길이 필요하지만 정부는 막연히 사회적 단절 및 고립을 중심으로 가까스로 지키고 있다.
지금도 소외된 이들의 고민은 소리없이 나날이 커져가고 있다.

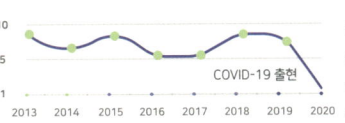

"자원봉사는 보편적으로 생각하기에 무보수로 하는 것"이라는 선입견

#자원봉사 참가율 (%)

#연령층 별 참가율
10 — 17.9
20 — 20.8
30 — 13.2
40 — 24.6

사라져가는 자원봉사자들

아이러니하게도 늘어가는 사회적 문제와 상반되게 자원봉사자의 비율은 나날이 절감되고 있다는 것이다. 2017년 자원봉사 참여율은 전체 성인 중 6.8%인 반면, 2020년의 참여율은 3.2% 밖에 되지 않았다. 자원봉사자들의 봉사활동 시간은 코로나 출현 이후 굉장히 증폭 되었지만 봉사자의 전체 비율은 확연히 낮아졌다.

재능기부란?

일반적인 봉사와 달리 자기 자신이 가진 특별한 기술을 능력으로 활용하는 봉사인 것이다.

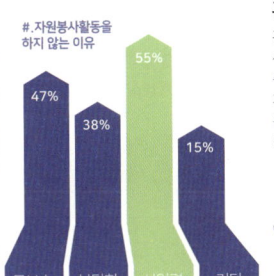

#.자원봉사활동을 하지 않는 이유
- 무보수 47%
- 부당함 38%
- 선입견 55%
- 기타 15%

휴먼터치

휴먼터치는 사람의 손길은 여전히 필요하다는 뜻의 새로운 트렌드로서 인간과의 무조건적인 단절이나 대체가 아닌 인간적 접촉을 보완해 주는 역할을 의미한다. '뉴노멀'의 시대로 들어서면서 접촉이 당연하던 과거가 아닌 다른 라이프 스타일을 살게 되었다. 그러나 우리의 삶에는 여전히 사람과 사람이 같은 곳을 공생 할 공간이 필요하기에 무조건 비대면으로 이루어지는 것이 아닌 이웃을 만날 대화의 장소가 필요하다

자원봉사가 마주해야할 도전과제

NEED
- 자발적태도 형성
- 봉사적 정신 실현
- 공생하는 공간

SOLUTION
- 온라인 스튜디오
- 문화예술인 활용
- 올바른 나눔의 현장

도시재생으로 다시 태어나는
좌천초등학교

위 치:	부산광역시 동구 좌천동 874
대지면적:	8,542 (2,583평)
연 면 적:	3,998.23 (1,210평)
계획면적:	3층 957.98 (289평)
층 구:	3.500

"지역 청소년들을 위한 교육, 복지 공간으로 활용할 수 있는 곳"

REASON

1층, 2층은 주민 편의 시설이 들어설 것으로 예상. 3층, 4층은 특정 개발 시설이 미정되있다. 또한 4층은 옥상이 같이 결합되어 있어 실제 평수가 작아서 **3층이 적절하다고 생각**

주거시설
주거가 밀집되있는 곳이며 부산의 다른 지역보다 저소득층 사람들의 거주율이 높아 저소득층 청소년들의 유입이 많고 원활할 것으로 예상

복지시설
유치원, 아동복지센터 등 노유자 시설이 근처에 있어 아동, 청소년들의 유입이 자연스럽고 재능나눔이라는 특성을 활용하여 다양하고 흥미로운 체험이 가능

교통
가까운곳에 지하철역이 있으며 버스정류장 또한 많이 분포되있어 교통에 불편함은 없음

WHY?

동구 좌천동은 주거취약지 도시재생 프로젝트로 인해 좌천역 일대 환경을 개선시키고 있는 지역이다. 구 좌천초등학교 건물을 리모델링해 문화·복지·교육·편의시설과 공원 및 공영주차장을 복합화한 거점시설로 조성하려는 계획이 있다. 환경적으로 타겟의 원활한 소통과 주변 관광 인프라와 함께 어우러져 사람들의 유입이 자연스러울 것으로 예상되어 선정.

아동복지센터 전국 분포도
*전국 281
서울 49
대구 23
부산 21
경상남도 25

*부산에서 결립된 부분이 많은 중남부권에서 특히 동구에 복지센터가 가장 분포되있었다.

MAIN TARGET-1
TARGET_1
예술분야 재능기부 봉사자

재능기부에 대한 논란이 거센 분야는 아무래도 예술계다. 기본적인 생계유지도 어려운 예술인에게 재능을 기부하라고 강요하는 사업자나 단체가 많고 센터의 환경 또한 열악한 경우가 잦다.

기부인가 재능 갈취인가?
#.자원봉사센터에 대한 불만족 요인은?
#.N=672, 단위:%

 78.2% 보상체계의 미흡
 32.5% 열악한 상태
 17.6% 네트워크 미활성

MAIN TARGET-2
TARGET_1
저소득층 청소년

저소득층 아이들은 자기가 원하는 꿈이 있음에도 금전적인 여건 때문에 배우는것에 힘든점이 많다. 그들에게 배울 기회를 선사하고 그들의 꿈을 찾을 수 있도록 희망을 심어주자.

꿈으로부터 한걸음
#. 소득분위가 적은 청소년이 희망하는 꿈 유무
46.2% 희망하는 꿈이 있다
82.4% 잘 모르겠다
28.1% 희망하는 꿈이 없다

SPACE PROGRAM

꿈을 나누고,
꿈을 찾아 오아시스를 찾아온 청소년들에게 문화예술 분야의 재능나눔 교육공간을 제공
#. 미술창작실, 합주실, 안무실, 공유 갤러리, 공연장

꿈을 알리고,
오프라인 뿐만 아니라 온라인에서도 재능나눔을 하고 청소년과 재능기부자의 꿈 또한 모두를 도와주는 공간을 제공
#. CHAPTER 1 SPACE, CHAPTER 2 SPACE

꿈을 만들고,
재능 나눔 수업이 아닌, 개인적으로 작업하고싶거나 제작하고 싶을 때 사용할 수 있는 꿈 제작소로 필요한 소품이나 물품이 있는 공간을 제공
#. CREATING SPACE, SHARING SPACE

꿈을 펼치고,
학생들과 교육자의 원활한 커뮤니티와 휴식을 위한 공간을 제공
#. ON & OFF SPACE, ON THE GROUND SPACE

CONCEPT

'포용적 혁신 공간'

'INCLUSIVE INNOVATION SPACE'

기존의 복지시설과 다르게 공간지각연출, 봉사자들의 니즈, 청소년들의 심리를 연관시킨 공간의 감성이 복합적으로 결합되어 단순히 부모의 부재동안 학생을 보호하는 시설이 아닌 차세대 인력의 육성과 문화, 예술, 체험을 향유하는 공간이다. 포용적 혁신공간은 봉사기관을 공간지각적으로 재해석하여 다양한 측면에서 변화되는 것을 관찰하고 봉사자들의 욕구를 채워줌으로써 봉사자들에게 만족과 보상을 충족시켜 지속적인 활동이 가능한 능동적인 공간을 제시한다.

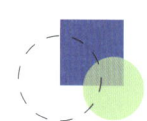
1_ SPATIAL SENSIBILITY
_공간의 감성

2_ SPATIAL ENJOYMENT
_공간의 향유

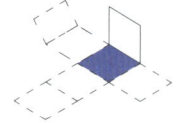
3_ SPATIAL VARIATION
_공간적 변이

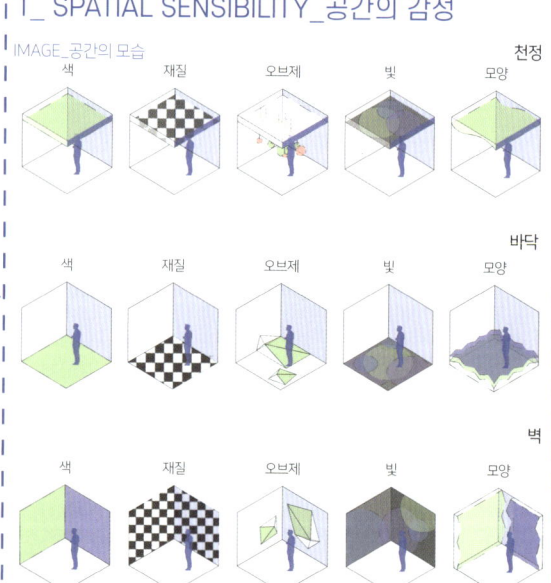

1_ SPATIAL SENSIBILITY_공간의 감성

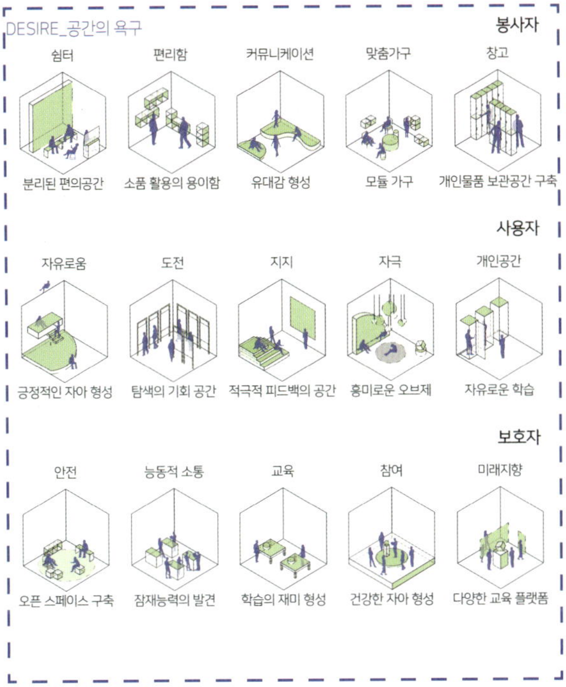

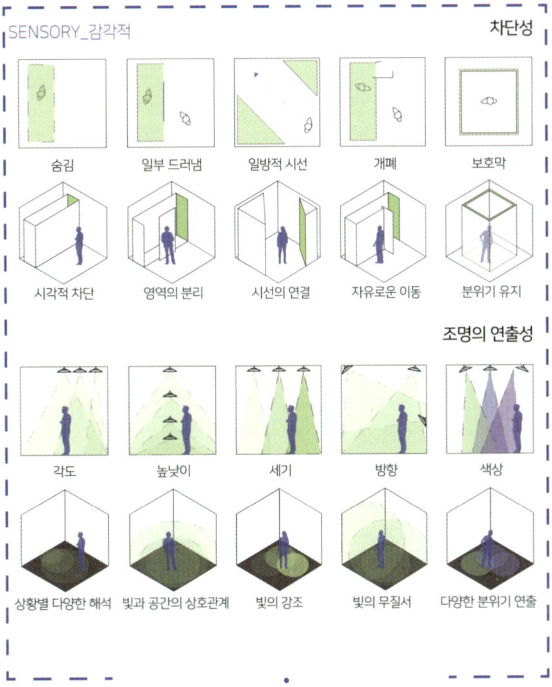

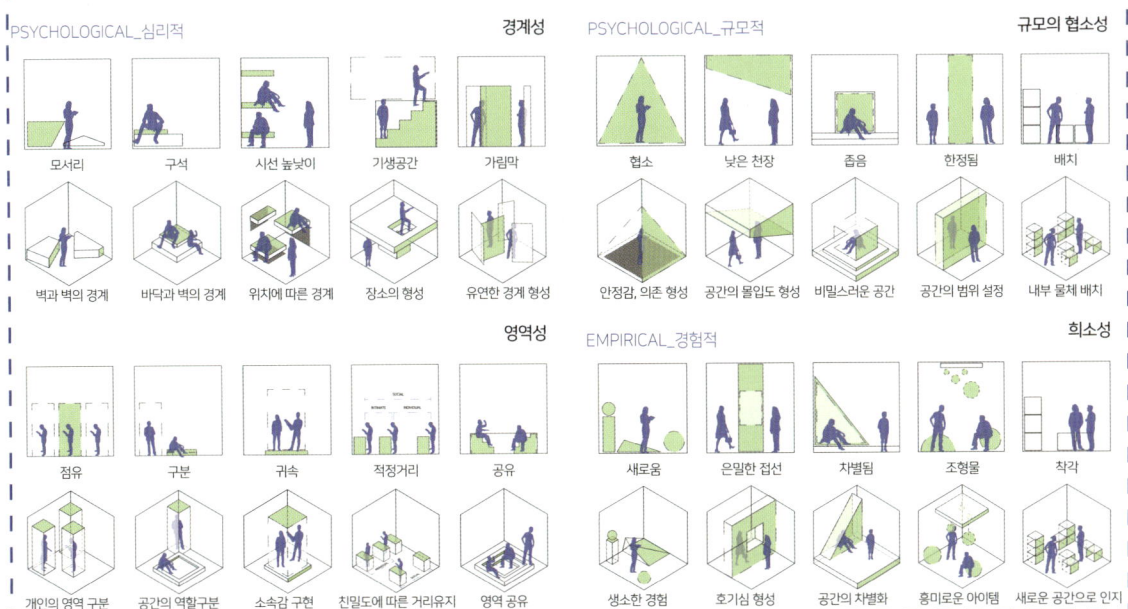

OASIS ZONE_미술창작실

'미술창작실' 공간은 창을 크게 설계하고 자연광이 들어와 작품 건조가 수월하도록 하고 공방의 분위기가 나도록 조성해주었다. 봉사자가 직접 재능나눔을 하는 교육 공간으로 멘토와 멘티 모두 편안하고 자율적인 수업을 위해서 베이직한 색감을 활용하여 수업의 집중을 할 수 있도록 하였다.

AGIT ZONE _ ON & OFF 만남의 공간

'ON & OFF' 공간은 학생들과 봉사자들이 편히 쉬고 공간 자체에서 자유롭게 놀고 즐길 수 있는 공간이다. 자유롭게 앉거나 누울 수 있는 공간, 유동적인 활동과 소통을 즐길 수 있는 공간으로 조성. 밝고 활기찬 색감을 활용하여 활동적인 분위기를 만들었다.

DREAM FACTORY ZONE_CREATING SPACE

'CREATING SPACE' 공간은 미술 분야 학생들의 개인 작업 또는 학습을 도우며 재능나눔 수업과 별개로 목재나 공예 위주의 작업을 할 수 있는 공간. 다양한 공용 기계와 수납함들을 활용하여 작업에 필요한 물품들을 보관할 수 있는 공간을 만들고, 높낮이가 자체설정 가능한 책상 등 기기들을 설치하여 작업에 용이하도록 하였다.

"Shade", Women's bath lounge
여성들의 일상속 쉼터의 존재 "그늘", 대중목욕탕의 리뉴얼 여성목욕라운지

강서연
KANG SEO YEON

peachpink622@naver.com

Awards

2018 실내건축공간 문화대전 우수상

2019 실내건축공간문화대전 우수상

2020 한국실내디자인학회 입선
2020 한국공간디자인대전 장려상
2020 AI 아이디어 공모전 최우수상

뉴노멀이란 본래 가지고 있는 가치나 의미를 되살리고 본질적인 면을 재해석하며, 변화된 시대에 따라 시스템을 업그레이드하여 현재 트렌드와 라이프 스타일에 맞는 것으로 재구성하도록 하는것이라고 생각한다. 대중목욕탕은 몸과 마음의 피로를 풀어줌과 동시에 동네 커뮤니티 장소의 역할을 함으로써 주민들에게 소통공간이 되며 우리나라 사람들이 지속적으로 방문하는 정서와 이유를 담고있다. 이러한 목욕탕 문화가 되살아나 지속. 유지될 사회적 가치는 충분히 있다. 하지만 현재의 대중탕은 팬데믹과 발전 되어가는 주거형태와 공동체보다는 개인을 원하는 시대적 상황에 부딪혀 있다. 이러한 목욕탕을 상황에 맞게 재정의 하면서도 본래의 장점은 지키도록 뉴노멀화 한다.

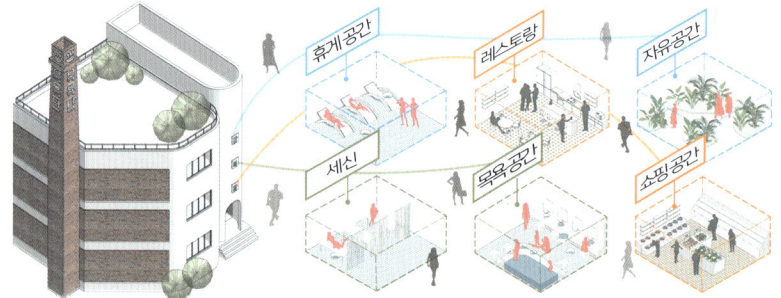

5_ 자유롭고 오롯이 자신만의 휴식이 가능한 휴식그늘

공간의 수직수평적 공백과 가능적 공백을 두어 본인이 원하는 휴식을 자유롭게 즐길 수있도록 하며 스킨케어에 관련된 제품을 체험해보면서 자신에게 맞는 다양한 제품의 구매가 가능하도록 하였다.

BACKGROUND

목욕은 무엇일까? 왜하는 것일까?

목욕이란 머리를 감고 물로 몸을 씻고, 마음을 다스리기도 하는 생활 행위이다. 목욕을 통해 신체의 보온과 피로 회복 등의 효과와 동시에 기분전환, 휴식, 안정 등의 심리적인 효과 또한 얻을 수 있다.

급격히 감소하는 목욕탕 시설
- 2000: 9950
- 2005: 9932
- 2008: 9941
- 2012: 8446
- 2015: 7487
- 2018: 6959
- 2020: 6740

BUT 뒤떨어지는 목욕 문화와 시설
SO 사라지고 있는 대중 목욕탕

목욕시설이 지속적으로 폐업하는 원인은?
1. 현재 가장 큰 문제
   코로나19로 인해 꺼려지는 대중 목욕탕의 현실
2. 근본적인 문제점
   시대의 변화를 극복하지 못하고 뒤떨어진 대중목욕탕

왜 여성 전용 공간이 필요 할까?

목욕탕의 여성의 방문율은 남성보다 약 4배가 높았으며, 평수는 계속 증가하는 반면에 시설의 다양함은 확대 되지 않고 있다. 여성들에게 목욕탕은 단순히 목욕을 함을 넘어 휴식, 미용, 운동, 사교 생활등 다양한 활동을 하기 때문에 현재의 대중탕 보다 훨씬 다양하고 복합적인 공간을 원하고 있다.

31평 → 65평 → 59평

여성 82%
남성 18%

SOLUTION

복합 공간 구성 — 다양한 시설이 복합된 목욕공간
부족했던 다양한 시설들을 목욕 공간에 도입하여 쇼핑, 식사, 휴게 등을 자유롭고 편안하게 즐기도록 구성한다.

새로운 개념 도입 — 선택가능한 개인 목욕 공간
취향에 맞게 옵션선택이 가능하고 프라이빗한 개인 목욕 공간을 구성하여 대중탕과는 색다른 목욕탕을 제공한다.

지속가능한 활용성 — 용도 변경 없는 공간 재사용
버려진 목욕탕들은 상점이나 창고로 용도변경하는 것이 쉽지 않아 옛것을 버리지 않으면서도 현재의 개념을 도입하여 하나의 새로운 공간을 구성 하도록 한다.

본래 가지고 있는 가치나 의미는 되살리지만, 본질적인 면을 재해석하여 시대에 따른 요소를 설치하면서도 업그레이드한, 현재 트렌드와 라이프 스타일에 맞는 새로운 목욕 문화의 기능이 실현 가능한 뉴노멀 목욕 라운지를 구성하도록 한다.

SITE

SITE INFORMATION
- 위치: 부산광역시 해운대구 반여동 1472-1
- 건물 총층수: 7층
- 건물면적: 731.21m² (221.19평)
- 기존 용도: 대중 사우나

오랜시간 동네 주민들에게 사랑 받아왔지만 문을 닫게된 목욕탕의 용도는 변경하지 않고 그대로 사용하면서도, 새롭고 지속가능한 목욕문화로 변경하여 현재에 맞는 뉴노멀 목욕탕으로 변경한다.

SITE ANALYSIS

▲ 기존 목욕탕 탈의실   ▲ 기존 목욕탕 입구   ▲ 기존 목욕탕 내부 사우나

접근성 중.대형 아파트 단지, 단독 및 다세대 주택이 인접해있어 다양한 연령대의 여성층이 쉽게 접근 가능

편리성 대로변에 위치하여 차로 접근이 유용하고 다수의 버스 정거장이 있어 먼곳에서도 방문가능하다.

독보성 인근에 목욕탕과 휴게공간이 범위에 비해 작으며 여성만을 위한 공간은 더더욱 적으므로 독보적이다.

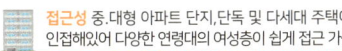

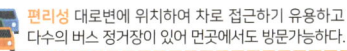

TARGET

MAIN 일상속의 목욕을 즐기는 여성 시민

59.2% 피로회복   25.4% 혈액순환   10.7% 몸이 가볍고 개운함

1위 피로 회복 (49.6%)   2위 목욕 및 세신 (40.2%)   3위 취미생활 (13.6%)
▲ Q. 목욕탕 서비스 이용 이유   ▲ Q. 목욕이 건강에 도움이 된 점

NEEDS
일상속 목욕을 좋아하고 즐기러 오시는 분들을 위하여 개성있고 쾌적한 개인 목욕탕을 구성하고, 잦은 방문을 함에도 지루하지 않도록 다양하고 변화가 가능한 공간을 완벽히 구성하도록 한다.

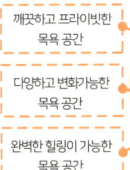 깨끗하고 프라이빗한 목욕 공간
 다양하고 변화가능한 목욕 공간
완벽한 힐링이 가능한 목욕 공간

SUB 기존의 목욕시설이 부족하다고 느꼈졌던 여성 시민

(43.7%) 위생 관리 1위
(34.9%) 다양한 시설 부족 2위
(7%) 부대시설 상품의 비싼 가격 3위
▲ Q. 대중 목욕탕이 불만족스러운 이유

기타 14.1%   수질 34.9%   시설 28.2%   환경 및 부대시설 19.3%
▲ Q. 서비스 이용시 중요한 확인요인

 다양한 목욕 제품이 있는 샵인샵
건강한 음식이 있는 웰빙 레스토랑
자유로운 휴식을 즐길 자유 공간

NEEDS
다양한 시설을 원했던 고객에게 충족되는 다양한 시설을 구성하여 목욕 관련 제품 구매및 웰빙 식사, 프라이빗한 개인 목욕 공간, 자유 활동 등이 가능하도록 구성한다.

CASE ANALYSIS

■ 새로운 복합 문화공간, 듀펠 센터
■ 예술과 문화를 담은 공간, 행화탕

■ 부산 최초 ,두송 생활 문화센터
■ 목욕탕의 변신, 영도 220 VOLT

(접근성 / 상업성 / 활용성 / 연계성 다이어그램)

활성화 방안

접근성 교통편이 다양한 곳에 위치하여 어디에서나 편한 접근이 가능하게 한다.
활용성 폐목욕탕의 디자인 변경방안과 시스템 활용방안을 생각해보고, 색다른 커리큘럼을 도입하여 기존의 공간이 활용적으로 사용될 수 있도록 한다.
상업성 기존의 대중 목욕탕과 차별화를 두어 목욕탕 방문의 빈도수를 증가시킨다.
연계성 고객의 니즈와 현재에 적절하며 지속가능한 이용시스템을 고려한다.

■ 결론

접근성이 높은 곳을 구하고,상업성과 활용성을 충족 시킬 수 있는 다양하고 새로운 아이템을 구축하여 공간에 반영한다면 현재와 미래에도 꾸준히 소비될 새로운 공간이 탄생할것이다. 또한 연계성이 있는 공간들을 벤치마킹하여 공간에 적용해본다.

SPACE PROGRAM

여성을 위한 쉼과 소통의 목욕라운지 '그늘'

그늘이란 큰 나무와 쉼터인 정자에서 응용된 단어로 쉼의공간이라는 의미이다.개인적 휴식과 커뮤니티 공간의 기능을 모두가진 그늘은, 개인 행동을 하는 사적인 공간, 손님끼리 소통도 가능한 공적인 공간의 기능을 동시에 가지고 있는 대중 목욕탕과 비슷하다. 목욕 라운지의 목적인 몸과 마음의 '쉼터'가 그늘의 의미와 동일하고,사적,공적의 역할이 모두 존재하며 쇼핑, 목욕, 소통, 휴식, 식사등 복합적인 기능을 동시에 한다는 의미를 담아 그늘로 모든 공간을 표현할 키워드로 정했다.

휴식 그늘

바디&스킨 케어에 관련된 제품의 쇼핑 및 컨설팅과 휴식, 운동, 독서 등 오롯이 자신이 원하는 휴식을 자유롭게 즐기도록 하는 공간

6F

진정과 휴식
■ Rest room 목욕전, 후 안정과 휴식을 취하는 공간
■ Free time room 각자가 원하는 자유시간을 즐길 공간

판매공간의 확대
■ Shop in shop 다양한 제품구매 가능한 공간
■ Beauty survice 고객에 맞는 다양한 제품 컨설팅

나의 그늘

감염 걱정 없고 , 나에게만 집중할 수 있는 목욕공간이자 내 취향의 공간을 선택 가능한 현재에 맞게 변화된 새로운 시스템의 개인 목욕탕

5F

목욕탕의 세분화
■ Private bath house 개인만의 목욕이 가능한 개인탕
■ Reflect on various tastes 취향을 맞춘 개인탕

소통 그늘

새로운 목욕공간에 대한 소개 및 함께.혼자 건강한 식사를 즐기며 , 상대와 소통 그리고 나자신과의 소통을 통해 즐거움 속 휴식을 취하는 공간

4F

웰빙 푸드와 디저트
■ Restaurant & cafe 건강한 음식과 디저트를 즐기는 공간

새로운 공간의 소개
■ Information & pop-up store 인포메이션 공간

Expecting effect

목욕탕에 대한 인식 변화
목욕탕에서 가능한 다양한 공간들을 보여주어 목욕만 가능한 대중탕에 대한 인식을 변화시킨다.

색다른 휴식 공간 제공
이제까지와는 다른 조건의 휴식공간을 제공 함으로써 고객들에게 신선함을 제공한다.

구조,시스템 변화의 확산
현대에 맞춰 변화된 새로운 목욕탕 시스템을 여성뿐아니라 남성까지 넓혀 대중화 시킨다.

CONCEPT

HETEROTOPIA [헤테로토피아]

헤테로토피아는 균일하고 규칙적인 세상에 '자극'을 주어 무질서한 세상 속 자유를 느끼게 할 공간이다. 실제현실 속 균일함에서 벗어나, 라운지에서만은 완전한 일상속 일탈이자 자유를 경험할 수 있는 헤테로토피아적 공간임를 표현하기 위하여 외부의 자극을 통해 형성되는 공간의 형태와 기능을 구성한다.

1-1 균일한 공간에 '자극'을 주었을때의 변화

| EX) 규칙적인 원들을 혼동 시킨 실험 | 균일한 원들의 반복적 형태 | 자극 의한 혼동으로 선,면 분리 | 선과 면의 불규칙 형태 변형 |

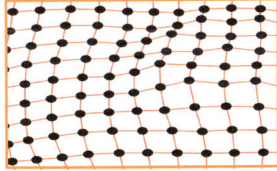 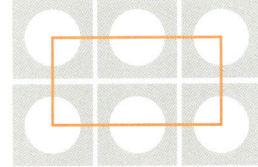 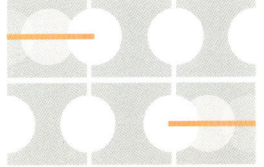 

자극을 통한 혼동
- 기존의 대중목욕탕의 시스템
- 정형화 되어있는 소통 형태

기존의 목욕탕의 시스템과 충돌하는 바뀐시대적 상황들

기존의 일부를 지키면서, 완전한 새로움을 추구하는 목욕탕

| EX) 휘어진 선들의 지속적인 교차 실험 | 선 위를 거치는 지속적 회전 | 계속된 회전에 의한 휜 선들의 교차 | 서로 다른 곡선의 면적 생성 |

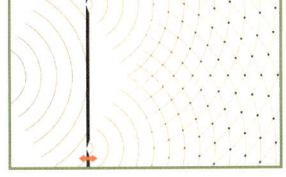 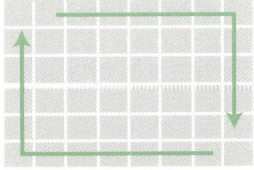  

자극을 통한 휨
- 기존의 대중목욕탕의 디자인

기존의 디자인의 틀이 깨지며 변형 되어가는 목욕탕의 형태

변형되어 디자인의 형태가 새롭게 규정되어진 목욕탕

| EX) 집중적인 압력을 받을때의 실험 | 직선들속 압력으로 생긴 중심 | 중심의 공백으로 인한 공간의 흐름 | 공백과 공백주변 흐름의 결합 |

 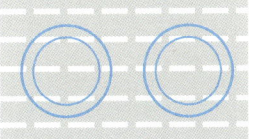 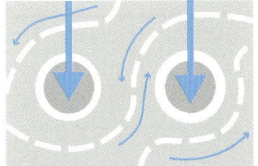 

자극을 통한 공백
- 기존의 대중목욕탕에서의 정해진 행위에 대한 규정

규정된 공간으로 부터의 공백으로 기능과 공간의 자유로운 공백 생성

규정없이 자유로워진 목욕탕

1-2 자극에 의해 변화된 공간의 성질

자극을 통한 혼동에 의한
MULTIPLICITY
공간의 다원성

자극을 통한 혼동에 의해 공간의 다원성 부여된다. 목욕 외에도 식사, 쇼핑등 부가적인 활동이 가능하여 한곳에서 완벽한 휴식이 가능하도록 기능의 다원성을 주었고 소통 형태 또한 중심을 다양하게 두어 다양한 소통이 가능하도록 하였다. 팬데믹에도 대응되도록 시대적 측면도 반영한다.

기능적 측면 | 복합적인 공간 실현

쇼핑+목욕+식사+휴식이 한 공간에서 복합적으로 가능한 효율적이면서 다원적인 공간을 구성한다.

1. 웰빙 카페&레스토랑 + 2. 샵인샵
3. 자유 휴게 공간 + 4. 개인 목욕탕

공간적 측면 | 다양한 소통 형태 도출

기능이 다양하여 한곳에 사용자가 집중되지 않고 분산되며, 각 기능의 공간 속에도 대규모, 소규모 소통공간, 개인 소통 공간등 다양한 소통 형태 도출하여 흥미있는 공간을 구성한다.

방문객 + 개인	동반인 + 개인	개인 + 개인
자유로운 유입의 통로	제한된 소통의 공간	차단된 개인의 공간

개방된 경계없는 공간	제한적인 소통 통로	독립된 소통 통로
의도되지 않은 소통	의도된 소통	자신만의 소통

자극을 통한 휩에 의한
FLOWABILITY
공간의 흐름성

자극을 통한 휩에 의해 공간의 흐름성이 부여된다. 흐름에 의해 생겨난 다채로운 공간을 평면에 반영 하였으며, 공간의 경계들을 반투명 재질을 사용하여 너머의 타인을 익명화하면서도 실루엣은 비치도록 구성하여 사회속에서도 개인성을 지켜내는 이중적 측면으로 구성한다.

흐름의 형태 - 다양한 존재 표현

여러 방향에서 흘러온 흐름에 따라 생긴 다양한 형태를 평면에 반영하고 볼륨을 주어 각 실과 공간의 다양하고 독특한 기능과 개성이 있는 목욕공간을 구성한다.

규칙적인 공간사이사이로 다양한 방향의 흐름이 생성됨 | 생성된 공간에 볼륨을 주어 각 실의 형태 도출 유도

 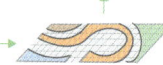

흐름을 따라 연결되는 선들을 이어 벽체의 라인과 영역 생성 | 벽체의 형태에 면적을 주어 곡선의 공간에 영역을 구분

빛의 흐름 - 공간 사이의 모호함

공간의 확장성

불투명도 100%: 불투명
프라이버시 보호 확실함 공간에 답답함을 제공

불투명도 60-80%: 반투명
사적, 공적공간의 중간 영역, 공간에 확장성을 제공

불투명도 0%: 투명
완전히 개방적인 공간, 공간에 완전한 개방감을 제공

반투명을 통한 개인성과 사회성의 공존 효과

개인성 + 사회성 | 혼자만의 목욕을 즐길 수 있는 프라이빗한 개인탕
개인성으로 인해 생길 문제점을 위한 관리의 수단
대중탕에서 공동체로써 목욕을 하는 느낌을 보존

자극을 통한 공백에 의한
UNCERTAINTY
공간의 불확정성

자극을 통한 공백에 의해 공간에 불확정성이 부여된다. 특정한 행위를 하기보다는 자신이 원하는 행위를 하도록 기능의 공백을 주며 또한 수직, 수평적 공백을 만들어 시선을 개방시켜 풍부한 공간감을 구성하고, 공간을 더 자유롭고 불분명하게 느낄수 있도록 한다.

수직. 수평적 여백 공간 연출

시선의 개방감과 공간감을 제공하여 개방된 넓은 공간에서 휴식을 즐길 수 있도록 하고 내부속 외부의 구조로 다양한 분위기 조성이 연출가능하다.

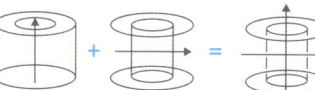
수직, 수평으로 시각.공간적 여백을 제공

수직 수평적 공백의 중심에 기능적 공백을 위한 조경 구성

공간 역할 및 기능의 여백

공간의 기능을 명확히 정의하지 않고 열어두어, 사용자의 자유에 따라 역할이 정해지도록 하며, 다양한 행동이 수용 가능하도록 공간을 넓게 구성한다.

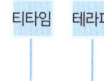 티타임 | 테라피

휴게 공간

 명상 | 요가

PLAN

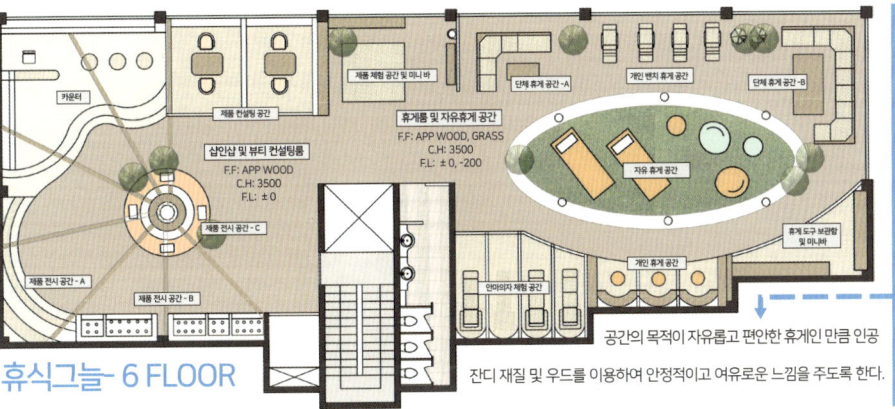

휴식그늘 6 FLOOR

MATERAIL

공간의 목적이 자유롭고 편안한 휴게인 만큼 인공 잔디 재질 및 우드를 이용하여 안정적이고 여유로운 느낌을 주도록 한다.

PLAN

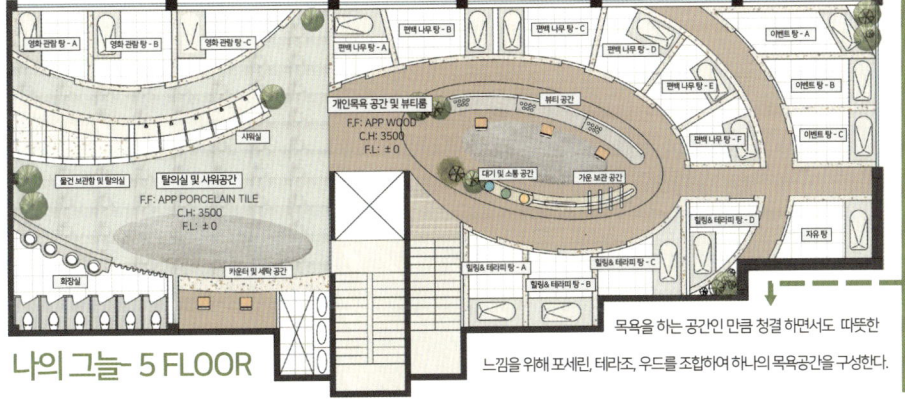

나의 그늘 5 FLOOR

MATERAIL

목욕을 하는 공간인 만큼 청결하면서도 따뜻한 느낌을 위해 포세린, 테라조, 우드를 조합하여 하나의 목욕공간을 구성한다.

PLAN

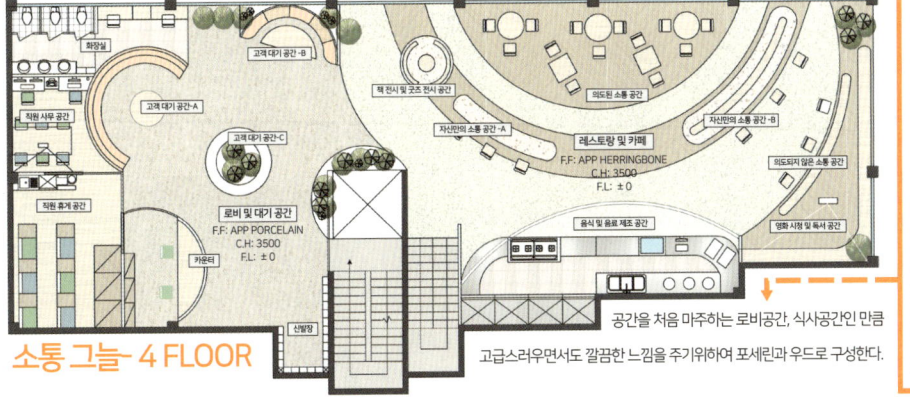

소통 그늘 4 FLOOR

MATERAIL

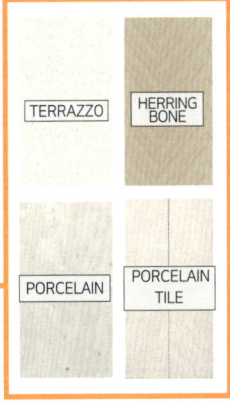

공간을 처음 마주하는 로비공간, 식사공간인 만큼 고급스러우면서도 깔끔한 느낌을 주기위하여 포세린과 우드로 구성한다.

4 _ 다양한 웰빙음식을 즐기는 소통그늘
웰빙 레스토랑 & 웰빙 카페

New normal Women's bath lounge

건강한 식재료들로 만들어진 웰빙 음식&음료

1) 몸의 건강을 힐링하러 오는 목욕 라운지인 만큼 건강하고 신선한 다양한 종류의 웰빙 음식과 음료를 즐길 수 있도록 웰빙 레스토랑 및 카페를 구성한다.

2) 대부분의 소통공간과 다르게 개인, 개인-단체, 개인-개인, 단체-단체 등으로 다채로운 소통이 가능하도록 구성하여 함께오거나 개인으로 와서 정해진 소통만을 함에서 벗어나도록 구성한다.

3) 공간은 깨끗하면서도 안정적인 느낌을 주기 위하여 포세린과 우드를 사용하였으며 포인트로는 테라조를 사용하여 다채로운 느낌을 제공하였다.

5 _ 혼자만의 완벽한 힐링이 가능한 나의 그늘
샤워실 & 탈의실 & 개인 목욕탕 & 뷰티룸

New normal Women's bath lounge

이벤트 탕

힐링 및 자유 탕

편백나무 탕

스파 및 영화감상 탕

1) 이제까지와의 대중목욕탕과는 달리 혼자만의 완벽한 목욕을 즐기러 오시는 고객들을 위하여 독립적이면서도 개인의 취향에 맞게 선택이 가능한 힐링탕, 이벤트 탕등 다양한 목욕공간을 구성한다.

2) 뷰티룸은 목욕공간들의 중앙에 마련하여 개인탕으로 구성된 목욕공간에서 고객들의 소통이 너무 단절되지 않고, 공간의 중심이 소통공간이 되도록 구성한다.

3) 공간의 바닥은 따뜻한 느낌의 우드와 카펫들로 구성하였으며 공간들 사이의 벽과 문은 반투명 재질로, 개인성과 사회성이 공존가능한 효과를 주려고 하였다.

도심에서 발견한 도원경 ' '
친환경 프로그램으로 힐링하는 그린항노화센터

주소정
JU SO JEONG

1207sojung@naver.com

Awards
2019 GTQ 1급자격증 취득

2020 컬러리스트산업기사자격증 취득
2020 한국공간디자인대전 입선

2021 실내건축기사자격증 취득

- 뉴노멀이란, 시대의 변화에 따라 새롭게 부상하는 표준이라는 뜻을 가지고 있다. 우리가 살아가고 있는 환경은 끊임없이 변화하며 발전하고 있고, 그 속도는 따라잡기도 벅차는 수준까지 이르렀다. 현재 코로나 팬데믹이라는 상황에서도 우리는 집약된 기술들로 일상을 이어나가고, 이제는 새로운 기준이 성립되기도 전에 또다른 기준이 만들어 지고 있다.
이러한 고도화된 기술들로 편리한 삶을 살 수 있게 되지만, 하나의 사람으로서 마음이 윤택한 삶을 만들기가 어려워졌다.
채워도 허기진 마음에 휴식공간을 제공하고 다양한 힐링을 통해 몸과 마음 또한 건강할 수 있는 공간이 필요하다 생각하여 친환경 힐링센터를 디자인해 보았다.

BACKGROUND

- '매우 건강하다' 응답 고연령일수록 감소 : 18~24세 26% vs 65세 이상 10%

건강하다는 응답자 중 과거 동일한 통계와 비교하면 18%로 크게 감소 하였다. 이로 미루어 볼 때 2000년 이후 급격한 고령화가 건강 상태 인식 저하의 한 원인 수도 있다. 과거와 비교하면 고령층뿐 아니라 젊은 층에서도 '매우 건강하다'는 응답이 현저히 줄었다.

'자연과 사람이 함께 회복하는 항노화힐링센터'

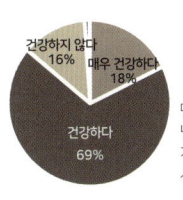
| 대한민국 만 19세 이상 남녀 1,500명의 전반적 건강 상태 인식

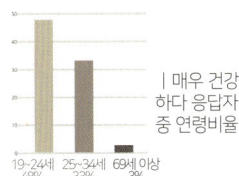
| 매우 건강하다 응답자 중 연령비율

필요성

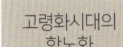 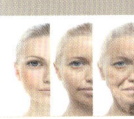
고령화시대의 항노화

지역과 같이 성장하는 프로그램

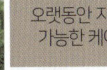 
오랫동안 지속 가능한 케어

대체의학의 발전과 의료관광

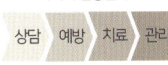

시간이 흐를수록 생활이 안정화되고 수명이 늘어나면서 건강에 대한 인식도 변하고 있다. 건강관리를 하는 목적으로 가장 큰 이유는 건강하고 활기찬 노후를 맞이하기 위해서이다. 건강을 관리하는 방법도 시대에 맞게 진화해왔다. 사람들은 여러방법을 접해보면서 자신에게 맞는 것을 찾아가고 있다.

우리가 살고 있는 환경을 더이상 악화시키지 않고 함께 회복하며 건강하고 지속 가능한 길로 이끌어주는 센터가 필요하다. 이제는 자연을 생각하는 친환경 프로그램으로 환경과 사람 모두에게 긍정적인 영향을 줄 수 있어야 한다.

SITE

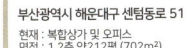
부산광역시 해운대구 센텀동로 51
현재 : 복합상가 및 오피스
면적 : 1,2층 약212명 (702m²)

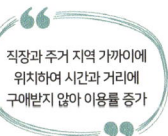
"직장과 주거 지역 가까이에 위치하여 시간과 거리에 구애받지 않아 이용률 증가"

상업 및 오피스 지역
여러 분야의 회사들이 밀집되어있는 지역이다. 출퇴근, 점심시간을 통해 쉽게 접근 할수있는 위치이다.

주거 아파트 지역
다양한 규모와 형태의 주거지역이 많이 있어 주민들이 부담없는 위치에 있다.

관광 및 랜드마크 지역
벡스코, 백화점, 영화의 전당 등 관광 명소를 통한 관광객의 접근을 유도할 수 있다.

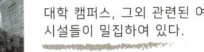
주거형 산업 및 상업 건물이 밀집되어 있는 지역으로 높은 인구 유동성을 가지고 있다.

대학 캠퍼스, 그 외 관련된 여러 시설들이 밀집하여 있다.

TARGET

MAIN
직장 스트레스로 인한 건강문제가 걱정인 직장인

한국인들이 스트레스를 느끼는 이유 중 가장 큰 비중을 차지하고 있는 직장 및 사업장에서의 스트레스다.

업무처리, 대인관계등 모든 요소들이 복합적으로 나타나기 때문이다.

미래를 위한 투자, 돈뿐만 아니라 건강도!

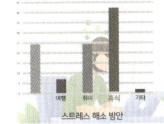
스트레스를 해소하는 방법들 중 휴식이 가장 많다. 이렇게 건강을 해치는 가장 큰, 스트레스를 많이 받는 직장인들을 메인 타겟으로 한 휴식공간을 계획하여 이들이 건강한 노후를 보낼 수 있도록 한다.

건강관리의 인식변화

시간이 흐를수록 생활이 안정화되고 수명이 늘어나면서 건강에 대한 인식도 변하고 있다. 건강관리를 하는 목적으로 가장 큰 이유는 건강하고 활기찬 노후를 맞이하기 위해서이다.

건강을 관리하는 방법도 시대에 맞게 진화해 왔다. 사람들은 여러방법을 접해보면서 자신에게 맞는 것을 찾아가고있다.

SUB
노후를 보다 건강하게 보내길 바라는 노인

길어진 노후의 시간, 활기차게 보내기

지금까지 가족을 위해 일을 해왔다면 이제는 **자신을 돌아보고 챙길 수 있는 시간이 늘어났다.**

노인 건강문제에 대한 관심

그 중 높은 비율을 차지하는 스트레스를 그린항노화센터 통해 시간을 잘 보낼 수 있게하여 **활기찬 노후의 삶을** 즐길 수 있다.

PROGRAM

시끄럽고 어지러운 도시의 중심에서 쉽게 만날 수 있는 자연의 힐링문화공간 속에서 몸과 마음의 건강을 회복할 수 있는 프로그램으로 구성된 공간을 계획 하였다.

도시 중심의 내부로 들어온 자연
신선한 식물들로 가득한 실내에서도 자연이 주는 치유

전연령층이 즐길 수 있는 힐링 프로그램
자연치료법으로 지속가능하고 친화적인 접근으로 많은 사람들이 힐링

숲의 힐링 포인트
숲에서 느낄 수 있는 깨끗한 공기와 고요함이 심리적 안정감을 공간에 적용

개인 맞춤별 블렌딩 차음료
지역의 특산품을 활용한 다양한 차를 맞춤별로 제공할 수 있는 공간

Green tea cafe
Public Healing space
LOWER FLOOR

다수의 불특정 사람들이 사용하는 공간으로 접근이 쉽도록 저층에 계획하였다.

자연속에서 힐링하며 환경도 함께 생각하는
공유 힐링 라운지

경남지역의 쇠퇴하는 농업경제를 살리고 홍보하는 공간.

우리가 살고있는 지구환경도 생각하고 실행할 수 있는 공간.

BAR형태의 테이블로 차에 대한 설명을 들으면서 마실 수 있는 공간.

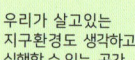 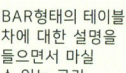 

지친 생활 속에서 벗어나 자신을 되돌아 볼 수 있는
프라이빗 힐링 테라피룸

지역 특산물 약초를 활용한 아로마테라피로서 접촉의 부담감 없이 치유할 수 있다.

수면실, 모발 및 두피 케어와 같은 **신경 정신계**를 위한 공간

열을 통해 피부, 근육을 유연하게 하는 테라피, 피로가 많이 누적된 사람들에게 효과적이다.

족욕, 마사지, 열찜질과 같은 **통증, 스킨케어**를 위한 테라피 공간

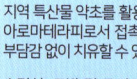   

Therapy Space
Private Healing Space
UPPER FLOOR

프라이버시가 필요한 프로그램들로 구성하여 외부의 자극을 최소화 시켰다.

CONCEPT

도원경의 풍경을 담은 '몽유도원도'

도심속에서 발견한 도원경

안평대군이 꿈에서 보았던 적막하고 고요한 낙원을 잊을 수 없어 안견이 그린 그림 같은 공간에서 현실세계에 지친 사람들이 도원의 공간에서 힐링.

도원도의 자연을 힐링센터 내부에 담아 자연적 환경에서 오는 평온함 안정감을 도시 속에서도 언제든지 느낄 수 있는 공간.

KEYWORD

01.
중첩의 풍경
크고 작은 산들이 모여 만들어진 골짜기, 대지와 같은 지형들

한 그림안의 자연물
다양한 형태의 중첩된 산과 자연물들

평면도 및 실내마감 재료

입구 및 메인 안내데스크

02.
삼원법
삼원법의 다중시점을 통해 공간을 다양한 시점으로 볼 수 있는 회화

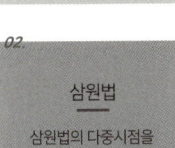

같은 공간 속 다중시점
눈높이에 따라 색다른 풍경감상

VOID
다른 공간에서도 같은 공간을 공유

SKIP FLOOR
높이의 변화에 따른 시각의 다양성

03.
담묵의 선
담묵으로만 표현한 바위와 산들이 드러내는 담백한 수묵화

가는 선의 무수한 겹침
바위와 돌, 산봉우리 등 묘사
농담의 변화
회화의 깊이감 부여

루버, 파티션, 조명장식

파티션, 조명 밝기

DIAGRAM

꿈에서 보았던 세계를 담아낸 몽유도원도.

도원도의 자연을 힐링센터 내부에 담아 자연적 환경에서 오는 평온함 안정감을 도시 속에서도 언제든지 느낄 수 있는 공간이 될 수 있게 하였다.
몽유도원도 그림의 특징을 현대식으로 재해석 하여 입체적으로 표현하였다. 평면으로 표현된 시각의 깊이감, 선의 굵기와 진함, 시각의 위치 등과 같은 몽유도원도만의 개성을 공간에 나타내었다.

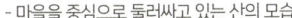

- 마을을 중심으로 둘러싸고 있는 산의 모습

능선의 흐름
마을을 둘러싸고 있는 산의 모습은 낮고 완만한 부드러운 곡선의 형태를 가지고 있다.
낮은 산으로 인해 개방감있지만 단순한 형태를 가지고 있다.

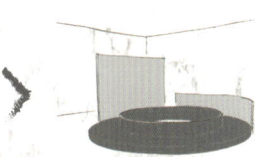

- 화려하게 겹쳐져 있는 이상세계의 산의 모습

중첩과 투과
여러개의 산이 중첩된 모습을 벽으로 하여 공간을 나누는 동시에 하나의 오브제가 될 수 있게 하였다.
투명도를 다르게 하여 뒤에 있는 물체가 투과되어 보이는 효과를 주었다.

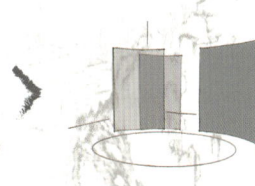

ZONING

2F — Green tea cafe Public Healing space
라운지, 카페, 클래스룸 등 공유 공간

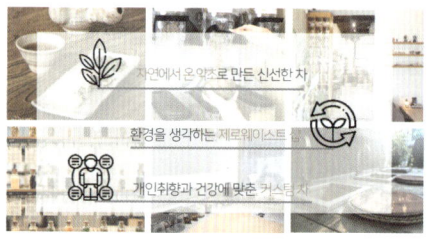

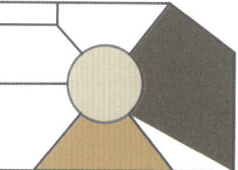

입구에 들어와 데스크를 거쳐 공간을 이용 하여 외부와의 연결을 차단하여 힐링에 집중 할 수 있게 하였다.

- 라운지 공간으로 자연에 둘러싸인 곡선의 오브제와 휴식공간
- 클래스룸으로 요가와 같은 건강 운동을 배울 수 있는 공간
- 족욕공간으로 카페와 연결되어 차와 함께 즐길 수 있게 한 공간

SKIP.F — Connect Floors Healing space
독서, 개인 업무 등 연결 공간

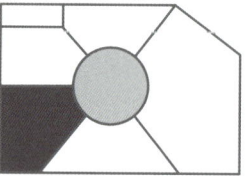

아래층과 연결되는 VOID를 통해 천장으로 인한 답답함을 줄였다. 서로의 층을 다각도로 바라볼 수 있는 공간이 되기도 한다.

- VOID공간 주위의 벽은 유리로 하여 트인 공간을 더 많은 공간에서 즐길 수 있음
- 스킵플로어를 독서 공간으로 사용하여 2층과 3층의 휴식과 대기하는 공간

3F — Therapy Space Private Healing Space
테라피, 수면실 등 개인 공간

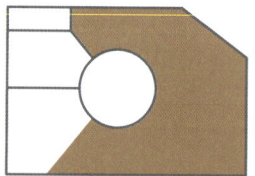

계단에서 바로 올라와 복도를 통해 각 실로 이동하는 구조로 실마다 프라이버시를 강조하였다.

- 마사지와 같은 스킨케어를 할 수 있는 공간으로 파티션의 중첩으로만 구분
- 수면실은 소음저하를 위해 천정까지 닿는 벽으로 분리

2F PLAN

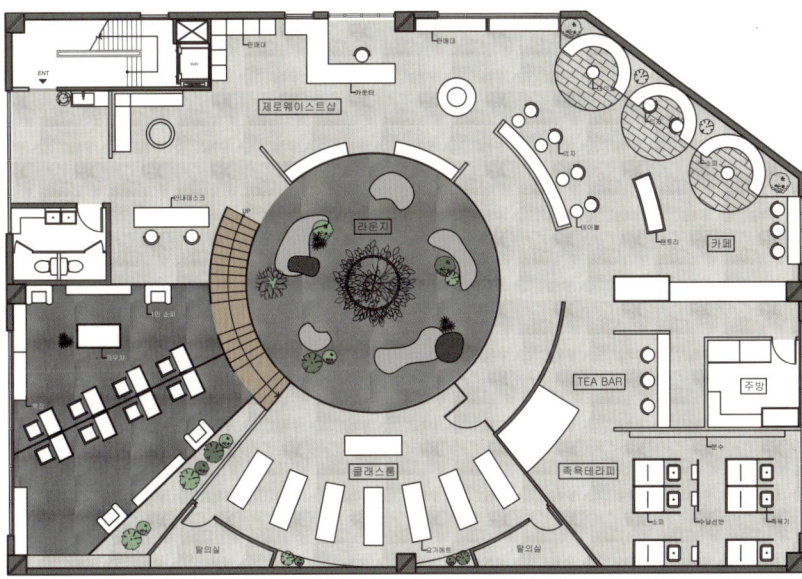

3F PLAN

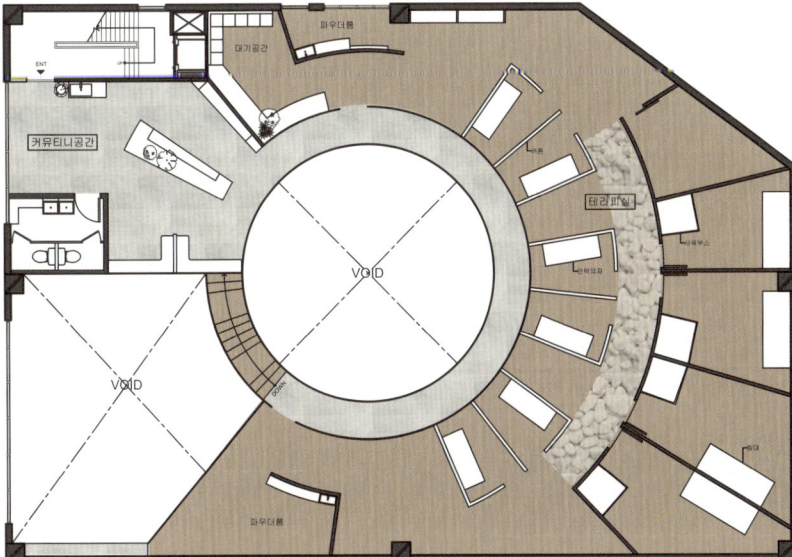

COLOR & MATERAIL

- WOOD MATERIAL

밝고 채도가 낮은 색상의 우드를 가구 및
마감 재료로 사용하여 자연 속에서
힐링하는 듯한 느낌이 들도록 하였다.
대비되는 짙은 색상의 우드로 포인트가
되는 루버나 벽면에 활용하여
공간이 단조로워 보이지 않게 하였다.

- STONE MATERIAL

몽유도원도에 그려진 자연물을 바닥과 벽,
오브제 등에 마감재로 사용였다.

- COLOR

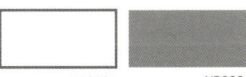

NR8001   NR8004

NR8010   NR4034

NR7127   NR3153

무채색과 브라운색상으로 모던하지만
부드럽고 아늑한 분위기를 연출 하였다.
자연에서 쉽게 만날 수 있는 색상으로
삭막한 도시에서 잠시 벗어나 힐링하는
센터를 계획하였다.

- LIGHT

 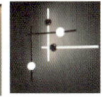

공간의 형태에 따라가는 간접 조명을
사용하여 곡선의 부드러움이 더 강조될
수 있게 하였다.
기하학적이고 장식성있는 팬던트 및
스탠드 조명을 활용하여 공간의
단조로움을 줄여주었다.

3층 프라이빗 테리피 스페이스, 곡선을 따라 이어진 공간

한 폭의 그림 속에서 힐링하다
힐링 테라피공간, 메인 힐링라운지

1) 스트레스로 인해 지친 몸과 마음을 자연에서 얻은 친환경적인 재료들로 힐링하는 테라피 공간이다. 많은 사람들이 부담스럽지 않게 사용할 수 있도록 개방적인 공간과 프라이빗한 공간을 분리시켜 공간의 활용성을 높였다.

2) 모든 공간이 메인 힐링라운지와 연결되어있어 원하는 실을 쉽게 통행할 수 있다. 혼자서, 또는 다른사람들과도 편하게 소통하고 쉴 수 있는 커뮤니케이션 공간으로도 사용할 수 있다.

두개의 층을 연결하는 VOID공간, 메인 힐링라운지 스페이스

Shared residential Space SEMI-HOUSE
공통의 추억을 만들고 개인의 휴식을 연결하는 공간

송영진
SONG YOUNG JIN

thddudwls524@naver.com

Awards
2021 실내건축기사 자격증 취득

일상을 되찾기 위해 새로운 표준 뉴노멀. 코로나19 바이러스로 인해 라이프벨런스가 무너져 가며 언택트 시대가 가속화 되고 있다. 집밖을 나와서 업무를 보고, 집밖을 나와서 사람을 만나는게 과거의 평범한 일상이였지만, 현재는 집에서 업무를 보고 한집에서 사람과 사람이 만나는 것이 당연히 되어가고 있다. 쉽게말해 집 밖에서 하던 일들이 집안으로 들어오므로써 불편한점을 개선하면서 편안하고 평범한 삶이 되어가는것이 뉴노멀 이다.
한집에서 다양한 사람과 함께 살고, 공유하고, 즐기는 것이 뉴노멀 세미 하우스이다.

1 FLOOR

BACKGROUND

PROBLEM
- 넓은 공간에 혼자 살게되면서 공간의 활용이 떨어짐
- 재정적 문제가 생겨남
- 다양한 사람과의 대면이 어려워짐

NEEDS
- 1인가구에 맞는 공간
- 그속에서 다양한 사람들과의 새로운 관계형성이 필요하다

SOLUTION
버전1의 공적공간의 과다와 버전2의 프라이빗한 공간과 퍼블릭한 공간의 나눔의 진화단계인 버전3 세미하우스는 과도함을 줄이고 서로의 사생활과 자연스러운 어울림을 극대화시킨 다세대 주택이다.

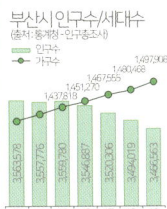
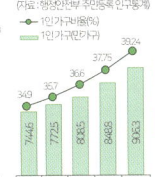

ver1. Share House
개인공간과 공용공간을 함께 사용하는 다세대 주택

ver2. Co-living House
개인공간과 공용공간은 분리하되 업무공간, 커뮤니티 공간, 라이프 스타일에 특화된 공간 등을 한 건물에서 제공하는 다세대 주택

ver1. Semi House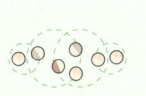
개인공간과 공용공간 사이에 또 다른 사적공간과 공적공간이 존재하여 상호 침투가 가능한 다세대 주택

SITE

▶ 사이트
- 위 치: 부산광역시 남구 대연동 1740-12
- 건축면적: 약 263㎡
- 연 면 적: 약 1,315㎡ (약 398평) 지하1층 - 지상4층
- 분 석: 주차공간이 확보되어 있고, 1층 진입로가 여러방향으로 열려있어 출입이 다양하다

▶ 교통시설 (지하철, 버스)
지하철역이 0.3km 내에 있고, 가장 가까운 버스정류장은 1.0km 안에 있어 교통이 편리하다

▶ 주거시설 (오피스텔, 원룸)
사이트의 근처 가구수는 약 9,000가구가 넘으며, 그중 지잔인수는 약 18,000명이 존재하며 오피스텔 원룸건물이 많이 위치하여 많은 20-30대의 타겟층을 확보할 수 있다

▶ 대학로 근처 (경성대)
사이트 근처 유동인구는 하루평균 약 42,000명이 넘고 그 이상의 유동인구를 보여주는 경성대 거리가 지하철 한 정거장에 위치하고 있어 사이트 접근에 유리하다

TARGET

밀레니얼세대의 **노마드족**

노마드족이란? 유목민이라는 라틴어를 가지고있고 한자리에 앉아서 특정한 가치와 삶의 방식에 매달리지 않고 끊임없이 자신을 바꾸어 가는 창조적인 행위를 지향하는 사람

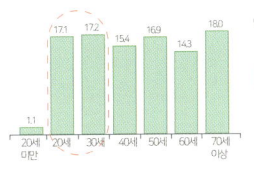

- 잡노마드족: 직업을 따라 유랑하는 유목민
- 하우스노마드족: 다양한 집을 경험하려는 유목민
- 디지털노마드족: 디지털기기를 가지고 업무를 보는 유목민

SPACE PROGRAM

Public Space
공적 공간은 1인가구들이 웃으며 편한한 공간에서
서로의 이야기를 나눌수 있는 곳이다.
- 라운지공간

Private Space
사적공간은 주택내에서 각자의 프라이버시를
존중하고 개인에게 특화된 곳이다.
- 개인실

Semi Public Space
반공적 공유공간은 거주자들 끼리의 경계로 인해
생기는 공간이다. 거주자들끼리의 우연한 마주침이
생기는 곳이다.
- 복도 / 계단 / 엘리베이터 / 거실 등

Sharing Space

Semi Private Space
반사적 공유공간은 주거생활중 공유가 가능한 공간이다.
공유주택의 큰 비중을 차지하는 곳이다
- 부엌 / 식당 / 세탁실 / 창고 / 화장실 등

CONCEPT

떨어진 섬을 연결하는 다리 " 느슨한 연결 "

- 이전의 다세대 주택의 형태는 복도를 통해 진입하는 개실형의 단속적인 공간이었다.
면적의 효율성만을 고려한 이러한 공간은 프라이버시를 떨어뜨리고 커뮤니티의 형성의
억제와 소통의 단절감을 주었다.

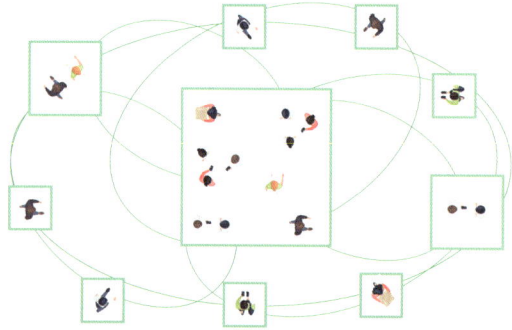

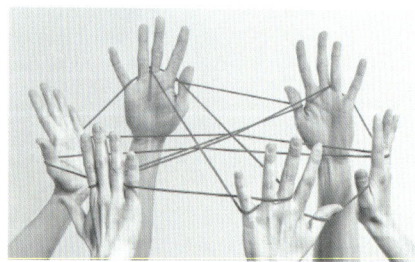

KEYWORD 1 . Private
누구에게도 간섭받지않는 프라이빗한 방들이 존재한다.

KEYWORD 2 . Separation
방과 방들은 이격되어 있다.

KEYWORD 3 . Connect
방과 방들을 오고가기 위해 연결해주는 공간이 존재한다.

KEYWORD 4 . Pattern
여러 방과 여러공간이 합쳐서 하나의 패턴처럼 보이게 된다.

느슨한(loose)한 연결(connection)
개인공간이 만나 공용공간, 공용공간이 만나 만남의 공간을 만든다. 공간이 커질수록 가장 사적인
공간에서 가장 공적인 공간으로, 거주자는 동선을 따라가며 공간과 공간이 느슨하게 연결되었음을 느끼고,
안전하고 편리한 공간임을 경험한다.

KEYWORD

KEYWORD 1 . Private

세미하우스에서는 일반적인 가구배치가 아니라 시스템 가구를 도입하여 입주자의 기호에 맞게 나만의 공간을 커스텀 할 수 있고, 개인창고를 두어 공간의 활용성과 자유성을 준다.

시스템 가구 자유 배치　　나만의 창고 영역　　공간의 활용성 ↑　　　　island　　　　custom　　　　securing

KEYWORD 2 . Separation

세미하우스에서는 개인과 개인의 방을 이격시켜 입주자들의 프라이버시를 극대화 시키는 동시에 내벽에 창을 두어 자연스러운 시선교차를 준다.

  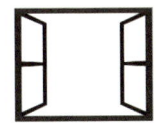 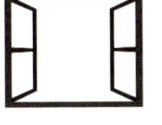 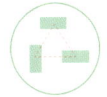  

separation　　　　window　　　　방들의 이격　　내벽의 창　　privacy UP

KEYWORD 3 . Connect

세미하우스에서는 이격된 방과 방사이에 단순한 복도가 아닌 개인성과 공공성 두가지 장점을 조화시킨 세미한 공간을 두어 입주민들 간의 자연스러운 소통을 유발하는 나눔의 공간이 존재한다.

semi private　　semi public　　communication　　　　bridge　　　　sharing

KEYWORD 4 . Pattern

세미하우스에서는 여러 방을 이어주는 세미한 공간이 모여 하나의 패턴처럼 보인다. 안전하고 편안해 보이는 차분한 컬러와 목재는 공간과 공간을 느슨히 연결시킨다.

pattern　　　loose connection　　　color　　wood　　comfortable

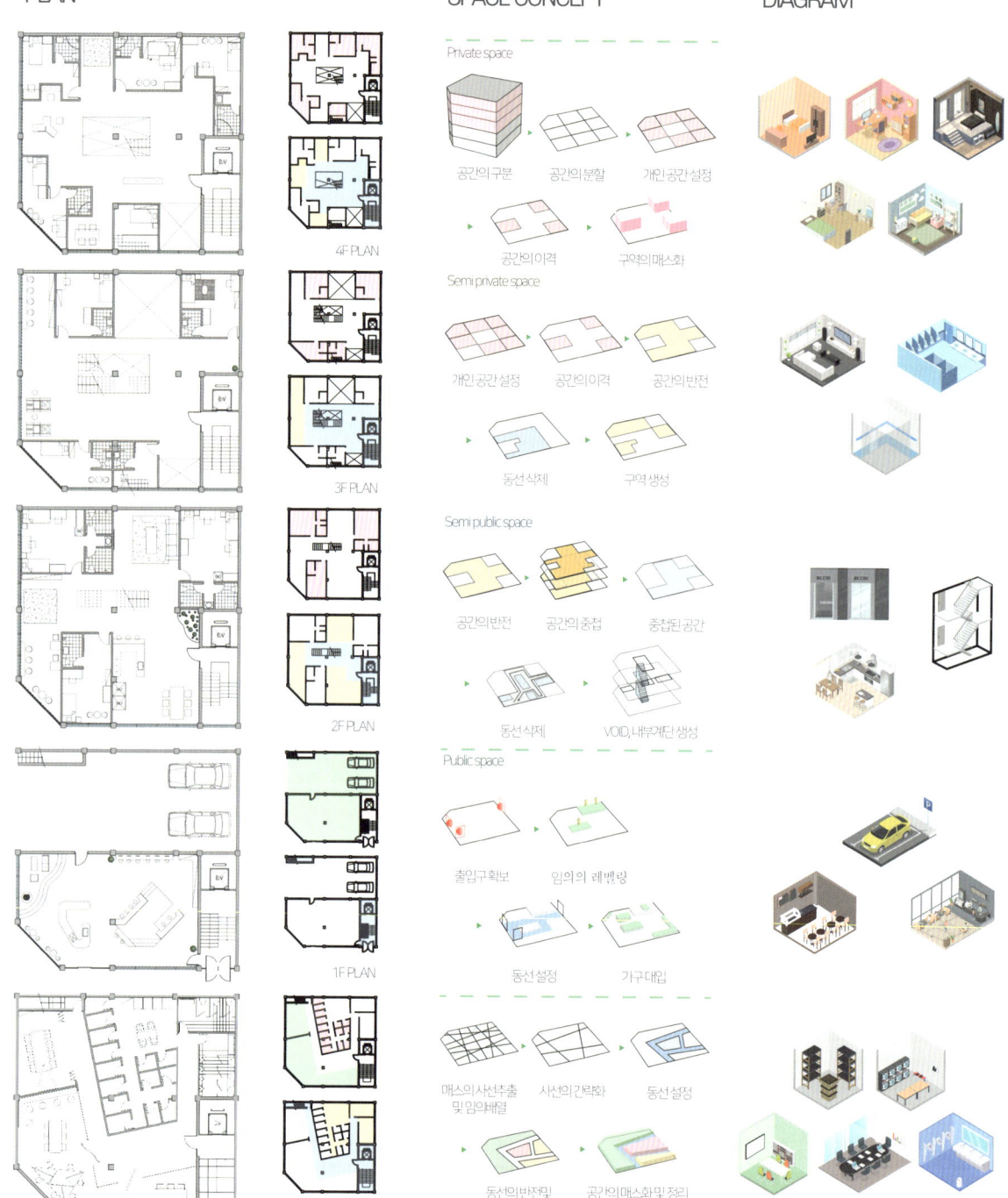

ISOMETRIC

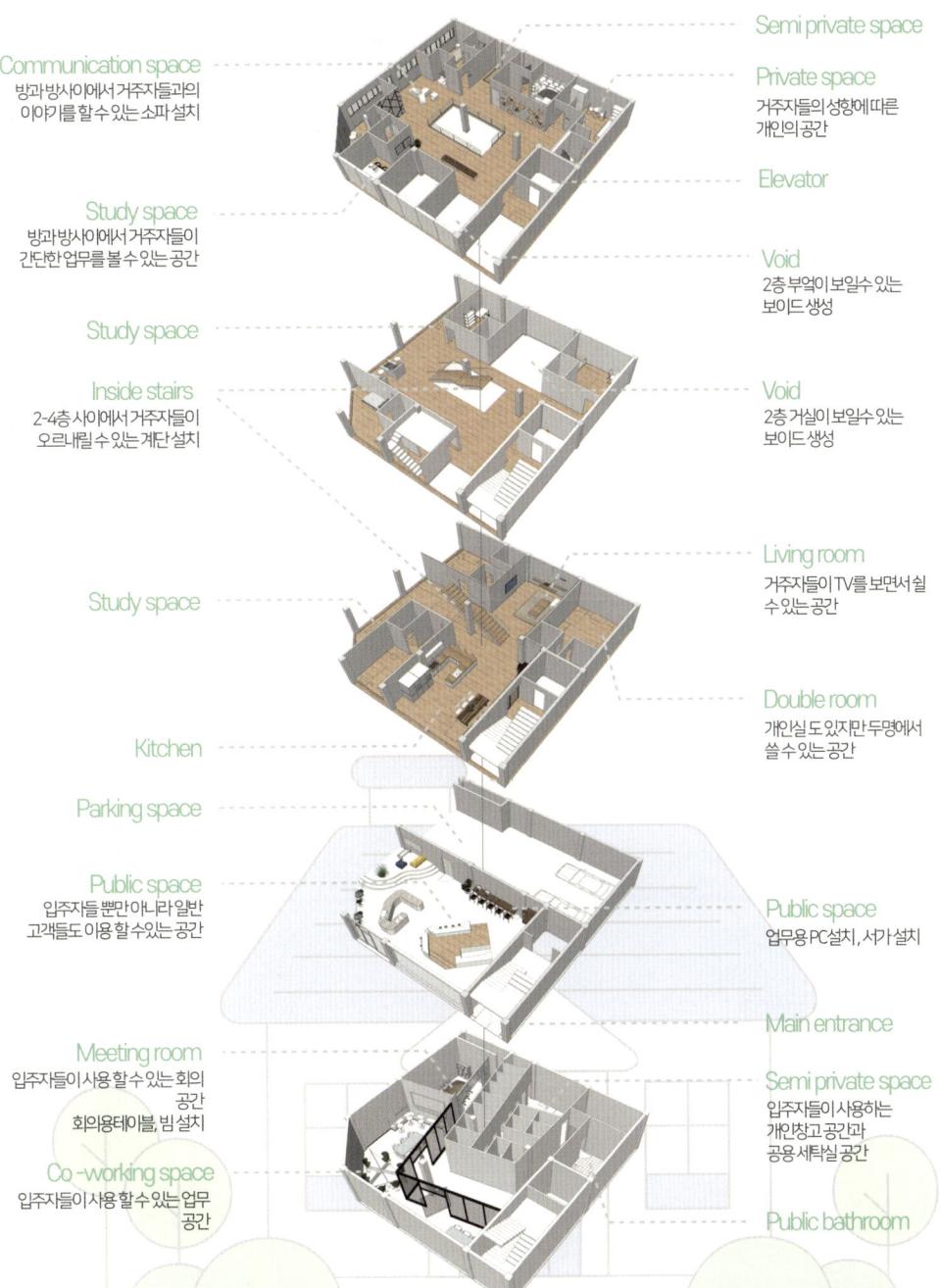

Communication space
방과 방 사이에서 거주자들과의 이야기를 할 수 있는 소파 설치

Study space
방과 방 사이에서 거주자들이 간단한 업무를 볼 수 있는 공간

Study space

Inside stairs
2-4층 사이에서 거주자들이 오르내릴 수 있는 계단 설치

Study space

Kitchen

Parking space

Public space
입주자들 뿐만 아니라 일반 고객들도 이용할 수 있는 공간

Meeting room
입주자들이 사용할 수 있는 회의 공간
회의용테이블, 빔 설치

Co-working space
입주자들이 사용할 수 있는 업무 공간

Semi private space

Private space
거주자들의 성향에 따른 개인의 공간

Elevator

Void
2층 부엌이 보일 수 있는 보이드 생성

Void
2층 거실이 보일 수 있는 보이드 생성

Living room
거주자들이 TV를 보면서 쉴 수 있는 공간

Double room
개인실도 있지만 두명에서 쓸 수 있는 공간

Public space
업무용 PC설치, 서가 설치

Main entrance

Semi private space
입주자들이 사용하는 개인창고공간과 공용세탁실공간

Public bathroom

1)

 ## 공통의 추억을 만드는 공간
Semi public space

1) 세미하우스 입주자들만이 사용할수 있는 공간으로 써 건물내 2층에 자리한다. 이 공간은 간단한 식물을 키울수 있는 화단과 입주자 서로간의 대화를 할 수 있는 공간이 존재한다. 공적과 사적이 오고가는 공간으로 계획하였으며, 같은공간에서 같은 추억을 만드는 공간이다.

2) 이 공간 또한 개인의 공간으로 가기전 입주자들간의 만남공간으로써 4층에 위치한 세미퍼블릭한 공간이다. 개인의 공간이 답답할때에는 함께하는 공간으로 나와 이공간 안에서의 세미 프라이빗한 공간으로도 느끼며 안전하고 편리한 공간으로 계획한다.

2)

철저한 자기관리를위한 복합헬스장
시대의 변화에 맞춘 복합 헬스장

김도길
KIM DO GILL
ehrlf65@naver.com

시간이 지날수록 걱정이 더해지는 코로나 바이러스로 인해 걱정과 두려움 때문에 가기가 꺼려지고 문을 닫아 가지 못하는 경우가 늘어나고 있다. 자기관리를 통한 삶의 질을 올리는 요즘 같은 시대에 운동을 하지 못해 무기력해진 사람들이 늘어나고 있다. 그리하여 걱정거리 없이 조금은 안심할 수 있는 헬스장을 만들 계획이다. 유튜브를 통한 홈 짐이 유행함에 따라 트렌드에 맞추어 홈 짐와 장점인 개인의 공간을 만들어 유튜브 촬영 유튜브 PT 등을 할 수 있는 개인의 공간을 갖추고 휴식과 편안한 식단 섭취를 위한 카페를 합쳐 기존의 헬스장에서 조금 더 발전된 헬스장을 계획한다.

BACKGROUND

시간이 지날수록 걱정이 더해지는 코로나 바이러스로 인해 헬스장을 못 가게 되거나 문을 닫아 가지 못하는 경우가 늘어나고 있다. 그리하여 살이 찌거나 자기관리가 안 되어 삶의 질이 떨어지고 무기력해지는 경우도 늘어났다 그리하여 새롭게나온 게바로이 홈짐 홈트 이다 수익을 만들어낼 수 없는 헬스인들이 찾은 방법 중에 하나이며 집에서도 가볍게 누구나 따라 할 수 있다. 이러한 점들을 헬스장 분위기에 받아들여 홈트의 분위기를 내며 안전하고 걱정없는 헬스장을 기획한다.

SITE

SITE 이용 계획
주위에 학원 학교 직장 시설 등등이 많아 유동인구가 많으며 젊음의 거리가 근처에 있어 여러 연령층의 사람들이 많다. 일반 주택또한 많아 가까운 거리의 스포츠 센터를 좋아하는 대다수의 사람들에게는 위치적으로 정말 좋을것이라 예상되며 다양한 연령층의 사람들의 참여도가 높아질 것으로 예상

부산서면 삼정타워
부산광역시 부산진구 중앙대로 672(부전동)
층수:지하6층/지상16층
계획면적:9층 1,335.53719m2

● **상가시설및 문화시설**
2KM이내에 상가시설과 문화시설이 골목마다 있으며 젊은 층의 취향에 맞게 상권이 계속하여 확대 각종 프렌차이즈 영화관 등등이 있다.

● **교통시설**
주위에 교통시설이 잘되어 있으며 500M내에 버스 지하철들이 다있으며 교통편이 잘되어있다.

● **교육시설**
인근에 교육시설이 많이 있으며 학원거리 등등 젊은 이들의 유동 인구가 많음

● **학원거리/젊음의거리**
자격증학원 경찰 소방공 공무원 학원등등이 있으며 꿈이 있는 젊은이들이 많음

TARGET

남녀노소 헬스에 관심있는 이들

타깃으로는 자기관리를 목적으로 하는 사람들로 이성에게 잘 보이기 위하여 또는 자신의 건강을 위해서 다이어트 체형 교정 근육증가 대학 진학 공무원 체력 시험 등등 여 러한 이유가 있을 것이다. 헬스장 수는 매년 증가하는 추세이며 이용 고객 또한 크게 늘어나고 있는데 늘어나고 있는 반면에 여러 걱정거리가 있어 이용을 꺼리게 된다 이러한 점을 해결하기 위해 한공간 안에 있으나 그 공간 안에서 개인의 공간을 만들어 눈치를 보지 않으며 운동을 하고 조금이나마 안심하고 운동을 할 수 있는 공간을 계획한다.

생활체육 참여율
문화체육관광부에서 제공하는 2019년 국민생활체육 조사에 의하면 최근 1년간 일주일에 1회 이상 규칙적으로 체육활동에 참여하는 비율은 2014년 54.8%에서 2019년 66.6%로 5년간 약 11.8% 증가 했다고 한다. 시간이 지날수록 더늘어날 것으로 예상되며 연령대 또한 다양해 지고 있다고 한다.

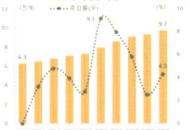 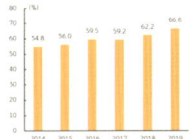

출처: 행정안전부 지방행정 인허가데이터

Fitness&diet
위의 그래프는 성별 생활체육 참여율 표이며 남성이 68.1%여성이 65.1% 참여 하고 있으며, 연령별로는 50대가 70.8%로 작년보다 더욱 늘어났다. 이제는 정말로 자기 관리가 선택이 아닌 필수가 되어가고있다.

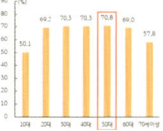

출처: 행정안전부 지방행정 인허가데이터

PROGRAM

개인 pt공간안에서 pt시간때가 아닌 비는시간을 이용하여 개인이 들어가 헬스 방송을 하거나 자신의 운동 영상등등을 제작하는 곳으로 사용 한다.

개인 헬스 방송공간

a fitness center

Weight Zone

개인 pt공간

요가 공간

식사공간 카페공간

요가공간과 스트레칭 공간을 두어 관절마사지 근막이완 등등 준비운동을 하는 공간. 운동전 준비운동은 필수로 해야하기에 꼭필요한 공간이다.

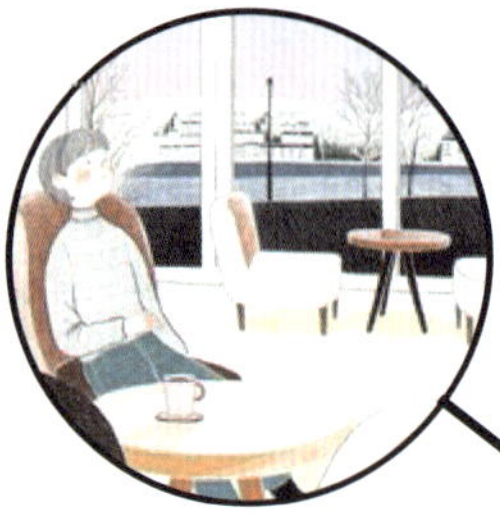

스트레칭공간

운동이 끝나고 식사를 하거나 커피를 먹는 장소로 사용 다이어트 식단 커피등등 식단관리를 위한 음식 판매 휴식장소와 식사 장소를 제공한다.

a private health
개인 헬스 룸으로 코로나 시대에 맞추어 변형된 헬스 방식이며 코로나 사태가 끝나기 전까지 거리두기를 해야하는 현시대에 알맞는 개인 헬스 공간이다.
Cube Health

a private health

Weight Space

Massage Space
운동을 하면 어떠한 부위 이든 뭉치기 마련이다. 마사지의 목적 근육풀어 주기 마사지와 근막 이완 관절 마사지 등등을 수행 하는 공간이다.
Massage&Stretching

Massage

Yoga

shower room
운동을 하고난후 땀을 흘리기 마련이다. 헬스나 유산소 등으로 흘린 땀을 씻어 내기위해 샤워장은 필수이다 1인샤워실을 활용하여 거리두기를 실행한다.
locker room

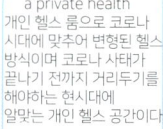

1인 샤워실

locker room

Cafe room
현대인들의 생활에서 빠질수 없는 커피를 판매함 으로써 운동을 시작하기전 피로를 날림과 상담자 또는 휴식공간으로써 활용하여 헬스인들의 휴식을 보장하는 공간이다.
cafe&Rest

cafe

Rest

CONCEPT

바실리 칸딘스키 (1866 ~ 1944)

바실리 칸딘스키는 피에 몬드리안과 함께 현대 미술계의추상의 완성을 그린 미술가이다. 러시아 상징주의 미술의 영향을 받아 음악적인 율동 감과 색채감이 엿보이는 아름다운 작품을 다수 남겼다.

아래의 그림에서 나와 있는 그림들이 칸딘스키의 대표작 들이다.
칸딘스키, 노랑 빨강 파랑, 1925 칸딘스키,구성 8,1923 칸딘스키 `원 속의 원` 1866 등등의 작품들이 있으며 작품들의 중요 특성들을 가져와서 공간에 녹여 보았다. 심심해 보일수 있는 공간에 작품 노랑,빨강,파랑의 영감을 받아 곡선을 바탕 으로한 건축적 형상을 넣어보았고 색채의 조화를 통해 공간을 구성해 보았다. 공간의 동선 조형물 등에서 선이 낼수있는 느낌들을 최대한 살려보았고 칸딘스키의 작품의 특징인 작품의 구상화와 추상적 느낌을 내었다. 그리고 칸딘스키의 특유의 색채감각을 느낄수있게 구성해 보았다.

선의 입체감   공간의 깊이감

직선적이며 기하학적 형태. 동적이며 열정적인 연출

직선적이며 기하학적 형태의 선으로 기존의 칸딘스키의 작품들과 마찬가지로 곡선과 직선의 적절한 이용 수직선과 수평선을 합쳐 입체화를 하여 공간의 깊이감과 긴장감 강약을 조절한다. 사선의 동선으로 운동성의 느낌 강조

음악성을 추구함 무한한에네지를 느끼게한다

유기적 형태와 곡선 부드럽고 생동감이 넘치는 느낌을 통해 음악적 리듬감을 자아내는 벽체 디자인을 하였고 색채의 동적인 움직임을 통해 무한한 에너지를 느낄수 있으며, 점을 이용한 공간의 입체감 리듬감 분리성을 표현

1. 웨이트공간 (운동성 공간의 깊이감 사선의 운동성)
2. 요가 마사지공간 (곡선의 부드러운 리듬성 무한한 에너지)
3. 카페공간 (공간의 입체감 색채의 동적임 여러가지 색채를 이용한 운율감 리듬감을 표현)

공간의 분리성   점을 이용한 위치적감

KEYWORDS

공간의깊이감몰입감
● 시각적깊이감   ● 시각적강약

선은 점들이 모여 이루어지는 형태로 사물의 윤곽이나 공간을 구분하는데 쓰입니다. 조형의 원리 중 반복,대칭,균형,조화는 선을 이용하여 나타내는 것이기도 합니다. 여러가지 변화(짙음과 흐림, 강약,속도)에 의하여 물체의 특성과 의도를 강화시킬수 있습니다. 공간의 강약,속도,깊이감 (웨이트존) 천장에 이용

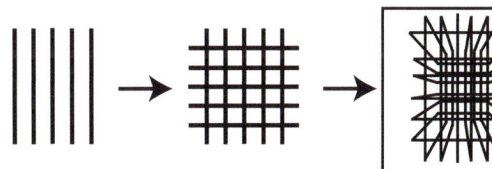
선배치   선교차

공간의압체감방향감
● 시각적입체감   ● 시각적방향감

점은 모든형태의 근원이자 출발점이라 할수있는 요소로 이론상 가장 기본이 되는 요소입니다. 점은 연속적으로 배치되어 입체감,방향감, 동세를 느끼게 해주는 것이 가능합니다.(점은 시간은 정지 되어 있고 공간과 무게를 가진다.)곡선,점 부드러운 느낌을 주기위한 것으로 카페 가구나 바닥의 구분을 나눌때 사용

점배치   크기에따른원근감

공간의리듬감과색채의동적표현
● 공간의리듬감   ● 색채를통한에너지

칸딘스키의 작품들중 색채로 표현하는 부분은 생동감 공간의 리듬감을 나타낸다. 지루하고 따분할수 있는 공간에 생동감과 리듬을주고 그림같이 원근감을 주어서 다소 지루할수있는 공간에 재미를 더해주며 벽면에 높낮이를주어 리듬감을 더했다. 비정형적인 모습과 색채의 조합을 적절하게 사용하여 칸딘스키의 작품의 느낌을공간에 심어보았다.

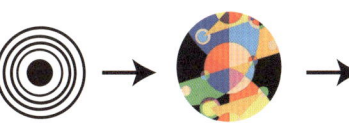 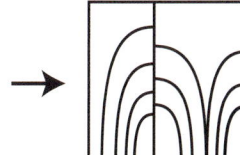
원의퍼짐   비정형적모습과색채조합

PLAN

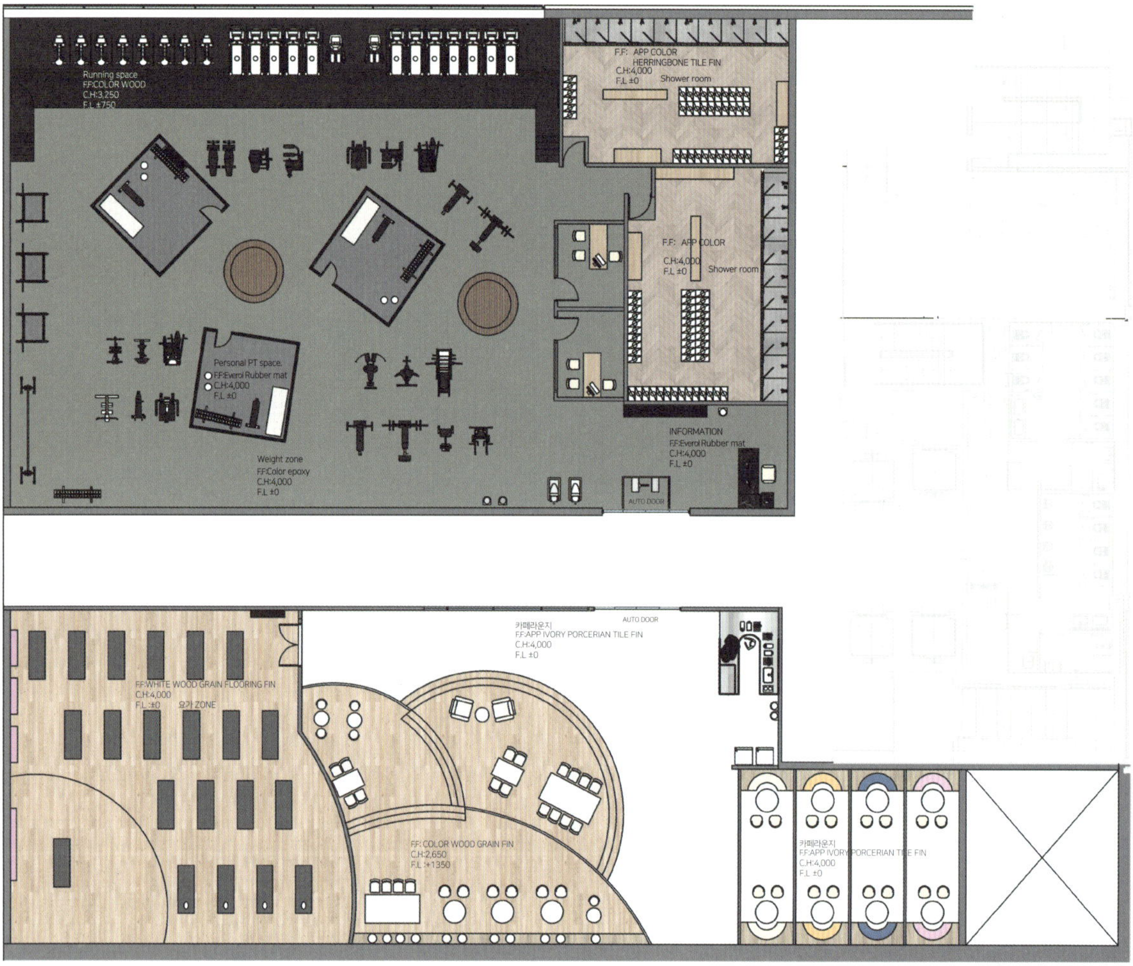

COLOR & MATERAIL

WEIGHT ZONE) 공간의 강약 긴장감 속도감 깊이감
힘이 느껴지는 공간

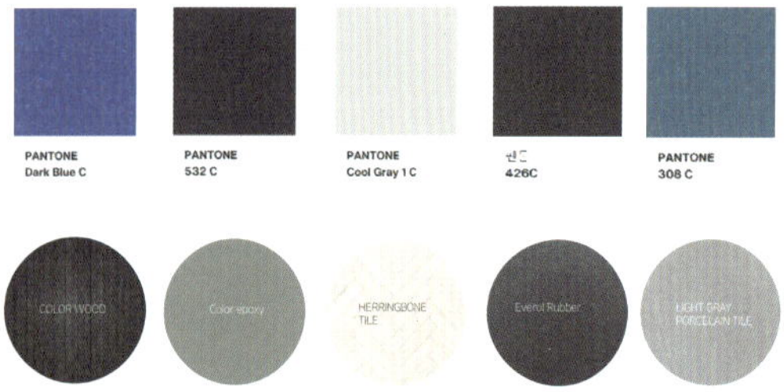

CAFE ZONE) 감성적이며 리듬감과 색채를통한 에너지가 느껴지는 공간

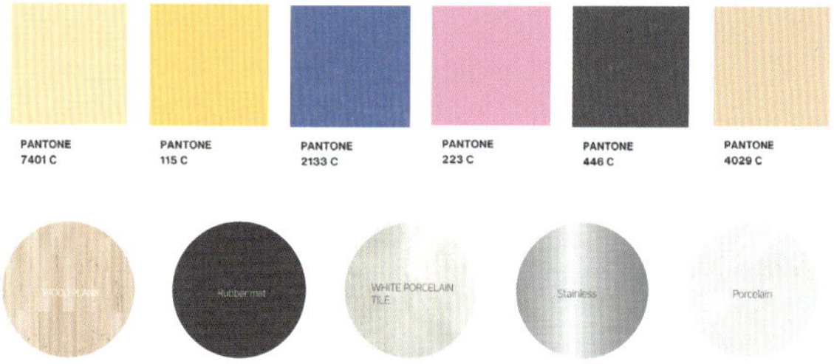

| PANTONE Dark Blue C | PANTONE 532 C | PANTONE Cool Gray 1 C | 반드 426C | PANTONE 308 C | PANTONE 7401 C | PANTONE 115 C | PANTONE 2133 C | PANTONE 223 C | PANTONE 446 C | PANTONE 4029 C |

COLOR WOOD | Color epoxy | HERRINGBONE TILE | Everol Rubber | LIGHT GRAY PORCELAIN TILE | WOOD TILE | Rubber mat | WHITE PORCELAIN TILE | Stainless | Porcelain

ISOMERTIC

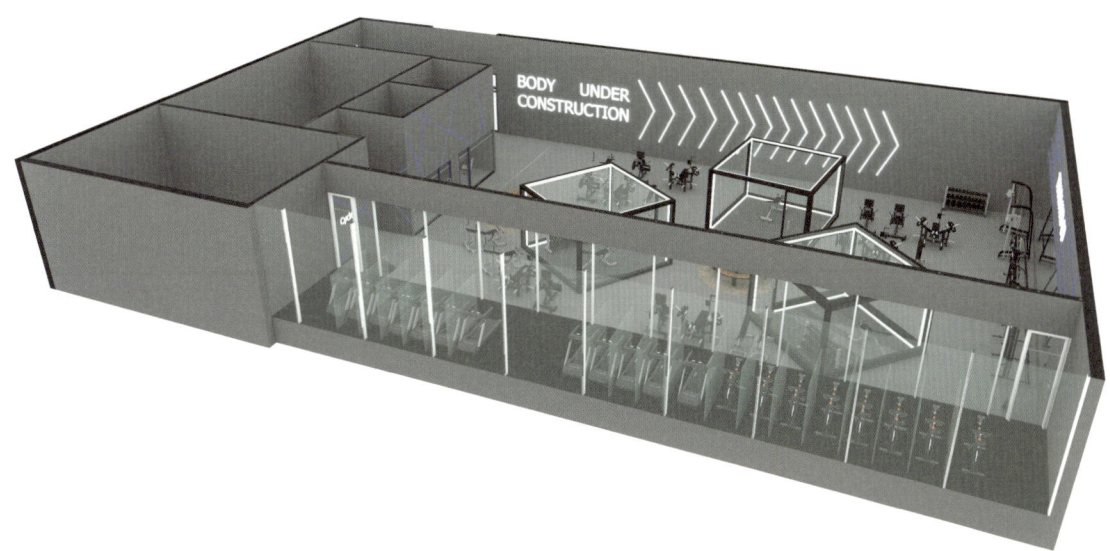

지치고 피로한몸을 달래주는 휴식공간
CAFE,YOGA

1) 웨이트를 하고 나면 몸이 피로해지고 근육이 뭉치기 마련이다. 이러한 몸의 피로를 날리는 공간으로 이용되며 시작 전후로 편안한 쉼터를 제공한다. 운동을 하고 나서 식단 또는 커피 한 잔을 즐길 수 있는 공간으로 계획한다

2) 요가 공간과 동시에 근막이 완 마사지 실로 이용하며 몸풀기 등등할 수 있는 장소로 이용 피트니스센터에서 빠질 수 없는 공간이며 필수적으로 들어가는 공간이다. 회원과 선생님의 소통이 자유롭게 이루어지고 컬러와 재료를 이용하여 편안하고 따듯한 느낌을 주는 공간을 구성한다.

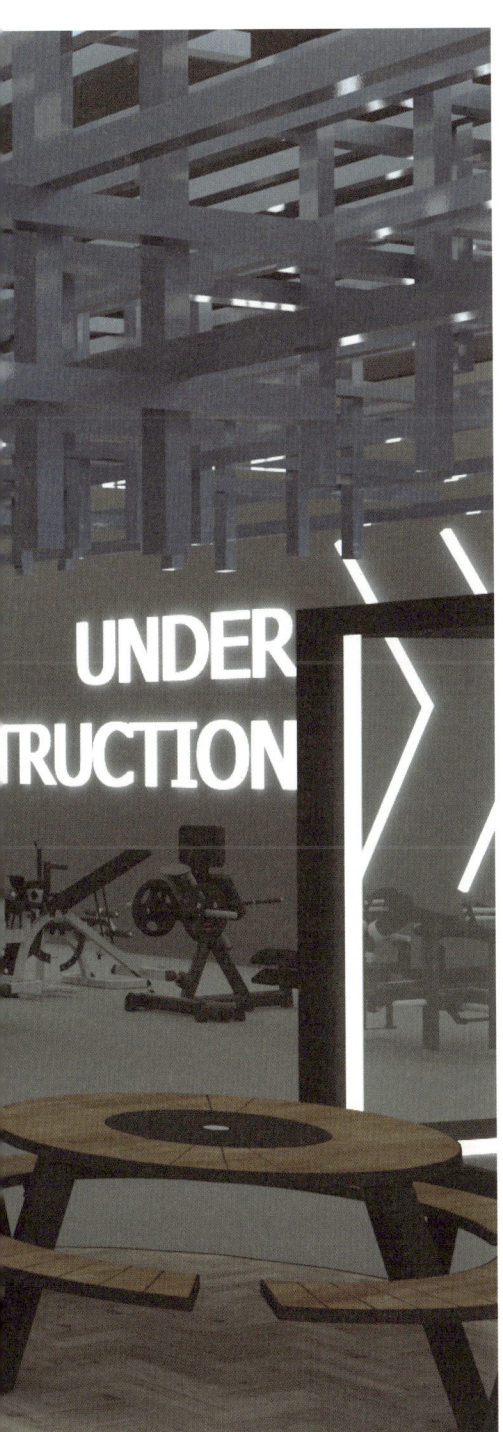

에너지가 넘치고 힘이느껴지는 공간

웨이트 트레이닝, 유산소 ZONE

웨이트 트레이닝 존은 웨이트 트레이닝을 좋아하는 사람들 또는 요즘 엄청난 인기를

끌고 있는 바디 프로필 다이어트 목적인 사용자들이 모여

근력운동을 하는 공간이다. 사선과 직선 선의 요소 등을 이용하여

공간의 힘과 긴장감 을 더해주는 공간으로 꾸며보았고

중간중간 휴식을 취할 수 있는 공간을 통해

보충제 섭취나 잠시 쉬어가는 공간으로 만들어보았다

Creative Playground For Alpha Generation
알파세대를 위한 창의력 놀이공간

김준현

KIMJOONHEYON

ekeladl13@naver.com

Awards

2019 Adobe Illustrator 2급 자격증 취득

2020 Adobe Photoshop 2급 자격증 취득

- 제가 생각하는 New Nomar이란 원래 있던 것의 변환이라고 생각합니다. 그중에서 제가 선택한 알파세대를 위한 놀이 공간 또한 기존의 놀이 공간에서 가지고 있던 장점과 그 장점을 가지고 단점을 보완한 공간을 만드는 것, 이러한 기존에 사용하던 것 들은 다시 한번 재탄생 시키는 것이 제가 생각하는 New Nomar입니다. 이러한 New Nomar을 통해서 새롭게 만들어진 긍정적인 공간들이 많이 만들어져야하는 세대가 지금의 New Nomar 세대인 것 같다고 생각을 합니다.

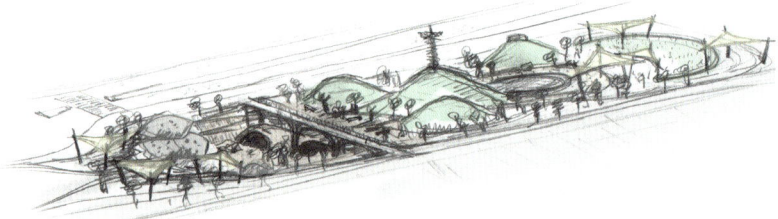

BACKGROUND

알파세대란?
Super-i class

| 1980년 | 1995년 | 2010년 |
| Y세대 | Z세대 | a세대 |

Z세대 다음 세대로
약 2010년대 이후부터 2025년까지의 출생자를 말한다

알파세대의 기준은 2011년으로 잡는다.
2011년에<APPLE>의 인공지능 음성인식 시스템 시리가 출시되었기에,
인공지능 시대에 태어나고 성장한 첫 세대를
알파세대로 보아야 한다.

알파세대의 특징

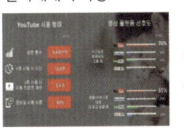

알파세대 스마트폰 중독

유대감 형성 X

놀이의 장점
- 생각의 가치 공유
  · 교육적 의의
- 함께 즐기기
  · 일상적인 생활 단조로움 해소
  · 정서적 위안
- 마음 공동체
  · 소속감 충족
  · 공감대 형성

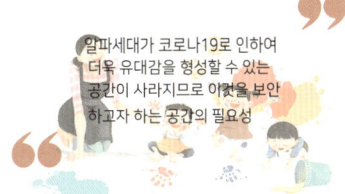

알파세대가 코로나19로 인하여
더욱 유대감을 형성할 수 있는
공간이 사라지므로 이것을 보완
하고자 하는 공간의 필요성

미디어에 익숙해진 알파세를 위한 공간 구성 계획

알파세대를 위한 놀이공간

여러가지 활동 및 체험을 통해 사라졌던 아동 센터를 대신하여 아동에게 재미 및 도움을 줄 수 있도록 한다.

알파세대의 유대감 형성

커뮤니티 공간을 제공함으로써 다양한 활동을 통해 유대감이 발생하도록 지향한다.

미디어 플랫폼에서 벗어나기

기존에 아동 센터 및 놀이 센터가 가지고 있던 불편함을 없애 불편함 대신 즐거움을 더욱 향상시킨다.

SITE

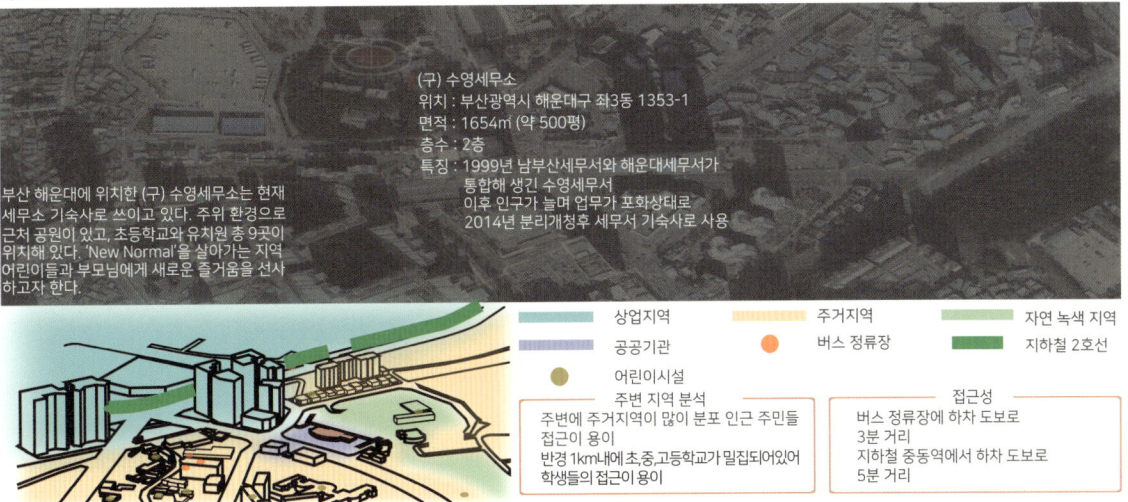

(구) 수영세무소
위치 : 부산광역시 해운대구 좌3동 1353-1
면적 : 1654㎡ (약 500평)
층수 : 2층
특징 : 1999년 남부산세무서와 해운대세무서가
통합해 생긴 수영세무서
이후 인구가 늘며 업무가 포화상태로
2014년 분리개청후 세무서 기숙사로 사용

부산 해운대에 위치한 (구) 수영세무소는 현재 세무소 기숙사로 쓰이고 있다. 주위 환경으로 근처 공원이 있고, 초등학교와 유치원 총 9곳이 위치해있다. 'New Normal'을 살아가는 지역 어린이들과 부모님에게 새로운 즐거움을 선사하고자 한다.

상업지역 | 주거지역 | 자연 녹색 지역
공공기관 | 버스 정류장 | 지하철 2호선
어린이시설

주변 지역 분석
주변에 주거지역이 많이 분포 인근 주민들
접근이 용이
반경 1km내에 초,중,고등학교가 밀집되어있어
학생들의 접근이용이

접근성
버스 정류장에 하차 도보로
3분 거리
지하철 중동역에서 하차 도보로
5분 거리

TARGET

USER

알파 세대

지역 주민

관광객

PURPOSE

놀이 → 커뮤니티 형성 → 활동 → 유대감 형성

지역 발전
알파세대와 주민의 로컬적 놀이를 통해 관광객을 유입시킨다.
주민
관광객

사회적 이슈
상업적 발달
관광객의 유입
알파세대를 위한 컨텐츠를 즐기며 지속적인 관광객의 유입으로 상업적 발달.

NEED

알파세대를 위한 놀이 공간
알파세대의 미디어에 심각하게 노출 되어 있는 특징을 고려하여, 알파세대에게 놀이를 통한 이로운 환경을 제공하여 창의력을 높여줄 수 있는 놀이공간

놀이 시설의 경제활성화
놀이성을 알림으로서 관광객을 유입시켜 지역경제를 활성화 시키는 것과 주민들이 이용하며 교류할 수 있는 놀이시설

이색적 관광 컨텐츠
놀이성에서 나오는 즐거운 기운을 받으며 즐길 수 있는 이색 적인 관광컨테츠로 인해 지역주민과 더불어 상생 하는 놀이공간

SPACE PROGRAM

1F PLAN

알파세대와 함께 부모님들 뿐만 아니라 지역 주민들과 관광객들이
자유롭게 활동적으로 놀 수 있는 공간.

contents: 로컬적 놀이 / 레벨차의 공간 / 협동 놀이공간

2F PLAN

놀이 공간이 활동적인 공간이였다면, 2층은 카페와 미디어를 통한 쉼터
역할로 운영되는 공간.

contents: 카페라운지 / 미디어 공간

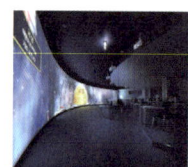

FLUID PLAN

1층과 2층 두 공간은 유동적인 방면을 통하여 활동성을 높여, 관람객들의
흥미를 이끌었다.

contents: 유동적 동선 / 대칭의 동선 / 높낮이의 차이

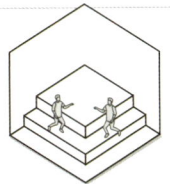 바닥 높낮이 부여
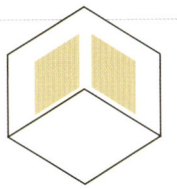 벽체형성
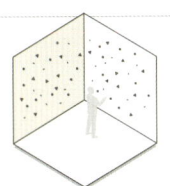 벽체 프로그램 부여
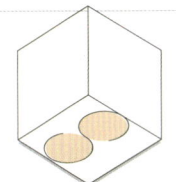 바닥 그리드 형성

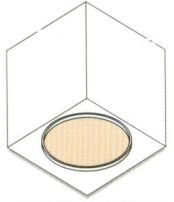 그리드 높이 부여
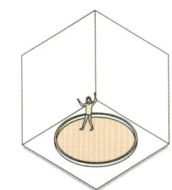 그리드 프로그램 형성
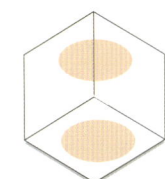 그리드를 천장 도입
 바리솔 형성

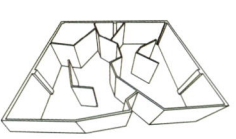 바닥 높낮이 부여
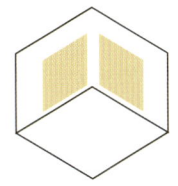 벽체형성
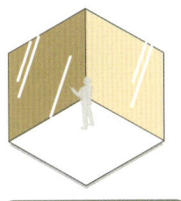 벽체 프로그램 부여
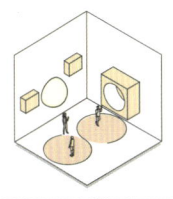 바닥 그리드 형성

CONCEPT

유토피아

[그래픽적 요소에 익숙해진 알파세대를 위한 유희공간]

유토피아란 어디에도 없는 장소란 의미이다. 현대의 알파세대에게 유토피아란 과거의 뛰어 놀던 곳을 의미한다. 과거의 놀이공간에서 차지했지만, 현재는 눈에 띄게 감소한 부분을 가져와 공간을 형성한다.

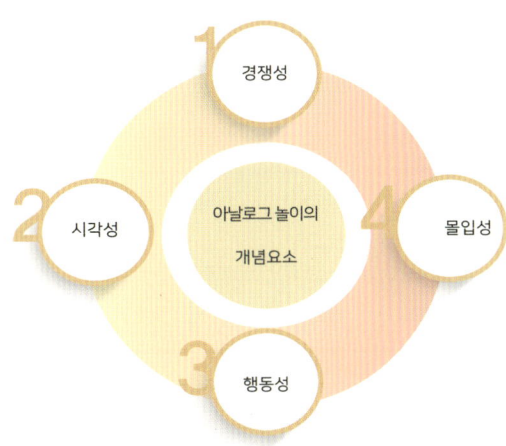

경쟁성
01 공간의 분리
공간의 분리를 통해 서로에게 승부심을 펼치게 하여 그에 따라 창의력을 기룰수 있게 한다.

시각성
02 눈으로 먼저 보는 재미
놀이 행위를 눈으로 먼저 보고 그것을 따라하여 행동과 배치의 형태 색감을 이용한 즐거움을 보여준다.

행동성
03 레벨의 차이를 통한 재미
각각의 공간에 레벨 차를 두어 알파세대에게 새로운 형태의 재미적 요소를 선사하여 준다.

몰입성
04 몰입에서 얻는 재미
그래픽적 요소를 통하여 알파세대에게 시각적.정서적 몰입을 유도하여 창의적인 생각을 하게 도와준다.

공간의 분리

프로그램에서의 공간의 분리로 인하여 같은 놀이임에도 경쟁의식을 생성하게 하여 아이들의 흥미를 이끌어 내어 준다.

배치를 통한 창의력 증가

공간의 분리를 통하여 알파세대에게 서로에 대한 승부심을 펼치게 하여, 그에 따라 창의력을 기를 수 있게 유도하여 준다.

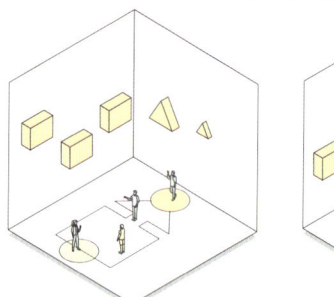
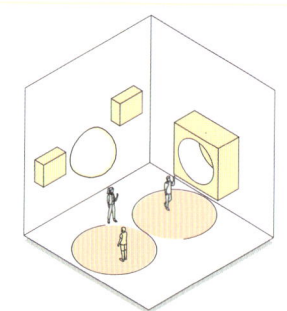

눈으로 먼저 보는 재미

프로그램을 다양한 시각에서 먼저 보게 하여, 이로 인한 알파세대의 흥미를 더욱 더 이끌어 내어 준다.

배치를 통한 시각의 재미

여러 형태의 프로그램과 아이템을 배치를 다양하게 하여, 알파세대가 가지고 있는 시각적 관심을 더욱 높여주고, 이로 인하여 자연스럽게 시각적 흥미를 유도한다.

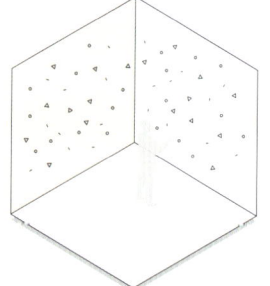
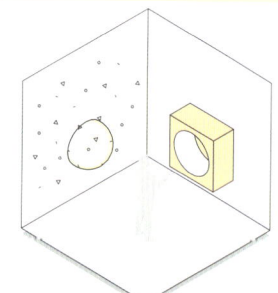

레벨의 차이를 통한 재미

공간과 공간의 레벨의 차이로 인해서 알파세대에게 창의력과 눈높이로 인한 행동감을 형성하게 해준다.

레벨로 인한 눈높이의 차이

각 구역의 레벨의 차이를 약간씩 주어 공통된 프로그램을 즐기더라고 눈높이의 차이가 생기게끔 하여 알파세대에게 자연스럽게 다양한 눈높이의 차이를 느끼게 하여 준다.

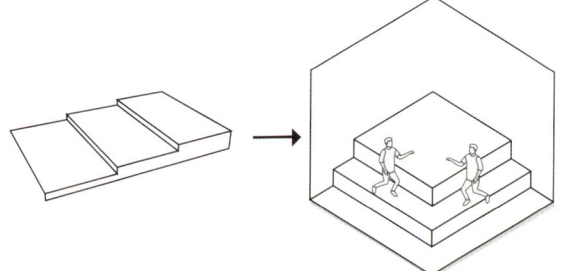

몰입에서 얻는 효과

프로그램에서의 공간의 분리로 인하여 같은 놀이임에도 경쟁의식을 생성하게 하여 아이들의 흥미를 이끌어 내어 준다.

집중적 미디어의 몰입

미디어를 한가지 방면에서 하나만을 보여주는 것이 아니라, 다양한 방면에서 그 하나의 장면을 연상시키는 미디어를 보여주어 더욱 더 알파세대가 몰입을 할 수 있게 한다.

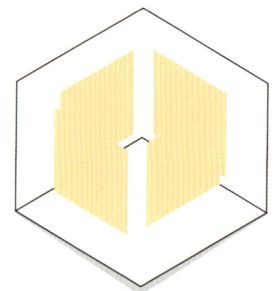
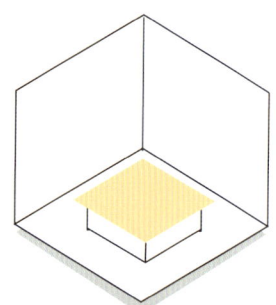

1F PLAN

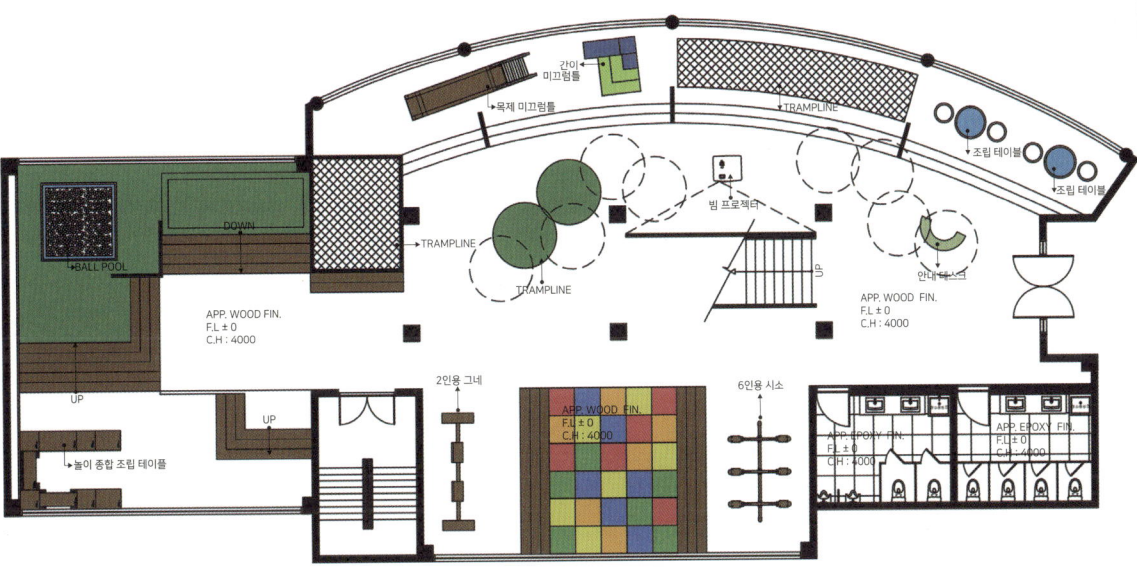

2F PLAN

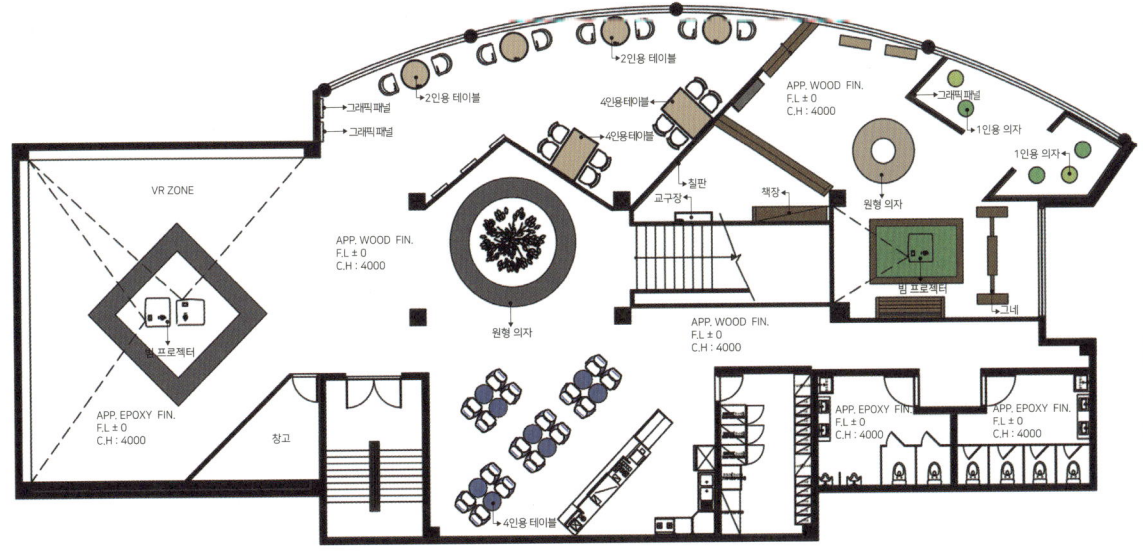

창의적 생각이 다가오는 놀이 공간
CREATIVE 스페이스, 커뮤니티 스페이스

그래픽과 밀접해져 그래픽적 컨텐츠가 주가 되어버린 알파세대를 위하여 알파 세대만을 위한 놀이 공간을 계획하여 알파세대의 특징적 요소에서 흥미를 느낄 수 있게 하고, 그래픽에서 벗어난 활동적인 놀이를 할 수 있는 공간을 계획하여 알파세대에게 창의력을 높여준다.

크리에이티브 스페이스와는 다르게 집중을 하게 해주어 알파세대에게 창의력을 높여주고, 사선의 역동적이고 활동적인 부분을 모티브하여 공간을 나누어 그래픽 놀이가 아닌 활동적인 놀이를 선사하여 알파세대에게 휴식을 선사하며 그래픽적 요소를 감미한 활동적인 공간을 보여준다.

Urban Regeneration Community Space
마을활성화를 통한 도시재생 커뮤니티 공간

임현택

IM HUN TACK

gjsxor@naver.com

- 코로나 19의 등장으로 삶의 많은 것들이 변하고 있다. 코로나가 종식 되어도 그로 인한 사회적 변화는 자연스러운 변화의 일부로 받아들여지게 될 것이다. 이전까지는 비정상적이라고 여겨지던 것들이 정상적 현상으로 변화하는 시기를 말하는 것이 뉴노멀의 시대이다.

BACKGROUND

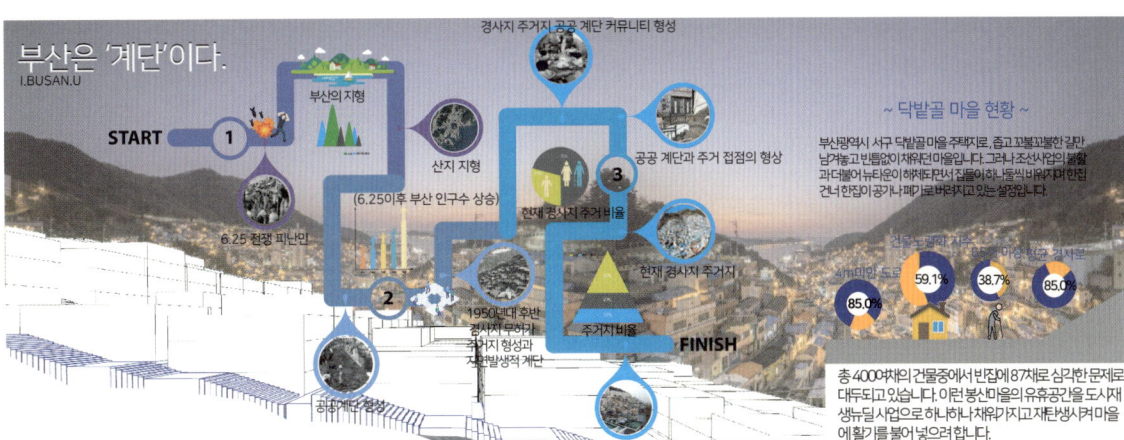

SITE

TARGET

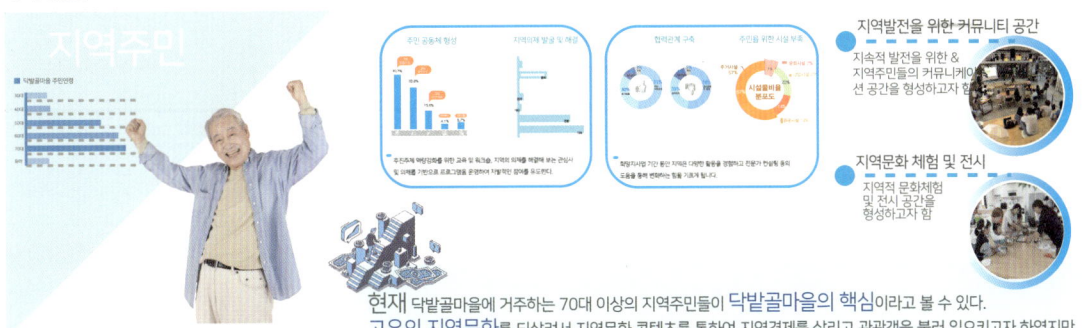

현재 닥밭골마을에 거주하는 70대 이상의 지역주민들이 **닥밭골마을의 핵심**이라고 볼 수 있다.
고유의 지역문화를 되살려서 지역문화 콘텐츠를 통하여 지역경제를 살리고 관광객을 불러 일으키고자 하였지만,
닥밭골마을의 콘텐츠를 수용할 공간과 방문객을 위한 편의가 마련되어 있지 않다.

PROGRAM SYSTEM

2021년 소망계단 뉴딜카테고리

안전하시길
위험한 급경사의 골목과 계단을 안전한 공간으로 조성

건강하시길
근린시설확충과 노인과어린이가 더불어 즐거운 공간

함께하시길
자율주택정비와 복합커뮤니티 센터

풍성하시길
소망계단 주변 경제 활성화를 위한 창조공간

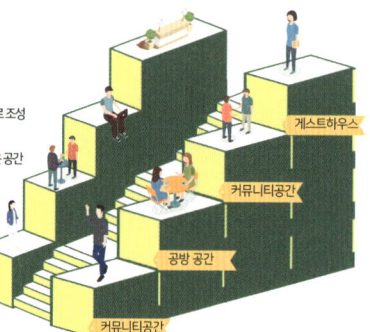

게스트하우스
커뮤니티공간
공방 공간
커뮤니티공간

부산광역시 고분도리 닥밭골 마을

대상지 개요
유형	우리동네살리기
대상지역	부산광역시 서구 동대신동 망양로 48-1
면적	12,096m²

뉴딜사업 총괄도
3개 카테고리의 0대 과제

A.취약지역 정비
- A-1 안전한 생활환경 조성
- A-2 녹색마을만들기 지원

B.지속가능 공동체 활성화
- B-1 닥밭골 그린 쉼터 - 주민들에게 사랑받는 그린쉼터 공간
- B-2 닥밭골 스테이 - 체류형 관광객을 위한 숙소공간

C.지역특성화사업
- C-1 닥밭골 어울림 플랫폼 - 마을 특색 조형품 전시 및 판매
- C-2 종이공예체험 - 마을 전통문화을 체험

소망계단 향후계획3가지

단순한 통로 형식의 용도가 아닌 마을의 관광지 및 살아 숨쉬는 소통의 통로가 되어 즐거움과 휴식을 즐길 수 있는 공동체 활성화 여건을 마련한다.

 1 지역경제 활성화
마을의 특성을 살린 체험활동 및 문화센터를 통해 마을 경제에 도움이 되도록 한다.

 2 마을공동체 활성화
주민참여 프로그램 운영을 할 수 있는 휴식 및 소통의 공간을 통해 자발적 참여를 유도한다.

 3 물리적 환경 활성화
지역주민의 생활환경 개선과 함께 사회적,경제적 재생이 이루어지도록 합니다.

SPACE PROGRAM

KEYMAP
3Z | 4Z
1Z | 2Z

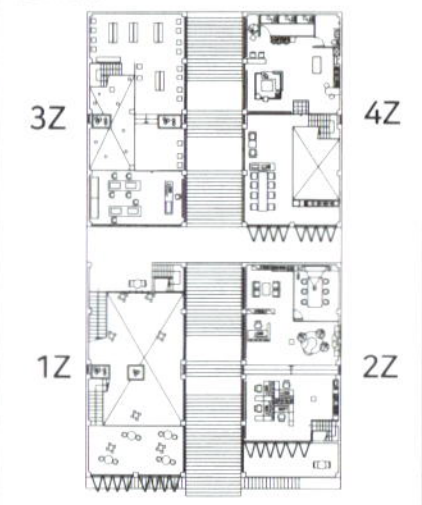

닥밭골 어울림 플랫폼
_마을 특색 조형품 전시및 판매

체험공간
_관광객이 제작자의 활동을체험 하고 배울수 있는 공간.

닥밭골 스테이
_체류형 관광객을 위한 숙소공간
-마을 게스트 하우스로 사용하여 작게나마 마을 기업에 이윤은 주는 공간으로 활용하는 방향

1 ZONE

2 ZONE

3 ZONE

4 ZONE

닥밭골마을 그린쉼터
_주민들에게 사랑받는 그린 쉼터 공간
_ 마을 문화 체험 및 공동체 연결과 저관리형 식상을 통한 지속가능한 관리가 가능한 공간 조성

닥밭골 복합문화센터
_이웃 및 관광객의 자유롭게 소통 할 수 있는 쉼터
_개인적 공간이 아닌 공적인 공간으로 많은 사람들이 이용가능하다.

CONCEPT

노후된 경사주거지의 맞춤형 친환경 미래공간 **숨**

A LIVING , BREATHING

"자연친화적Eco + 마을공동체발전지향"

숨이라는 KEYWORD를 통해 닥밭골 마을의 많은 계단 및 경사지를 오다가는 마을 사람들 및 관광객들이 자연스럽게 들어와 마을의 문화 및 역사를 숨 쉬듯이 즐길 수 있는 공간을 연출하여 노후된 마을에 숨을 불어 넣어 마을을 살리는 방향으로 계획한다.

날 숨

숨의 확장
수직적인 요소들이 리듬감 있는 질서를 나타내며 확장과 높이차이는 리드미컬하며 깊이감과 리듬감을 주어 사용자들이 공간에 흥미를 느끼게 한다.

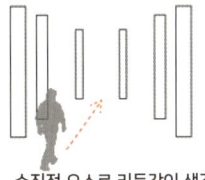
수직적 요소로 리듬감이 생김

수직프레임사이로 풍경이 보임

들 숨

숨의 유입
기둥이란 요소가 경계를 상징했지만 오히려 외부와 내부의 경계를 허무는 느낌을 준다, 사용자들이 공간에 들어오는 발걸음을 유도시킨다.

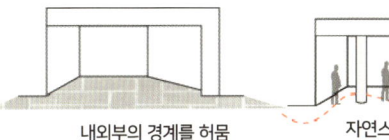

내외부의 경계를 허뭄   자연스런 유입

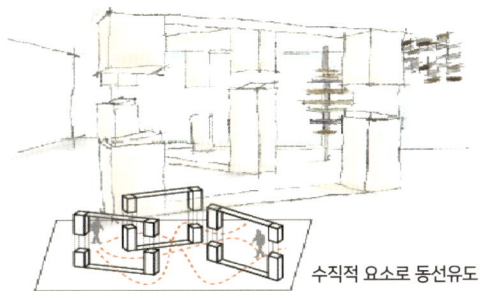
수직적 요소로 동선유도

느끼는 숨

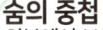

숨의 단차
높이에 따라 체감온도와 사람간의 시선이 달라져서 다양한 커뮤케이션 느껴진다.

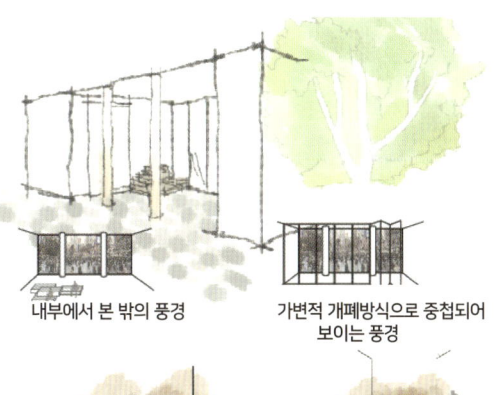

내부에서 본 밖의 풍경   가변적 개폐방식으로 중첩되어 보이는 풍경

공간의 분할

바닥의 단차를 줌으로서 시선을 유도한다

숨의 중첩
외부에서 보이는 풍경은 개방적이지만 내부에서 보는 풍경은 폐쇄적이다. 창과 기둥간의 경계로 인해 바깥의 풍경이 새롭게 또는 다르게 느껴진다

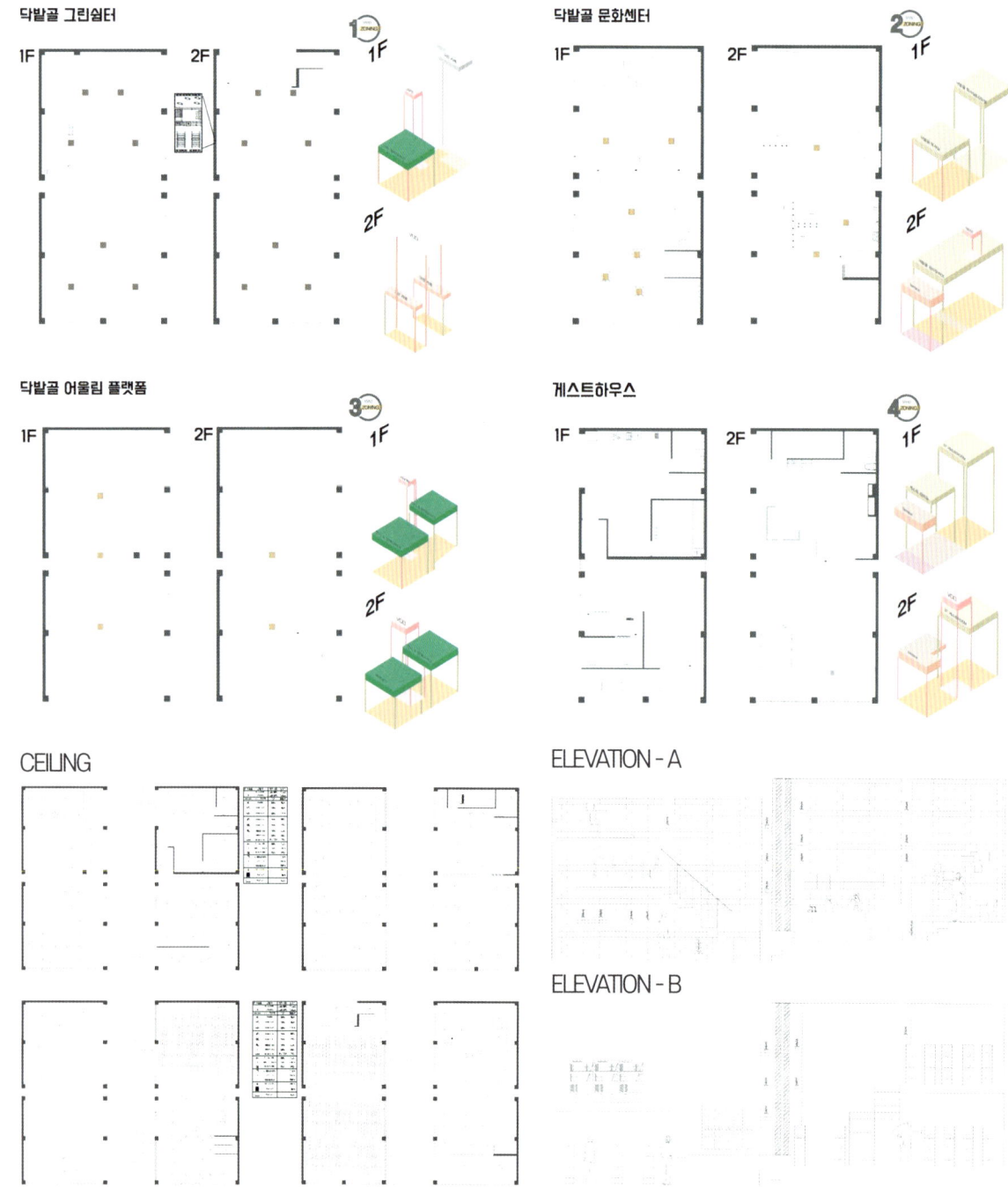

PLAN

1F

2F
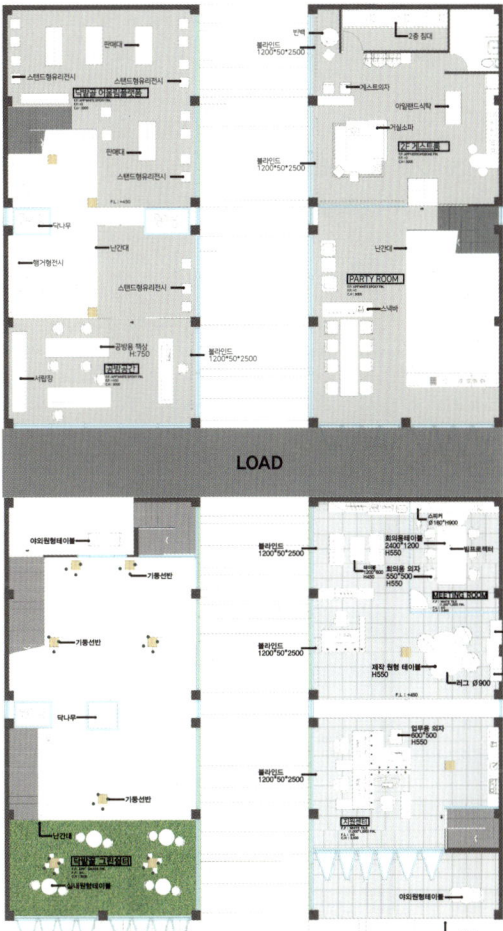

SCALE 1/100   SCALE 1/100

COLOR & MATERAIL

자연적 색상의 사용

자연물을 이용하여 가구와의 조화

건물 내 외부의 벽면 녹화를 이용한 단열 및 위장보호 등의 요소 제공

숨쉬는 자제사용

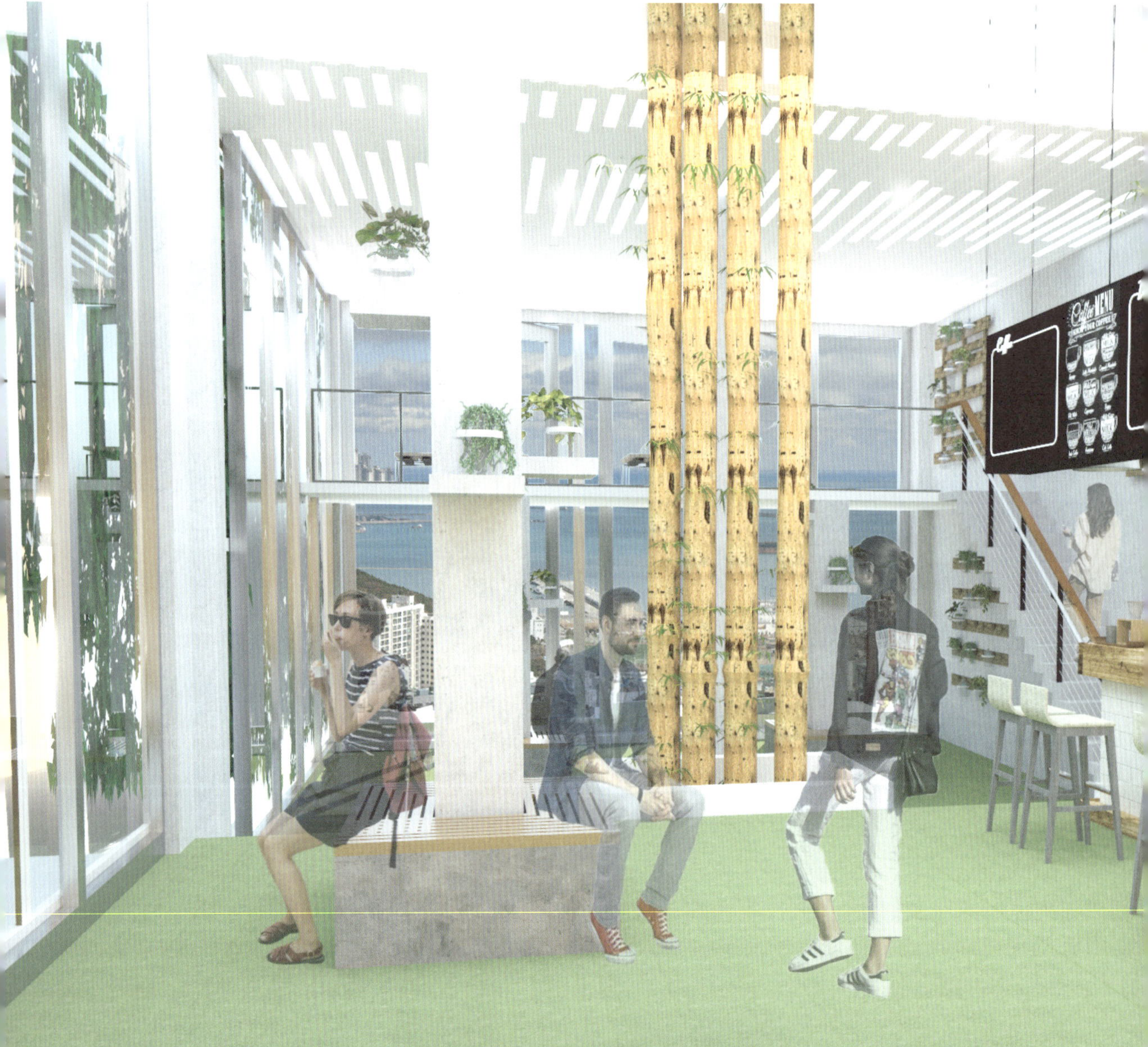

공간의 투명성

시각적 이미지의 전달을 위한 재료를 통해 투명성 부여, 이를 이용한 내부공간 시각적 확장과 외부의 친환경적 요소를 내부로 끌여들여 공간적 깊이를 더해준다..

DESIGN DIAGRAM

사용자의 투명성

공간의 확장

주민들에게 사랑받는 닥밭골 그린 쉼터

마을 문화 체험 및 공동체 연결과 마을 주민 및 관광객들이 자유롭게

휴식 및 소통을 교류할 수 있는 공간이다.

닥밭골마을의 유래를 반영한 컬러와 재료를 사용하였다.

또한 간편한 음료와 함께 건물 전면에 큰 창과 옥상정원을 통하여

경사진 마을만의 특별한 정경 또한 즐길 수 있다.

옥상정원

■ 공간의 개방

건물과 건물, 계단과 건물을 개방하여 시야의 넓힘과 동시에 다양한 접근성과 사용자들의 다방면의 교류를 가능하게 연출한다.

■ DESIGN DIAGRAM

 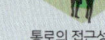 

공간의 매개   통로의 접근성 확장   공간의 수직확장

역사가 숨쉬는 닥밭골 복합문화센터

개인적 공간이 아닌 공적인 공간으로 많은 사람들이 이용가능한 공간이며

닥밭골마을의 유래 및 문화를 위한 서재 및 독서 공간과 강의공간 또한

마련되어 있으며 전체적인 관리를 위한 지원센터 또한 포함되어 있다.

닥밭골 지원센터

S T ART COMMUNITY CENTER
청년 예술 커뮤니티 복합 문화 플랫폼

'코로나 블루' 일상의 변화를 촉발한 팬데믹으로 인해 코로나(COVID-19)'와 '우울감(blue)'이 합쳐진 신조어로, 코로나19 확산으로 일상에 큰 변화가 닥치면서 생긴 우울감이나 무기력증을 뜻한다. 코로나로 인한 언택트로 사람들은 삶의 에너지와 즐거움을 잃게되고 이에대한 심리방역에 대한 중요성으로 전문가들은 문화예술산업의 중요성을 말했다. 그들에게 예술은 공감이자 무의식의 대화이며, 이로인해 무기력하고 고립감을 느끼는 그들에게 새로운 감정을 느낄 수 있도록 한다.

나광원

NA GWANG WON

nnn9702@naver.com

Awards

2019 GTQ 1급자격증 취득

2020 전산응용건축제도기능사 취득
2020 한국실내디자인학회 입선
2020 한국공간디자인대전 입선

2021 실내건축기사 자격증 취득

BACKGROUND

현재 세계는 코로나19로 인해 많은 변화를 맞이하고있다. 그 중 하나로 "뉴 노멀, 뉴 커넥션" 비일상적으로 우리 일상속에 크게 자리 잡지 않던 것 들이 이젠 우리의 일상속으로 녹아 들고있는걸 말한다. 이러한 상황속에 전세계적으로 언택트 (UN + CONTACT) 의 바람이 붐으로써 문화예술분야에는 어떤 변화가 생겼는지 알아보도록 한다.

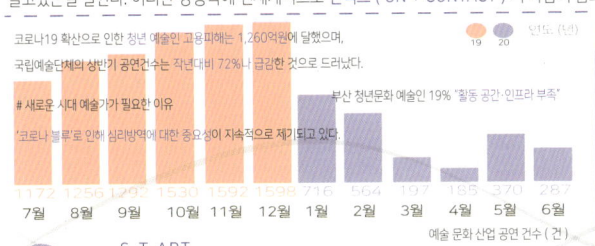

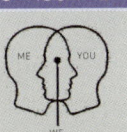

창조적양상의 교감

공감능력은 감성적인 예술분야에서 크게 중요하게 여겨지는 능력중 하나이다. 아티스트와 관람객 이들이 서로 예술로써 교감하고 함께 참여하는 공간을 설계하도록 한다.

아티스트와 교감

예술 교육 지원

커뮤니티 공간과 디자인 뱅크를 구성하여 스튜디오 형식으로 예술가들이 직접 각각의 분야의 아트에 관심이 있는 사람들에게 예술 교육을 지원하도록 하여 일자리를 제공 할 수 있도록 한다

일자리 제공

창조 공간 공유

청년 예술가들에게 현시점 가장 필요한 것은 그들의 예술을 표현 할 수 있는 공간이라고 생각한다. 청년 예술가들에게 자신들의 예술을 직접 표현 할 수 있는 공간을 제공 할 수 있도록 한다.

공간의 확보

부산 청년예술가들을 위해 시각예술, 수공예등의 분야의 인프라를 개선하고, 부산 진역사에 청년 예술인을 위한 활동및 전시공간 그리고 예술인을 위한 커뮤니티 교류의 공간을 계획하여 청년 예술 커뮤니티 복합 문화 플랫폼을 기획한다.

SITE

명 칭 : 부산진역사
위 치 : 부산광역시 동구 수정2동 79-3번지
건립시기 : 최초1905년 건립, 1979년 개축
연면적 : 2,628㎡
건축면적 : 1,314㎡ (지하1층, 지상2층)
계획면적 : 1,314㎡ (1층, 2층)

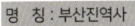

2020년 2월 한국철도시설공단이 상업시설과 오피스텔 등 18층 높이의 건물을 짓는 계획을 추진했지만 무산된 바 있다. 현재는 시민과 관광객을 위한 도서관, 박물관.. 등의 문화 플랫폼 형식의 복합문화시설로 개발될 계획이다.

16년간 방치된 버려진 철도 유휴부지

제2종 일반주거지역

일반상업구역

상업&주거 밀집구역

대상지반경 1km이내에 거주규모는 약 38000여명, 직장인구 약 2.5 만명, 일평균 유동인구는 약 20만 명에 달하므로 많은 관광객을 끌어 들일 수 있다.

교통 밀집구역

내싱지 근치 도보 1분 거리에 지하철 1호선 부산진역이 있고, 같은 위치 근처에 9개가 넘는 급행 마을버스, 일반버스정류장이 있어서 접근성이 아주 용이

TARGET

- 시각예술, 수공예 종사 예술인

< 부산지역 청년문화 예술인 고용형태 >

%	분야
34.8	프리랜서
22.2	기타
16.5	문화단체 및 사업체 운영
26.5	문화단체 및 기관 고용

예술인들의 경우 고용되기보단 프리랜서의 비율이 높다

- 청년 예술가 활동 공간 및 인프라 부족
- 청년 예술가 취업지원
- 청년 예술인의 소통 부족

청년 문화 예술가 MAIN USER

SOULTION
- 활동 공간 및 지원 인프라 확충
- 예술 교육 일자리 제공
- 예술 디자인 쉐어 홀 확보

SUB USER 예술 관심 청년 & 부산시민

- 참여하여 서로 교류 할 수 있는 공간
- 코로나 블루에 대한 심리 방역
- 취미 예술분야의 확대 및 심화

-예술 겸업, 취미 청년 예술인

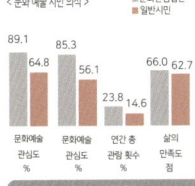

< 문화 예술 시민 의식 >

SOULTION
- 다양한 교류를 위한 다목적 홀
- 오픈 스페이스 공간 확보
- 예술 교육이 활성화된 교육공간

SPACE PROGRAM

01 CREATIVE PLATFORM
그리미온
개인 예술을 하는 조용하고 편안한 분위기의 작업실과 서로 창조적 교감을 나눌 수 있는 오픈된 공간이 분리되어 있는 공간

02 SHARE PLATFORM
헤유미온
자신의 아이디어를 기록이나 간단한 그림등으로 공유 할 수 있는 디자인뱅크와 청년 예술인들이 서로 생각을 교류하며 휴식을 취할 수 있는 커뮤니티 라운지

03 EDUCATION PLATFORM
채유미온
예술관련 서적, 작품집등을 자유롭게 보며, 대여 할 수 있는 북카페와 좀 더 심화적인 예술에 대한 교육을 받을 수 있는 예술 배움터와 사무 공간

04 EXHIBITION PLATFORM
아토미온
자신이 직접 작업한 예술품을 전시할 수 있는 갤러리 및 라운지와 예술품을 구매할 수 있는 디자인 스퀘어

START
ART IN ART
청년 예술 커뮤니티 복합 문화 플랫폼

그림 예술을 그려내다   CALM ART ROOM, 그리미 아트룸, 그룹 아트룸

헤윰 예술을 공유하다   디자인쉐어 홀, 아트 커뮤니티 라운지, 헤윰 아트 카페

채움 예술을 향유하다   아트 강의실, 파인 아트 북 카페, 예술인(강사) 대기실

아토 예술을 건네다   아트 전시 라운지, 아트갤러리, 아토하다 (아트 판매공간)

CONCEPT

"청년 예술인들의 교감 + 지역 시민의 상호작용과 참여"

_상호작용의 교감   _지역 시민의 자발적 참여

ART INTERACTIVE OF RELATIONSHIP : COMMUNION

예술적 상호작용 : 교감

예술적 상호작용과 교감(Interaction and Communication)은 예술가와 시민 그들이 를 체감할 수 있는 원초적인 교감의 상황 인간과 인간의 교감을 연출하고 그것을 나타내는 예술적 교류의 개념이며, 무대나 전시장에 국한되지 않는 예술가와 시민이 함께 만드는 소셜 퍼포먼스가 될 수 있다 단지 예술인들의 상호 교감을 위한 커뮤니티 플랫폼이아닌 시민과 예술인의 유대적 교감이 강화되어 다양한 체험 및 시민들의 자발적인 참여를 유도 할 수 있게끔 예술인과 지역시민의 상호적 교감을 이뤄내는 커뮤니티 문화 플랫폼이다

INTERACTING WITH SHARED AREA : USER
유저들의 공유영역과 상호작용
공유성 - 연결성
서로 공유하는 공간을 통한 유저와유저, 유저와 공간, 유저와 작품 사이의 연결성을 시각화하여 공동체적인 공간을 표현한다.

SYNESTHESIA STIMULATION : EXPERIENCE
공감각의 자극을 통한 경험
인지성 - 유희성
사용자가 인지하는 공간내에서 체험과 기회를 통한 공감각적인 자극 이 쾌락적 가치와 유희적 감각을 통한 공간의 흥미로운 영향을 준다.

DIVERSIFYING THE ACTIVITY AREA : BOUNDARY
경계에 따른 활동영역의 다변화
가변성 - 모호성
공간의 투명, 불투명성 때론 확장감을 표현하며, 물리적 시각적으로 가변성을 가진 공간 내부에서 영역의 경계가 모호해진 자유로운 예술 표현을 할 수 있는 공간을 제공하도록 한다.

사용자에 따라 연결 또는 가변적인 성격을 갖는 공간에 중요한 공간적인 특성이 주며 서로의 교감을 통해 의미 있게 사용하고 지속 가능한 커뮤니티 및 예술의 교류 장소 가 되며, 지역 시민에게는 유희성, 지역 예술의 체험을 통해 교감을 이끄는 공간을 계획한다.

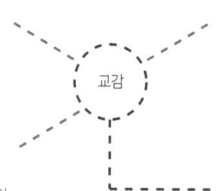

교감

1. INTERACTING WITH SHARED AREA : USER

유저들의 공유영역과 상호작용

공유성

연결성

개방성

깊이감

연결성

CONNECTION BETWEEN SPACE : SPACE
공간과 공간사이의 연결성

공간의 동선과 유저가 동선을 지나가며 가지는 시선에 중첩에 의한 연결성으로 공간을 구획한다. 또한 공간 내 모듈 에 중첩에 의한 연결성과 큰 영역에 대한 작은 영역의 **중첩에 의한 연결성** 으로 공간을 구획한다.

동선에 의한 연결

시선에 의한 연결

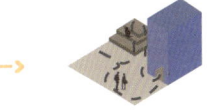
공간 구획

모듈에 의한 연결성

CONNECTION BETWEEN SPACE : USER
공간과 유저사이의 연결성

유저들이 사용하는 공간 또는 모듈에 투명성을 부여하여 가려진 공간이라도 **투명함을 통한 연결성으로 공간의 깊이감을** 느끼도록 하고 개인 공간과 교차 되는 영역을 구획 하여 유저들 간의 공간 공유성을 느끼도록 한다.

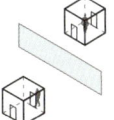
개인적 공간의 단절성

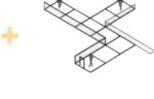
교차에 의한 연결성

유저들의 공간 공유성

투명한 경계를 통한 연결

CONNECTION BETWEEN USER : ART
유저와 작품사이의 연결성

작품에 의한 유저의 동선을 유도함으로써 유저들이 한 공간에 모여 서로 공유성을 이룰 수 있도록 하며, 또한 **배치된 작품을 하나의 모듈로써 사용** 하여 유저와 연결성을 느낄 수 있도록 한다

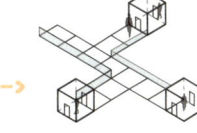
작품에 의한 동선 유도

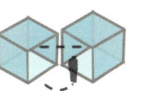
공간의 다목적화

작품에 의한 유저사이의 교감

작품과 유저의 교류

2. DIVERSIFYING THE ACTIVITY AREA : BOUNDARY

경계에 따른 활동영역의 다변화

확장감

모호성

유연성

모호성

가변성

VARIABILITY OF SPACE
공간의 가변성

벽면의 높이 또는 다른 형태를 띤 모양과 천정의 돌출과 매립, 바닥의 단차이를 활용한 시각적인 교류 이러한 공간의 가변성은 **공간의 사용의 변화, 규모의 확장, 내부 공간 배치의 변화** 등에 영향을 준다.

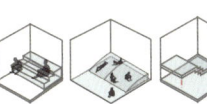
단차이를 활용한 가변성

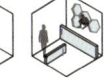
벽면을 활용한 가변성

천정을 활용한 가변성

AMBIGUITY OF BOUNDARIESE ACROSS REGIONS
영역에 따른 경계의 모호성

영역의 확장에 따른 큰 영역과 작은 영역 또는 큰 영역과 큰 영역 사이의 경계가 모호성을 보이며, 투명 또는 불투명한 유리에 의한 경계와 파티션을 활용한 **시선의 변화에 의한 모호성**을 보인다.

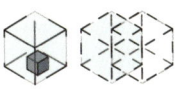
중첩에 의한 모호성

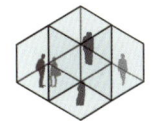
투명성에 의한 모호성

시선에 의한 모호성

FLEXIBILITY OF SPACE WITH VARIABILITY
가변성을 갖춘 공간의 유연성

공간 구조의 해체와 조립과 곡선의 사용에 따른 시각적인 공간의 유연성을 나타내며, 유휴공간을 활용하여 계단과 파티션 그리고 벽면의 **커뮤니티 공간 및 수납의 활용을 통해 유연성**을 보인다.

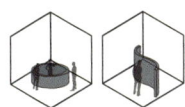
곡선의 사용에 따른 시각적 유연성

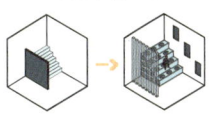
유휴공간의 활용을 통한 유연성

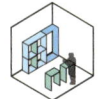
해체와 조립을 통한 유연성

3. SYNESTHESIA STIMULATION : EXPERIENCE

공감각의 자극을 통한 표현

COGNITION THROUGH A SENSE OF AMUSEMENT
유희적 감각을 통한 인지

공간이 제공하는 다양한 활동을 통해 유저는 공간 내에서 유희적 감각을 통해 쾌락적 가치를 인지하게 된다. 또한 이러한 인지성을 토대로 **공간과 유저 간의 네트워크 또는 공간과 작품 간의 네트워크**를 보여줄 수 있다.

EXPERIENCE THROUGH THE SENSES
시·청각적 감각을 통한 경험

유저가 이동하며 눈으로 바라볼 수 있는 시각적 경험과 주변 환경의 소리를 토대로 느낄 수 있는 청각적 경험을 바탕으로 그 공간에 대한 **유저의 공간과의 연결성**을 보여준다.

INDUCTION THROUGH VARIOUS EXPERIENCES
다양한 체험영역을 통한 동선의 유도

공간에서 동일한 한 가지의 프로그램이 아닌 다양한 프로그램을 수용할 수 있는 공간을 제공 함으로써 유저가 공간에 대한 흥미를 느낄 수 있도록 하여 **유저의 동선을 유도**할 수 있도록 한다.

SPACE DIAGRAM

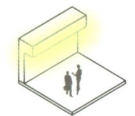 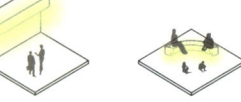 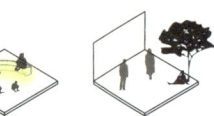  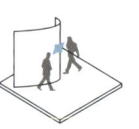 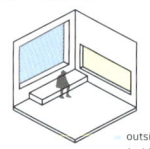  

ARCHITECTUARL LIGHTING | INDIRECT LIGHTING | REFLECTED LIGHT | DIFFUSED POLE LIGHT | CURVED FACADES | BETWEEN outside/inside | MEETING AREA | LANDSCAPING REST

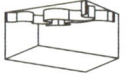      

FORM OF FLOW | COMMUNICATION SPACE | PRIVATE SPACE | SCULPTURES AND USERS | PAVING PATTERN | LANDMARKS | VIEW CORRIDOR | INFO GRAPHICS

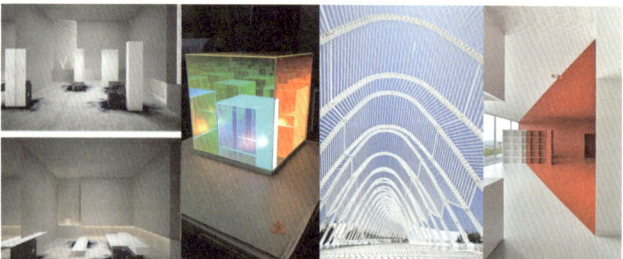
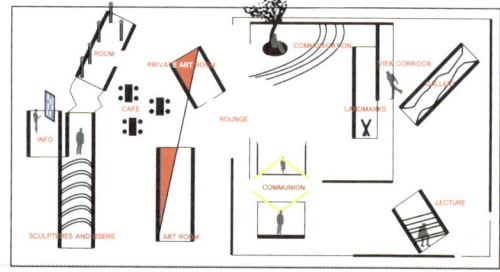

CONCEPT MODEL

서로 다른 영역을 나누는경계를 물리적인 요소가 아닌 시각적 요소인 색채 또는 패턴에 의한 경계를 형성하여 영역과 영역 간의 경계의 모호함을 표현한다 또한 그 영역을 나누는 경계의 형태에 따라 공간의 확장감 또는 깊이감을 표현할 수 있도록 한다

층이 다른 영역을 서로 연결하는 모듈을 사용하여 유저가 시각적·물리적인 교류를통한 경험을 바탕으로 이 두 영역에 대한 유저의 공간과의 연결성을 보여 주도록 한다 또한 모듈은 길을 지나는 통로가 되기도 또는 바닥과의 단 차이를 이용해 또 다른 영역을 생성하는 가변성을 지니기도 한다.

영역과 영역의 물리적인 경계를 단차이와 파티션에의해 형성하여 시선의 변화에 의한 모호성을 띄지만서로의 영역이 서로 어색하지 않도록 한다

공간의 랜드마크를 형성하여 유저들의 동선을 유도,한 공간에 모여 유저들이 서로 공유성을 이루며, 때론 서로의 생각을 자유롭게 표현 할수있는 공간을 형성

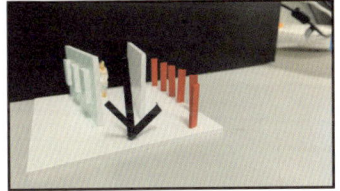

상징성을 띈 작품을 양갈래 복도 끝에 배치하며, 유저들은 각 기둥이나 조명 또는 작품에 의해서 자신이 이끌리며 보고싶은 곳으로 동선이 유도 된다

곡선의 파티션을 큰영역 내 작은 영역의 경계로 사용함으로써 시각적 차단 또는 교류를 이루도록 하며,곡선을 이용해 시각적 유연성 또한 표현하도록 한다

1F PLAN

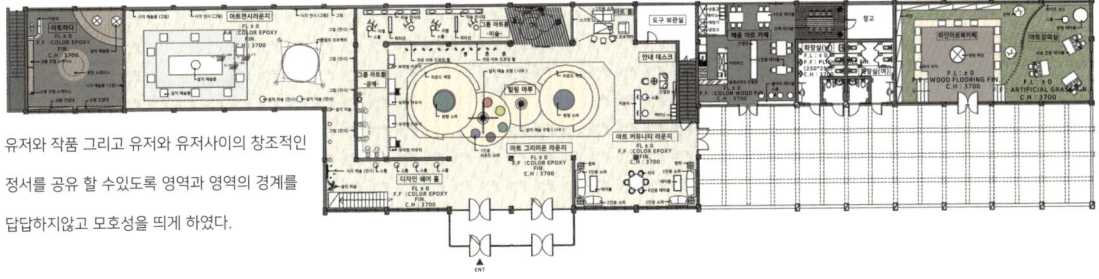

유저와 작품 그리고 유저와 유저사이의 창조적인 정서를 공유 할 수있도록 영역과 영역의 경계를 답답하지않고 모호성을 띄게 하였다.

2F PLAN

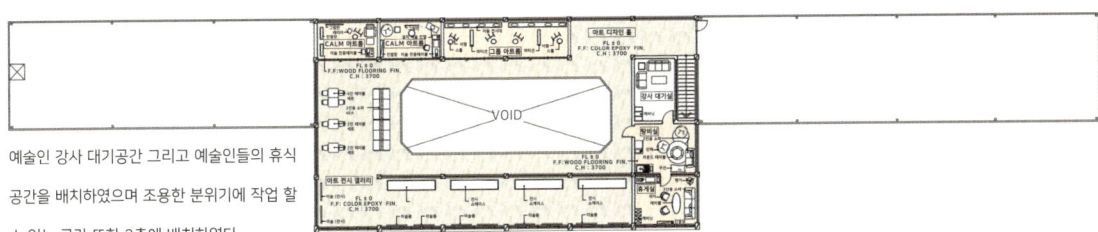

예술인 강사 대기공간 그리고 예술인들의 휴식 공간을 배치하였으며 조용한 분위기에 작업 할 수 있는 공간 또한 2층에 배치하였다.

아트 그리미온 라운지

예술을 공유하는 아트 그리미온 라운지
힐링마루, 그리미 아트룸, 디자인 쉐어 홀

자신의 아이디어를 기록이나 간단한 그림등으로 공유 할 수 있는 디자인 쉐어홀과

청년 예술인들이 서로 생각을 교류하며 휴식을 취할 수 있는 커뮤니티 라운지

그리고 개인 예술을 하는 조용하고 편안한 분위기의 공간과

창조적 교감을 나눌 수 있는 오픈된 공간을 계획하였다.

예술을 향유하는 채유미온
아트 강의실, 파인 아트 북 카페

예술관련 서적, 작품집등을 자유롭게 보며, 대여 할 수 있는 북카페와

좀 더 심화적인 예술에 대한 교육을 받을 수 있는 예술 배움터를

자유로운 분위기와 계획하였다.

Community Space for Local Creators
로컬크리에이터를 위한 창업 커뮤니티 공간

서자은
SEOJAEUN

seozaeun@naver.com

Awards
2020 한국실내디자인학회 입선
2020 한국공간디자인대전 장려상

2021 실내건축기사 자격증 취득
2021 부산권 대학연합 캡스톤디자인 프로젝트
B.SORI 경진대회 우수상

코로나19 이후 사회적 거리두기와 함께 일상 속 메가트렌드로 자리잡은 비대면(언택트)으로 인해 드라이브 스루, 차박 등 '안전한 이동'에 중점을 둔 트렌드가 새롭게 자리 잡아가는 시기라 할 수 있다. 또한 기존 여행이 멀리 이동해 낯선 장소에서 비일상을 경험하는 것이었다면 코로나19 이후에는 근거리에서 사람과의 접촉을 최소화하며 안전하게 즐길 수 있는 방식으로 본질 역시 재정의 되고 있다. 코로나19 이후 가장 많은 변화가 있었던 부분은 바로 여행이라 할 수 있다. 생존이 달린 범지구적 위기에서 이동과 낯선 것이 금지 대상이 되면서 '근거리', '안전', '로컬'에 대한 가치가 조명되면서 멀리 이동해 낯선 장소에서 사람을 탐색하고 비일상을 경험하는 여행에서 근거리 내 익숙한 장소에서 안전하게 즐길 수 있는 여행으로 바뀌었다. 특히 국외 이동이 단절 되다시피 하면서 국내 지역기반 관광, 로컬에 대한 가치가 재발견되고 있다.

BACKGROUND

여행은 해외 대신 국내로

지역 경제 활성화 정책

동네에 대한 관심 증가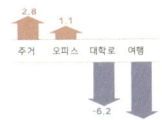

코로나19가 초래한 위기로 인해 낯선 곳으로의 이동이 금지되면서, 안전·근거리·로컬에 대한 가치가 재조명

코로나 19로 줄어드는 관광으로 지역경제의 매출/소득의 감소율과 피해 업종

낯선 곳으로의 이동이 금지되면서, 안전·근거리·로컬에 대한 관심이 높아지는 추세

코로나 19의 여파로 줄어드는 관광객과 지역경제의 매출/소득의 감소율과 피해업종 중 가장 피해가 큰 관광업

해외 여행등 여행이 멀리 이동해 낯선 장소에서 사람을 탐색하고 비일상을 경험하는 것에서 근거리 내 익숙한 장소에서 안전하게 즐길 수 있는 것으로 변화

슬세권 (슬리퍼와 세권(勢圈)의 합성어로 슬리퍼와 같은 편한 복장으로 각종 여가·문화시설을 이용할 수 있는 주거 권역을 이르는 신조어) 에 대한 관심 증가

로컬크리에이터 필요성

'로컬크리에이터'란 지역에서 활동하는 창의적 소상공인이다. 골목 상권 등 지역 시장에서 지역 자원인 문화, 커뮤니티를 연결해 새로운 가치를 창출하는 창의적 소상공인

관광산업은 코로나 19로 인해 관광산업을 돌아보고 새로운 도약점을 찍기 위한 로컬 관광콘텐츠를 제시하고 논의를 위한 소고를 연재한다.

지역 홍보 영상 제작  **지역 굿즈 제작** **관광콘텐츠 제작**

로컬은 작고 연결이 안 되는 문제가 있으므로 경제와 사회를 연결하는 통합적 접근, 민간과 공공의 협력, 그리고 시장과 커뮤니티를 연결하는 접근이 필요하다

SITE

 주거 지역
 교통 시설

 주변 유사 건물

영상산업센터

위치 : 부산광역시 해운대구 센텀서로39
규모 : 지하 1층, 지상 12층
대상 면적 : 1,144.38㎡ (346.76평)
대상 구역 : 10F
현재용도 : 오피스 대관 시설

영상 기업사무실과 사사실, 컨퍼런스 등 다목적시설, 구내식당, 체력단련실, 어린이집 등의 편의시설을 완비하였으며, 센터 내 10F 대관 시설을 지역을 알리는 청년 로컬 크리에이터들을 위한 창업 커뮤니티 공간으로 리모델링 계획한다

TARGET

MAIN TARGER _ 크리에이터 청년

부산 로컬크리에이터 RTBT얼라이언스, 26억원 규모 시리즈 A투자
지역경제 첨병 '로컬크리에이터'키운다...280개팀 88억원 지원

 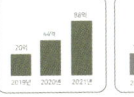 

골목 상권 등 지역 시장에서 지역 자원, 문화, 커뮤니티를 연결해 새로운 가치를 창출하는 창의적 소상공인 '로컬크리에이터'

성장하던 관광산업이 힘든 시기를 보내고 있는데 아예 창의적인 콘텐츠로 지역 경제를 살리기 위한 로컬 크리에이터

NEEDS
타겟을 위한 공간

 개방성
+
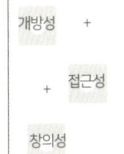 접근성
+
창의성
+
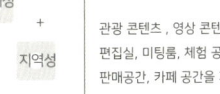 지역성

SUB TARGER _ 관광객 & 주민

국내 여행지 언급 순위 2위 부산, 여행 명소 언급량 1위 해운대

코로나로 인해 낯선 곳으로의 이동이 금지되면서 근거리 익숙한 장소에서 안전하게 즐길 수있는 국내여행을 계획하는 관광객

관광 콘텐츠, 영상 콘텐츠, 창작공간, 편집실, 미팅룸, 체험 공간, 전시&판매공간, 카페 공간을 계획

뉴노멀 시대에 직접 가치 못하거나 멀리가지 못하는 사람들을 위해, 코로나 19로 낮아진 지역 경제에 도움이 되기 위한,

SPACEPROGRAM

위드 시너지
코워킹스페이스, 디지털 라이브러리, 카페&판매공간

지역의 아이디어를 크리에이터와 지역주민이 공유하는 공간
크리에이터들 개인과 개인이 서로 통합되어 가는 공간

아이디어 퍼즐
편집실, 1인,그룹 스튜디오, 1인 오피스

지역을 살리기 위한 크리에이터 영상 콘텐츠 창작공간
영상 제작 및 편집실

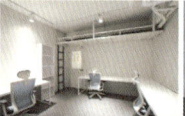 

크리에이터 허브
프라이빗 오피스, 제품연구실,회의실,디지털 강의실

크리에이터의 개인 프라이빗 공간
강의나 창업 관련 세미나 등 활용하는 가변성 전용 강의실

스타트업 아카이브
창업컨설팅공간, OA실, 관리정보실

크리에이터 창업 공간을 관리하는 공간
창업에 대한 정보와 컨설팅의 공간
복사나 인쇄, 스캔과 업무보조의 공간

CONCEPT

Creator's common ties

공동체로 지속적인 상호작용

콘텐츠 제작과 굿즈 제작에 있어 창의적인 아이디어 창출은 큰 역할을 하는 다양한 경험과 크리에이터들과 소통, 그고 창작을 자유롭게 할 수 있는 공간과 커뮤니케이션은 아이디어 창출에 도움을 준다. 지역과 지역, 온라인과 오프라인, 사람과 사람을 연결하기 위해 필요한 공간 뿐만 아니라 지역과 크리에이터청년의 창업을 위한 소통의 장으로 연결되도록 공간을 계획한다.

Overl apability of Space   소통 네트워크 + 공간의 중첩을 이용한 시각적   소통

공간의 기능과 공간의 분위기, 사람과 사람간의 교류와 소통을 지향하고, 아이디어 교환이 원활하고 협업이 원활하도록 유도하는 공간

Idea fle xibility   공간의 투명성 부여 + 가변적인 벽 이동

가벽이나 유리등에 투명성과 가변적인 벽을 이용하여 사용자들이 자연스럽게 소통을 하거나 창작에 몰입할 수 있도록 유도하는 공간

Openness of view   수평 수직의 분리 + 시야의 개방

공간을 나누고 공간에 필요한 용도로 활용하기 위해 기둥과 슬라브를 자유롭게 나눠 배치함으로 높이를 다르게 만들어 직원이 자신에게 맞는 사무 공간을 선택할 수 있는 공간

Play of space   다양한 공간의 레벨 + 매개공간의 활 성화

공간의 바닥이나 가구 등의 레벨 차를 이용하여 흥미와 상상력 등을 자극하고 불규칙한 끊어짐과 개구부의 개방으로 자유로운 동선과 호기심을 유발

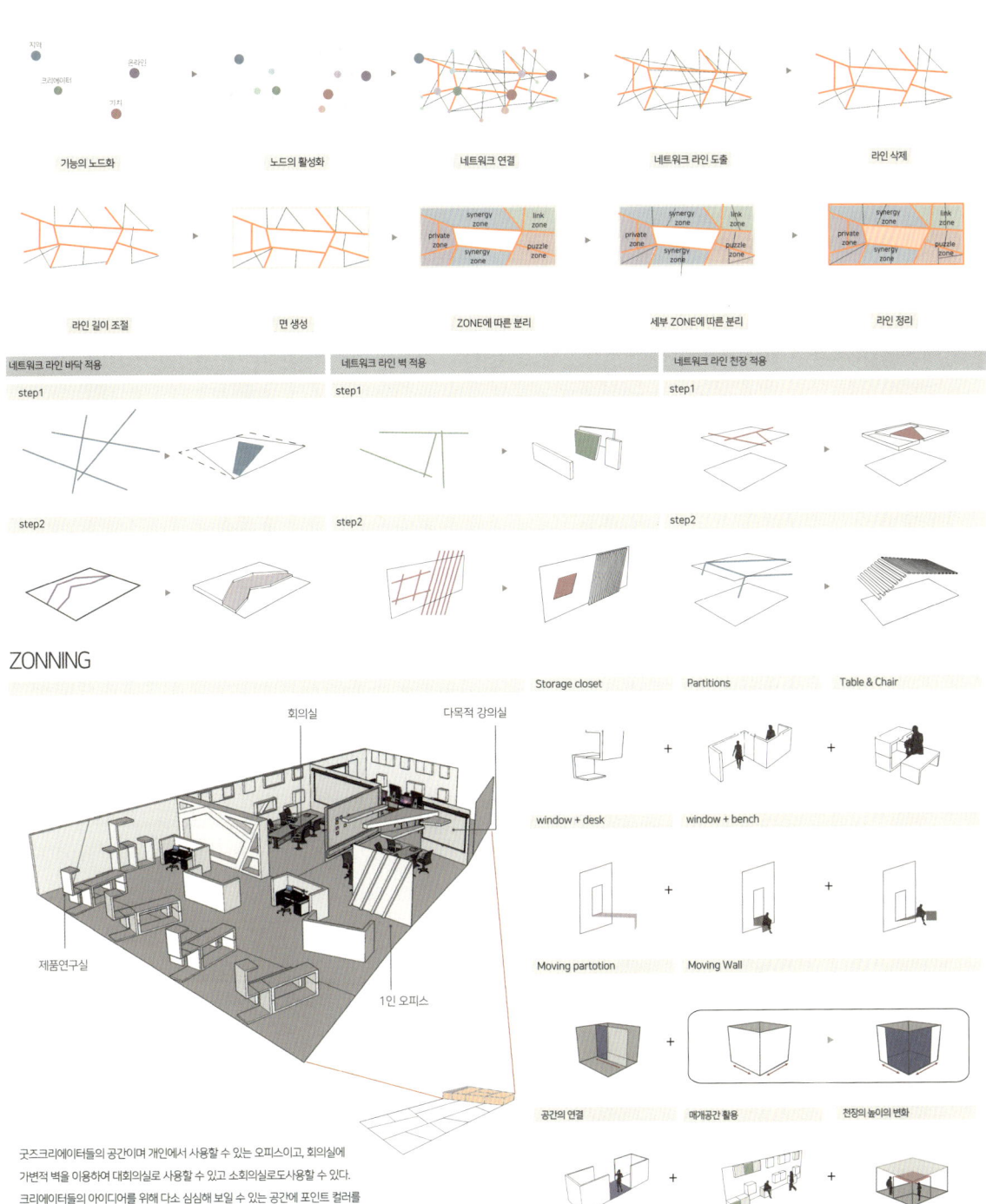

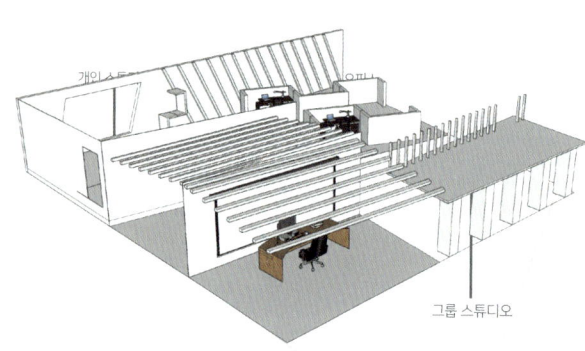

개인 스튜디오
그룹 스튜디오
편집실

아이디어를 창출하고 영상 콘텐츠를 촬영하여 편집까지 하는 공간이므로 아이디어를 창출하기 위해 가변형 가구와 파티션에 투명도를 조절하여 개인의 취향에 따라 사용할 수 있도록 하였다. 촬영하는 공간이므로 다양한 분위기를 연출하기 위해 다채로운 컬러를 사용하였고 가변적인 요소를 이용하여 한 공간이지만 다양하게 연출한다.

코워킹스페이스

디지털 라이브러리   카페 & 전시판매공간

크리에이터들 소통의 장으로 아이디어를 자유롭게 나눌 수 있도록 개방적인 공간을 연출하였고 자연스러운 분위기를 연출하기 위해 베이지톤을 사용하였고 집기에 포인트 컬러를 이용하고의자의 높이나 공간의 레벨을 두어 공간의 경계를 주며 시야에 개방성을 연출한다.

공간의 바닥 레벨	네트워크 라인 벽 적용	공간 구분
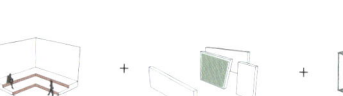		
window + desk	window + bench	

Storage closet	Partitions	Table & Chair

파티션 높이 변화	공간의 투명도 조절	
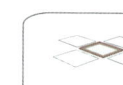		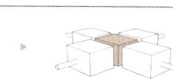

매개공간의 활용

공간의 연결

벽면의 활용	시선적 개방	의자의 높이

공간의 연결	천장을 이용한 공간

공간의 바닥 레벨	수직 수평으로 공간 분할

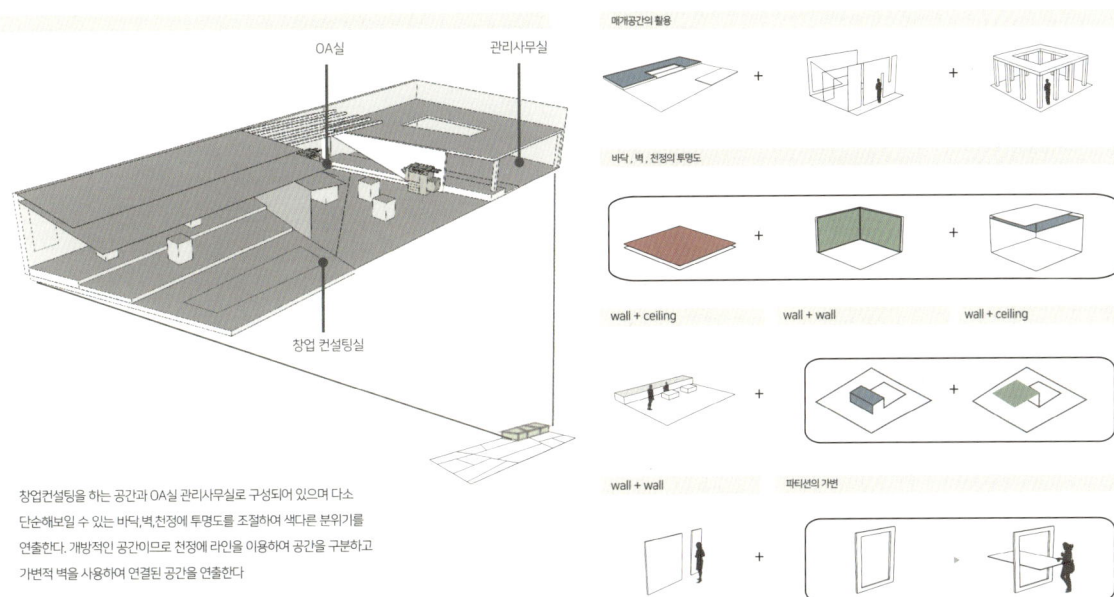

창업컨설팅을 하는 공간과 OA실 관리사무실로 구성되어 있으며 다소
단순해보일 수 있는 바닥,벽,천정에 투명도를 조절하여 색다른 분위기를
연출한다. 개방적인 공간이므로 천정에 라인을 이용하여 공간을 구분하고
가변적 벽을 사용하여 연결된 공간을 연출한다

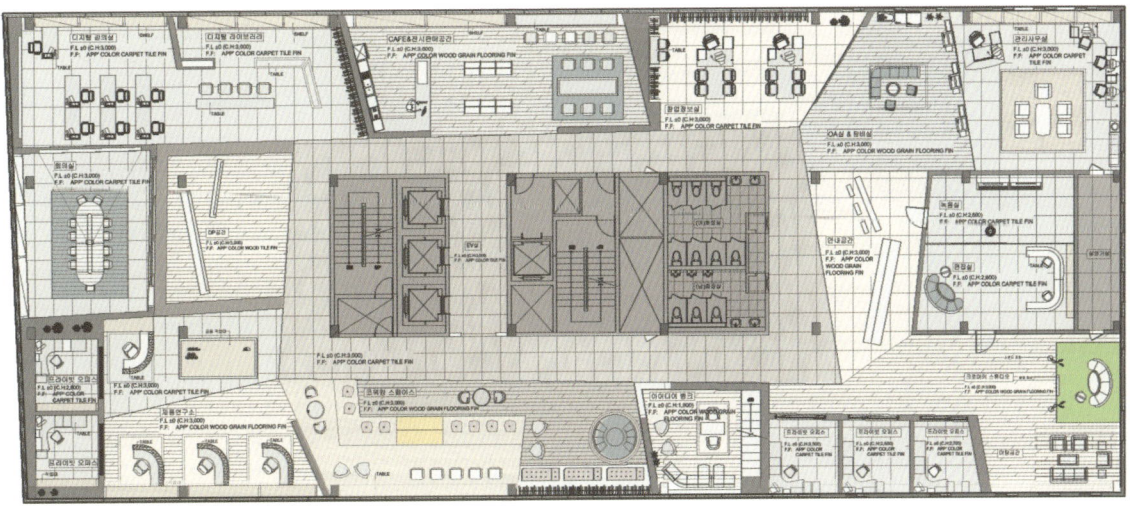

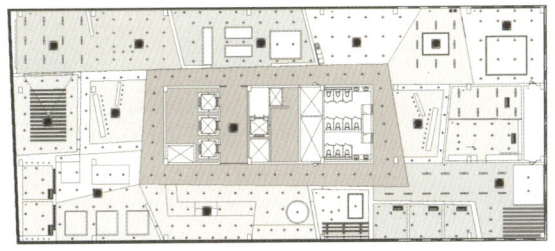

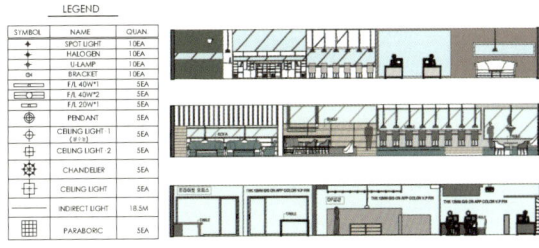

아이디어를 나누는 위드 시너지

코워킹 스페이스

크리에이터들 소통의 장으로 아이디어를 자유롭게 나눌 수 있도록 개방적인 공간을 연출하였고 자연스러운 분위기를 연출하기 위해 베이지톤을 사용하였고 집기에 포인트 컬러를 이용하고 의자의 높이나 공간의 레벨을 두어 공간의 경계를 주며 시야에 개방성을 연출한다

아이디어를 펼치는 크리에이터 허브

프라이빗 오피스, 제품연구실, 회의실

굿즈 크리에이터들의 공간이며 개인에서 사용할 수 있는 오피스이고, 회의실에 가변적 벽을 이용하여 대회의실과 소회의실로도 사용할 수 있다. 크리에이터들의 아이디어를 위해 다소 심심해 보일 수 있는 공간에 포인트 컬러의 가구를 사용하여 오피스에 활기찬 분위기를 연출한다

Book Playground For Parents and Toddlers.
집콕 부모와 유아동를 위한 어린이 책 놀이터

허화영
HEO HWA YOUNG

shabang4860@naver.com

Awards

2019 국제사이버디자인트렌드 대전 입선
2019 SPACE DESIGN CREATOR AWARD 우수상

2020 AHCT CULTURE CONTENTS 특별상
2020 한국공간디자인대전 특선

2021 실내건축기사 자격증 취득

코로나19로 인하여 아이들의 일상은 확연히 달라졌다. 몇년 전만해도 놀이터 혹은 유치원에서 하하호호 웃으며 뛰어놀던 아이들의 모습은 찾아 볼 수 없게 되었다. 친구들과 뛰어놀며 모래를 묻히고 다니던 아이들은 이제 집에서 스마트 폰과 장난감을 만지며 일상을 보내게 되었다. 급속히 변화해가는 뉴노멀 시대에서 아이들은 점점 사회성을 잃어가고 또한 그들을 돌보고, 함께하고, 교육하는 가족, 돌봄종사자, 교사들의 어려움도 크다. 하지만 안타깝게도 코로나19 펜데믹은 쉽사리 끝나지 않을 것이다. 따라서 기존과는 다른 새로운 일상, 제도, 문화를 필요로 한다.

BACKGROUND

PROBLEM #코로나 이후, 독서 열풍, #유아동 스마트폰 과의존

코로나 이후 도서 거래액이 늘었다. 거래액이 가장 많은 상위 10개 품목 중에 서도 한국·영어·역사 교재와 그림책 등 유·아동 학습 관련 도서는 총 9개였다. 또 집에 머무르는 시간이 늘어난 만큼 분량이 많은 시리즈를 연속해서 볼 수 있는 만화책 거래액도 47% 늘었다. 하지만 비용 부담이 크다는 단점이 있어 도 서관을 찾는 부모들도 있다.

연도별 유아동, 청소년 스마트폰 과의존위험군 현황(%)

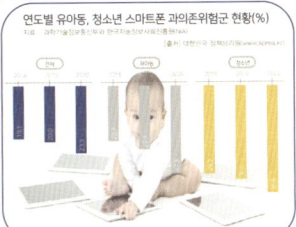

PROBLEM #독박육아, 돌봄 공백, 부족한 시설

맞벌이 직장인 10명 중 7명 이상
코로나19 여파로, "육아공백 경험했다." 76.5%
특히, 유아(4~7세) 자녀를 둔 맞벌이 직장인이 90.4%로 가장 높게 나타나

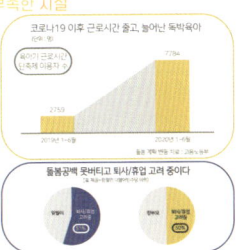
코로나19 이후 근로시간 줄고, 늘어난 독박육아
돌봄공백 못버티고 퇴사/휴업 고려 중이다

코로나19 확산으로 인해 유아동의 외부 출입이 적어지고 그로 인해 스마트폰 과의존 상태가 증가했다. 스마트폰과의존 상태에 이르면 미디어 사용을 통제하기 어려워지는데, 이때 유아동은 집중력과 기억력에 부정적인 영향을 받고 시간 활용도 실패하게 된다. 아동들이 코로나19 때문에 밖에 나가지 못해 비타민D가 부족하다고 한다. 유아기는 정서적 습관을 형성하는 시기다. 이 기간에 학습하는 문제해결과 대처능력, 대인관계, 감정조절 등은 개인의 정신건강을 결정하는 매우 핵심적인 요소들이다. 아이들은 가족 외에도 각종 커뮤니티에서 끊임없는 관계의 상호작용을 통해 자아 확립, 소속감 형성과 사회성을 기르고 즐거움도 느낀다. 이렇게 장기간 사람들과 분리된 생활은 홀로 떨어져 있다는 불안감을 만들고 이것은 스트레스로 작용해 대인관계 습관에도 영향을 미친다.
코로나19 감염위기가 고조되고 사회적 거리두기가 실시됨에 따라, 어린 자녀를 양육하는 가구는 자녀 돌봄을 위해 그 간의 양육방식과는 다른 돌봄을 선택하였으며, 이 과정에서 가정 내 돌봄의 부담이 크게 증가하고 일-가정 양립의 어려움을 경험하였다. 코로나 이전에는 아이들이 어린이집이나 학교를 가 있는 동안은 스트레스를 줄일 수 있는 시간이 주어지기도 했던 반면에 요즘과 같이 하루종일 아이들과 가까이 있다보면, 육아스트레스를 더욱 심하게, 자주 느끼게 될 수 있다. 이 때문에 코로나19보다 공동육아나눔터를 찾아오는 아이와 부모가 많다. 사회가 수용하지 못한 돌봄공백/독박육아 속에서 공동육아나눔터는 틈새 돌봄, 아이들의 자연스런 또래관계 형성 기회까지 제공한다.

SITE

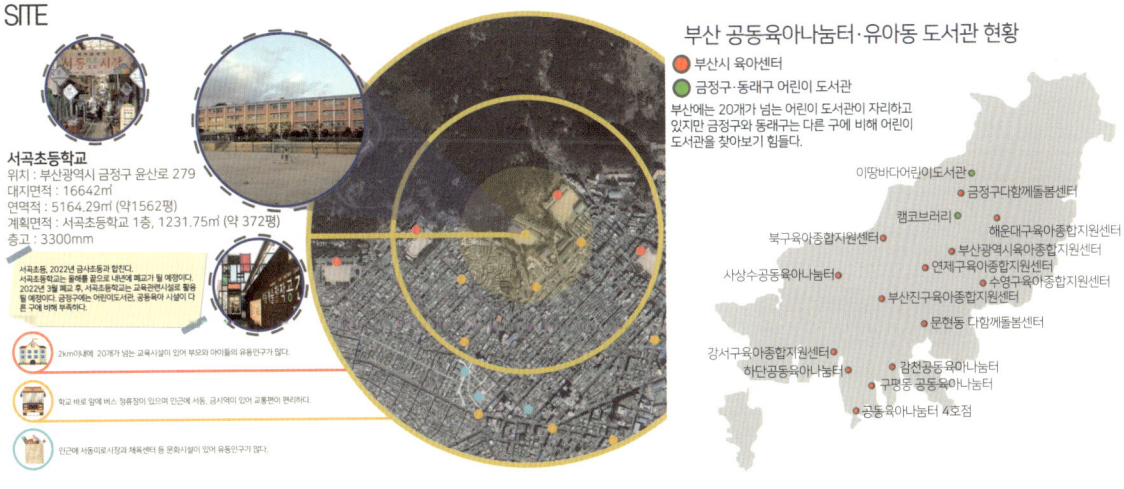

서곡초등학교
위치 : 부산광역시 금정구 윤산로 279
대지면적 : 16642㎡
연면적 : 5164.29㎡ (약1562평)
계획면적 : 서곡초등학교 1층, 1231.75㎡ (약 372평)
층 : 3300mm

서곡초등, 2022년 금사초와 합친다.
서곡초등학교는 올해를 끝으로 내년에 폐교가 될 예정이다.
2022년 3월 예정, 또, 서곡초등학교는 교육관련시설로 활용될 예정이다. 금정구에는 어린이도서관, 공동육아 시설이 다른 구에 비해 부족하다.

2km이내에 20개가 넘는 교육시설이 있어 부모와 아이들의 유동인구가 많다.
학교 바로 앞에 버스 정류장이 있어 인근에 서점, 금사역이 있어 교통편이 편리하다.
인근에 서동이시장의 체육센터 등 문화시설이 있어 유동인구가 많다.

부산 공동육아나눔터·유아동 도서관 현황
● 부산시 육아센터
● 금정구·동래구 어린이 도서관

부산에는 20개가 넘는 어린이 도서관이 자리하고 있지만 금정구와 동래구는 다른 구에 비해 어린이 도서관을 찾아보기 힘들다.

이땅바다어린이도서관
금정구다함께돌봄센터
캠코브러리
북구육아종합지원센터
해운대구육아종합지원센터
사상수공동육아나눔터
부산광역시육아종합지원센터
연제구육아종합지원센터
수영구육아종합지원센터
부산진구육아종합지원센터
문현동 다함께돌봄센터
강서구육아종합지원센터
감천공동육아나눔터
하단공동육아나눔터
구평동 공동육아나눔터
공동육아나눔터 4호점

TARGET

NEEDS
- 집에 없는 혹은 평소에 갖고 싶었던 장난감과 책이 구비되어있는 도서관
- 디지털 미디어로 교육을 받을 수 있는 공간
- 실내에서 자연적인 요소들로 공감각적 활동을 하고 또래아이들과 소통할 수 있는 공간

SOLUTION
- 실내에 친환경적 재료들을 사용한 아이놀이 공간과 유아동 자료실 등을 만들어 자녀들을 안전하고 건강하게 놀 수 있는 공간을 만들어 재방문율을 높인다.

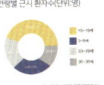

MAIN TARGET
코로나로 인해 사회성 발달이 부족한 유아동

SUB TARGET
독박육아로 인해 스트레스를 받는 부모

"스트레스 지수가 높아요"
"이것 때문에 스트레스에요"

NEEDS
- 초보부모들을 위한 열린 커뮤니티 공간
- 자녀를 수시로 확인할 수 있는 오픈된 공간
- 자녀와 함께 다양한 체험을 할 수 있는 공간

SOLUTION
- 부모가 안보이면 불안해 하는 아이들을 위해 부모가 자녀를 수시로 확인할 수 있고 다른아이들의 부모와 소통할 수 있는 북카페같은 공간을 기획하여 신뢰감을 준다.

SPACE PROGRAM

관리, 놀이의 공간

코로나19로 인해 집콕이 일상이 되어버린 유아동과 부모들을 위한 부모와 자녀가 함께하는 다양한 프로그램 및 문화 생활을 관리하여 자녀의 자아 확립, 소속감 형성과 사회성을 발전시키는 공간

#도담육아나눔터
#너도나도토이촌
#오감촉촉키움터

소통, 공유의 공간

부모들 모두가 참여할 수 있고 의견을 공유할 수 있는 공간 서로에 대한 신뢰도와 공감을 높여주며 편의를 위한 공간

#인포메이션, 사무실
#회의실
#두런두런 힐링터

교육, 교류의 공간

유아동의 교육과 자연스러운 또래 관계 형성을 키우는 공간으로 지루한 도서관을 벗어나 재미있는 요소를 더해 또래들과 더욱 쉽게 관계를 형성할 수 있는 공간

#다독다독 책 놀이터
#디지털 드림터
#두잇두잇 체험터

01
도담도담 돌봄터
for baby

02
도란도란 나눔터
for parents

03
다독다독 키움터
for children

CONCEPT

AMUSING IMAGINATION +

: 무한한 상상더하기 + 공간에 이야기를 더하다 + 어린이들의 상상에 희망을 더하다.

새로운 형태의 어린이 교육공간으로 독서를 통해 상상력을 키우고 상상 속에 존재하던 아이디어를 어린이도서관 무한상상실을 통해 현실세계로 이끌어내는 창작공간을 의미한다. 이에 어린이에게 접근성이 좋은 어린이 도서관을 중심으로 좋은 책을 쉽게 접하고 다양한 프로그램을 즐길 수 있는 진정한 배움 공간을 얘기한다.

SENSORY PLAYFULNESS

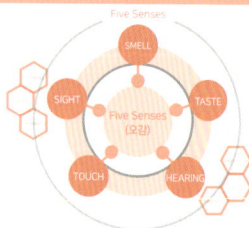

감각의 유희성

감각적 유희성은 사용자가 공간에서 느낄 수 있는 감각적 관계를 의미한다. 감각적 관계는 사용자가 주변 환경에 대해 인지하고 기록하는 시각,청각,촉각,후각,미각을 포함한 오감과 관계를 의미한다. 또한 감각적 유희성은 세부요소를 적용한 공간은 사용자에게 이용과 체험의 기회를 제공한다. 체험과 기회를 제공받은 사용자는 공간에서 쾌적적 가치과 유희적 감각을 느낄 수 있어 사용자가 공간을 재방문하는 의도에 영향을 끼친다.

Smell Taste Sight Touch Hearing

USE OF SYNESTHESIA

색, 형태, 재질 등 공간에서 사용자가 인지할 수 있는 모든 시각적 요소가 해당된다.
사용자의 공간 인지와 공간 이동, 공간 사용에 중점을 두어 사용자의 행동관찰을 통한 공간 내 이용 특성을 파악하여 계획한다.

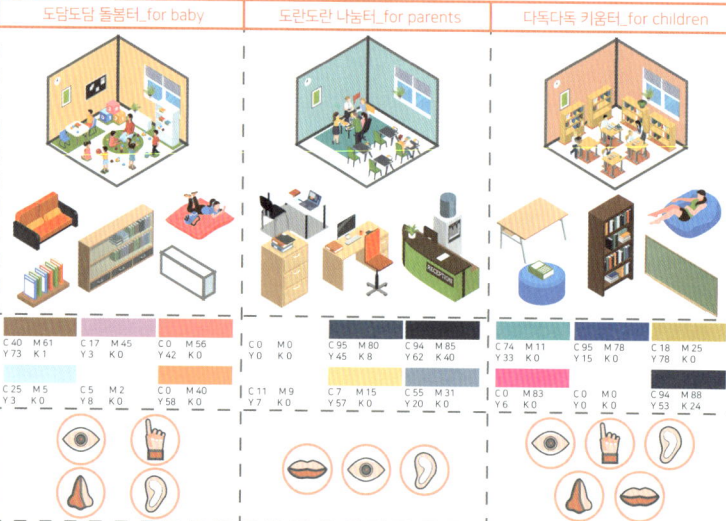

도담도담 돌봄터_for baby | 도란도란 나눔터_for parents | 다독다독 키움터_for children

EXPERIENCE AND PERCEPTION

USER - USER
미래를 위한 다양성, 가변성, 연결성의 공간을 마련하여 사용자들의 활동을 적극적으로 지원한다. 정보 공유는 단순히 정보만을 중심으로 이루어지는 것이 아니라 정보를 활용하는 사람들 사이의 관계에서 보다 효율적으로 이루어 질 수 있다.

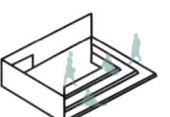
행사형 프로그램

강좌형 프로그램

관람형 프로그램

체험형 프로그램

USER - SPACE
사용자의 공간 인지와 공간 이동, 공간 사용에 중점을 두어 사용자의 행동관찰을 통한 공간 내 이용 특성을 파악하여 계획한다.

    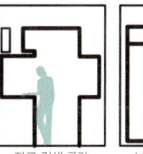 

독서를 위한 공간 / 자유로운 소통 공간 / 진로 상담 공간 / 안내를 위한 공간 / 자료 검색 공간 / 보관을 위한 공간

공간의 경험과 인식

사용자에게 스토리텔링 요소를 통한 공간의 경험과 체험을 가능하게 한다. 공간은 물리적으로나 심리적으로 널리 퍼져 있는 범위를 의미한다. 또한 어떤 물질이나 물체가 존재할 수 있거나 어떤 일이 일어날 수 있는 자리이다. 사용자는 공간을 시간성에 담고 있는 공간으로 객관적 인식과 개인적 경험을 바탕으로 인지한다. 공간의 스토리텔링은 숨겨진 가치를 시각화하여 다차원적인 경험을 제공하고 공간과 사용자의 상호관계를 통한 관계적 가치를 의미한다.

SPACE - SPACE
자유로운 정보 접근과 공간의 탈 경계성으로 공간을 누린다.

  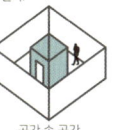 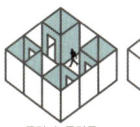 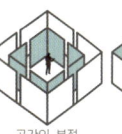 

공간의 동선 끌어들이기 / 공간의 단차이 / 공간 속 공간 / 공간 속 공간들 / 공간의 분절 / 공간의 투명성

DIVERSIFICATION OF SPACE
공간의 다변화

공간의 연결, 중첩, 가변성을 부여하게 되는 건축물의 사이공간이다. 동적인 공간 또는 이질적인 기능을 갖는 공간과 공간을 연결함에 의미가 있고, 인간이 이동하면서 얻을 수 있는 경험적이나 시선적인 폭을 넓혀 준다는데 있어서도 중요한 공간적 특성을 지니고 있다. 가변적인 경계를 주어 공간의 확장감과 공간을 다양하게 변형시켜 변형 공간속에서 자유로운 사고를 할 수 있도록 유도한다. 유리벽 등을 사용한 공간은 물리적으로 시각적 개방감과 투명성을 제공하여 자연조망 및 상호 소통과 교류를 촉진하고, 가변성 있는 공간을 제공한다.

CONNECTIVITY & OVERLAPABILITY OF SPACE

각기 다른 수요 존재 / 기존의 소극적인 공유 방식 / 다양한 수요를 충족시키기 위한 공유공간의 재분화 / 다양한 조합 방식을 위한 공간의 파편화

수요에 의한 그룹 형성 / 그룹간의 연결 / 각기 다른 공유공간들 간의 수평적, 수직적 이동 및 인접 공유 / 그룹간의 중첩

SPACE VARIABILITY
공간에 가변적인 경계를 두어 공간을 다양하게 변형시킨다.

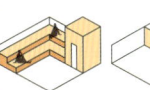 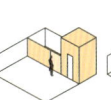 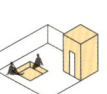 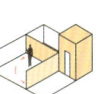 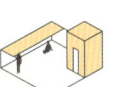

바닥 높낮이를 통한 시각적 교류 / 벽의 이동을 통한 공간의 가변 / 바닥 높낮이를 통한 시각적 교류 / 벽의 회전을 통한 공간 분할 / 천장 기능의 가변

CONNECTIVITY OF SPACE
공간과 공간을 연결하면서 넓은 시야를 확보하고 자연스럽게 동선을 유도한다.

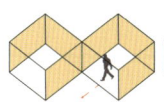 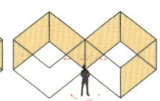

공간의 연결을 통한 적극적인 활동 유도 / 공간 연결을 통한 개방성 확보

OPENNESS OF SPACE
공간에 가변성을 두어 공간의 확장감을 느낄 수 있도록 한다.

 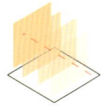

공간의 수직확장 / 공간의 투명성 / 사용자의 투명성 / 가구를 통한 수평확장 / 공간의 확장

OVERLAPABILITY OF SPACE
2개이상의 공간으로 구성되며, 하나의 공통부분 형성, 맞물린 공간은 두개의 공간과 기능 모두 수행 또는 한 공간에서 수행하는 성격을 가진다. 연속적이고 입체적인 중첩공간을 만들고, 중첩에 의한 공유공간을 만들어 사람들의 접촉을 이끌어낸다.

 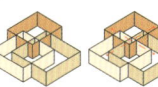  

각기 다른 공간 / 공간 중첩시키기 / 축의 연결 / 불필요한 벽 제거 / 공간 속 공간 형성

LIBERAL THINKING
공간의 가변성을 통해 사용자들이 자유로운 사고를 할 수 있도록 유도한다.

  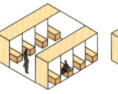 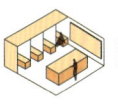 

공동 공간 / 공동 공간 / 개인 공간 / 공동 공간 + 개인 공간 / 세미나형 공간

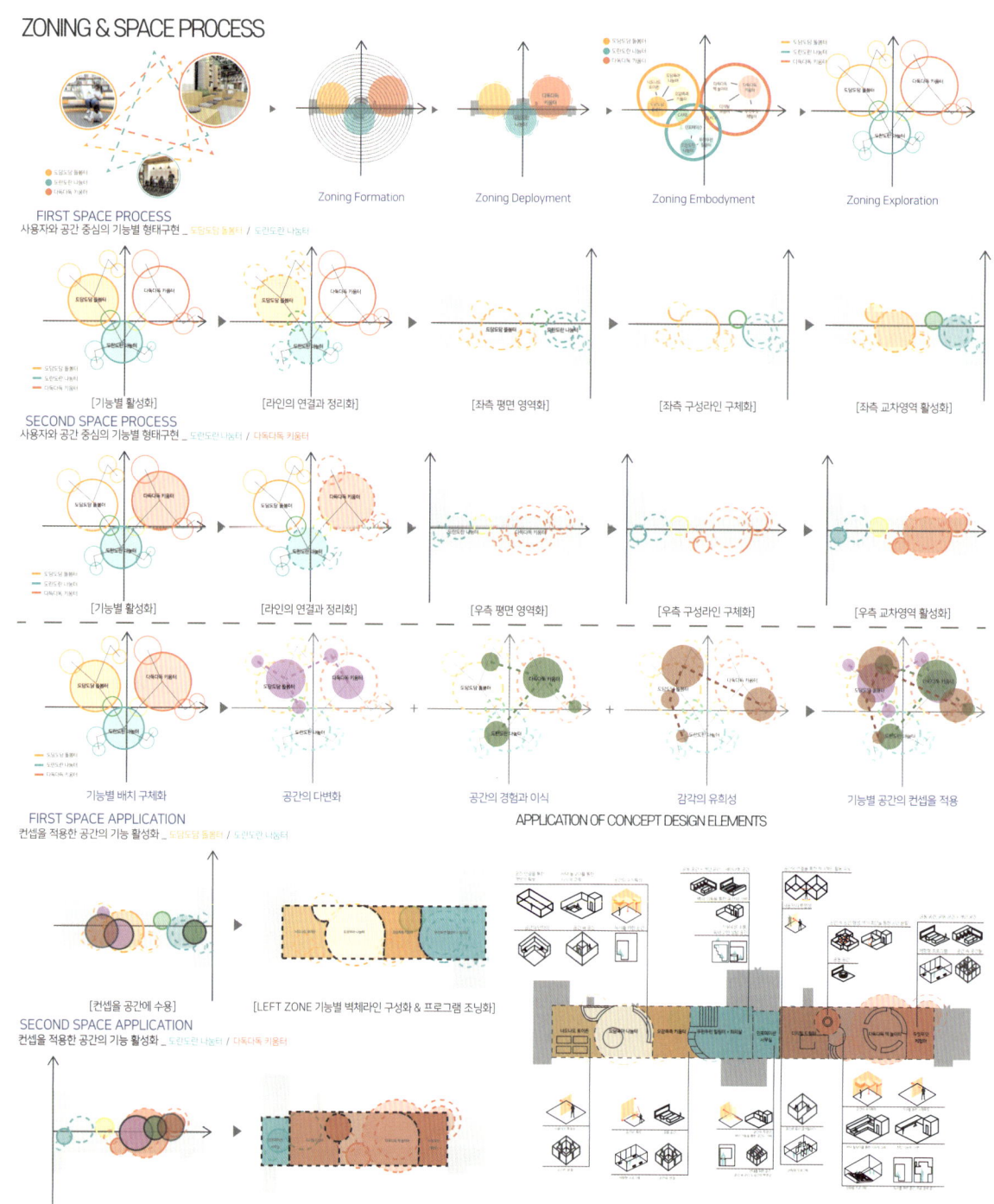

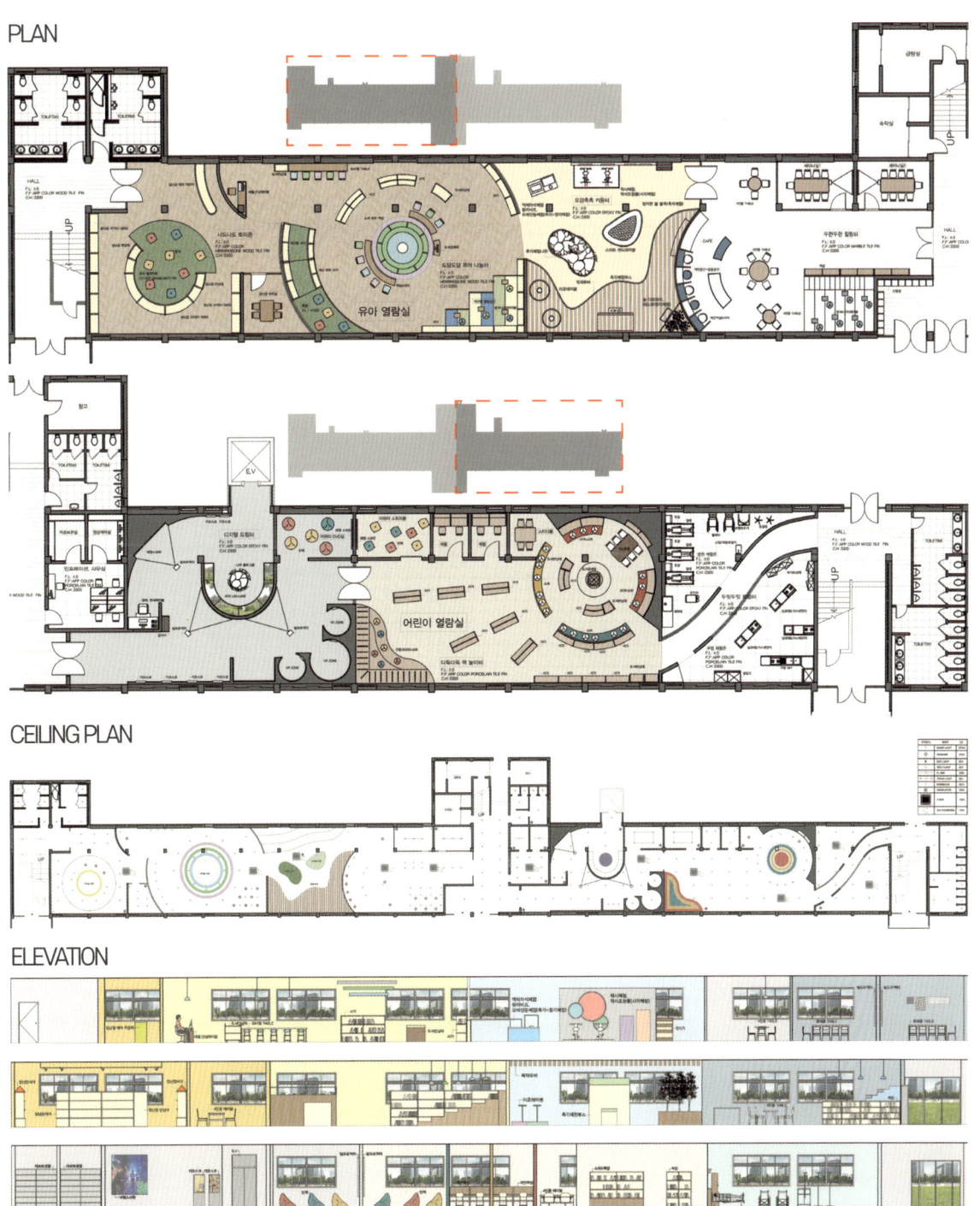

도담도담 돌봄터
도담도담 육아 나눔터, 너도나도 토이존

유아동이 자연스러운 또래관계를 형성하는 공간이다. 맞벌이하는 부모 대신 아이를 케어해주며 끊임없는 상호 작용을 통해 자아 확립, 소속감 형성과 사회성을 기르고 즐거움을 느낄 수 있는 공간이다.

도란도란 나눔터
두런두런 힐링터, 키즈케어 세미나실

예비부모 그리고 독박 육아로 인해 스트레스를 받고 있는 부모 누구나 참여하여 고민을 나누며 이야기를 들어주고 육아 정보를 공유하는 공간이다. 북카페 같은 공간을 만들어 육아 관련 책을 볼 수 있게 한다.

다독다독 키움터
다독다독 책 놀이터

어린이들을 위한 창의적인 열람 공간이다. 조용한 도서관에 흥미로운 요소를 더해 아이들이 지루하지 않게끔 공간을 형성한다. 구름사다리를 설치하여 아이들이 놀 수 있게 하였고, 대형 칠판을 벽에 설치하여 아이들이 책을 읽고 떠오르는 아이디어를 그릴 수 있게 하였다. 수시로 변화하는 어린이들의 사고와 심리와 지혜를 담은 책들 사이에서 유연하고 균형있게 정립되어 갈 수 있도록 감성적 색채를 중심으로 적용하였다.

3
In-between Connection

중간적인 연결

702 STUDIO **(최준혁 교수님)**

703 STUDIO **(이승헌 교수님)**

김유림 Kim Yu Rim

Physital Book Platform
피지털 북 플랫폼

송도겸 Song Do Gyeum

New Normal : Life Style을 위한 Customeyes The Balcony
발코니의 새롭고 색다른 맞춤형 주거공간

황정욱 Hwang Jeong Wook

XR Media Center for Youth
청년층을 위한 XR미디어센터

최윤록 Choi Youn Loack

A cafe in line with the new normal era
뉴노멀 시대에 발 맞춘 새로운 카페

김성진 Kim Sung Jin

Little Garden In School
운동이 부족한 아이들을 위한 실내 놀이공간

김민석 Kim Min Seok

Farm Tacoon
스마트팜

김민주 Kim Min Joo

Online DCT Brand Market
온라인에 기반을 둔 스타트업 브랜드를 오프라인에서

이유미 Lee You Mi

Xtra-role of Housing, 'Camele-home'
카멜레온 같은 집의 다채로운 변신

성민경 Seong Min Gyeong

Complex Center For Future Education
긱워커의 미래를 위한 교육복합공간

안재영 An Jae Young

"One More Step" Digital Learning Center
정보취약계층을 위한 한걸음 더 배움터

Physital Book Platform
피지털 북 플랫폼

김유림
KIM YU RIM

fnddk46@naver.com

Awards

2020 컴퓨터그래픽스운용기능사 취득
2020 GTQ 1급 자격증 취득
2020 한국실내디자인학회 입선
2020 한국공간디자인대전 장려상

온라인과 오프라인의 공간 융합

새로운 시대 속 언택트 문화의 확산에 따라 사람들의 소비생활이 바뀌면서 오프라인 매장은 온라인으로 운영되거나 새로운 전략으로 단순하게 소비를 위해 존재하는 공간이 아닌 경험을 위한 공간으로 탈바꿈하고 있다. 경험을 위한 공간이라는 인식 변화에서 사람과 사람 사이에 새로운 연결이 되는 디자인공간이 필요로 하고 있는 상황이다.

이때까지 공존하지 못 한다고 완벽히 분리하여 생각했던 온·오프라인 공간을 메타버스를 통하여 이 시대의 뉴노멀을 만든다.
메타버스로 오프라인에 존재하는 공간과 온라인 공간을 연결하고 사람과 사람 사이를 연결하는 초연결 가상현실 경험을 할 수 있는 공간, 이 곳이 앞으로의 온·오프라인 공간의 새로운 기준이 될 것이다.

BACKGROUND

코로나19의 사회적 거리두기로 많은 오프라인 공간이 문을 닫고 있다.
이러한 상황에서도 앞으로의 오프라인 공간이 필요한 이유는 무엇일까.

오프라인 공간은 공간이 주는 특유의 분위기에서 주는 목적에 더 집중할 수 있는
온라인에서 할 수 없고 직접 느낄 수 없는 것들을 제공하는 곳이 오프라인 공간이다.

자연 Nature · 경험 Experience · 활동 Activity

오프라인 매장 변화 사례

웹소설 등장과 플랫폼 활성화
연재 기반의 창작과 향유 트랜
스미디어 콘텐츠로 플랫폼
캐나다의 '왓패드'

구독 독서 플랫폼 서비스
독서 플랫폼 서비스의 성장으로
밀리의서재, 리디셀렉트,
북클럽, sam, yes24 등

소셜 리딩 플랫폼 등장
아마존북스 서비스 개시
옴니채널 활성화,
네트워크 기반 커뮤니티

전국 순수 서점 수 추이
2007: 2103 / 2011: 1825 / 2015: 1625 / 2019: 1536

독립서점 현황
총 독립서점 수: 277 / 폐점: 17 / 휴점: 3

코로나19 이전 오프라인 매장으로 살아남으려는 여러 기업의 매장 변화에도 많은 서점이 문을 닫고 있었다. 이러한 시점에 코로나19가 나타남으로 더욱 많은 오프라인 매장이 타격을 입게 되었는데 앞으로의 포스트 코로나 시대 뿐만이 아니라 오프라인 공간의 의미를 새로 줄 수 있는 새로운 기준의 오프라인 공간이 반드시 필요하다.

SITE

- **부산광역시 남구 수영로 324 교보문고**
- **용도** | 상업시설
- **주거시설**: 주변에 오피스텔, 원룸 등이 위치해 집단 및 개인의 다양한 연령대의 소비자층이 주거한다.
- **교육시설**: 여러 대학교와 중고등학교의 교육시설로 소비층을 10대와 20대로 선정할 수 있다.
- **교통시설**: 경성·부경대 지하철역, 대연역 광안대교가 가깝게 위치하여 접근도가 높다.

책과 함께하는 문화공간으로 주변 3개의 대학교와 2개의 중·고등학교가 있어 주변 오피스텔, 원룸 등이 많이 위치하여 있기 때문에 집단 및 개인의 다양한 연령대 소비자층의 접근이 용이하다. 교통시설도 지하철역과 광안대교가 가깝게 있어 편리하게 되어있다.

어울리지 못할 것 같았던 온라인과 오프라인, e북과 종이책이 융합된 이곳은 팬데믹 시대와 그 이후에 살아가는 세대들에게 새로운 놀이문화 체험공간으로 자리매김할 것이다.

TARGET

MAIN TARGET
MZ 세대
모바일, 경험, 소통으로 통하는

MZ세대에서는 최신 트렌드에 익숙하여 소유보다는 공유하는 소비문화로 남과 다른 이색적인 소비 경험을 추구하는 특징이 있다.
콘텐츠를 소비하고 직접적인 참여를 통하여 함께 놀이를 즐기는 것에 만족감을 느끼는 MZ세대가 이 공간에 모여들 것이다.

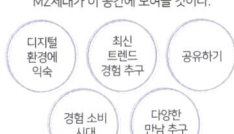
디지털 환경에 익숙 / 최신 트렌드 경험 추구 / 공유하기 / 경험 소비 시대 / 다양한 만남 추구

CORE TARGET
인플루언서블 세대
사회의 새로운 영향력

자신이 주변과 사회에 영향력을 주는 것을 알고 행동하는 세대이다.
자신의 영향력이 개인간의 친목을 넘어 사회로까지 퍼져나감을 경험한 세대인 동시에 MZ세대이기 때문에 새롭고 다양한 경험이 가능한 이 공간에 모여들 것이다.

사회의 영향력 / 최신 트렌드에 민감 / 소통하기 / 경험 소비 시대 / 다양한 만남 추구

코로나19 이후 전자책 수요 변화

| 밀리의 서재 | 3월 이용자수 1월 대비 28% 증가 | YES 24 | 5월 전자책 판매량 전년동기대비 41% 증가 |
| 리디북스 | 3월, 4월 이용률 전년동기대비 10% 증가 | 교보문고 | 3월 판매량 전년대비 2월 판매량 증가 |

전자책 독서율 추이
2020: 16.5 / 2018: 14.1 / 2016: 10.2

선호하는 책 유형
전자책 30.0 / 종이책 70.0

코로나19 이후에 전자책의 수요 변화는 각 플랫폼마다 모두 증가하고 독서율도 높아져왔다. 하지만 선호하는 책 유형으로는 전자책보다 종이책을 선호한다는 비율이 더 높았다. 이 결과로 보았을 때 한 공간에서 e북과 종이책을 함께 경험하고 새로운 문화 공간을 제공한다면 사람들에게 이때까지 없었던 새로운 공간이 될 것이다.

SUB TARGET
기존 서점 이용자
새로운 트렌드 경험

오프라인 매장이 사라지면서 기존의 서점 이용자들은 기존의 오프라인 매장보다 새로운 오프라인 공간이 생기기를 원한다.
기존의 서점과 다른 새로운 공간에서 최신 트렌드를 경험하기 원하는 사람들과 문화를 즐길 수 있는 공간인 문화공간을 원한다.

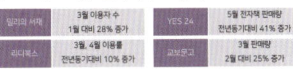
"등산 때마다 쇼핑 뒤에 잠시 서점에 들러 일과 육아로 지친 심신을 달랬다"

"백색 소음을 즐기며 신간을 찾아 읽는 재미가 쏠쏠해 이곳을 만남의 장소로 자주 찾았다"

SPACE PROGRAM

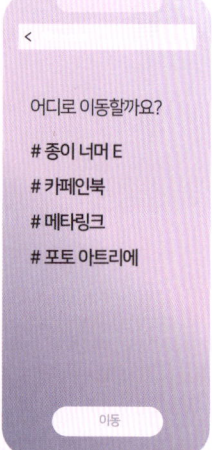

어디로 이동할까요?

\# 종이 너머 E
\# 카페인북
\# 메타링크
\# 포토 아트리에

이동

종이 너머 E

종이책과 E북 체험
도서 판매와 종이책과 e북의 미리보기 기능 체험

스마트 셀러
매장에서 자신의 취향에 맞는 도서추천과 베스트셀러 소개

디지털 룸
종이책, e북 체험이 가능한 책에 몰입할 수 있는 디지털룸

카페인북

카페쉼터
간단하게 커피와 음료를 즐길 수 있는 서점카페

e 카페
카페 내에서 태블릿의 e북을 사용해 음료와 함께 즐기는 독서

메타링크

메타스타트
자신이 원하는 공간의 메타버스 월드를 생성할 수 있도록 체험

메타광장
메타버스 속에서 서로 친구를 맺고 모임을 만들어 초대해 만남

메타스팟
매장방문 고객에게 오프라인 매장 내 특별한 메타버스 월드 제공

포토 아트리에

포토 아트리에
일반 포토 스튜디오 갤러리로 책과 함께 찍는 포토존 공간

인용 아트리에
디지털 패널로 원하는 책 구절과 함께 찍는 인용 포토존 공간

기프트 스토어
서점 내 굿 디자인을 컬렉션한 리빙&기프트 전문 스토어

종이책 공간의 휴식공간 & 디지털룸 | 서점에서 즐기는 독서 | 메타버스 월드 체험 | 갤러리 일반 포토존

도서 진열 디스플레이 | 서점 내 카페공간 | 메타스팟을 통한 메타버스 속 만남 | 인용 포토존 & 기프트 스토어

CONCEPT

멀티플랫포밍

미디어 이용은 다른 미디어와 맺는 관계 속에서 복합적으로 전개, 이용자는 대개 복수의 미디어로 구성되는 개인별 미디어 매트릭스(media matrix)를 가지고 있다.

미디어 매트릭스를 구성하는 미디어들을 동시에, 또는 시차를 두고 넘나 들며 이용하는 멀티플랫포밍(multiplatforming) 행위를 하게 된다.

이론화

 시간의 흐름에 따라 다양하고 복잡하게 전개되고 여러 미디어를 개별 또는 동시에 이용할 수 있다.

KEYWORD

크러쉬 · 미디어 이용에 따라 동시 또는 시차를 두고 넘나드는 시간개념을 사용할 수 있다.

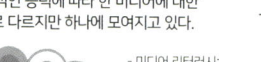

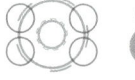

접근성 가정  문화적, 개인적인 능력에 따라 한 미디어에 대한 접근도가 서로 다르지만 하나로 모여지고 있다.

- 미디어 리터러시:
개인별로 불평등하게 분포
개인에 따라 특정미디어에
정통하여 있는 것

리터러시 · 개인의 취향과 능력에 따라 모두 다르게 분포, 개인에 따라 여러 미디어의 접근도가 달라진다.

이론화   KEYWORD

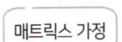**관계의 가정**   하나의 미디어는 하나로 고립된 것이 아니라 다른 미디어의 관계 속에 함께 할 수 있는 과정이 존재한다.   정리 →   **페어링**   하나의 미디어가 다른 미디어의 관계 속에 함께할 수 있도록 페어링이 동작하고 있다.

    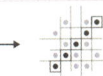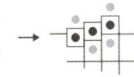

매트릭스 가정   미디어 접근성 정도에 따라 이용자 별 다른 미디어 매트릭스가 구성되어 있으며 다양한 미디어로 구성된다.   정리 →   **매트릭스**   행렬, 망 개인 별 미디어의 접근도에 따라서 각자만의 개인 매트릭스가 구성되어 있다.

크로스

 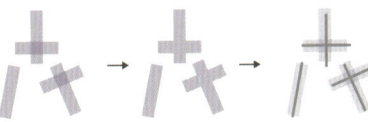  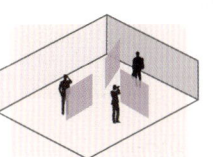

시간성 가정 속 다양하고 자유롭게 전개되는 시간의 흐름에 따라 미디어 이용에 동시 또는 시차를 두고 자유롭게 넘나드는 시간개념을 사용할 수 있게 된다. 서로 교차된 상태에서 시차에 따라 여러 미디어를 체험할 수 있다.

페어링

  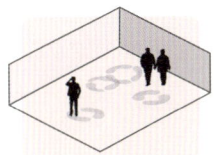 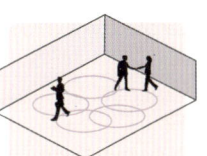

관계의 가정 속 하나의 미디어는 하나의 미디어가 다른 미디어의 관계 속에 함께 할 수 있도록 페어링이 동작하고 있는 과정, 서로 다른 미디어에 따라 페어링 모양이 다양하게 펼쳐진다.

매트릭스

 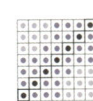 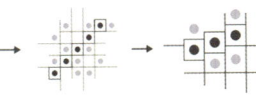 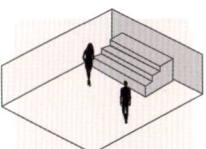 

행렬, 망으로 매트릭스 가정 속 미디어 접근도에 따라 각기 다른 미디어 매트릭스가 구성되어 있는 것에 따라서 개인별 미디어의 접근도가 달라지기 때문에 각자만의 개인 공간이 구성된다.

리터러시

   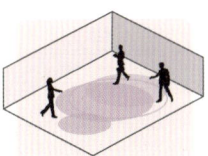

접근성 가정 속 개인의 취향과 능력에 따라 한 미디어 대한 접근도가 모두 다르고 모여 있다는 것에 따라 개인 개인 모두 다르게 분포해 있는 미디어가 한 곳으로 모여지고 있다.

DESIGN PROGRAM

페어링 + 리터러시

각자 독립적으로 동작하고 다른 미디어들을 가지고 있는 페어링이 있을 때 개인적인 목적에 따라 이러한 미디어에 대한 접근도가 다르지만 모여지고 있음을 뜻하는 리터러시가 결합된다. 사람들의 목적에 따라 다른 공간 구성과 온·오프라인 공간이 섞여있어 동선을 자유롭게 해주고 적극적인 활동을 가능하게 한다.

1. 개별적으로 동작하고 있는 페어링

2. 개별된 페어링 안에서 생성되어 있는 흐름

3. 흐름에 따라 여러 미디어가 섞이며 모여지는 구성

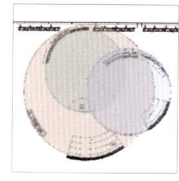

페어링 + 매트릭스

다양하게 동작 중인 페어링이 활용성에 따라 구분되기 위해 미디어 이용자 별로 다른 매트릭스가 구성되어 복수나 소수로 구성 된 매트릭스와 결합된다. 각자 동작 중인 페어링이 이용자 별로 복수 또는 소수의 메타공간으로 구분 되고 직접 생성 한다는 것으로 오프라인 현실에서 가상 메디버스를 노비찰 수 있도록 경험시킨다.

1. 다양하게 동작 중인 페어링
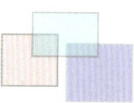

2. 활용되는 페어링에 따라 분리

3. 매트릭스 모양을 바탕으로 분리에 따른 다른 공간구성
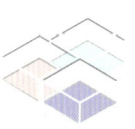

크로스 + 리터러시

자유롭게 펼쳐진 크로스의 형태가 개인의 취향과 능력에 따라 한 곳에 모여질 수 있도록 리터러시와 결합된다. 공간 벽면에 따라 자유롭게 사용자의 취향에 맞춰 크로스로 만들어 원하는 공간을 만든다. 자신이 만든 공간이라는 것이 메타버스와 비슷한 의미지만 오프라인에서 직접 보고 체험한다는 것이 특별한 공간으로 느껴질 것이다.

1. 자유롭게 펼쳐진 다양한 크로스의 형태

2. 한 곳으로 모여지는 크로스의 형태와 선 모양 정리

3. 모여지면서 생긴 중심과 중심을 통해 넘나드는 구성
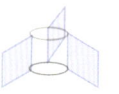

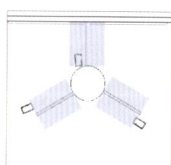

매트릭스 + 리터러시

개인별 미디어 이용자 매트릭스를 문화적·개인적 능력에 따라 취향에 맞춰 접근하는 리터러시와 결합한다. 행과 열이 있는 매트릭스 요소를 간단한 반복과 루프, 정렬된 단순성, 복잡성이 있는 파라메트릭 디자인을 사용해 표현한다. 그리고 리터러시를 사용하여 디자인에 변화를 주어 파라메트릭만의 운용된 디자인을 만든다.

1. 미디어 이용자 별로 다른 매트릭스 요소

2. 파라메트릭 요소를 사용하여 행과 열이 있는 매트릭스를 표현

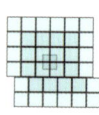
3. 리터러시를 사용하여 반복적인 정렬을 구성

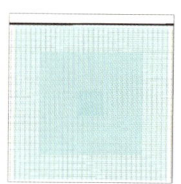

PLAN

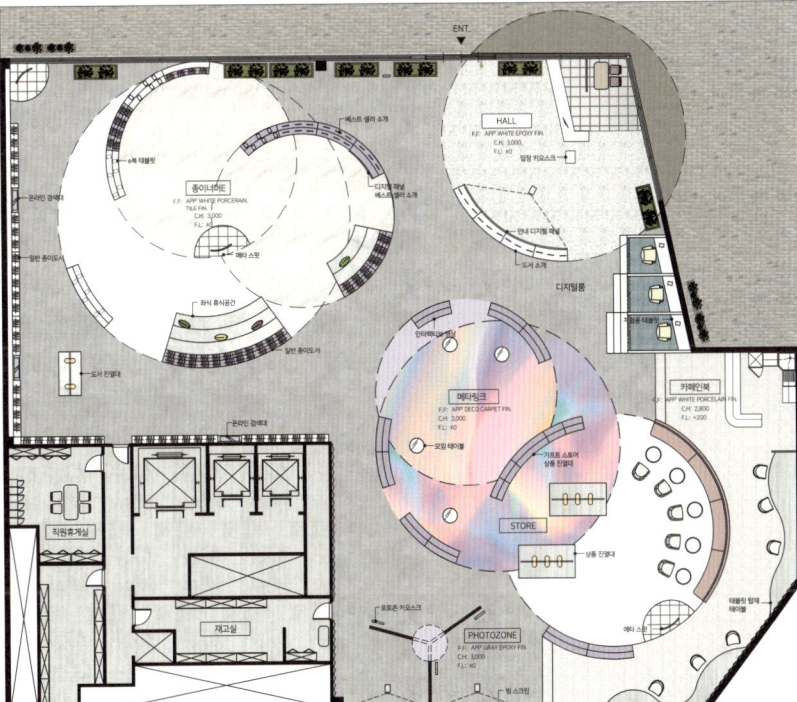

COLOR & MATERAIL

#C4BAD9　#F6DBE9　#CBA4A7
#F2F2F2　#D0D8EB　#B8DDDF

BLUE CARPET　WHITE WOOD
GRAY WOOD　GRAY EPOXY
WHITE PORCELAIN　LINEN

종이 너머 E
종이책·e북 체험·스마트셀러·디지털룸

메타링크
메타 스타트·메타광장·메타스팟

카페인 북
카페쉼터·e카페·기프트 스토어

포토 아트리에
포토 아트리에·인용 아트리에

파라메트릭 디자인

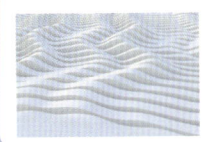

파라메트릭 디자인은 추상적인 디자인을 체계적이고 논리적으로 만드는 것이라고도 한다. 특정 패턴을 컴퓨터로 자동으로 생성하고 **연속적인 기하학 패턴**을 만들어내는 것으로 구조적이고도 입체적인 패턴의 디지털 디자인 프로세스를 만들어낼 수 있다.

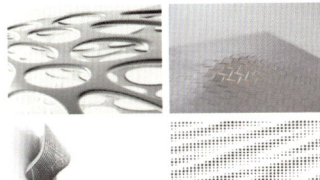

디지털 방식을 사용해 만든 파라메트릭 디자인 패턴

컴퓨터의 디지털 방식으로 결합된 디자인

1. 수정 수용
디자인 반복을 매우 빠르게 만들며 디자인에 대한 수정 및 업데이트를 원활하게 통합할 수 있다.

2. 정렬된 단순성에서 오는 복잡성
프랙탈 패턴처럼 간단한 반복과 루프 지오메트리 같은 변형을 이용해 복잡한 형태를 만들수 있다.

3. 원활한 통합
여러 소프트웨어 통합을 수용하고 모든 데이터가 연결되며 데이터끼리의 상호운용이 가능하다.

CEILING

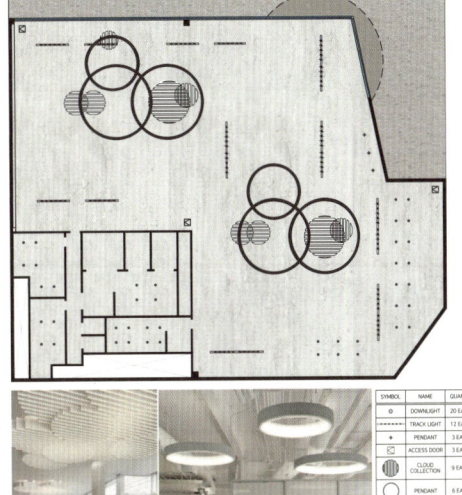

SYMBOL	NAME	QUAN
○	DOWNLIGHT	20 EA
	TRACK LIGHT	12 EA
+	PENDANT	3 EA
	ACCESS DOOR	3 EA
	CLOUD COLLECTION	9 EA
○	PENDANT	6 EA

온 오프라인 융합 공간
종이책과 e북

1) 온 오프라인을 같이 즐길 수 있는 공간으로, 종이책과 e북을 함께 소개하고 있다.

태블릿pc와 키오스크의 스마트 셀러를 통해 도서추천과 베스트 셀러 소개를 받을 수 있고

체험 테이블을 통해 e북 미리보기를 체험하거나 구매가 가능하도록 계획한다.

2) 공간의 소개와 안내를 도와주는 홀 공간으로 디지털 패널이 있어 안내를 받을 수 있다.

디지털룸에서는 e북에 대해 체험하고 싶은 사람들을 위한 공간으로 룸에

내장된 태블릿으로 e북 체험이 가능하고 독서공간이 마련되어 있다.

온라인 도서를 오프라인 공간에서 체험가능한 새로운 문화 공간으로 계획한다.

New Normal : LIFE STYLE을 위한 Customeyes The Balcony

발코니의 새롭고 색다른 맞춤형 주거공간

송도겸
SONG DO GYEUM

thdehrua@naver.com

Awards
2016 실내건축학과 1학년 총대 역임
2017 의무경찰 1087기 입대
2019 SPACE DESIGN CREATOR AWARD 공모전 장려상
2019 양산남부고등학교 학교공간 혁신사업 재능기부활동
2020 한국실내디자인학회 입선
2020 AHCT CULTURE CONTENTS 아이디어 공모전 특별상
2020 실내건축학과 홍보단 단장역임
2021 레몬하우스 현장실습
2021 디자인 마인드 플러스 프리랜서 활동
2021 건축디자인대학 집행국장 역임

포스트 코로나 시대의 공간, 뉴노멀은 과거속의 잠식된 세상에서 벗어나 어떻게든 새롭게 다시 만들자는 의미의 라이프스타일을 추구하게되면서 공간의 혁신적 변화 외부와 내부의 공존 or 미래적인 사회의 발전이 어울러져 나이와는 상관없이 코리안 디스턴스에 익숙했던 사람들이 세상 속 이치가 바뀌게 되었다고 생각한다. '홈코노미-레이어드홈' 이제 집은 단순히 주거공간을 넘어 휴식/문화/레저를 즐기는 공간으로 확대되면서 집안에서 다양한 경제활동이 이뤄지고 있다. 앞으로 집에서 가능한 모든 형태, 문화들이 성립되면서 공간의 독특한 변형이 이루어질 것이며, 다양한 기능이 추가가 될 것이다. 사람들은 모두가 다르다.
모든 행동, 생각, 느낌, 감정은 이제 변화되어 바뀌어야된다.
세상 속 트렌드를 따라 누구보다 한발 앞서
코리안 디스턴스에 맞게 살아가면 좋지 않을까 생각이든다!
누구보다 '잘 사느냐' 가 아닌 누구보다
트렌드에 맞게 나답게 '살 살아보자' 이나.

BACKGROUND

코로나발병 이후 코로나 확진자수 급증, 확산을 막기 위해 ▶ 이동 제한 등 사회적 거리두기 ▶ 원격 수업, 재택근무 등을 실시하였는데, 이전과 다른 혁신적인 변화가 되었다. 이로 인해 업무 효율성, 집중도 UP ▲ 출퇴근 스트레스 해소, 여가 시간 확보로 삶의 질 향상 등 긍정적 효과가 크게 나타났다. 여행이나 외부활동이 줄어든 대신 집이나 집 주변 가까운 곳 위주로 활동 범위가 달라지면서 집 근처 산책 가능한 공세권, 숲세권의 쾌적한 주거지를 찾거나 집안에서 활동가능한 발코니, 테라스, 마당 등이 있는 주거공간을 선호하는 경향이 많아졌다.

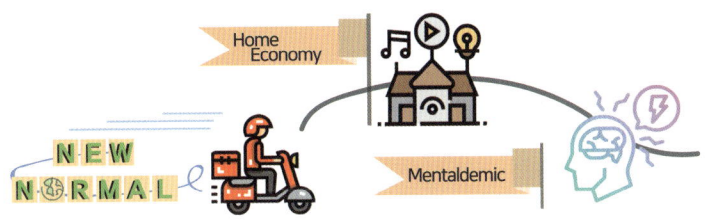

뉴 노멀의 시대가 접어들면서 홈코노미가 확산되고, 멘탈데믹을 느끼는 사람들이 늘어나는 추세이다. 이제는 일상이 되고 평범해 지며, 발코니의 강점과 실용성을 살려 일상속의 행복과 안정감, 평화를 찾을 수 있는 발코니 공간을 제안한다.

발코니와 거실의 구분되어 공간의 차별성을 두었으며, 주로 창고형식의 수납공간으로 사용됨.

발코니를 확장시켜 집안이 넓어보이며, 빛이 집안까지 들어오기 때문에 집을 더욱 환하게 만든다.

발코니와 거실을 구분 시키기도 하며, 때로는 공간에 따라 용도에 따라 분위기 있는 공간 활용 가능.

TARGET

1. 멘탈데믹(번아웃 증후군)을 앓고 있는 분들

포스트 코로나시대에 접어들며 멘탈데믹을 겪고있는 사람들이 점차 늘어나는 추세이다. 이로 인해 업무 효율성과 집중도, 출퇴근 스트레스 해소, 여가시간 확보로 삶의 질 향상 등 긍정적인 부분들이 해소되어야 하는 부분이다.

- 우울증 회복을 위한 공간 구성
- 과한 업무를 조금이나마 줄이며 피로를 풀게 해주는 아지트
- 멘탈데믹을 이겨내기 위한 공간의 방향 제시

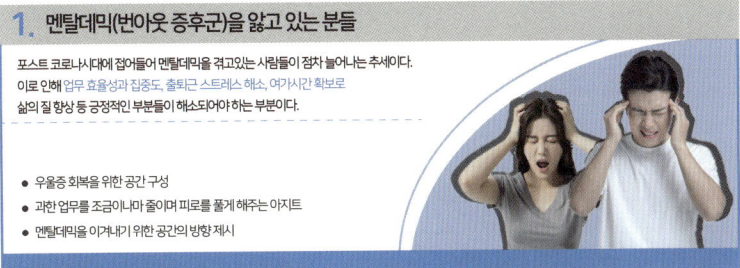

2. 라이프 스타일을 즐기고 싶은 분들

여행이나 외부활동이 줄어든 대신 집이나 집 주변 가까운 곳 위주로 활동 범위가 달라졌다. 집에서 활동가능한 발코니, 테라스, 마당 등이 있는 주거공간을 선호하는 경향이 많아져 일상속의 라이프 스타일이 가능한 공간이 필요한 시점이다.

- 발코니의 장점을 부각한 공간
- 나만의 발코니 라이프 스타일로 변형
- 발코니를 활용한 새로운 공간 구성

홈코노미 - 집이 단순히 주거공간을 넘어 휴식·문화·레저를 즐기는 공간으로 확대되면서, 집안에서 다양한 경제활동이 이뤄지는 것을 가리킨다.
멘탈데믹 - 코로나19로 사회·경제적 손실은 물론 정신건강에도 우울감이 확산되면서, 공동체 전체에 정서적 충격이 전염병처럼 번지는 상황을 이르는 말이다.

주거공간 선택 시 외,내부 구조 선호도

- 쾌적성, 공세권, 숲세권 31.6%
- 여유공간 (발코니,테라스) 22.8%
- 편의시설, 인접(주상복합) 13.1%
- 교통편리성, 도로 이용 편리 12.7%
- 안정성, 보안, 치안 안정 5.1%
- 직장 접근성, 인접성 4.9%
- 교육환경·학교·학원 주변 4.0%
- 기타 1.1%

2021년 주거공간에 필요한 내부 기능

- 취미, 휴식 및 운동 기능 47.9%
- 방역, 소독, 환기기능 15.4%
- 업무 기능 14.6%
- 유대감 형성기능 8.9%
- 요리 기능 6.0%
- 학습 기능 5.9%
- 기타 2.3%

집안에서의 여러 행동유형

Home Training (홈 트레이닝) | Rest Area (휴식 공간)

 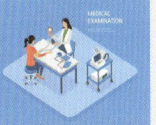

Work Space (업무 공간) | Hobby Space (취미 공간)

Landscape Space (조경 공간) | Checkup Space (검진 공간)

부산속의 산, 바다, 도심 주변선호

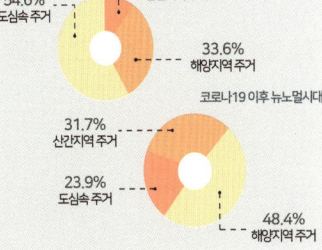

코로나19 이전
- 54.6% 도심속 주거
- 33.6% 해양지역 주거
- 11.8% 산간지역 주거

코로나19 이후 뉴노멀시대
- 48.4% 해양지역 주거
- 31.7% 산간지역 주거
- 23.9% 도심속 주거

SPACE PROGRAM

Mind Space 활기찬 회사생활

내 생활 내 업무
재택근무가 늘어나는 추세인 만큼 좁은 집안에 업무공간을 만들기란 쉽지 않다. 발코니의 쓰이지 않는 공간을 활용하여 업무의 효율성과 수납할 수 있는 공간을 겸비하여 생활속의 업무 환경을 만든다.

나만의 아지트
사람들이 많이 다니는 공방을 대신하여 야외와 가장 인접한 발코니공간을 이용해 취미 & 작업공간을 겸비하여 장비를 수납할 공간과 작업을 진행하는 공간을 분리하여 넓게 이용할 수 있도록 공간을 마련한다.

쓴이씀이
사용자들의 성격에 따라 자유롭고, 직업, 취향, 업무에 따른 공간의 변화와 공간의 형태들이 변화하여 이용가능하도록 한다.

2021년 기업 재택근무 시행 현황
- 88.4% 재택근무 시행 중
- 8.7% 미시행 (계획없음)
- 2.9% 곧 시행 예정 (계획예정)

재택근무에 필요한 환경

- 팀원들과 빠르게 소통할 수 있는 채널 38
- 모니터, 사무용 의자와 같은 업무 장비 24
- 독립된 업무 공간 24
- 가족들의 이해와 협조 7
- 적절한 휴식 5
- 기타 2

Nature Space 매혹적인 자연별곡

취향저격
사람의 취향에 맞도록 자연과 사람 & 자연과 자연의 만남을 이끌도록 도심속에서 보지못한 자연과 하나가 되는 공간을 구상하고 현실과 맞닿는 공간을 제공한다.

조망이 있자나
밖을 나가지 않는 현재 아파트에서는 조망과 채광이 좋다는 장점이 있다. 발코니에서는 작물 & 식물을 쉽게 재배 or 식물을 키우며 자연과 더불어 나갈 수 있다.

독서 삼매경
많은 사람이 오가는 도서관을 자주 이용하지 못하는 사람들을 위하여 채광이 잘들어오며, 분위기 있는 독서공간을 만들어 사람의 분위기, 감정을 들어낼 수 있도록 하는 공간이다.

주거를 고르는 기준
- 쾌적성, 공세권, 숲세권 31.6%
- 서비스, 여유공간(헬스, 녹내장스, 마당) 22.8%
- 편의시설, 편의시설 인대성상위화, 좋아파운드) 13.1%
- 교통편의성, 대중교통, 도로 이용 편의 12.7%
- 안정성, 보안, 치안 안정 5.1%
- 직장 접근성, 인접성 4.9%
- 교육환경, 학교, 학원 주변 4.0%
- 기타 1.1%

쾌적하지만, 벌레는 싫어

- 미세먼지
- 소음공해
- 벌레, 곤충

숲세권을 자랑할 수록 미세먼지, 소음공해는 감소하지만, 벌레, 곤충, 새들로 인한 불만이 많다.

- 휴식공간
- 생활공간
- 업무공간

- 소생공간
- 독서공간
- 조경공간

PLAN

SPACE PROGRAM 맞춤 선택

○ **Pleasure Space** 유쾌한 힐링 스폿
- 나에게 빠져버려
- 모두함께 Enjoy
- 추억에 젖어들어

● **Power Space** 행복한 놀이동산
- 키즈카페
- 재능을 찾아서
- 명랑난장

베이 발코니 공간

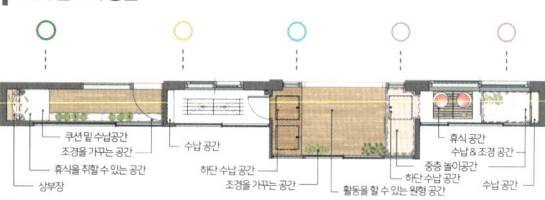
- 쿠션 및 수납공간
- 조경을 가꾸는 공간
- 휴식을 취할 수 있는 공간
- 상부장
- 수납 공간
- 하단 수납 공간
- 조경을 가꾸는 공간
- 휴식 공간
- 수납 & 조경 공간
- 중층 놀이공간
- 하단 수납 공간
- 활동을 할 수 있는 원형 공간
- 수납 공간

연속 발코니 공간 (가벽을 사이에 두는 형식)

- 미니냉장고
- 간이 주방 공간
- 물건 올릴 수 있는 선반
- 수납 & 보관함
- 바테이블
- 취미 & 간략한 업무공간
- 수납 & 보관함
- 수경식물
- 취미 & 편의를 위한 공간
- 하부 수납공간

연속 발코니 공간 (수납장을 사이에 두는 형식)

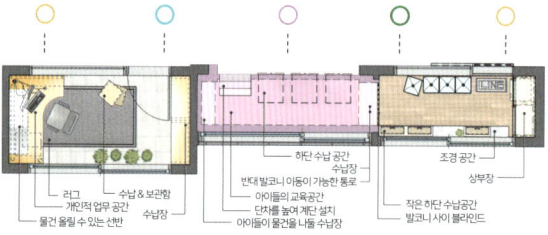
- 러그
- 개인업무 공간
- 물건 올릴 수 있는 선반
- 수납 & 보관함
- 수납 공간
- 하단 수납 공간
- 반대발코니 이동이 가능한 통로
- 아이들의 교육공간
- 단차를 놓여 계단 설치
- 아이들이 물건을 나둘 수납장
- 조경 공간
- 상부장
- 작은 하단 수납공간
- 발코니 사이 블라인드

SPACE PROGRAM

Pleasure Space 유쾌한 힐링 스폿

 너에게 빠져버려
야외활동이 줄어든 현재 나만의 SNS공간을 만들어 실내에서 쾌락을 즐길 수 있는 공간이다.

 모두함께 Enjoy
야외에서 즐기지 못한 캠핑, 또는 풀장, 운동 등 충분한 공간을 활용하여 공간에 따른 홈트레이닝과 휴식을 즐길 수 있다. 아이들과 놀기 송하으며 가족간의 웃음을 찾을 수 있다.

 추억에 젖어들어
코로나로 인하여 집 밖의 실내공간에서 즐기지 못한 사우나, 스파 또는 작은 바등 집안 발코니에서 작고 소소하게 즐길 수 있도록 추억속의 공간이다.

Power Space 행복한 놀이동산

 키즈카페
밖에서 뛰어다니며 놀아야하는 시기 코로나로 인한 밖은 위험하여 아이들이 호기심과 흥미를 유발하며, 위험하지 않도록 부모님들이 볼 수 있도록 개방시켰고, 소음으로 인한 다툼은 사라지게 하는 공간이다.

 재능을 찾아서
아이들의 호기심속의 발전을 위해 무엇이든 집중할 수 있도록 부담없는 공간을 만들었으며, 수납공간을 여러 방향 & 여러 공간에 배치하여 아이들이 오고가니며 매번 새로운 것들과 부딪히도록 한다.

 멍몽냥냥
좁은 집안 애완견들이 밖에 뛰어다니고 산책하지 못하여 애완견들만의 자유로운 공간을 형성하였으며, 주인과도 어울리며 지낼 수 있는 공간이다.

2021년 주거공간에서 더 필요한 내부 기능

2021년 행복한 힐링이란?
몸과 마음을 치유하여 멘탈데믹으로 인하여 스트레스 등 손상된 심신을 온전한 상태로 회복시키고 싶어한다.

연령별, 10세 미만 발코니 사고 현황

어린이 추락사고 사망 유형

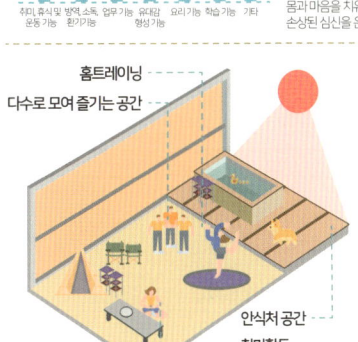

홈트레이닝
다수로 모여 즐기는 공간
안식처 공간
취미활동

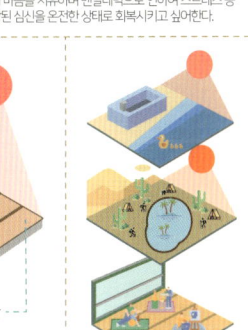

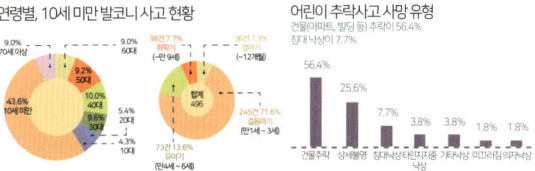

교육공간
반려동물만의 공간
아이들 놀이공간

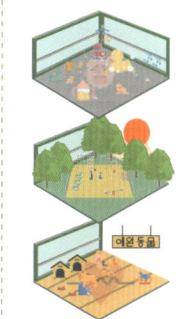

PLAN

SPACE PROGRAM 맞춤 선택

○ **Mind Space** 활기찬 회사생활
- 내 생활 내 업무
- 나만의 아지트
- 쓴이 씀이

○ **Nature Space** 매혹적인 자연뱉곡
- 취향저격
- 조망이 있자나
- 독서 삼매경

엇갈림 발코니 공간

코너 발코니 공간

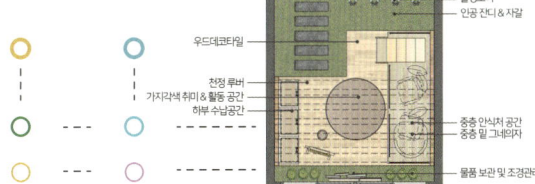

독립 발코니 공간

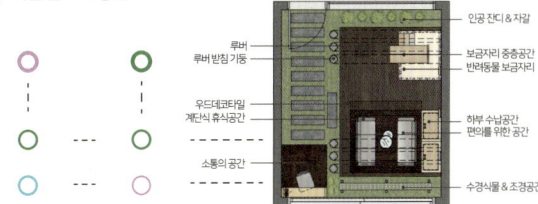

In-between Connection

SPACE PROGRAM

물건(Object)과 사람(Human) 사이의 특정한 관계에 제시되는 것이 가능한 사용(Uses), 동작(actions), 기능(functions)의 연계 가능성을 의미한다. 파라메트릭 디자인과 같은 의미인데, 사용자가 디자인 된 물건을 직관적으로 보기만 해도 어떻게 사용 할 지 대략 짐작해 자유로운 사고체계를 유도하여 규격화된 공간 내부 테마에서 여러가지 경험을 제공 할 수 있도록 한다.

▎이용자와 공간에 대한 행위유형

▎공간의 변화

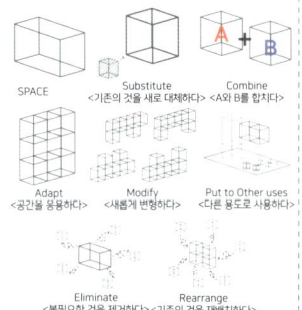

▎공간과 소통의 형태 (공간 + 공간)

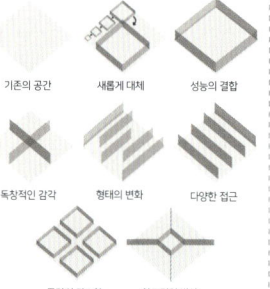

▎공간과 소통의 형태 (이용자 + 공간)

▎이용자 + 공간의 행위유도성

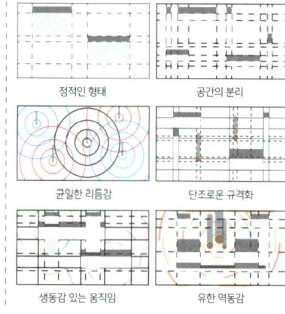

▎연속 발코니 공간 (수납장을 사이에 두는 형식)

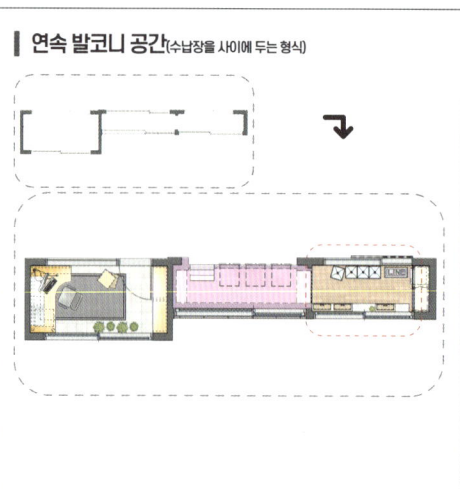

뉴노멀 시대에 앞서 안락하며, 휴식과 자연의
조화로움을 보여주어 공간의 여유로움을 느끼게 한다.

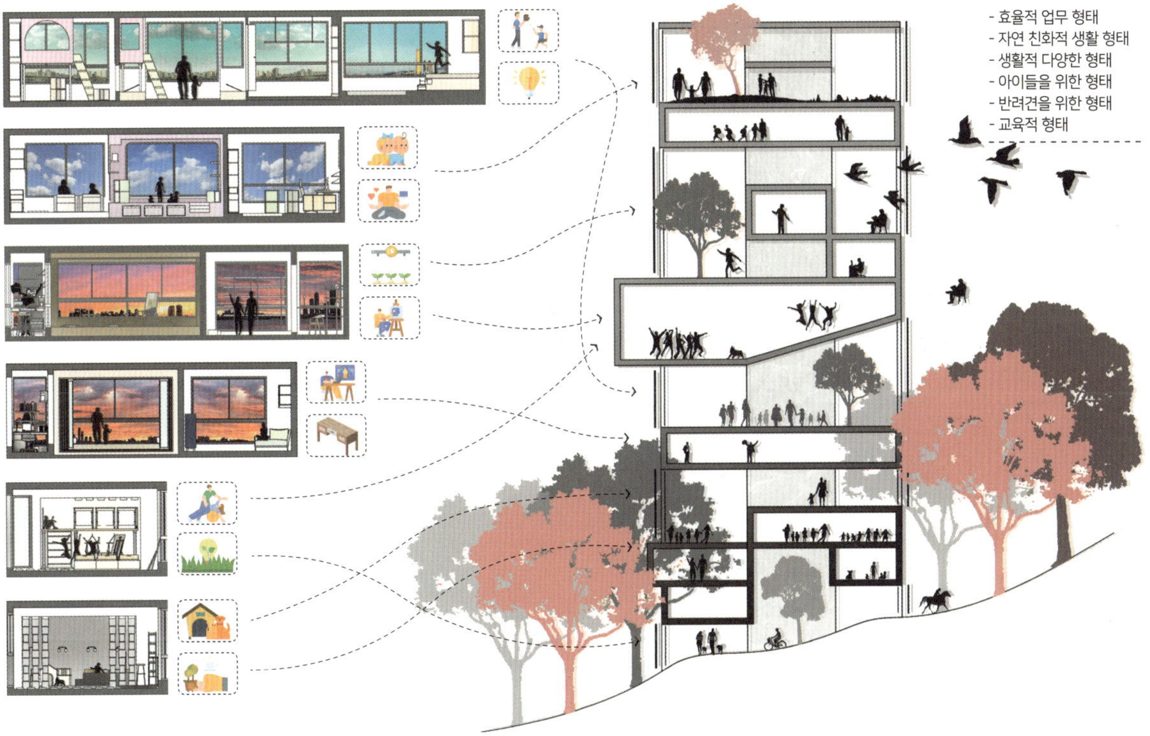

- 효율적 업무 형태
- 자연 친화적 생활 형태
- 생활적 다양한 형태
- 아이들을 위한 형태
- 반려견을 위한 형태
- 교육적 형태

In-between Connection

베이 발코니 공간

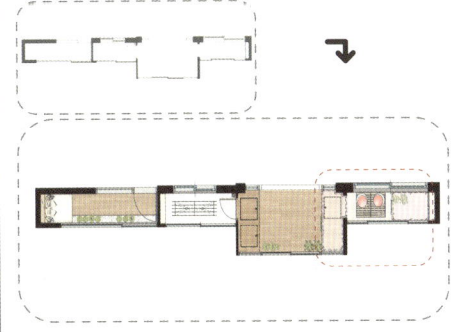

아이들이 놀며, 책도 읽을 수 있는 중층 공간 활용을 통해 밖에서의 자유로움을 느끼게 하며, 바로 밑에는 아이들의 장난감 및 수납시설이 있어 넓게 공간활용이 가능하다.

코너 발코니 공간

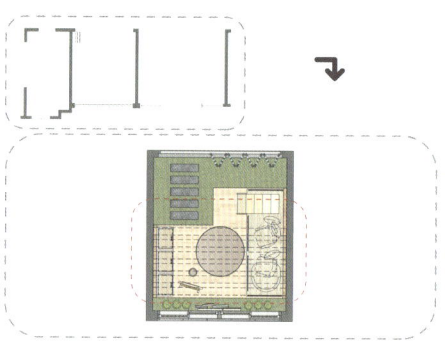

넓은 공간 속 중층형태이 휴식공간을 만들어 휴식과 즐거움을 동시에 느낄 수 있도록 하였으며, 중층 밑 안락한 공간을 만들어 편안함을 추구하였다.

독립 발코니 공간

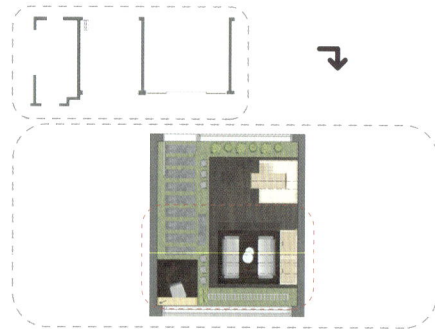

자연 속 독서와 휴식, 반려동물을 휴식공간과 아이들이 놀 수 있도록 하여 마치 야외공간의 느낌이 들도록 하였다.

엇갈림 발코니 공간

재택 근무가 늘어나면서 집에서 작업하며, 일 처리를 해야되는 경우가 늘어남으로써 충분한 공간을 만들며 복잡하지 않도록 업무 공간을 배치하여 여유로운 공간을 연출하였다.

연속 발코니 공간 (가벽을 사이에 두는 형식)

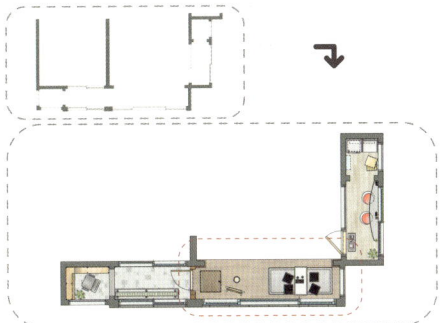

독서 및 자연과 하나가 되며 발코니를 확장시켰으며, 거실 공간을 넓게 쓰이도록 하여 다채로운 공간을 연출하였다.

모두가 함께하는 즐거운 발코니 라운지

This is where my lifestyle ends.
여기서 나의 라이프스타일을 끝낸다.

뉴 노멀의 시대가 접어들면서 홈코노미가 확산되고,

멘탈데믹을 느끼는 사람들이 늘어나는 추세이다.

이제는 일상이 되고 평범해 지며, 발코니의 강점과 실용성을 살려

일상속의 행복과 안정감, 평화를 찾을 수 있는 발코니 공간을 계획한다.

각 발코니 공간마다의 구성과 구조, 활동범위가 다르다.

베이형태부터 여러가지 발코니 형태까지 점점 색다른 발코니들이 늘어나는 현재

이제는 과거에서 현재로 돌아와 미래에 떠올릴 만한 발코니 공간 계획을 제안한다.

XR Media Center for Youth
청년층을 위한 XR미디어센터

코로나19 위협이 지속되면서 어느 곳에서나 많은 변화가 일고 있다. 이같은 변화는 이후의 삶에도 계속 영향을 미치는 하나의 새로운 표준이라는 뜻에서 '뉴노멀' 이라고 칭한다. 코로나19가 나타나게 되면서 먹고 마시며 일하고 공부하는 모든 일상생활이 '비대면' 이 되버린 상황이 코로나19가 촉발한 뉴노멀의 한 단면이라고 생각한다. 미래 사회에 발전에 있어선 청년층의 창의성과 기존 존재해왔던 것들에 비해 다른 면의 생각들로써 새로운 라이프스타일을 창조해갈 수 있다. 청년층과 앞으로 성장해 갈 청소년층이 이 곳에서 미래지향적 이미지와 새로 탄생할 직업들에 대해 알게되는 미디어센터를 제안한다.

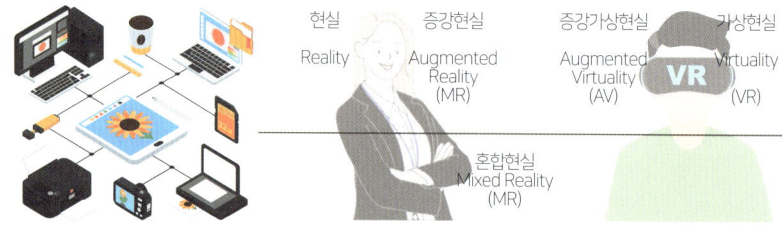

황정욱
HWANG JEONG WOOK

hjwook0305@naver.com

Awards
2019 양산 남부고 학교공간혁신사업
2020 실내건축학과 3학년 총대 역임

BACKGROUND

코로나19가 취업에 미치는 영향

- 1위 기업들의 채용 축소, 57.3%
- 2위 채용일정 연기, 47.9%
- 3위 좁은 자격시험장, 32.6%
- 4위 취업박람회 취소, 30.8%
- 5위 기업 채용설명회 취소, 26.2%

일자리 변화에 대비하지 않는 이유는 '정보 컨텐츠 부족'

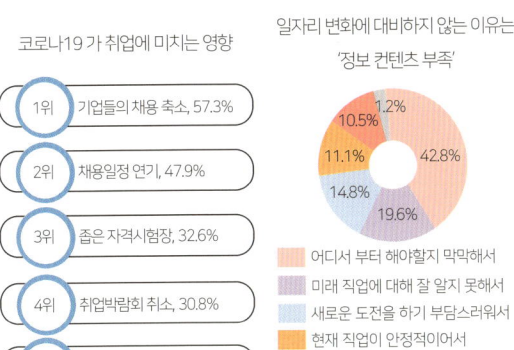

- 42.8% 어디서 부터 해야할지 막막해서
- 19.6% 미래 직업에 대해 잘 알지 못해서
- 14.8% 새로운 도전을 하기 부담스러워서
- 11.1% 현재 직업이 안정적이어서
- 10.5% 준비할 시간이 부족해서
- 1.2%

세계 XR 시장 규모

연평균 76.9% 증가 예상

- 19: 79
- 20: 107
- 21: 201
- 22: 653
- 23: 1004
- 24: 1368

XR은 AR, VR 모두를 지원하는 새로운 형태의 기기에 융합되면서 혁신적인 XR 경험을 제공할 것이다. 무한한 가능성의 XR 기술은 추 후 핵심 기술의 개발을 가속화하여 컴퓨터 플랫폼 중 하나가 될 가능이 크다.

최근 코로나19의 확산으로 인한 청년층의 취업준비가 많은 어려움을 겪고 있다. 언택트 시대가 계속되면서 빠르게 발전하는 시대의 흐름 속에서 첨단 매체를 활용하여 다양한 직업등을 한 눈에 볼 수 있고 또한 프랜차이즈만의 인큐베이터를 통해 VR과 스마트 기기를 통해 미래의 새로 나올 직업등을 알아볼 수 있도록 구성하여 청년층을 위한 XR 미디어센터를 기획한다.

SITE

한국금속레이저 공장

- 위치 : 부산광역시 사상구 학장동 235-3번지
- 면적 : 908.73m² 약 274평
- 층고 : 6,000mm
- 기능 : 공장 이전으로 인한 폐공장
- 완공연도 : 1984년 1월 완공

- 사상구 중 공업단지가 많이 분포되어 있고 발달되어 있는 곳이며, 오래된 공업단지를 새롭게 재탄생시키는 사업이 현재 진행중임.
- 국토부가 진행하는 2020 산업단지 상상허브 공모사업에 선정되어 기존 공장단지를 사상스마트시티 첨단산업단지로 변모시켜 사이트 주변 철도와 교통수단이 다수 분포될 예정.
- 근처 동사무소와 보건소, 사상구청등 지원받을 수 있는 곳이 5km안에 존재하며 추후 마트등 복합상업공간도 추가될 예정.

TARGET

MAIN TARGET
이 시대의 청년층

코로나19의 최대 피해자인 청년층

청년층 고용 비중이 큰 자영업, 임시직, 시간제의 일자리가 코로나19로 인해 큰 타격을 입게 되고, 신규 채용 시장 또한 얼어붙으면서 청년층의 피해가 매우 크다.

청년층 확장실업률 추이

- 9월: 25.4
- 10월: 24.4
- 11월: 24.4
- 12월: 26
- 1월: 27.2

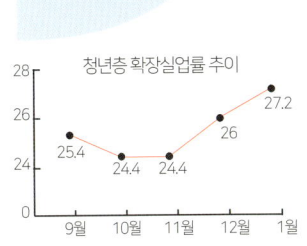

연령별 미디어 이용률 (TV / 스마트폰 / PC·노트북 / 태블릿)

- 10대: 50.3% / 88.1% / 37.7% / 4%
- 20대: 63.6% / 84.7% / 29% / 3.1%
- 30대: 67.2% / 77.2% / 20.1% / 2.8%

다양한 연령대에도 미디어 사용은 계속

10대부터 30대까지 다양한 세대에서 미디어는 계속 사용되어지고 있다. 여러 소셜미디어 및 소식을 통해 세상과의 소통도 계속되어지고 있다. 이러한 점을 통해 청소년층에게 미디어를 활용하여 정보통 및 미래 인재를 위한 메이커 플레이스를 구축한다.

이 시대의 꿈나무, 청소년

변화하는 사회에서 창의, 창작의 융합을 통해 한 자기 주도적 미래 인재를 양성하기 위한 청소년의 메이커 플레이스를 구축한다.

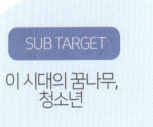

SUB TARGET
이 시대의 꿈나무, 청소년

SPACE PROGRAM

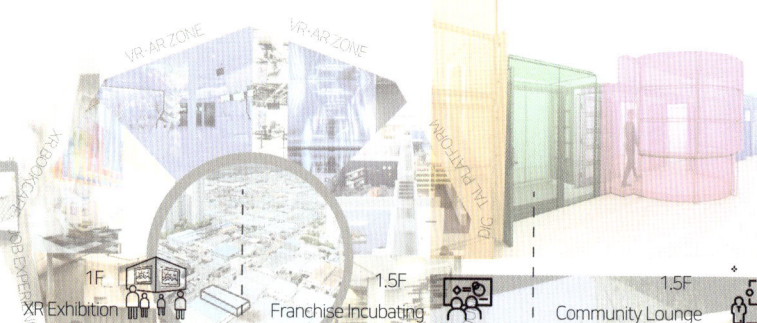

1F Start-Up Lounge
- 지금은 XR시대인 만큼 앞으로의 미래를 위해 XR 기술의 전문 서적등이 포함된 북카페를 구성하여 이용자가 XR 기술로 인해 나타난 새 직업들을 알아보도록 한다.
- XR기술이 발전하면서 나타난 새 직업들을 전문서적의 정보를 통해 간접적으로 체험을 할 수 있도록 하는 부스형 공간을 구성한다.

1F XR Exhibition
- XR기술을 접하기 전 안전교육 및 진행이 수월하기 위해 사전 교육공간을 구성한다.
- XR기술을 활용한 전시요소를 배치하여 각종 청년층의 정보를 편하고 쉽게 알아볼 수 있도록 구성한다.
- XR기술을 활용한 전시요소를 배치하여 유저들이 직접 스마트폰을 통해 색다른 이미지와 호기심을 유발한다.

1.5F Franchise Incubating
- 부스형태의 청년창업 프랜차이즈 가게를 나열하여 이용자들이 흥미있는 분야로 직접적인 일을 해보고 충고를 얻는 시간을 갖도록 한다.
- 각종 디자인 월간 및 VR 및 AR 기술을 이용하는 스마트기기를 활용하여 미래 일자리와 각종 직업들에 대해서 정보를 얻거나 이전 창업자들의 상담을 통해 창업자의 길로 나갈 수 있도록 한다.

1.5F Community Lounge
- 아래층에선 적극적인 자세가 나온다면 중층에선 휴식을 취하거나 취미활동을 할 수 있는 공간을 구성한다.
- 커뮤니티 라운지를 구성하여 이용자들의 편의와 창업에 대한 서로간의 소통을 위한 공간을 구성한다.
- 공간 한 부분에 구성하지않고, 중층 전체를 커뮤니티 라운지로 구성하여 인큐베이팅 가게에서도 쉴 수 있는 분위기를 연출한다.

CONCEPT

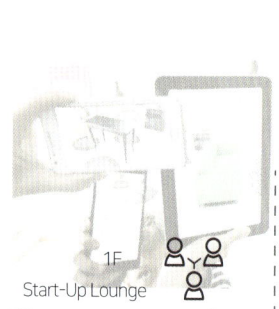

파타피지컬
pataphysical

프랑스의 저자 알프레드 자리의 신조어로, 우리말로 옮기게 되면 사이비 물리학 이라고 불린다. 즉, 전통적인 세계에서 벗어나 독창적인 상상력을 발휘해 생각해낸 이상적인 세계관으로도 해석된다. 현실과 가상이 중첩된 상태로 은유가 현실이 된 시대이다. 파타피지컬의 특성 중 현실과 가상의 중첩성과 현실세계에서의 가상의 관입, 가상과 현실의 투명성과 현실세계에서의 가상의 연결을 통해 키워드로 삼으며 공간을 기획하고자 한다.

KEYWORDS

현실과 가상세계의 중첩
수평적 공간의 중첩을 통해 한 공간 다른 의미를 부여하여 다양한 의미들이 모여 다양한 생각을 가지는 개념을 지니도록 한다.

가상과 현실의 투명
시각적 이미지의 전달을 위해 특정 재료의 사용으로 인한 공간과 시야의 확장감과 외부적인 요소의 관입과 매체의 관입으로 인한 가상을 현실로 보는듯한 투명성을 부여한다.

현실세계에서의 가상의 관입
전시매체의 관입으로인한 유저에게 흥미와 호기심을 부여하고, 다양한 레벨의 존재로 인한 모험적이고 유희적인 공간의 개념을 지닌다.

현실세계에서의 가상의 연결
전시매체로 인한 현실에서 가상으로의 연결을 통해 이용자의 체험을 유도하며, 미래의 특정 부류의 직업들도 체험할 수 있다.

KEYWORDS DIAGRAM

현실과 가상세계의 '중첩'

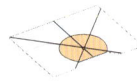  

중심공간에 대한 축 연결 | 중심공간을 통한 공간분리 | 수직적 매스를 위한 레벨링 형성 | 계단 형성 후 스킵플로어 구조 형성

가상을 현실로 보는듯한 '투명'

투명 파티션으로 인한 시각적 상호작용 | 유리재질을 통한 투명성 부여

현실세계서의 가상의 '관입'

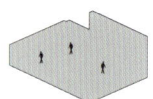 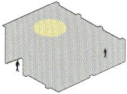 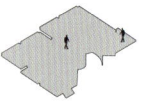 

돌출형 / 매입형 전시매체의 관입 | 채광의 유입 | 유리매스의 관입 | 조경요소의 관입

현실세계에서의 가상의 '연결'

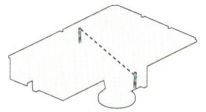 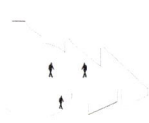

유저간의 시각적 소통의 연결 | 공간간의 연결로 인한 진입 과정

SPACE KEYWORDS

1. 현실과 가상세계의 '중첩' 한 공간 다양한 의미들의 중첩.

서로의 공간, 형태들의 중첩으로 통해서 다른 공간의 시스템, 같은 프로그램을 지원하여 서로의 시너지 효과를 나타내게 한다. 이로인해 서로의 장점을 지원하며 프로그램에 적합화된 공간으로 계획한다. 중첩된 공간으로 유저들은 투명소재, 전시요소, 조명등 다양한 여러 요소로 인해 서로의 시선이 마주칠 수 있는 기회를 얻게 된다.

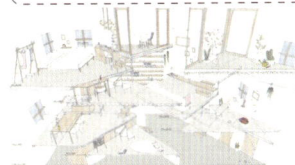

스킵플로어 구조

스킵플로어 구조를 중첩성으로 해석하여 유저들이 층을 오르면서 연출되는 이미지와 매체등을 통하며, VR과 AR기술을 이용하여 다양한 직업등을 간접적으로 체험을 할 수 있도록 기획한다.

스킵플로어   스킵플로어   스킵플로어

2. 현실세계의 가상의 '관입' 다양한 레벨의 존재로 관입의 개념을 가짐.

수직적 매개체의 관입을 통해 공간의 확장감으로 유저가 이동하면서 얻을 수 있는 경험이나 시야의 폭을 넓혀주도록 기획한다. 또한 관입된 공간을 다른 공간과 연결함으로써 부분적인 구분 없이 전체성으로 흐르게 되며 동일한 프로그램을 하더라도 이질적 프로그램의 경험을 더불어 이용에 따라 공간의 형태가 바뀌게 되는 공간이다.

 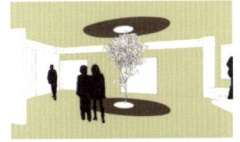

독립적인 공간의 관입

수직적 매개체의 관입을 통해 유저들에게 시각적으로 원활한 교류 및 소통을 가능토록 하며, 자유로움을 부여하고 경계가 없어짐으로써 오픈 된 공간에 새 공간을 만들어 독립적인 공간으로써의 기능을 부여하며, 자연요소와 다양한 전시매체의 관입을 통해 유희적인 개념으로도 해석하도록 기획한다.

조경요소의 관입   다양한 전시매체의 관입   수직적 매개체의 관입

3. 가상을 현실로 보는듯한 '투명' 유리 재질의 투명성으로 확장감 부여.

유리재질을 사용한 공간은 물리적으로 시각적 개방감과 투명성을 제공하며, 한 공간에서 정해진 프로그램이 아닌 다양한 프로그램을 수용 할 수 있는 공간도 제공 할 수 있다. 또한 공간을 개닝임으로써 사용자가 부담없이 이용될 수 있도록 하여 높이나 넓이를 확장임으로 공간의 싶이를 또한 느낄 수 있도록 계획한다.

 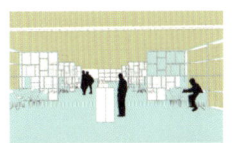

투명 재료의 사용으로 인한 확장감

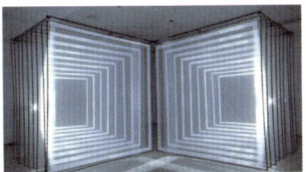

시각적 이미지의 전달을 위한 재료의 사용으로 확장감을 제공하며, 유리재질은 공간을 물리적으로 경계를 짓게되지만, 시각적으로 공간의 경계가없는 것으로 인식되는 점에서 공간의 구분을 모호하게 하여 공간의 확장감을 더하게 된다.

투명한 파티션의 사용   루버의 시야적 투명성   조명의 투명적기능

4. 현실세계에서의 가상의 '연결' 전시매체로 인한 현실에서 가상으로의 연결.

공간의 충분한 확장을 위해 분리되는 부분이나 가변적인 경계를 주어 공간을 다양하게 변형을 시키거나 다른 공간과의 연결을 통해 공간 속에서 자유로운 사고 할 수 있도록 유도한다. 내부공간에 부족한 매체와 다른 공간을 같이 제공하여 시너지 효과를 기대할 수 있으며, 충분한 자료가 제공되어 유저들의 몰입과 다양한 체험을 제공할 수 있다.

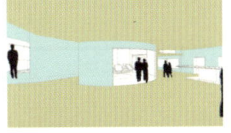

다양한 전시매체와 공간과의 자연스러운 연결

큰 공간에서 작은 공간으로의 진입과정 및 공간과 공간의 연결로 인한 넓은 시야감과 자연스러운 동선을 통해 부분적인 구분 없이 전체성으로 흐르게된다. 또한 분리되는 부분이나 가벽의 변형을 더하여 공간의 확장감을 부여하며, 공간의 개방감 또한 줄 수 있다.

공간과 공간의 연결   공간으로의 진입의 연결   자연스러운 동선의 연결

ZONING PROCESS

1F ZONING PROCESS

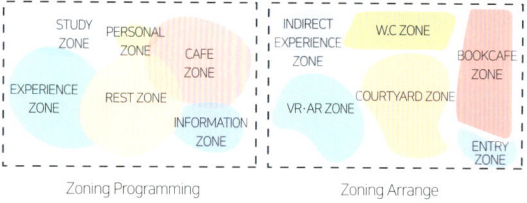

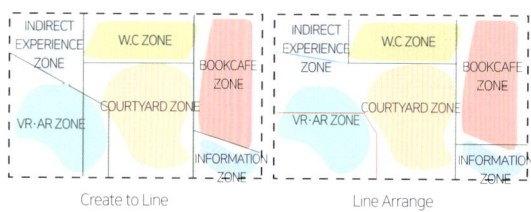

MF ZONING PROCESS

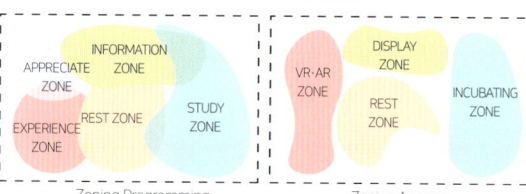

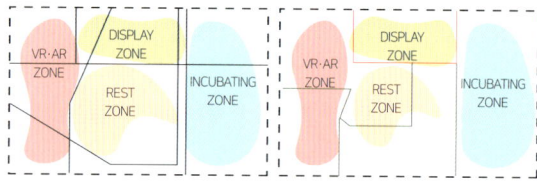

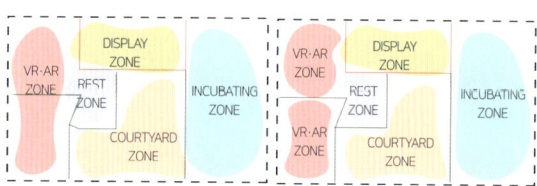

PROCESS DIAGRAM

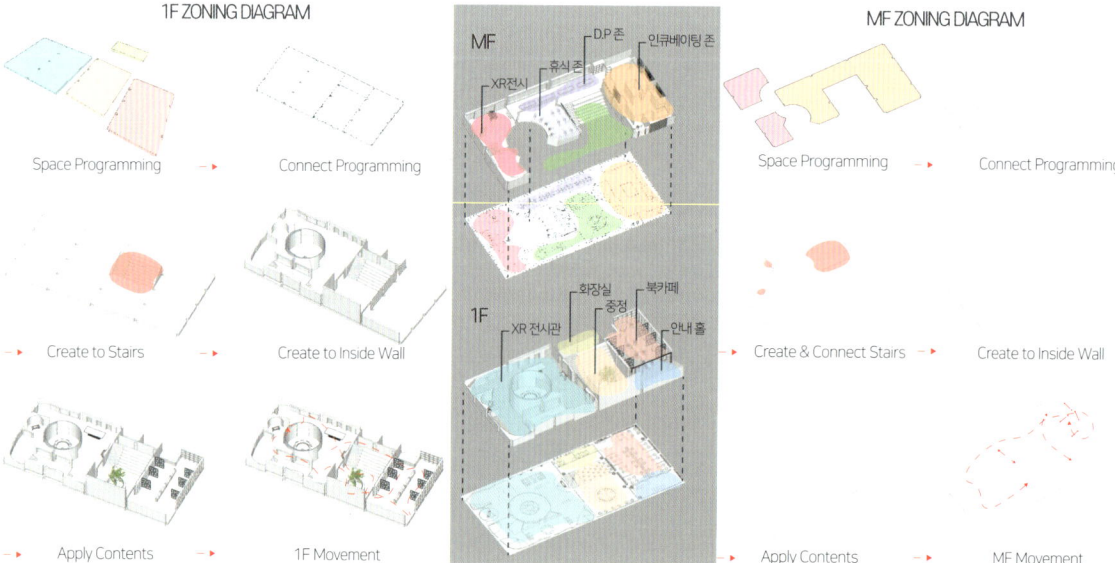

1F PLAN

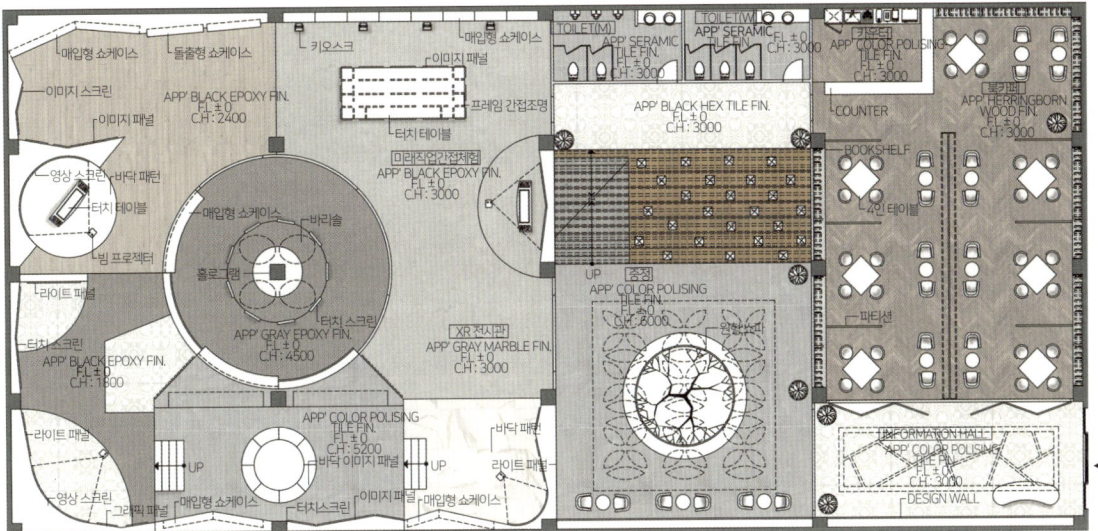

MF PLAN

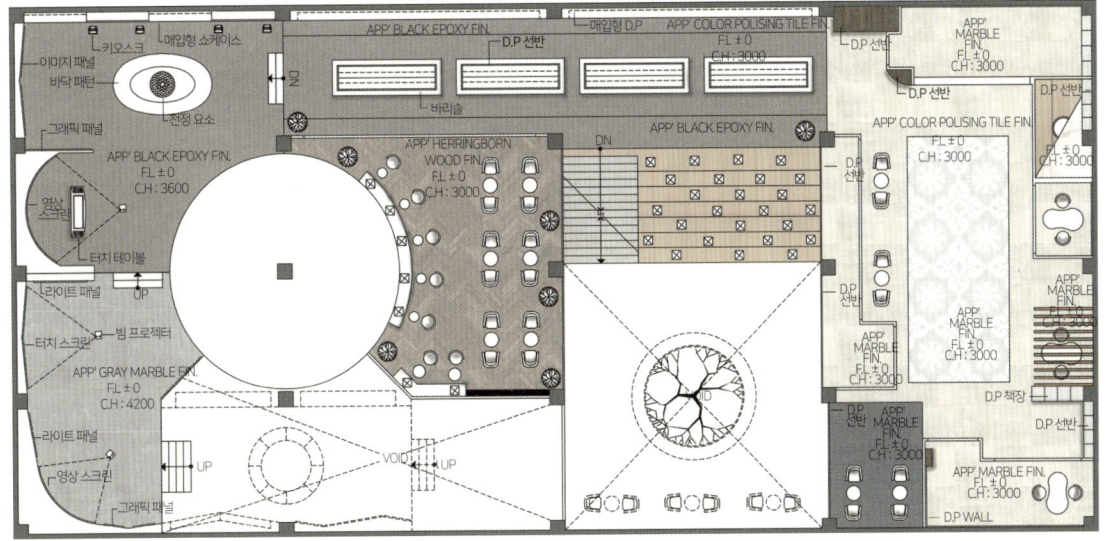

1)

XR기술과 미래직업의 정보를 보는, 쉼터
높은 층고의 휴식공간, 중정

1) 주된 고객인 청년층이 입구에 들어서 XR전시관으로 들어서기 전 높은 층고까지 뚫린 중앙 홀에서 간단한 휴식을 취하거나 사전 터득한 정보들을 종합하여 보며 휴식하는 공간이다. 계단에서 쉬거나 중층으로 올라가게되면 여러 프랜차이즈 가게부스가 들어서며 또 다른 정보를 얻을 수 있다.

2) 입구에 들어서 북카페와 중앙 홀로 가는 공간이며, 이 북카페의 의미로썬 XR기술을 활용한 사례와 머지않은 미래에 나타날 직업들에 대한 간단한 정보등이 기록되어있다. 이 곳을 지나 청년층 혹은 청소년층이 미래의 직업들에 대해 조금이나마 긍정적인 시선으로 바라보며 또 다른 직업들이 나타날 수 있다.

인큐베이터 부스를 통한 청년창업소

청년창업을 위한 프랜차이즈 인큐베이팅 부스

청년들의 일자리창출을 위한 프랜차이즈 인큐베이팅 부스가 존재하는 공간이다.

이 곳에선 여러 업체의 홍보 및 교육을 통해 청년층이 정보를 터득하여 추 후 자신도

이 곳 혹은 다른 곳에서 창업을 할 수 있도록 사전 체험을 할 수 있는 공간이다.

먼저 창업한 선배들의 조언을 통해, 또는 전시관이나 북카페를 통해 터득한 정보를

통해 이 곳에서 나아가 자신이 미래의 유용한 기술을 활용한 사례의

첫 단추가 되길 바란다.

A cafe in line with the new normal era
뉴노멀 시대에 발 맞춘 새로운 카페

최윤록
CHOI YOUN LOACK
chldsbfhr@naver.com

코로나 19로 인하여 전세계 인구는 모든 행동에 제약을 받고 평화로운 일상들이 무너지기 시작했다. 학교는 물론 학원, 회사, 모든 상업적 활동과 취미적 활동에 제약이 걸림으로인해 일반적이지 않던 것이 일반적으로 새롭게 자리를 잡고있다. 예를 들면 비대면 화상수업과 비대명 화상회의 그리고 사회적 거리두기 등등 이러한 현상을 뉴노멀이라한다. 그렇기에 사람들이 전염병으로부터 안전하게 공부나 회의를 하기바라는 마음으로 나만의 공간을 또한 우리의 공간을 가질 수 있는 스터디 & 비즈니스 카페를 제안한다.

BACKGROUND

코로나 19로 인해 경제적 피해를 입은 수많은 카페와 음식점들 그리고 자영업 ▶ 일반 시민들이 안심 할 수 있고 편히 자기개발을 할 수 있는 카페의 환경 조성으로 경제 활성화 ▶ 개인적인 공간과 안전한 거리 충족, 편히 비즈니스를 나눌 수 있으며 지인들과의 쉼터가 될 수 있는 공간 ▶ 실제로 코로나 19 이후로 **뉴노멀 시대**에 맞춰 일반 카페보다 룸 형식과 칸막이가 나뉘어져 있는 **스터디, 비즈니스 카페**의 수요가 늘어났다.

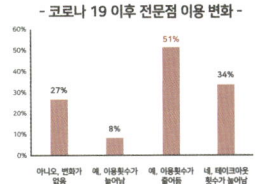

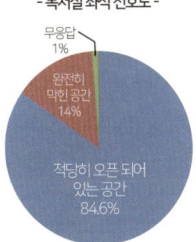

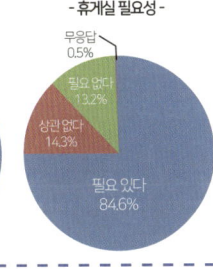

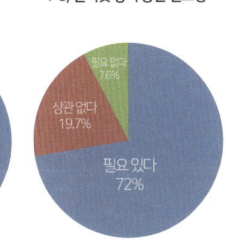

앞서 보여진 자료를 참고하여 **뉴노멀 시대**에 맞춰 새로운 카페를 구성하였다. 각 3층의 특징들을 **버뮤다 트라이앵글 세개의 꼭지점**으로 비유하여 이 공간안에서는 시간이 흐른다는 느낌을 받지 못하도록 편안함과 안정감을 받을 수 있다. 버뮤다 트라이앵글에 접근하려면 **3가지의 방법**이 있다. **첫째 잠수함, 둘째 배, 셋째 비행기**이다. 잠수함을 **1층 스터디존**으로 구성하고, 배를 **2층 비즈니스존**으로 구성, 마지막으로 비행기를 **3층 루프탑 쉼터존**으로 구성하였다. 이렇게 3층으로 구성된 카페를 제안한다.

SITE

부산광역시 수영구 민락동 178-5
대지면적 : 342.1㎡(103.5평)
건축연면적 : 239.4㎡(72.4평)

편의시설	교통시설	밀집인구	주변시설
주변에 음식점과 주차시설이 마련되어있어 편리하다	광안 지하철역이 있으며 버스 정류장도 근처에 위치하고 있다.	남녀노소를 불문하고 인구 밀집 지역으로 유동 인구가 많다.	주변에 비즈니스 호텔과 모텔이 많아 출장 온 직장인들이 많다.

TARGET

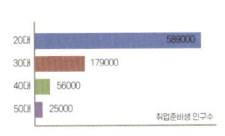
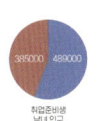

2021년 8월 취준생 87.4만명을 달성하여 역대 최다 취업준비생의 인구이다. 취업을 위해 학원을 다니는 등 취업준비를 하는 사람이 통계 작성 이래 가장 많았다. 특히 오랜 기간 취업을 준비하는 사람으로 간주하는 '30대 취준생'이 1년 전보다 17% 가까이 늘었음을 확인할 수 있다.

통계청이 발표한 '청소년 통계'에 따르면 9세 이상 24세 이하에 해당하는 청소년 인구는 2020년 기준으로 854만2000명으로 집계돼, 총 인구 당 16.5%를 차지했다.

MAIN : 스타트업을 준비하는 구성원들, 취준생들

SUB : 수험생들, 중고등학생들

SPACE PROGRAM

1F 자기 개발의 공간
- 카운터
- 콘센트, 멀티탭, 책상 등을 이용한 공부할 수 있는 공간
- 음료와 간단한 음식을 먹으며 정보를 수집할 수 있는 공간
- 혼자서 간단한 업무를 처리할 수 있는 공간

2F 비즈니스의 공간
- 미팅룸, 세미나실
- 각자의 이야기를 자유롭게 나눌 수 있는 공간
- 누구에게도 제약받지 않으며 정보가 새어나가지 않는 공간
- 자유롭게 정보를 주고받으며 공유할 수 있는 공간

3F 휴식의 공간
- 탁트인 전망과 천장으로 힐링할 수 있는 공간
- 휴식을 취할수 있는 공간
- 일거리와 공부에서 벗어날 수 있는 공간
- 자신만의 시간을 가지며 생각할 수 있는 공간

SPACE CONCEPT

BERMUDA TRIANGLE

버뮤다 삼각지대로 갈 수 있는 세가지의 방법을 이용하여 공간을 구성하고 세가지의 특색에 맞는 다양한 공간을 구성한다. 기존의 막혀있고 공간에 제약이 따르던 스터디 카페와 딱딱하고 답답하던 미팅룸 그리고 세미나실을 독특하면서도 편안한 느낌의 스타일로 재구성하였다. 그리고 기존의 조그맣고 갑갑함을 느끼던 휴게실은 옥상의 루프탑을 이용하여 언제든 시원한 바람을 맞으며 탁트인 바다와 하늘을 볼 수 있도록 하였다.

잠수함
: 탁트인 바다를 보며 자기개발을 하는 공간

선박
: 방음이 잘되며 편안한 느낌의 공간

비행기
: 여행을 가듯이 자유롭고 힐링을 하는 공간

CONCEPT KEYWORD

성장성

심리적인 압박감과 중압감에서 벗어나 개인의 업무와 능력을 또는 학업에
집중시켜 한단계 더 성장할 수 있는 요소

DESIGN KEYWORD

STUDY ZONE

기존의 독서실같았던 스터디카페와는 다르게 시원한 색감과
투명한 자재들을 이용해 개방적인 요소를 추가함으로써
답답함과 지루함을 덜고 심리적 압박감과 중압감을 감소시켜
개인의 능력을 키울 수 있다.

DESIGN DIAGRAM

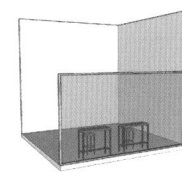 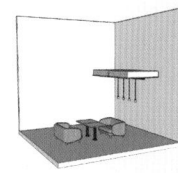 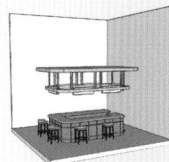

CONCEPT KEYWORD

안전성

자신과 자신이 속해있는 집단의 사람들과 어디에도 방해받지 않으며
제약받지 않아 자유로이 협업을 할 수 있는 요소

DESIGN KEYWORD

BUSINESS ZONE

기존의 카페에 배치되어있던 프라이빗하지 못한 룸형식이 아닌
자신이 속해있는 집단의 사람들과 마음편히 소통할 수 있도록
밀폐된 공간을 이용하여 자유로이 자신들의 의견을 나누며
협업을 할 수 있다.

DESIGN DIAGRAM

 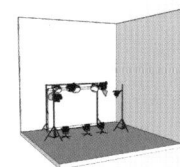 

CONCEPT KEYWORD

휴식성

지친 몸과 정신을 위해 휴식을 취하며 친구 또는 자신의 지인과 가벼운 담소를
나눌 수 있으며 자신을 돌볼 수 있는 요소

DESIGN KEYWORD

REST ZONE

기존의 스터디카페와 미팅룸은 마땅히 휴식을 취하거나 담소를
나눌 수 있는 공간이 마련되어있지 않았다. 3층인 루프탑을
이용해 앞에 넓게 펼쳐진 푸른바다와 푸른하늘 그리고 지나가는
사람들을 보며 힐링할 수 있다.

DESIGN DIAGRAM

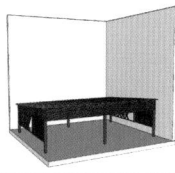 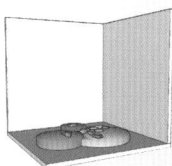 

1F

콘셉트와, 멀티탭이 배치되어 있어 간단한 음료와 다과를 먹으며 간단한 업무나 공부를 할 수 있는 공간

PLAN

ELEVATION

2F

각자의 이야기를 자유롭게 나눌 수 있으며 누구의 제약도 받지 않고
자유롭게 정보를 공유할 수 있는 공간

PLAN

ELEVATION

일거리와 공부에서 벗어나 자신만의 시간을 가지며 휴식을 취할 수 있는 틴인 공간

ELEVATION

In-between Connection

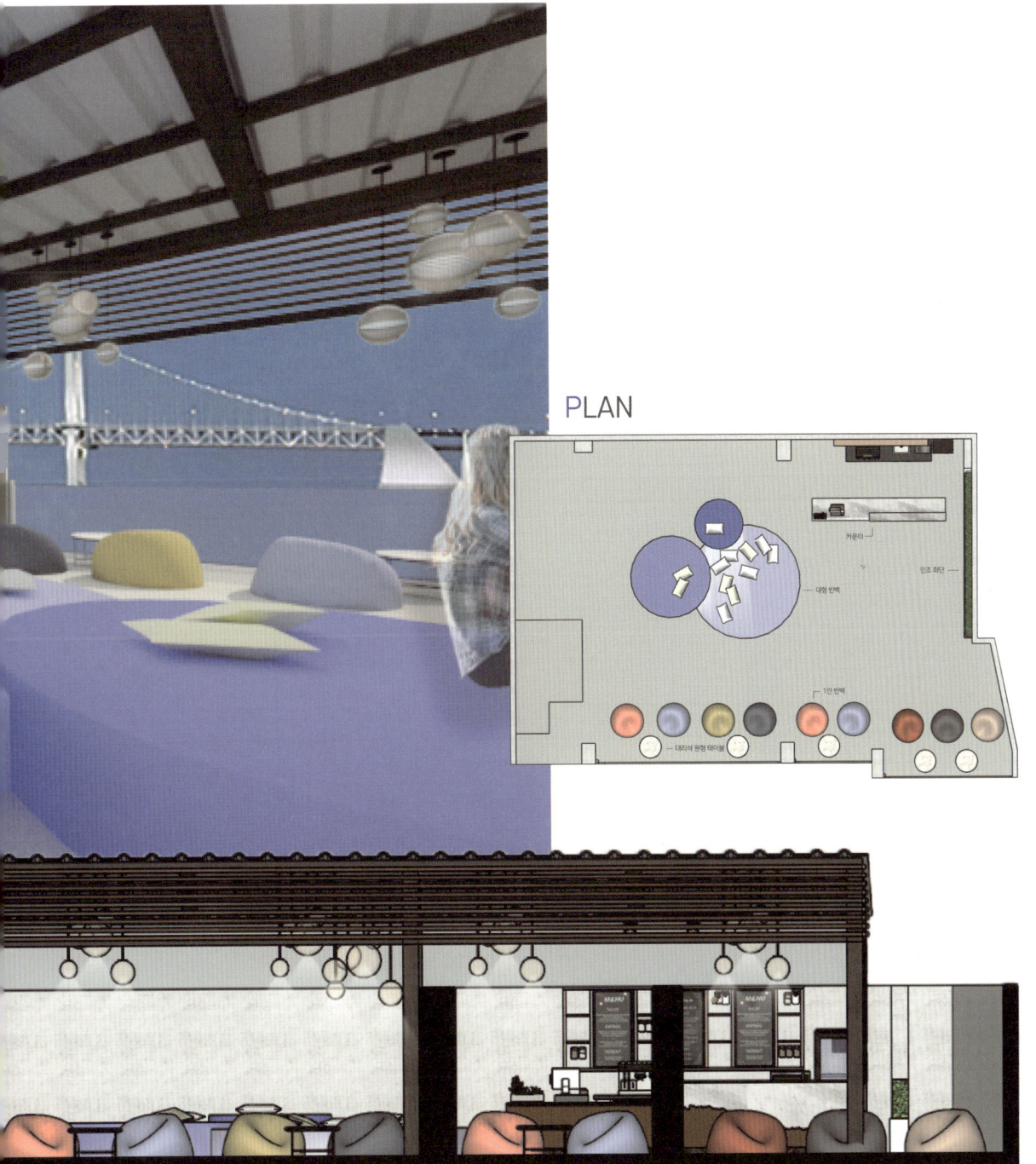

PLAN

Little Garden In School
운동이 부족한 아이들을 위한 실내 놀이공간

김성진
KIM SUNG JIN
godwls9595@naver.com

Certificate
Adobe Photoshop CC 2015
Adobe Illustrator CC 2015

뉴 노멀(New Normal)이란 변화해가는 시대에 대하여 예측하고, 적응하여 삶의 질과 환경의 개선을 위해 나아가는것 이라고 생각합니다. 현대 사회는 일종의 쇠퇴의 길을 걷고 있습니다. 부의 집중, 산업의 기계화, 3D업종 기피현상, 출산률 저하 등등 고작 수십년 전과 비교하여보면 많은것이 변하고, 정체되었으며, 침체되고 있습니다. 현재의 뉴 노멀은 이러한 형태의 사회에 적응하고, 앞으로 나아가기 위한 해답을 내놓는 것이며, 행동하기 위한 지침이 되는것이라고 생각합니다.

BACKGROUND

| WHO 전세계 146개국 11~17세 청소년 160만명 조사결과

- 한국 청소년의 운동부족

한국 청소년의 운동부족은 세계 1위로 몸을 움직이고 신체 활동이 가장 필요한 나이지만 어려서부터 각종 미디어, 특히 스마트폰과 컴퓨터의 보급으로 인해 야외활동을 하기보다 실내에서 게임을 하는 어린이들이 늘고있다. 거기에 더해 코로나 19로 인해 학교까지 비대면 수업으로 전환하며, 등교하는 잠깐의 신체활동조차 줄어들었다고 할 수 있다. 앞으로는 점차 미디어를 활용한 수업이 주가 될 것이며, 미디어가 사회에 침투 하게되면 하게 될 수록 신체적 움직임은 더더욱 줄어들지 모른다. 하지만 반대로 그러한 미디어를 활용한 수업으로 신체적 활동을 할 수 있는 공간이 제공된다면 아이들의 신체적 활동량을 늘리고, 놀이와도 같은 수업을 진행한다면 아이들의 적극적인 수업 참여를 기대 할 수 있을것이다.

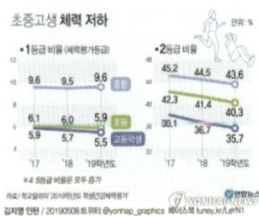 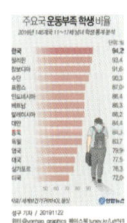

- 노후 학교의 개선

현재 전국적으로 수많은 노후 학교들이 존재하는데 정부에서는 이러한 학교들을 대상으로 그린스마트 미래 학교 계획을 세우고있다. 이는 40년 이상된 노후학교들을 최신기술의 미래학교로 전환하는 계획으로 21년인 올해의 대상만 약 700개의 학교가 선정되었다. 그 후로도 매년 500개 이상의 학교가 대상으로 지정이 되었다. 하지만 과거와 달리 현재의 출산률 저하에 따른 학생수 감소를 생각하면 과거의 학교들은 현재의 학생을 모두 수용하여도 빈 교실이 생길 수 밖에 없다. 이러한 빈교실을 학생들을 위한 공간으로 만들어 인근의 신설 학교와 경쟁 할 수 있는 학교가 생겨날 것이다.

- 미래 학교

앞으로의 학교는 앞서 기술한 두가지의 문제를 모두 해결 할 수 있도록 하며, 혁신적인 공간을 구성하는것이 중요하다고 생각한다. 이는 단순히 학교를 공부만을 위한 공간이 아닌 다양한 배움과 활동의 터로 만드는것이 중요한 과제가 될 것이다.

SITE

명창 : 구영초등학교
위치 : 울산 광역시 울주군 범서읍 점촌1길 10
계획 면적 : 900 m² (지상 1~3층)
현재 용도 : 초등학교

| 기존의 용도와 현재

| 시설의 목표

| 공간의 이용

TARGET

재학중인 학생들(Main)

해당 시설이 들어서는 학교에 다니는 학생들이 메인 타겟이다. 방과 후, 또는 주말에 학교에 모여 뛰어 놀 수 있는 공간을 제공함으로서 아이들의 운동 부족 문제를 해결하고 사회성을 기르며, 미디어로의 새로운 방식의 접근으로 기존의 미디어 매체에만 불들려 있지않도록 하고자 한다.

인근 지역 주민 (Sub)

해당 학교 학생들이 메인이지만 그 외의 인근 주민들에게도 시설을 개방하고자 한다. 올아우르는 공간은 아이들에게 있어 새로운 만남을 기대할 수 있는 공간이야하다. 현재의 학생뿐이 아닌 인근의 타학교의 학생들, 곧 학교에 입학 할 어린이들과 함께 공간을 사용함으로서 상대방에 대한 이해와 배려, 갈등 겪음으로서 올바른 성장을 이루어 나가는것을 기대해 보고자 한다.

CONCEPT

- 미디어에 대한 새로운 접근

미디어 매체를 통해 사람들은 누군가가 상상하여 창조한 공간을 접하게 됩니다. 동시에 그들은 [그것이 만일 현실에 있다면?]이라는 상상을 하기도 합니다.
미디어속 세상을 통해 상상력을 자극받고, 자신만의 공상 속 세계에서 모험을 하기도 하죠. 그렇다면 그러한 공간을 정말로 현실에 마련하여 주면 어떨까 하는 생각이 들었고, 이를 위해 학교라는 공간안에 학교와는 다른 세상을 보여주어 아이들이 상상력을 키우며 활동 할 수 있는 공간을 제공하고자 하였습니다. 미디어에 대한 접근은 꼭 미디어 매체를 통하여야만 하는걸까요?가장 상상력이 풍부할때인 아이들에게 임의의 층으로 이루어진 만화나 영화속 공간을 제공하여 그들의 상상력과 창의력, 모험심을 자극하는 것입니다. 각각의 공간은 서로 연관이 있으면서도 각기 다른 환경을 가지며, 아이들에게 날씨, 계절, 환경이 영향없이 뛰어놀 수 있는 자유로운 놀이공간을 제공함으로써 다른 실내 놀이 시설과는 목적을 달리하는 놀이시설이 될것입니다.

THEME

2006년도에 개봉한 아더와 미니모이는 뤽베송의 작품으로 아더라는 아이가 부동산 업자로부터 집을 지키기 위해 할아버지가 마당에 숨겨둔 루비를 찾기 위하여 난쟁이들이 살고 있는 미니모이 왕국으로 모험을 떠난다는 내용의 작품이다. 1000일에 한번 보름달이 뜬 그날 밤 창고에서 할아버지의 유품인 망원경을 통해 열리는 비밀의 문으로 미니모이의 왕국으로 모험을 떠나게 되는데 이때 아더가 모험하는 장소가 정원의 지하에 위치한 미니모이의 왕국이다. 넓은 마당과 그 아래에 위치한 지저세계, 그리고 집과 그 위의 하늘까지가 아더의 모험이 이어진다. 서적으로 총 4권 영화가 4편이나 이어진 작품이지만 크게 흥행하지는 못하였고, 오래 된 작품이기도 하여 요즘 아이들에게는 생소 할 수 있는 작품이지만 충분히 아이들의 상상력을 자극할 소재라고 생각하였다.

아이들의 상상력을 자극 할 수 있는 영화는 무궁무진하게 많이 존재한다. 이러한 많은 작품들중에서도 하나를 선택하기로 하였다. 이왕이면 아이들에게 있어 생소한 영화이며, 참신한 세계관을 가진것으로 정하는것이 좋겠다고 생각하여 선정하게 된것이 뤽베송 감독의 [아더와 미니모이] 였다.

ISO

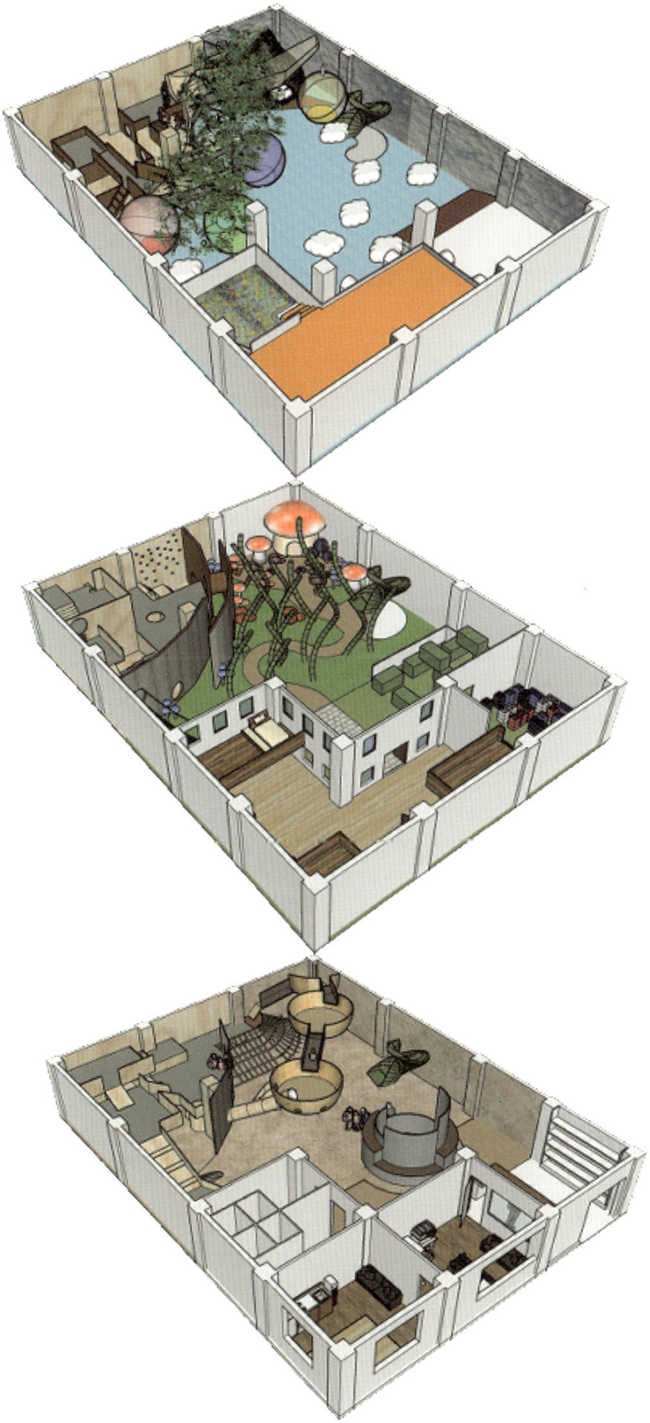

SPACE PROGRAM

3층 하늘의 공간 - 하늘 위에 올라와 있다는 느낌을 주는 공간.

1. 나무의 최상부의 줄기와 가지 부분으로 이루어져 있다.
2. 집과 창고의 지붕에 해당하는 공간이 있다.
3. 나무 열매 형태의 개별 공간이 있다.
4. 새의 둥지같 형태의 휴식 공간이 있다.
5. 구름 형태의 놀이공간이 있다.

- 다양한 색상의 구체

나무의 열매를 표현한 것으로, 각각의 색이 다른것은 같은 장소, 같은환경에서도 다른 열매가 맺히듯이 아이들이 다양한 꿈을 갖고 그들만의 상상의 세계를 펼쳐주었으면 하였다.

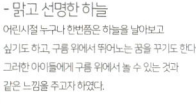

- 맑고 선명한 하늘

어린시절 누구나 한번쯤은 하늘을 날아보고 싶기도 하고, 구름 위에서 뛰어노는 꿈을 꾸기도 한다. 그러한 아이들에게 구름 위에서 놀 수 있는 것과 같은 느낌을 주고자 하였다.

- 안락한 새의 둥지

하늘을 나는 새들이 쉴 수 있는공간을 아이들에게 주고싶었다. 둥지의 안에는 알 모양의 쿠션이 있으며, 놀다 지친 아이들이 잠시 누워서 편히 쉴 수 있는 공간이다.

SPACE PROGRAM

2층 지상의 공간 - 지상의 숲과 주거공간을 표현한 공간.

1. 나무의 가운데 줄기 형태의 공간이 있다.
2. 집과 정원, 창고 형태의 공간이 있다.
3. 나무에서 내려온듯한 덩쿨 모양의 구조물이 있다.
4. 버섯 형태의 구조물이 있다.

- 마당과 창고가 딸린 저택

2층 집을 축소시켜 구현해 놓은 공간으로 아이들에게 마치 자신들이 성장한듯한 느낌을 주는 놀이공간이다. 마당과 창고, 집이 이어져 있는 형태의 놀이공간이다.

- 숲으로 가는 길

집앞의 정원과 이어지는 울창한 숲으로 가는길이다. 하늘높이 치솟는 거대한 나무와, 그 나무에서 내려온 덩쿨 줄기가 아이들 시 비며 지아들 수 있고, 줄기를 타고 놀 수고 있다.

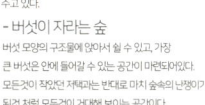

- 버섯이 자라는 숲

버섯 모양의 구조물에 앉아서 쉴 수 있고, 가장 큰 버섯안에 들어갈 수 있는 공간이 마련되있다. 모든것이 작았던 저택과는 반대로 마치 숲속의 난쟁이가 된것 처럼 모든것이 거대해 보이는 공간이다.

SPACE PROGRAM

1층 지하의 공간 - 땅속에 들어와 있는듯한 느낌을 주는 공간.

1. 나무의 최하부의 뿌리를 중심으로 이루어져 있다.
2. 무리 식물 형태의 공중 공간이 있다.
3. 직원 휴게실과 물품보관함, 화장실이 위치해 있다.

- 나무 미궁

3개의 층을 관통하고있는 거대한 나무의 줄기 부분으로, 아이들이 숨거나 뛰어다닐 수 있는 공간이다.

- 지하 세계

영화의 장면이 가장 많이 나타나는 부분으로 난쟁이들이 사는 지하세계를 표현한 놀이 공간이다.

- 루비를 품은 왕좌.

영화속에서 아이이가 찾는 할아버지의 유산인 루비는 약국 축에서 왕좌로서 사용하고 있었다. 이 휴게 공간은 그것을 반영 하여 제작된 공간이다. 의자의 사이에는 루비모양의 장식이 되어있다.

PLAN 1

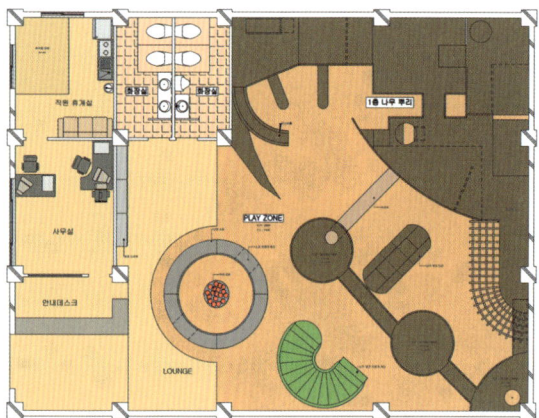

- 지하세계

집의 지하로, 미니모이 왕국의 초기 모험의 배경이 되는 장소이다. 마당정원의 아래에 있는 만큼 다양한 지저 생물들과 식물의 생태를 볼 수 있는 곳이다. 땅속의 다양한 모습을 아이들이 상상하고 탐험할 수 있는공간이다. 입구가 위치해 있으며 입구의 위치에 직원을위한 사무공간과 휴게공간, 자녀들의 부모가 쉬는 휴게공간과 화장실, 귀중품 보관을 위한 록커등이 배치되어있다.

PLAN 2

- 마당과 숲

지상의 정원과 저택, 그리고 지하로 부터 이어지는 나무가 있는 지상 공간이다. 곳곳에 나무에서 내려온 줄기와 버섯도 볼 수 있으며, 집과 저택이 징검다리로 이어져 있다. 2층은 계단을 경계로 절반은 숲을, 절반은 저택과 마당을 형성하고 있다, 저택의 옆에는 창고가 놓여있으며, 마당은 간단한 미로 정원처럼 꾸며져 있다. 숲쪽은 나무에서 내려온듯한 덩쿨 줄기와 아이들이 앉거나 오르내릴 수 있는 버섯모양의 구조물이 배치되어 있다.

PLAN 3

- 구름 위

나무의 정상 부분과 저택의 옥상으로 이루어져있는 공중 공간이다. 저택의 지붕 형태의 구조물에는 옥상의 놀이공간을 구현하여 체험이 끝났거나, 체험을 대기중인 아이들이 놀 수 있는 공간으로 하였다. 바닥면 전체에 구름의 영상을 출력하여 하늘 위에 서있는것 같은 느낌을 주도록 하였다.

ELEVATION - A

ELEVATION - B

영화를 모티브로 한 놀이공간
INTO THE MOVIE

영화속 배경을 모티브로하여 아이들이 뛰어놀 수 있는 공간을 제공하여아이들에게 다양한 형태의 놀이 공간속에서 꿈과, 상상력을 키워나가게 해주고자 하는 공간이다. 똑같은 영화에 대한 감상이 저마다 다르듯이 다른 누군가의 상상에 의해 만들어진 공간 속에서 아이들이 각자의 상상력 속에서 꿈과 미래를 그려나가며 현재를 살아가기를 바라는 마음을 담은 공간이다.

집앞 나무 속 미궁
MAZE IN THE TREE

영화의 배경인 나무 속 공간을 이용하여 아이들이 각 층을 넘나들 수 있도록 하였으며, 영화속 배경이 되는 장소를 기반으로 하여 3개의 층을 모두 합쳐 하나의 배경으로 하였다. 각각의 층은 계단 외에도 거대한 나무속의 공간을 활용하여 넘나들 수 있게 하였고, 뿌리부터 출발하여 나뭇가지의 위까지 도달하는 미로 같은 공간을 통해 보다 넓은 시야와, 놀이공간, 공간을 파악하는 능력과, 행동에 대한 사고력을 갖출 수 있게 하고자 하였다

FARM TACOON
스마트팜

김민석

KIM MIN SEOK
krh7456@naver.com

Awards

2019 SPACE DESIGN CREATOR AWARD
　　 최우수상
2020 AHCT CULTURE CONTENTS
　　 아이디어 공모전 우수상

-4차 산업혁명시대에 들어선 지금의 농업은 스마트 팜으로 변해가는 추세이다 사물 인터넷, 빅데이터, 인공 지능 등의기술을 이용하여 마치 게임처럼 농작물, 가축 및 수산물 등의 생육 환경을 적정하게 유지·관리하고, PC와 스마트폰 등으로 원격에서 자동 관리할 수 있어 농작물, 가축, 수산물의 생산의 효율성뿐만 아니라 농민들의 편리성도 높여 이전과 다르게 새로운 기준이되는 뉴노멀시대 를 열게 된다.

BACKGROUND

사물 인터넷, 빅데이터, 인공 지능 등의 기술을 이용하여 농작물, 가축 및 수산물 등의 생육 환경을 적절하게 유지·관리하고, PC와 스마트폰 등으로 원격에서 자동 관리할 수 있어, 생산의 효율성뿐만 아니라 편리성도 높일 수 있다. 또한 ICT 기술을 활용한 스마트팜 기술을 통해 환경 정보(온도·상대습도·광량·이산화탄소·토양 등) 및 생육 정보에 대한 정확한 데이터를 기반으로 생육 단계별 정밀한 관리와 예측 등이 가능하여 수확량, 품질 등을 향상시켜 수익성을 높일 수 있다. 또한, 노동력과 에너지를 효율적으로 관리함으로써 생산비를 절감할 수 있다. 예를 들면, 기존에는 작물에 관수할 때 직접 밸브를 열고 모터를 작동해야 했지만, 스마트 팜에서는 전자밸브가 설정값에 맞춰 자동으로 관수를 한다. 또한, 스마트 팜은 농·림·축·수산물의 상세한 생산 정보 이력을 관리할 수 있어 소비자 신뢰도를 높일 수 있다.

필요성 ONE
다자간 FTA 체결, 기후변화, 에너지/환경문제, 농가 인구 감소 등에 대응한 경쟁력을 갖추기 위해 시설 규모화, 기계화, 자동화 및 정밀농업 요구

필요성 TWO
개방화, 고령화, 영세한 영농규모 등에 대응하여 글로벌 경쟁력을 키우기위해서는 IT강국의 장점을 결합한 스마트 팜 영농 필요성

필요성 THREE
복합 환경 제어, 원격 제어, 데이터 수집과 활용 등 스마트 팜 영농 필요성

필요성 FOUR
데이터 기반 과학 영농의 필요도 : 시설 개보수, 재배시스템 개선, 품목 결정, 정식 시기 결정

필요성 FIVE
데이터 분석에 의한 환경조절, 작물관리
- 일출, 일몰 시간을 알 수 없어서 관수, 관비의 자동화 및 프로그램 제어가 곤란
- 일조시수, 누적 일사량, 적산 온도 등을 알 수 없어서 작물 생육진단에 의한 환경제어 설정이 곤란
- 바람의 방향, 속도, 온도를 알 수 없어서 천창개폐 자동화가 곤란
- 데이터 분석에 의한 생산성감소, 품질저하, 비용증가 제한요인 해결 곤란

필요성 SIX
프로그램 제어에 의한 정밀환경조절
- 시설 규격, 재배방식, 품목이 다른 시설이 혼합되어 있는 경우동병 환경 최적 제어가 가능
- 동별 온도, 습도, 탄산가스 설정값에 따른 측정개폐시 계절별 적, 우측 제어시 범위 자동수정
- 일중 구간온도와 작물 반응관계를 이용한 작물 최적제어
- 시설 내 균일한 온도, 습도 관리로 환경 급변 스트레스가 없어 생육, 생산성 품질 목표 달성
- 복합 정밀환경제어를 통한 품목별 생산목표 달성

필요성 SEVEN
원격 모니터링, 제어에 의한 간편성, 편리성
- 신규 진입 농가를 선도농가 일정기간 대신 관리

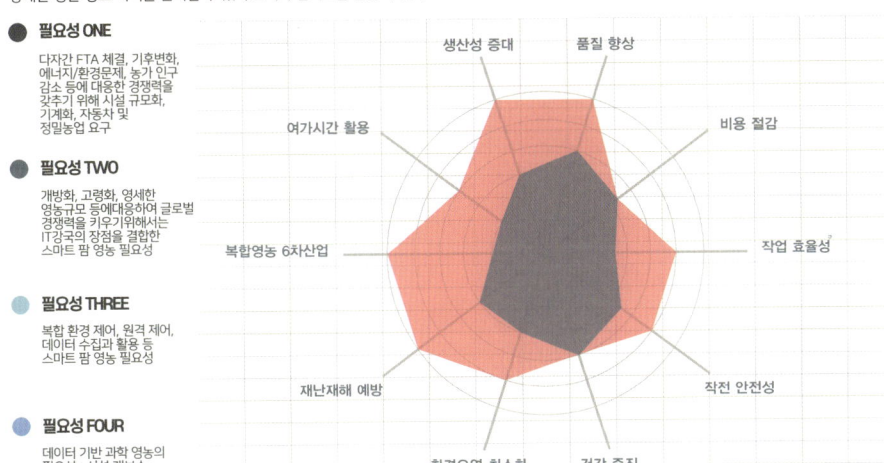

TARGET

MAIN TARGET

- 영농 후계자

현재 농업 종사자는 후계자 약성 부족으로 축색산액과 농업종사자가 지속적이 감소 추세에 접어들었다. 또한 현재 농업종사자와 농업을 시작하려는 사람들이 생각하는 문제점이라 하면 많은 시간이 필요하여 여행도 가지 못하고 수동 반복적이며 힘든일, 또한 변칙적인 자연재해등으로인하여 안정적이지 못한 수입을 문제점으로 꼽을수있다, 하지만 스마트 팜은 시간, 힘든일, 자연재해등에서 많은 이점을 가지고있다.

SUB TARGET

- IT종사자

4차 산업 혁명 시대에 맞춰 IT종사자들도 영역을 넓혀야된다는 생각을 가지고 타겟으로 설정하였습니다. 그이유로는 아직 IT기술이 인터넷, 인공지능등 유독 한정적인 곳에서만 발달하고있기 때문에 여러 분야에 더욱 최신 IT기술들이 쓰인다면 스마트팜 또한 기술적인면과 비용적인 면에서 빠른 발전을 기대할수있습니다.

- 청소년

현재 장애청소년, 다문화 청소년에 초점을 맞춰 스마트팜을 알리고 교육하는 곳이 늘어나고있다. 하지만 일반 청소년들은 스마트팜을 체험해볼공간이 부족하고 청소년들이 느끼기에 농부라하면 아직 힘들고 거부감을 느끼는 청소년들이 많이있다. 하지만 현재 스마트팜을 알리면 그생각이 바뀌지도 모른다고 생각 하였고 청소년들이 스마트 농업을 체험하고, 나아가 진로 개발에 참고할 수 있도록 하는 데 초점을 맞출것이다.

SPACE PROGRAM

READING SPACE
책을 읽는 공간을 마치 숲에서
보는것처럼 느껴지게 공간을 연출한다.

EDUCATION SPACE
비대면 뉴노멀 시대에 맞춰 언택트
교육및 컨설팅 공간을 연출한다.

EXPERIENCE SPACE
영농 후계자, 청소년, IT종사자들이
여러 체험을 하며 직접보고 만져볼
수 있는 공간을 연출한다.

READING SPACE

READING SPACE에는 안내데스크, 독서라운지, 개인 열람공간, 전문서적 코너 스페이스가 필요다고 느꼈으며 각 소요공간의 조닝에 많이 신경을 써서 알맞게 공간분할 전체적인 분위기는 내가 마치 이공간에 들어 온것만 으로도 숲속에서 책을 읽고 편하게 쉬는 공간이라는 느낌을 줄수있도록 많은 공간을 나무와 인조잔디를 사용하여 편한 분위기의 공간을 디자인을할것이다.

EXPERIENCE SPACE

EXPERIENCE SPACE에는 최신 농업 실험 계발실, 수경 재배 시설, 최신 농업IT 기기, 가정용 스마트 팜등 최근 새로나온 제품들과 미래에 나올 제품들을 선보여 학생, 현재 농업 종사자, 미래 농업 종사자, IT기술자들 뿐만 아니라 가정주부들도 와서 여러 방면에서 체험들을 할수있는 공간을 연출하고, 직접 소량으로 채집을 경험 하게 해준다.

EDUCATION SPACE

EDUCATION SPACE에는 교육공간이 중점으로 인터넷 강의 공간, 영상편집공간, 영농 컨설팅룸, 일반적인 교육 공간이 필요하다 하지만 공간이 제한적이므로 유동적으로 움직 일수있는 테이블과 의자를 배치하여 그때 그때 필요한 공간으로 바꾸어 쓸수있는 멀티 룸을 컨셉으로 하여 다양한 느낌의 공간을 연출한다.

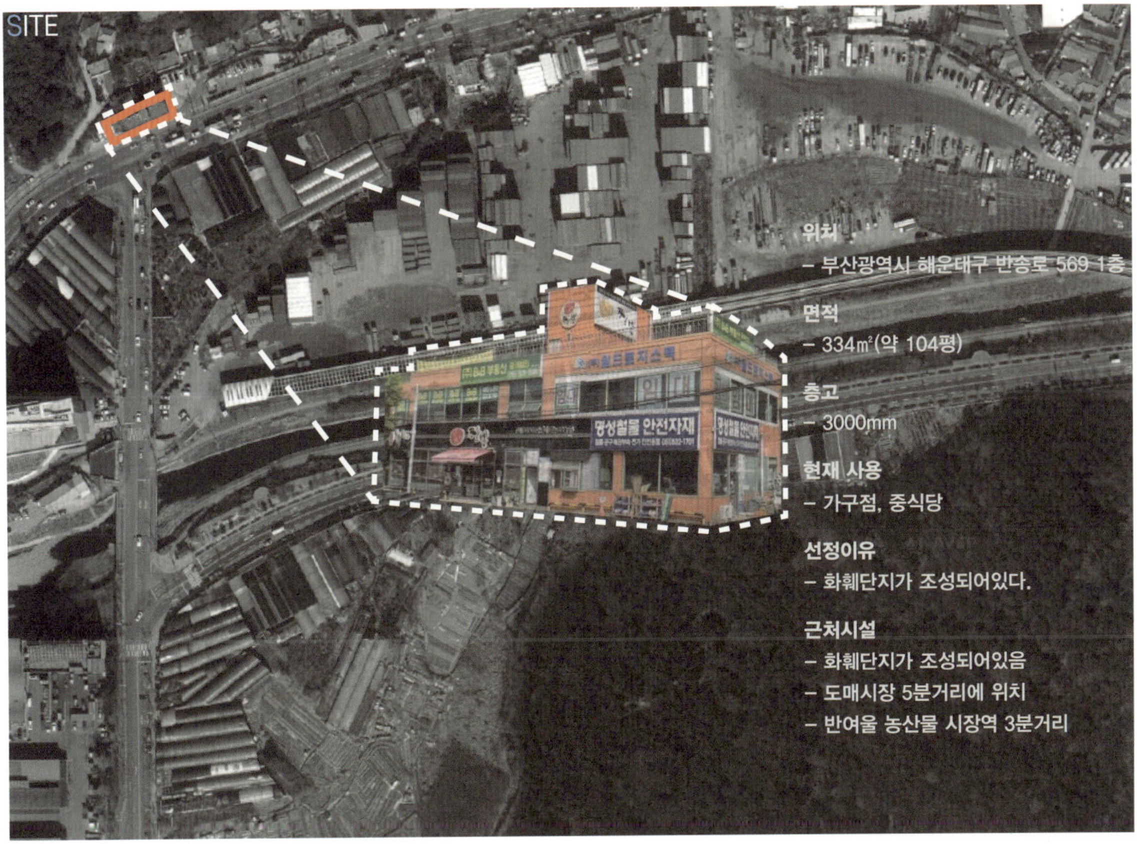
SITE
위치
- 부산광역시 해운대구 반송로 569 1층
면적
- 334㎡(약 104평)
층고
- 3000mm
현재 사용
- 가구점, 중식당
선정이유
- 화훼단지가 조성되어있다.
근처시설
- 화훼단지가 조성되어있음
- 도매시장 5분거리에 위치
- 반여울 농산물 시장역 3분거리

PLAN

책상, 의자
카메라
스마트 팜 교육 공간
APP. WOOD TILE FIN
CH:3800
APP. WOOD TILE FIN
CH:3500
APP. WOOD FIN
CH:3200
빈백
방석
쿠션
책꽂이
스마트 팜 도서관
APP. WOOD TILE FIN
CH:3800
책상, 의자
열람공간
안내데스크
스마트 팜 체험공간
APP. WOOD TILE FIN
CH:3800
E.N.T
가정용 스마트 팜
스마트 팜 원리 모형
스마트 팜 주방
APP. TILE FIN
CH:3800
스마트 팜
APP. STAINLESS STEEL FIN
CH:3500
음식점용
스마트 팜

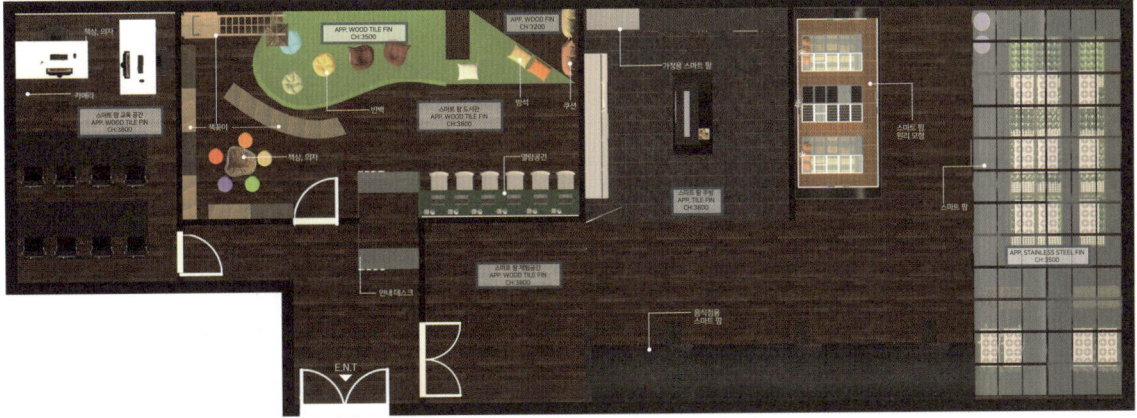

남들보다 먼저 경험하는 스마트팜

체험의 광장

이번 스마트팜은 남들보다 한발 앞서 앞으로 나올 농업기술들을 체험해 보고 IT관련 종사자들의 아이디어들을 마음껏 펼쳐볼수있는 기회를 마련해줌으로 어린아이부터 노인들까지 나이와 직업에 상관없이 들려 편하게 체험을 하고 농업에대해 안좋았던 생각이 조금 이나마 바뀌었으면 해서 체험공간을연출했다.

Online DCT Brand Market
온라인에 기반을 둔 스타트업 브랜드를 오프라인에서

김민주
KIMMINJOO

joo4800kr@naver.com

Awards
2020 한국실내디자인학회 입선
2020 한국공간디자인대전 특선

2021 GTQ 1급 자격증 취득

- 코로나가 몰고 온 급격한 언택트 시대로 오프라인 매장의 위기를 가속화 시켜 온라인 업체와의 격차가 벌어지고 있다. 그렇다면 오프라인 매장은 없어질까? 오프라인은 오프라인만이 제공할 수 있는 소비자와의 소통을 내세워야 한다. 기존의 영업방침과는 다르게 소셜 커넥션을 강조하는 경험적 소비 공간으로 소비자에게 상품이 아닌 브랜드를 판매하고, 오프라인 매장에서 브랜드를 경험한 후 온라인에서의 결제로 이어질 수 있게끔 소비자들을 이끌어야 한다. 그러려면 오프라인 매장은 기존의 상품 판매가 목적인 공간과는 다르게 발전해야 한다.

온라인에서 다시 오프라인으로

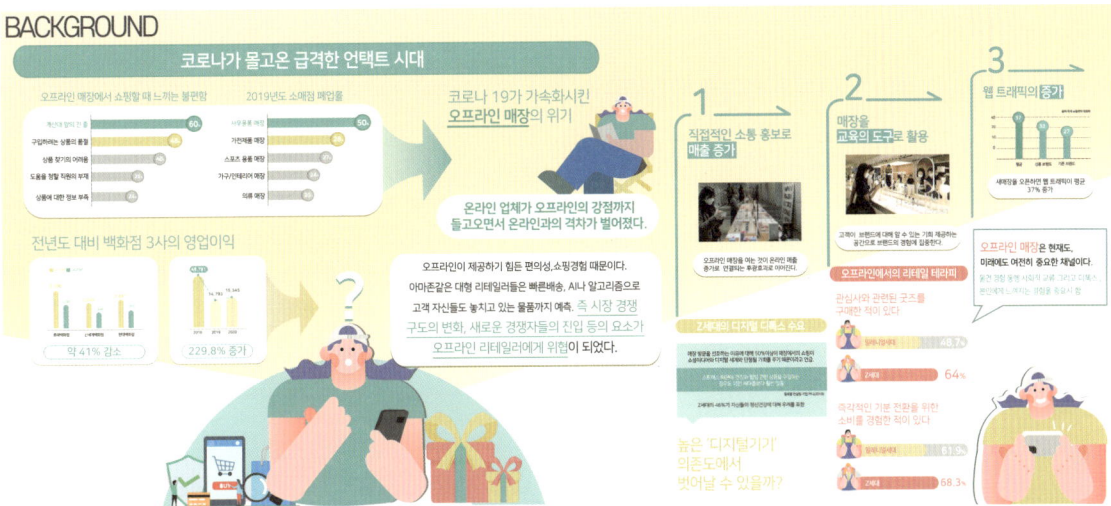
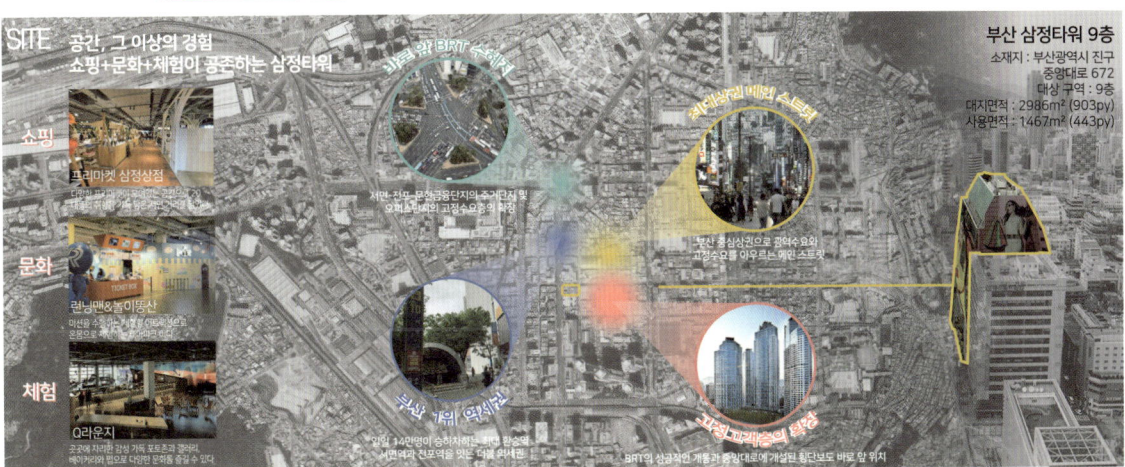
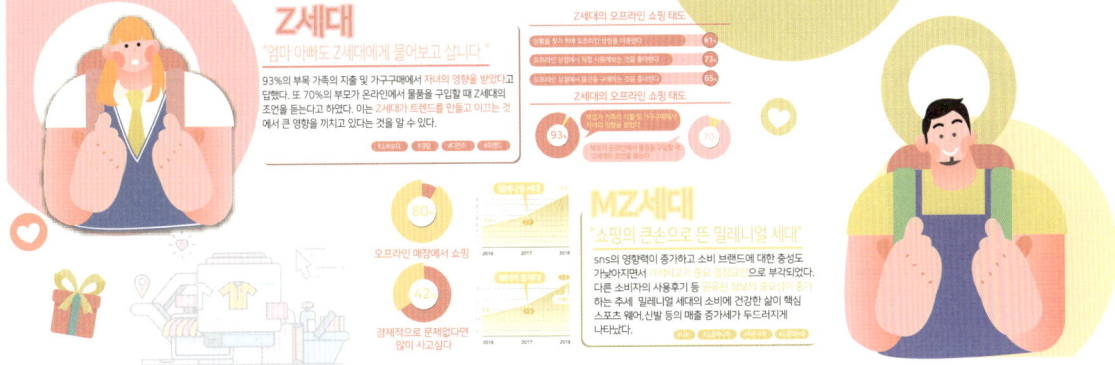

SPACE PROGRAM

Show Brand 1
온라인 기반 스타트업 기업들의 오프라인 전시
브랜드 아레나 / 브랜드 체험관 / 지역브랜드 홍보관

 2 **Expert Studio**
크라우드 펀딩 제품을 체험하고 브랜드들을 투자
쉐어 / 펀딩 투자 세미나룸 / 오피스

Idea Space 3
메이커와 서포터가 피드백을 주고 받을 수 있는 공간
아이디어 컨설팅 / 커뮤니티 공간 / 제품 PT공간

4 **Dighital Detox**
전자기기에서 벗어나 자연세계로 돌아갈 수 있는 공간
채험 클래스 / 공간 관리자

CONCEPT
New normal lifestyle   경험 중심의 리테일샵

온라인 시장의 활발한 증가로 줄어가는 오프라인시장이지만 기존의 소비공간과는 다르게 경험적 소비 가치를 제공하는 것이다.
공간에서 제공하는 콘텐츠는 경험재이다. 콘텐츠 중심, 커뮤니티 중심의 복합문화공간으로 꼭 물건을 사지 않아도 매장을 찾아올 동기를 제공하여 사용자에게 감정적 가치를 제공한다.

1 PHYSITAL   **2** SLOW LIFESTYLE   **3** ECO-FRIENDLY

디지털을 활용해 오프라인 공간에서의 육체적 경험을 확대한다.   문화적 요소를 공간에 녹여 소비자들의 자유로운 사회적 교류를 추구한다.   매장의 면역력을 높일 수 있는 연출로 눈에 보이지 않는 세균 뿐 아니라 눈에 보이는 부분까지 신경을 써 소비자가 심리적으로 안심할 수 있도록 한다.

PHYSITAL 디지털을 활용해 오프라인 공간에서의 **육체적 경험**을 확대한다.
온라인 경험을 오프라인에 융합하여 경쟁력을 높일 수 있는 공간으로 오프라인 공간에 온라인의 편의성을 결합하여 사용자가 보다 편하게 공간을 이용할 수 있다.

1.SIGHT SENSE

보는 디지털
미디어 예술 작품이나 브랜드의 광고, 홍보영상을 화면에 재생해 커다란 광고판을 만드는데 이는 수입 창출로도 이어질 수 있고 무엇보다 쓸모 있는 화면 덕분에 공간이 다채로워질 뿐만 아니라 이 디스플레이들을 이루는 공간을 가변적으로 활용해 공간을 분리하여 독립된 공간을 만들 수 있다.

공간의 가변성   독립된 공간

2.HEARING SENSE

듣는 디지털
바다소리나 도시의 소리 같은 부산의 소리를 공간과 결합해 지역 브랜드 홍보관같은 지역 관련 부스에서 몰입감을 주고, 공간의 이해도를 높인다.

사운드 X 부산 = 스토리 텔링   사운드 X 조명 = 재현

3.TACTILE SENSE
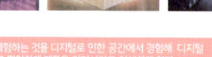

만지는 디지털
전시나 디지털을 경험하며 제품을 만지고 체험하는 것을 통한 공간에서 경험한 디지털 세대인 MZ세대에게 더욱 친숙하고 편안하게 제품을 인지시키고 이해하게 한다.

디지털의 공간화   공간과의 연동   터치 디스플레이
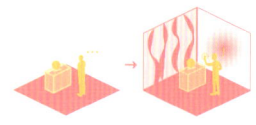  

SLOW LIFESTYLE 문화적 요소를 공간에 녹여 소비자들의 자유로운 사회적 교류를 추구한다.

소셜 커넥션을 강조하는 경험적 소비 공간으로 소비자들의 사회적 교류에 초점을 맞춰 공간을 상호관계적으로 제공하여 소셜커넥션을 강조할 수 있다.

1. FLOW OF GAZE
시선의 흐름

2. FLOW OF CONVERSATION
대화의 흐름

3. FLOW OF THOUGHT
생각의 흐름

ECO-FRIENDLY 자연을 통해 공간의 면역력을 증진하다.

매장의 면역력을 높일 수 있는 연출로 눈에 보이지 않는 세균 뿐 아니라 눈에 보이는 부분까지 신경을 써 소비자가 심리적으로 안심할 수 있도록 한다.

1. VISUAL CLEANING
자연을 실내로

2. DISPLAY CLEANING
방역과 위생

3. MATERIAL CLEANING
리사이클과 친환경

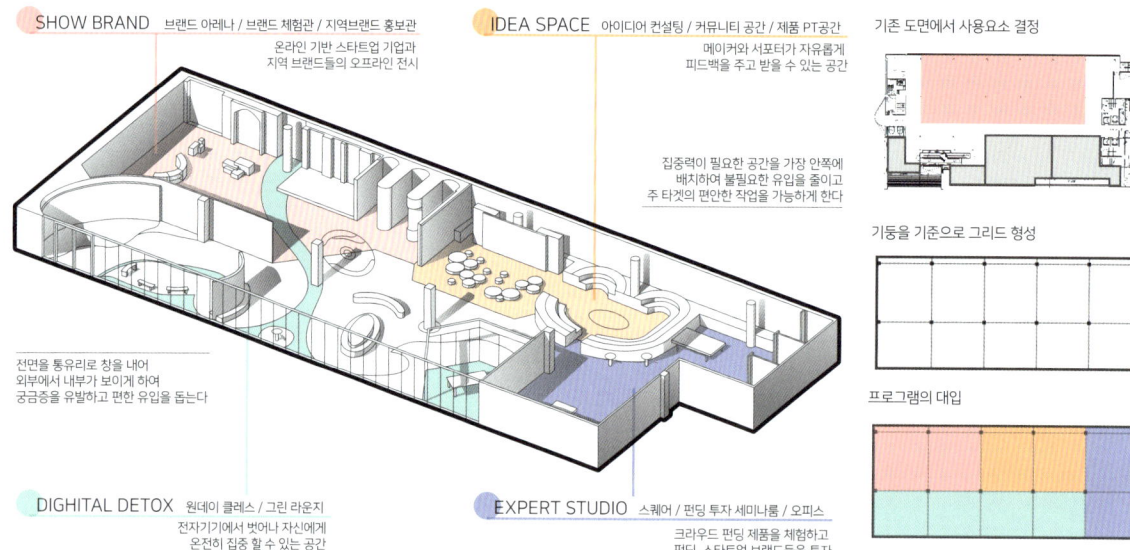

ZONING

SHOW BRAND — 브랜드 아레나 / 브랜드 체험관 / 지역브랜드 홍보관
온라인 기반 스타트업 기업과 지역 브랜드들의 오프라인 전시

IDEA SPACE — 아이디어 컨설팅 / 커뮤니티 공간 / 제품 PT공간
메이커와 서포터가 자유롭게 피드백 주고 받을 수 있는 공간

기존 도면에서 사용요소 결정

집중력이 필요한 공간을 가장 안쪽에 배치하여 불필요한 유입을 줄이고 주 타겟의 편안한 작업을 가능하게 한다

기둥을 기준으로 그리드 형성

전면을 통유리로 창을 내어 외부에서 내부가 보이게 하여 궁금증을 유발하고 편한 유입을 돕는다

프로그램의 대입

DIGHITAL DETOX — 원데이 클래스 / 그린 라운지
전자기기에서 벗어나 자신에게 온전히 집중 할 수 있는 공간

EXPERT STUDIO — 스퀘어 / 펀딩 투자 세미나룸 / 오피스
크라우드 펀딩 제품을 체험하고 펀딩, 스타트업 브랜드들을 투자

SPACE COORDINATION IDEASKETCH

그린라운지
플랜테리어를 통한 정서적 효과와 오래 머무를 수 있는 공간을 자연스럽게 구성하여 같이 온 지인과 담소를 나누거나 구매한 제품을 그 자리에서 써보는 등 편하게 휴식하고 쉬어갈 수 있는 공간이다.

COLOR — MAIN / NEUTRAL / MAIN / ACCENT / NEUTRAL

실내 정원 / 스마트가든월 / 빛길 닿는 대로 자연스럽게 떠나기(?) / 그린 라운지 / 침목목 / 스톤가든 / 테라조 타일 / 그린월

브랜드 아레나
스타트업 브랜드를 모아 다양하고 독특한 컨셉과 체험으로 제품 구매, 브랜드를 알아가 온라인 구매로까지 이어질 수 있다.

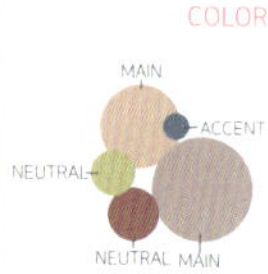

COLOR — MAIN / ACCENT / NEUTRAL / NEUTRAL MAIN

원형조명 / 일자형 조명 / 여러개의 아크릴 / 다양한 디스플레이 / 사운드 X 조명 / 디지털의 공간화 / 화색 컬러 / 공간과의 연출

스퀘어
세미나나 큰 규모의 모임을 주최할 수 있는 공간으로 다양한 교육과 컨퍼런스, 그리고 메이커와 서포터, 창업자와 예비 창업자를 연결해주는 이벤트를 진행할 수 있다.

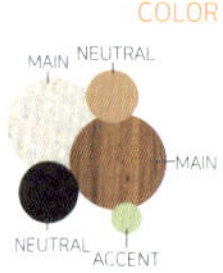

COLOR — MAIN / NEUTRAL / MAIN / NEUTRAL / ACCENT

병사형 공간의 단차로 인해 넓어진 시야와 시선 교차 / 자연과 결합, 편안한 분위기 연출 / 자유롭게 이동 가능한 가구 / 편안한 조명 / 의자 / 스탠드 조명 / 스툴 의자 / 석재/목재 재질

원데이 클래스
스타트업 브랜드와의 협업으로 브랜드 제품을 만들거나, 브랜드 제품으로 수업을 진행하는 등의 이벤트를 통해 자연스럽게 브랜드를 경험하고 이해할 수 있어 메이커와 서포터 둘 다 만족할 수 있다.

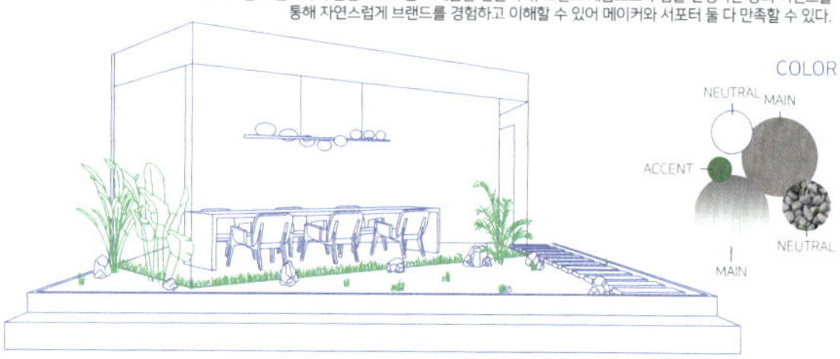

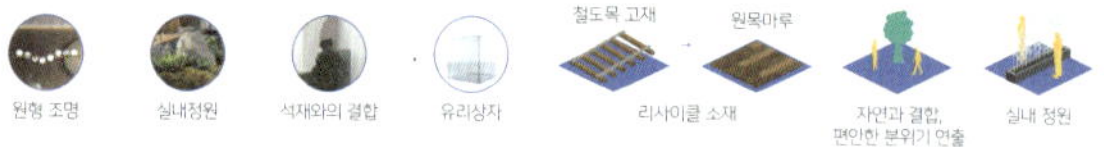

COLOR — NEUTRAL / MAIN / ACCENT / NEUTRAL / MAIN

철도 고재 / 원목마루 / 원형 조명 / 실내정원 / 석재와의 결합 / 유리상자 / 리사이클 소재 / 자연과 결합, 편안한 분위기 연출 / 실내 정원

PLAN

CEILING

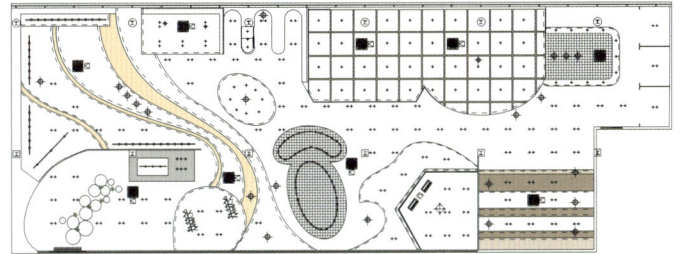

SYMBOL	NAME	QUAN.
+	DOWN LIGHT	126 EA
⊕	TRACK LIGHT	80 EA
⊡	PENDANT	38 EA
▨	점검구(450X450)	4 EA
▦	4 WAY A.C	9 EA
▬	2 WAY A.C	2 EA
✹	행잉 플랜트	6 EA
✺	CHANDELIER	2 EA
▭	AIR CURTAIN	2 EA

ELEVATION - A

ELEVATION - B

ELEVATION - C

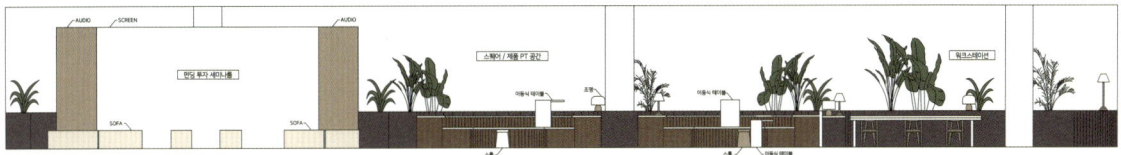

Show Brand
브랜드 아레나 / 지역 브랜드 홍보관

다양한 스타트업 브랜드들을 모아둔 곳으로 오프라인 상점이 없는 작은 소규모 기업들이 모여있는 공간이기에 다양한 디스플레이 방식과 각 브랜드들의 영역을 나눌 수 있도록 넓은 레이아웃과 카운터 없는 공간 계획으로 사용자가 꼭 사야한다는 부담감을 덜어줄 수 있도록 계획한다.

Dighital Detox
그린 라운지 / 원데이 클래스

플랜테리어를 통한 정서적 효과와 오래 머무를 수 있는 공간을 자연스럽게 구성하여 같이 온 지인과

담소를 나누거나 구매한 제품을 그 자리에서 써보는 등 편하게 휴식하고 쉬어갈 수 있는 공간으로 문화적

요소를 공간에 녹여 복합문화공간으로 계획한다.

Xtra-role of Housing, 'Camele-home'

카멜레온 같은 집의 다채로운 변신

이유미

LEE YOU MI

youmi2358@naver.com

Awards

2020 공간디자인대전 장려상

2021 Microsoft PowerPoint 자격증 취득

코로나 19 이후로 사회적 거리두기를 시행하기 전과 비교했을 때 가장 오래머무는 공간은 바로 집입니다. 많은 시간을 집에서 보내면서 문제를 해결해야 할 때에 (예전에는 생각지 못했던) 불편함이 생겼습니다. 주변환경이 변하는 만큼 그에 따라 몸의 색깔을 바꾸는 카멜레온처럼 집이 계속해서 변신해야합니다. 집이 삶의 중요한 영역이 되면서, 카멜레온처럼 시시각각 기능에 맞게 변화하는 '카멜레 홈'을 설계합니다.

BACKGROUND

DIY는 스스로 무언가를 해보려는 소비 트렌드입니다. 이러한 트렌드는 몇 년 전부터 꾸준히 자리 잡아 오던 트렌드인데, 이미 존재하는 상품 속에서도 특별한 무언가를 만들어보고 싶은 욕망과 연결된다고 합니다. 이번에 코로나 사태와 만나면서 DIY 소비(만들기 열풍)가 더욱 강해진 것이죠.

| 코로나 19 시대, 주거 공간에서 더 필요한 내부 기능

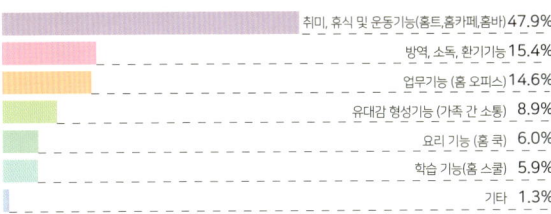

| 코로나 19로 이사를 고려한 이유

41.7% 쾌적한 주거환경을 위해
19.9% 취미, 여가 등 공간부족으로 면적확대
14.2% 업무, 학습 공간 마련
10.5% 편리한 시설 이용 위해
9.9% 층간소음 갈등
3.8% 기타

이미 존재하는 상품들이지만 코로나로 인해 외부와의 접촉을 줄이고 직접 재배하고 생산하며 더욱 안전하고 믿음이 가는 소비를 위한 공간, 집 밖을 나가지 않더라도 집안에서 충분히 모든 것을 할 수 있는 생산, 소비적인 DIY 주거 공간을 보여 줄 수 있는 주택 전시관 설계를 합니다.

TARGET

MAIN TARGET 이사를 고려중인 사람들

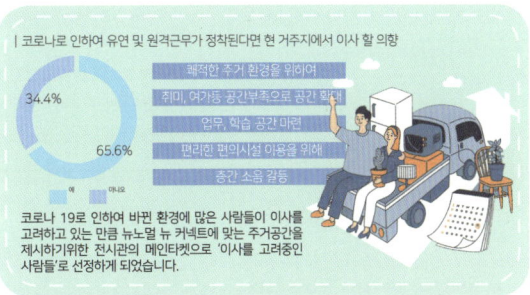

코로나 19로 인하여 바뀐 환경에 많은 사람들이 이사를 고려하고 있는 만큼 뉴노멀 뉴 커넥트에 맞는 주거공간을 제시하기위한 전시관의 메인타켓으로 '이사를 고려중인 사람들'로 선정하게 되었습니다.

SUB TARGET 주거공간의 다양한 내부공간을 원하는 사람

기존에 주거공간과 다르게 취미, 휴식 및 운동기능을 원하는 사람들이 늘어나 공간을 제시할 수 있는 전시관이 필요하다는 생각이 들어 서브타겟으로 정하게 되었습니다.

PROGRAM

1. MAKING HOME

다듬고 조립하여 또 다른 특별한 나만의 것을 만들어 낸다. 본인이 직접 만들기에 믿을 수 있고 성취감을 얻을 수 있는 공간

DIY(Do It Yourself)
쿠킹,베이킹 등 직접 만들어 내는 공간

RIY(Repair It Yourself)
취향과 개성을 더해 고쳐쓰는 공간

Pocket Sliding

"주방이 집의 중심으로 대두됨에 따라 주방을 효율적이면서도 아름답게 사용하고 싶어하는 사람들이 늘고 있다. 최근 들어 빌트인 가전의 수요가 증가한 것도 이와 관련된 현상이라 할 수 있다. 빌트인 가전은 제품 외관의 기능을 최소화하고, 나머지는 모두 내부에 배치하여 심미적인 요소와 공간 활용도를 높인 것이 특징이다. 인테리어에 거슬리지 않는 자연스럽고도 세련된 디자인으로 많은 이들에게 각광받고 있다." 이처럼 공간 사용전 후 의 지저분 함을 숨기고 넓게 보일 수 있는 공간 디자인을 한다.

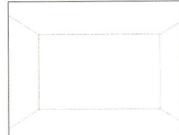 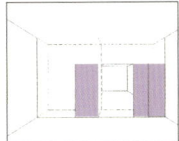 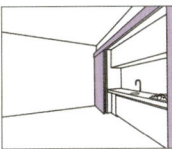

Digital Recipe

주방에서 음식을 요리할때 번거롭게 따로 레시피를 알아보지 않더라도 바로바로 레시피를 확인 할 수 있고, 영상을 통해 바로 조리를 따라 할 수 있는 디지털 기계를 인테리어에 활용한다.

Gallery Window

대형 창을 주방에 설치해 주방을 식사 및 다과를 즐기면서 마치 액자에 담긴 풍경을 감상할 수 있도록 했으며, '힐링 프리미엄' 공간은 대형 창과 단차를 활용해 간단한 다과와 티타임을 즐길 수 있는 힐링 공간으로 구현

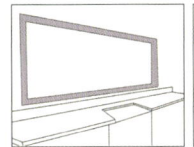 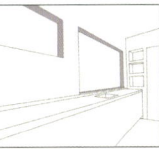 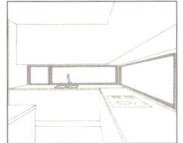

2. WORKING HOME

주거 공간과 분리 되어 방해 받지 않고 집중 할 수 있으며 업무 생산성을 높일 수 있는 공간

Lost In Thought
조용히 집중해서 일 할 수 있는 독립된 공간

코로나로 인해 언택트, 온택트 시대가 되면서 일이나 학업 등을 집에서 해야하는 상황이 되었다. 주거 환경과 업무 공간을 명확하게 구분을 지어 독립 된 공간으로 화상회의나 온라인 수업등 조용하고 집중이 잘 될 수 있는 공간을 설계한다. 편안함과 휴식에 중점을 두는 주거공간 인테리어와 달리 집중력을 높이고 일을 할 때 편하도록 하는 것에 중점을 두고 설계를 한다.

Spread Out
넓게 펼쳐 놓고 작업 할 수 있는 공간

일을 하거나 공부를 할때 조용하고 집중이 잘 될 수 있는 공간도 필요하지만 여러가지 자료들이나 재료들을 늘어놓고 비교해가며 작업하는 넓은 공간도 필요하다. 이때 혼잡 할 수 있으므로 작업에 필요한 재료나 자료들과 다른 것이 섞이지 않게 독립적인 공간을 설계한다.

Divider
집에 분리된 공간이 제대로 마련돼 있지 않다면 공간과 공간 사이에 문을 달거나 간편하게 방을 나누는 디바이더(divider)를 둬서 분리된 공간을 추가할 수 있다. 공간을 나누면 다른 가족이 하는 행동에 따른 방해를 덜 받을 수 있고 한집에 있지만 다른 곳에 있는 것 같은 기분을 낼 수 있다.

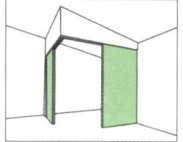 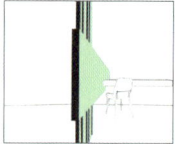 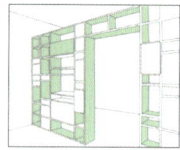

Working hobby

취미 생활을 하는데 필요한 준비물 보관 및 작업 할 수 있는 공간을 설계한다.

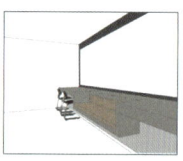  

Made working

집에 거주 하는 시간이 늘어나면서 의식주 중 식을 해결해야하는 횟수도 늘어난다. 주방 공간을 확대하거나 main 주방과 분리하여 취미로 베이킹, 쿠킹 할 수 있는 sub 주방 공간을 설계한다.

 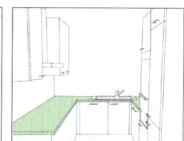 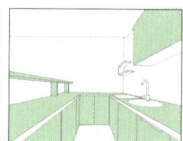

3. FRESH HOME

집에서 가족들과 함께 안전하게 생태 체험을 즐기며 생태감수성을 기를 수 있는 공간

Agritainment
농업이 여가 활동으로 자리 잡으면서 농업(Agriculture)과 여흥(Entertainment)을 결합한 신조어.

씨앗 부터 식물을 키워보는 경험을 통해 믿고 먹을 수 있는 식재료를 얻을 수 있고 관찰력, 책임감, 탐구력 및 생태 감수성을 키울 수 있는 공간. 일상공간에 도시농업을 들여옴으로써 지속적인 관리가 가능하고 수확즉시 이용이 가능

Home garden
공간의 정원이 되기도 하고 배경이 되기도 하며 자연을 가까이 느낄 수 있는 공간

코로나로 제약이 많은 갑갑한 도심의 생활에서 벗어나고 스트레스를 풀기 위해 결국 사람은 자연을 느끼고자 한다. 이에 맞는 공간을 설계계획 한다. 실내 환경이 아무리 잘 조성되어 있어도 노지의 환경을 따라잡을 수는 없다. 햇빛 요구량이 많은 식물, 즉 극양지 식물(침엽수나 과실수 등)을 피한다.

Outdoor cafe
테라스에 home cafe를 설계하여 집안의 갑갑한 느낌을 덜어주고 안과 밖의 경계를 흐린다.

  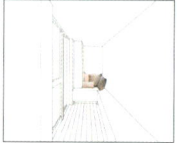

Outdoor plant

공간의 정원이 되기도 하고 배경이 되기도 하며 자연을 가까이 느낄 수 있는 공간, 공간과 공간 사이의 경계를 허물다.

  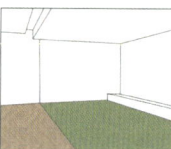

Outdoor Sport

층간 소음 문제를 해결하기 위하여 실내와 실외 그 경계인 테라스를 이용하여 운동공간을 설계한다.

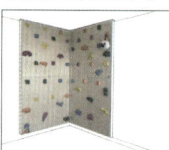  

4. REST HOME
활기차게 움직이기도 때론 늘어질 수 도 있는 공간으로 에너지를 재충전하고 삶의 원동력을 얻을 수 있는 공간

Energing
취미나, 운동을 즐기며 삶의 원동력을 얻을 수 있는 활기찬 동적인 공간

집에서도 여가 시간을 보낼 수 있는 공간을 설계 한다. 코로나로 인하여 외부 활동이 자제되고 움직임이 많이 줄어든 추세이다. 집에서 운동이나 활동성 있는 게임 등의 여가 생활을 보낼 수 있는 동적이고 활기찬 공간을 설계하되 소음 문제에 대하여 각별히 유의하여 설계한다.

Recharging
휴식을 취하며 에너지를 재충전 할 수 있는 차분한 정적인 공간

코로나로 인하여 외부 활동이 자제되어 집에서 여가 시설을 보낼 수 있도록 홈 카페, 홈시네마, 홈바 등 집에서 휴식을 취하며 여유를 가질 수 있고 에너지를 재충전 할 수 있는 공간을 설계한다.

Book rest
창가 공간에 마루를 삽입하여 창가에서 휴식을 취할 수 있고 독서를 할 수 있는 공간으로 설계한다.

  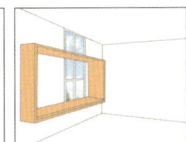

Theater rest
대형화면과 입체 음향기기를 삽입하여 일반 가정에서도 마치 영화관에서 영화를 보듯 생생한 효과를 얻을 수 있도록 설계한다.

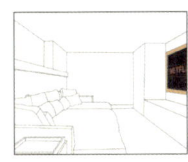 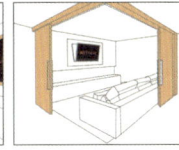 

Break time rest
여유롭게 차를 마시면서 대화를 나눌 수 있고 유대감 형성을 할 수 있는 홈카페 공간을 삽입하여 휴식 공간을 설계한다.

MAKING HOME_ pocket sliding

주방이 집의 중심으로 대두됨에 따라 주방을 효율적이면서도
아름답게 사용하고 싶어하는 사람들이 늘고 있다.

최근 들어 빌트인 가전의 수요가 증가한 것도
이와 관련된 현상이라 할 수 있다.

빌트인 가전은 제품 외관의 기능은 최소화하고,
나머지는 모두 내부에 배치하여 심미적인 요소와
공간 활용도를 높인 것이 특징이다.

인테리어에 거슬리지 않는 자연스럽고도 세련된 디자인으로
많은 이들에게 각광받고 있다.
이처럼 공간 사용전 후 의 지저분 함을 숨기고
넓게 보일 수 있는 공간 디자인을 한다.

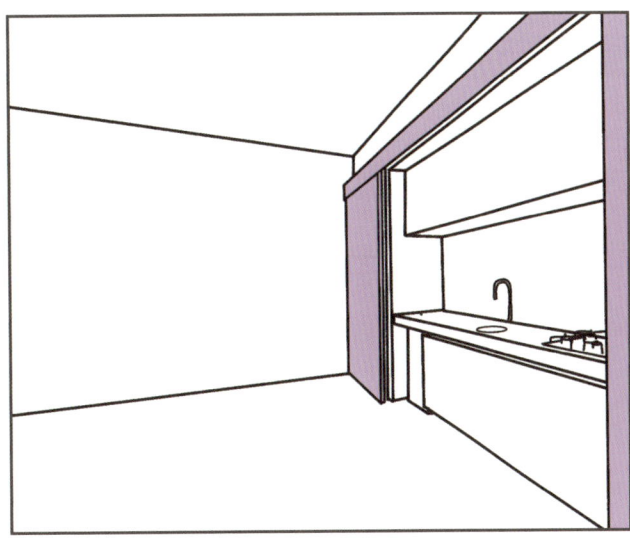

REST HOME_theater rest

대형화면과 입체 음향기기를 삽입하여
일반 가정에서도 마치 영화관에서 영화를 보듯
생생한 효과를 얻을 수 있도록 설계한다.

집에 분리된 공간이 제대로 마련돼 있지 않다면
공간과 공간 사이에 문을 달거나
간편하게 방을 나누는 디바이더(divider)를 둬서
분리된 공간을 추가할 수 있다.

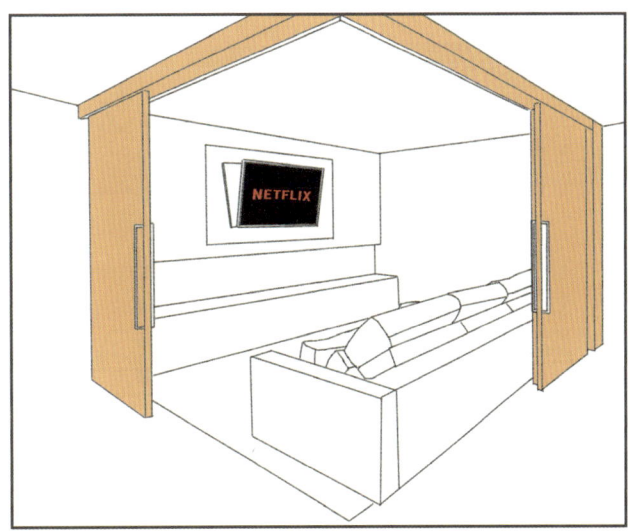

Complex Center For Future Education

긱워커의 미래를 위한 교육복합공간

긱워커란 무엇일까? 바로 고용주의 필요에 따라 단기로 계약을 맺거나 일회성 일을 맡는 등 초단기 노동을 제공하는 근로자를 뜻한다. '긱'이란 단어는 처음에는 프리랜서(1인 자영업자)를 뜻하다가 요즘에는 '디지털 장터에서 거래되는 기간제 근로'라는 의미로 사용되고 있다. 코로나19로 인한 재택근무와 외출 자제 등으로 택배물량이 작년보다 약 20%가량 급증하였다. 코로나19 영향으로 언택트 거래가 늘어나면서 택배 노동자들이 과중한 업무에 시달리고 있다고 한다. 코로나19 확산 이전 카페나 편의점 등에서 식사 겸 휴식을 취했지만, 사회적 거리두기로 인해 마땅히 휴식을 취할만한 공간이 없다. 또한 로봇의 등장으로 일자리를 잃을 수도 있다.

끝이 아닌 나날이 새로워지는 시작의 길을 찾다

1 공간을 이용하는 긱워커 중심의 디자인을 목표
2 그들의 생활,심리,특성 등을 고려해 커뮤니케이션을 확장
3 플랫폼 노동의 특성을 공간에 대입하여 해석한 공간을 계획

성민경
SEONG MIN GYEONG
alsrud5640@naver.com

Awards
2019 국제사이버디자인트렌드 대전 입선
2019 GTQ 1급자격증 취득

2020 한국실내디자인학회 입선
2020 한국공간디자인 대전 우수상

2021 실내건축기사 자격증 취득
2021 부산권 대학연합 캡스톤디자인 프로젝트
B.SORI 경진대회 우수상

모르는 사이에 조금씩, 시나브로 공간 (늘품 라이브러리)

늘품라이브러리는 진로, 취업 정보관련 도서들이 마련되어 있어 사용자들이 자유롭게 도서를 관람할 수 있도록 한다. 또한 개인종결무터 스터디일에 따라 스터디할 수 있도록 다양한 스터디 공간을 마련하도록 한다.

BACKGROUND

코로나19의 여파로 유통·식품·음식업체의 배달수요가 급증하고 있으면서 비대면 서비스에 대한 수요도 증가해 배달 로봇의 필요성이 점차 커지고 있다.

최근 우리나라에서도 배달 인건비가 부담스러운 자영업자들을 중심으로 배달 대행업 시장이 커지고 있는 만큼, 향후 배달업계의 배달로봇 서비스 도입도 먼 미래의 일은 아니다.

배달로봇의 등장으로 우리나라 배달업 일자리가 직격탄을 맞을 수 있다.

| 세계 배달 로봇 시장 전망 | 월별 고용동향 지표 주요 추이

필요성

| [프리랜서] 긱 이코노미 트렌드에 긍정적인 이유

- 여러 일 해볼 수 있을 것 같아서 50.2%
- 자유로운 근무가 가능할 것 같아서 47.5%
- 일자리 부족 문제가 다소 해결될 것 같아서 25.4%
- 전공/특기 살려야 맞는 일을 할 수 있을 것 같아서 23.1%
- 회식/조직문화 등을 신경쓰지 않아도 돼서 14.2%
- 장소 제한없이 근무하는 근로형태가 확산될 것 같아서 12.1%

| "긱 경제 시대" 도래에 대한 인식

 75.9% 긱경제 시대로의 진입은 피할 수 없는 시대 흐름이다
 70.7% 긱경제 시대에는 세대간 일자리 경쟁이 더욱 치열해질 것이다
 74.0% 긱경제 시대의 대안으로 '기본소득제'는 꼭 고민해볼 필요가 있는 정책이다
69.6% 긱경제 시대에 가장 중요한 것은 복지시스템의 강화이다.

1. 긱워커들을 위한 **자유로운 업무공간**이 필요하다.
2. **배우고 싶은 기술**이나 분야가 있다면 그 일을 배울 수 있도록 해주는 **기술교육 공간**이 필요하다.
3. 열악한 환경을 개선하기 위한 **휴식공간**이 필요하다.
4. 긱워커들 간의 **소통을 위한 커뮤니티 공간**이 필요하다.

디지털 노동 시장은 미국이 주도하며 중국이 급속도로 부상하고 있는 추세이다. 2027년에는 미국인 중 50.9%가 긱워커로 일할 것이라는 전망이 있다. 또한, 세계 각 나라에서 확산되는 긱 이코노미의 고용형태 자체가 갖고있는 장점을 이용하되, 고용 안정성이 낮은 문제를 어떻게 해결할 수 있는지 고민하고 있는 추세이다.

SITE

- 명칭 : 부산 영동프라자
- 위치 : 부산광역시 부산진구 부전동 467-1
- 면적 : 1,428.1 m²
- 계획 면적 : 1,137 m² (344PY) 지상 3층 건물
- 현재 용도 : 한국산업기술시험원 전문교육센터

▶ 주변 도로, 건물 환경 사진

| 지역내 유사 시설 분포 현황

긱워커들을 위한 교육, 휴게공간이 매우 부족한 상황. 현재 그 들의 미래를 위한 교육공간은 따로 마련되어 있지가 않다.

| 적절성

부산의 중심인 서면, 유동인구가 많고 주거·상업 시설이 많이 분포되어 있어 긱워커들이 가장 많은 업무를 하게되는 위치이며, 업무 중간이나 퇴근하고도 가장 접근하기 쉬운 장소이다.

TARGET

MAIN TARGET
배달·택배 노동자 (Gig Worker)

4차 산업 혁명, 포스트 코로나 시대에 유망 직종
- 스마트 헬스케어 전문가
- 소프트웨어 개발자
- 드론 전문가
- 정보보호 전문가
- 인공지능 전문가

우리 삶에 침투할 AI 로봇 5가지
- 드론
- 무인자동차
- AI 제조로봇
- 도우미로봇
- 의료로봇

택배 배달기사 / 대리·대리기사 / 계산원, 텔러 / 영업사, 호텔사원 / 단순 조립원 / 간호사 / 로봇으로 소멸 가능성이

노동자의 일자리가 줄어듦에 대비하여 노동자들이 미래에 배우고 싶은 분야의 직종, 유망기술들을 교육 해주는 공간, 그리고 열악한 환경 개선을 위한 휴게공간이 필요하다.

코로나19 이후 프리랜서 수요 전망
8% / 18% / 19% / 21% / 34%

긱워커 제 2의 인생에서 가장 하고 싶은 것은? 56.1%

사용자가 자유롭게 업무를 처리할 수 있으면서도 제 2의 인생의 새로운 직업을 위해 공부할 수 있는 **교육공간**과 **도서공간**, 그리고 정보를 공유할 수 있는 **커뮤니티 공간**이 필요하다.

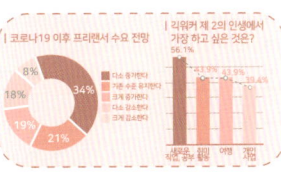

SUB TARGET
학습지 교사, 프리랜서 (Gig Worker)

| 휴게공간 필요 | 유망기술 교육공간 필요 | 커뮤니케이션 공간 필요 | 일자리 상담공간 필요 | 자유로운 업무공간 필요 | 정보공유를 위한 커뮤니티공간 필요 | 교육·도서공간 필요 |

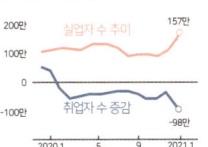

SPACE PROGRAM

1 담음이 넘치도록, 안다미로 배움공간

[미래를 위한 교육공간]
장비교육 배우미 / 쏙쏙 디지털공간 / 멀티 로미공간
- 사용자들의 제 2의 인생을 위한 교육공간으로 코로나19시대에 유망한 기술들을 직접 배움.
- 로봇, 드론 등 시기계장비에 대해 교육받을 수 있고,
- 각종 강연이나 이론 수업, 세미나 등의 다양한 목적을 이룰 수 있는 공간.

2 해처럼 활기찬, 늘해랑 이야기공간

[소통의 커뮤니케이션 공간]
이야기 광장 / 카페라운지
- 같은 관심사를 가지고 있는 사용자들끼리 정보를 공유하며 교류할 수 있는 공간.
- 간단하게 한끼를 채울 수 있는, 커피한잔 가지면서 사용자들끼리 이야기할 수 있는 공간.

3 모르는 사이에 조금씩, 시나브로 공간

[다가가는 자기계발 공간]
늘품 라이브러리 / 아리아리 상담센터 / 자격증러닝박스
- 진로, 취업 정보관련 도서를 관람하고 스터디할 수 있는 공간.
- 자신의 새로운 직종을 알아보고싶은 사용자들을 위한 상담 공간.
- 다양한 자격증 취득을 원하는 사용자들을 위한 자격증 강의 공간.

4 좋은 일이 다가오는, 다온 쉼터공간

[잠시 쉬어가는 휴식공간]
관리 사무실 / 메이크 스페이스 / ONEST 커뮤니티
- 센터를 관리하는 사무실 공간.
- 영화, 오락, 심리미술교육 등 다양한 취미생활을 할 수 있는 공간.

CONCEPT

Design Considering User Behavior
사용자 행태를 고려한 디자인

오직 공간을 이용하는 사용자 중심의 디자인을 계획한다. 긱워커의 목표, 심리, 사회성, 특성 등을 고려하여 기존의 휴식공간 위주로 운영하는 평범한 공간이 아니라 공간 사용자의 미래를 위한 기술을 교육하며 커뮤니케이션을 확장시키고 플랫폼 노동의 특성을 공간에 대입하여 해석한 공간을 계획한다.

1. DESIGN FOR PLATFORM 플랫폼노동을 위한 디자인

1-1 공간의 소통과 연결

공간의 연결 프로그램 별로 뚜렷한 정체성을 가진 공간을 연계시키고 다양한 사용자들이 자유롭게 소통하고 공존할 수 있는 공간을 형성한다.

[공간을 연계할 수 있는 프로그램]

이야기광장 + 카페라운지

커뮤니티 공간과 카페 공간의 연계

서로의 공간을 연결하여 형성되는 유대감

사용자들 간의 연대감 향상

늘품 라이브러리 + 자격증 러닝박스
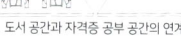
도서 공간과 자격증 공부 공간의 연계
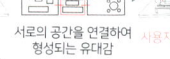
같은 공간에서 이루어지는 독서와 공부

공간의 이용률 증가

공간의 소통 사용자들의 소통을 위해 공간을 단절, 차단시키기 보다 파티션과 가구 그리고 투명한 재료를 사용하여 원활한 소통을 형성한다.

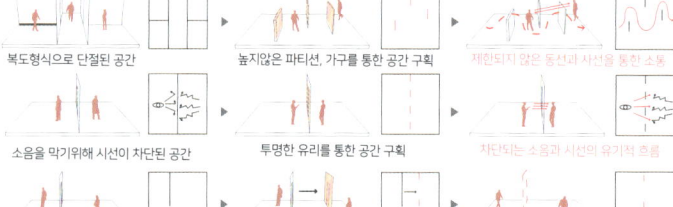

복도형식으로 단절된 공간 → 높지않은 파티션, 가구를 통한 공간 구획 → 제한되지 않은 동선과 시선을 통한 소통

소음을 막기위해 시선이 차단된 공간 → 투명한 유리를 통한 공간 구획 → 차단되는 소음과 시선의 유기적 흐름

고정적인 벽과 가구로 인해 제한된 공간 → 가변적인 벽과 가구를 통한 공간 구획 → 사용자의 기호에 맞춰 변화 가능한 공간

1-2 공간의 다양성

공간에서 생겨나는 다양한 재료와 컬러, 감성으로 사용자들의 시선 교류를 통해 서로에게 적대감을 해소하고 궁금증을 유발하는 공간으로 형성하고자 한다.

재료에 따른 시선의 다양성 | **공간의 감성과 시각의 다양성**

 공간과 공간사이의 벽 |  벽 높낮이를 통한 시각적 교류

 투명한 재료 |  바닥 높낮이를 통한 시각적 교류

 불투명한 재료 | 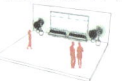 조경과 풍경을 통한 감성

 틈이있는 재료 |  자연채광을 통한 감성

 자연스러운 시선 교차 |  인공조명을 통한 감성

2. CHARACTERISTICE OF PLATFORM LABOR 플랫폼노동의 특성을 반영한 디자인

2-1 공간감의 확장성
단순이 면적의 확장을 넘어 매체를 이용한 기능적인 확장 그리고 다양한 구조적 경험을 통한 공간감의 확장, 색채나 조명을 통한 확장을 들 수 있다.

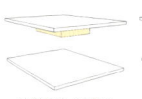
1) 천장기능의 확장 (돌출형)

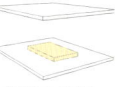
2) 바닥기능의 확장 (돌출형)

3) 벽면기능의 확장 (돌출형)

4) 천장기능의 확장 (매입형)

5) 바닥기능의 확장 (매입형)

6) 벽면기능의 확장 (매입형)

7) 투명소재를 이용한 공간의 확장

8) 좁은 곳에서 넓은 공간으로의 확장

9) 색채를 이용한 시각적 확장

10) 간접조명을 이용한 시각적 확장

2-2 유기적인 디자인
유기적 형태를 닮은 유연한 디자인 요소의 삽입

Furniture / Graphic Pattern / Space

2-3 비정형적 형태
일정한 형태나 형식이 없는 자유로운 형태의 디자인 요소 삽입

Volume / Floor Pattern / Light

공간감의 확장성 | 공간감의 확장성, 유기적인 디자인

---

3. MOTIVES FOR PARICIPATION 긱워커의 참여동기

긱워커들의 참여동기 유형

목표지향성	직업적 성취 및 전문성 함양 / 지식이나 기술습득 / 직업 자격증 취득
학습지향성	학습자체를 위해 / 자신을 위한 지식추구 / 지적호기심 / 배움통한 자기만족 / 배움통한 자아 실현 / 다양한 지식습득 / 인지적 흥미
활동지향성	사회적 관계형성 / 다른 사용자와의 만남 / 다양한 정보공유를 위해 / 취미활동

I Motives for paricipation Diagram - 긱워커들의 참여유형에 따라 공간을 만들어 준다

3-1 목표지향성
- 도서 공간
- 직업 상담 공간
- 기술교육을 위한 공간
- 자격증취득을 위한 공간

3-2 학습지향성
- 개인 스터디 공간
- 복습할 수 있는 공간
- 지적호기심을 위한 공간
- 다양한 지식습득을 위한 공간

3-3 활동지향성
- 사용자와의 정보공유 공간
- 활동적인 움직임을 위한 공간
- 취미활동을 위한 공방 공간
- 이야기 만남 공간

---

4. AREAS OF INTERACTION IN SPACE FOR COMMUNICATION 커뮤니케이션을 위한 공간의 상호작용 영역

I 커뮤니케이션 공간의 확대

기존의 긱워커들을 위한 공간 영역 → 미래를 위한 긱워커들의 공간

기존의 긱워커들의 공간은 휴식공간 위주의 교육과 상담공간이 있었는데, 미래를 위한 긱워커 공간에 커뮤니티 공간이 생겨며, 현재보다 미래를 더 생각하는 교육공간이 확대됨

I 커뮤니케이션 증진 방안

4-1 사물(AI) - 사람
- 다양한 AI를 활용한 사람과 AI사이의 정보전달을 통한 커뮤니케이션
- 서가 사이에 배치된 AI기기 (도서추천)
- 강의공간에 배치된 AI기기 (INFO/교육)

4-2 사람 - 사람
- 강연자와의 소통
- 자유롭게 소통 가능한 계단
- 그룹별 소통

4-3 공간 - 사람
- 독서를 위한 공간
- 스터디 공간
- 상담을 위한 공간
- 소통을 위한 카페공간
- 자유로운 소통 공간
- 진로탐색 도서공간

4-4 공간 - 공간
- 공간의 수직확장
- 공간의 비경계화
- 공간의 포용성
- 공간 속 공간
- 공간의 분절성
- 공간의 모듈화

ZONING & SPACE PROCESS

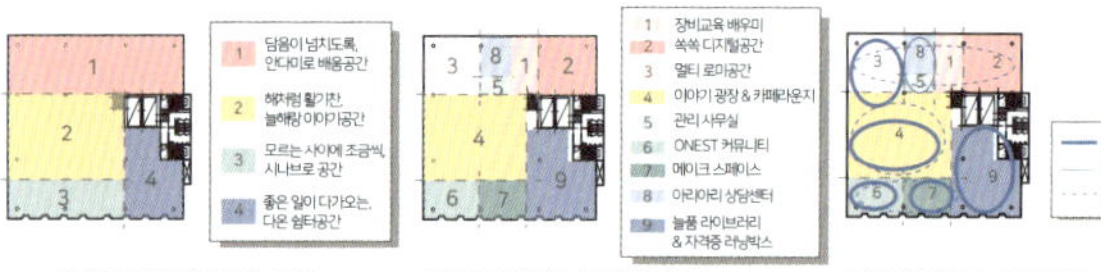
1 담음이 넘치도록, 안다미로 배움공간
2 해처럼 활기찬, 늘해랑 이야기공간
3 모르는 사이에 조금씩, 시나브로 공간
4 좋은 일이 다가오는, 다온 쉼터공간
1 장비교육 배우미
2 쏙쏙 디지털공간
3 멀티 로미공간
4 이야기 광장 & 카페라운지
5 관리 사무실
6 ONEST 커뮤니티
7 메이크 스페이스
8 아리아리 상담센터
9 늘품 라이브러리 & 자격증 러닝박스
INDIVIDUAL
PUBLIC
GROUP

프로그램 별 큰 AREA 구성 | 프로그램 별 세부 ZONE 구성 | 공간 별 사용자 특성 분류

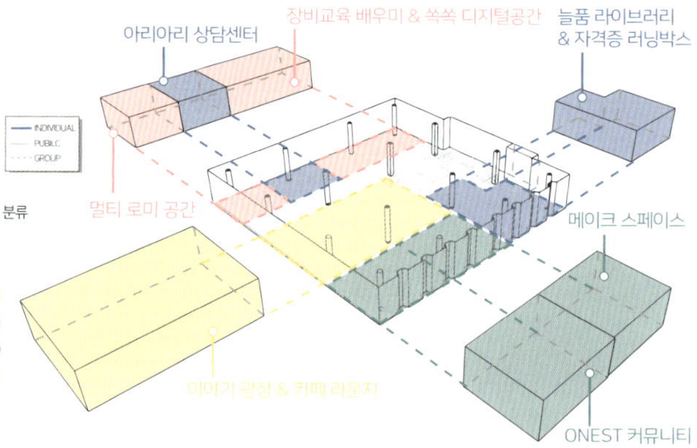
아리아리 상담센터
장비교육 배우미 & 쏙쏙 디지털공간
늘품 라이브러리 & 자격증 러닝박스
멀티 로미 공간
메이크 스페이스
이야기 광장 & 카페라운지
ONEST 커뮤니티

| CONCEPT을 종합적으로 분석한 공간 중요요소 | 프로그램에 따른 중요도 분석

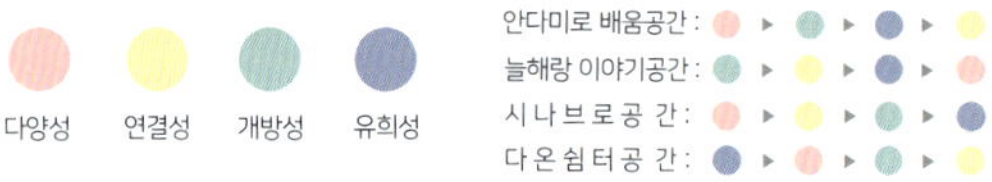
다양성
연결성
개방성
유희성
안다미로 배움공간 :
늘해랑 이야기공간 :
시나브로 공간 :
다온쉼터공간 :

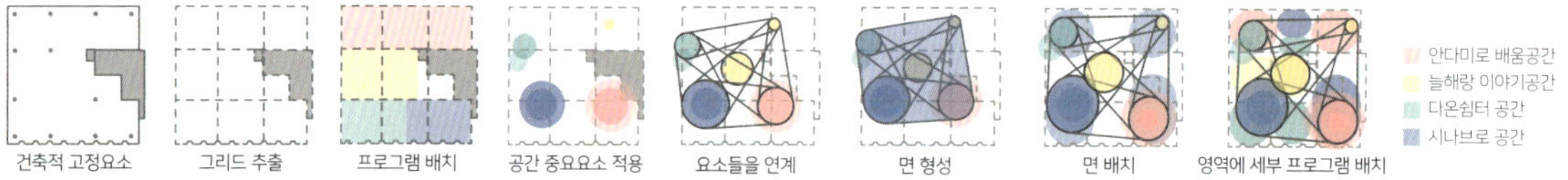
건축적 고정요소
그리드 추출
프로그램 배치
공간 중요요소 적용
요소들을 연계
면 형성
면 배치
영역에 세부 프로그램 배치
안다미로 배움공간
늘해랑 이야기공간
다온쉼터 공간
시나브로 공간

APPLICATION OF CONCEPT DESIGN ELEMENTS 컨셉디자인 요소의 적용

1 플랫폼노동의 특성을 반영한 디자인
2 커뮤니케이션을 위한 공간의 상호작용 영역
3 천정디자인 공간 적용
4 적용된 요소들의 연결화

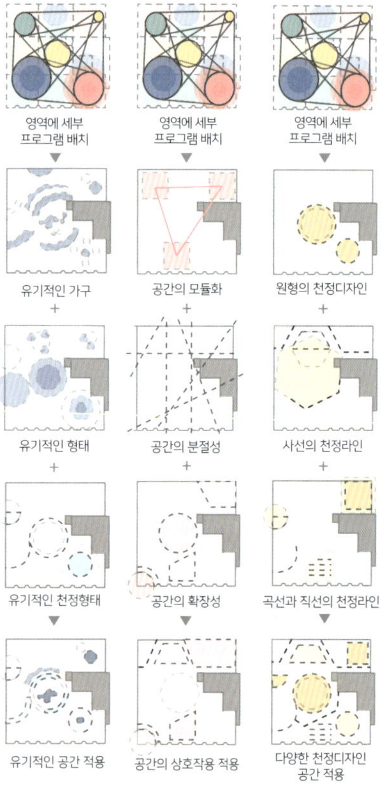
영역에 세부 프로그램 배치
영역에 세부 프로그램 배치
영역에 세부 프로그램 배치
유기적인 가구
공간의 모듈화
원형의 천정디자인
유기적인 형태
공간의 분절성
사선의 천정라인
유기적인 천정형태
공간의 확장성
곡선과 직선의 천정라인
유기적인 공간 적용
공간의 상호작용 적용
다양한 천정디자인 공간 적용

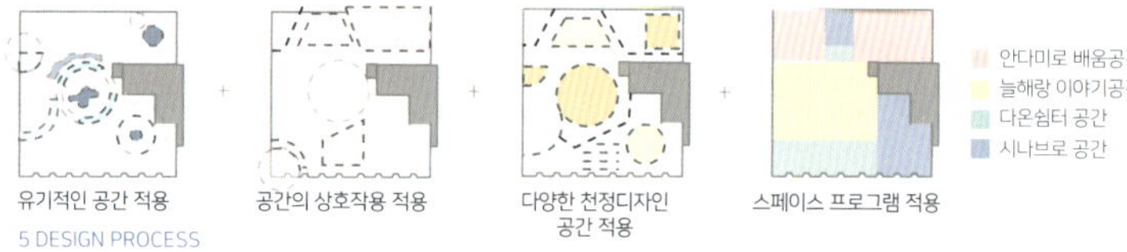
유기적인 공간 적용
공간의 상호작용 적용
다양한 천정디자인 공간 적용
스페이스 프로그램 적용
안다미로 배움공간
늘해랑 이야기공간
다온쉼터 공간
시나브로 공간

5 DESIGN PROCESS

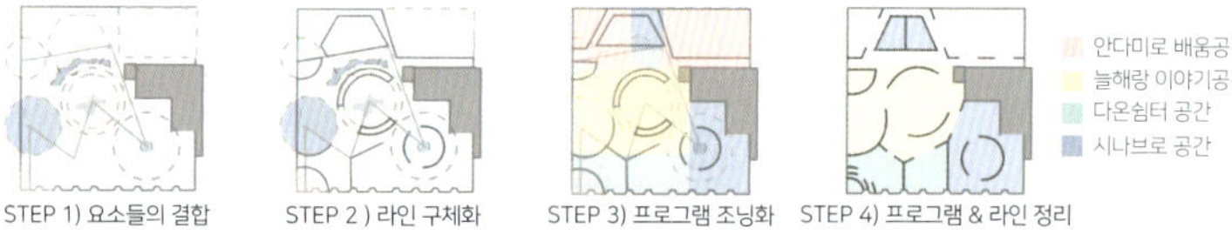
STEP 1) 요소들의 결합
STEP 2) 라인 구체화
STEP 3) 프로그램 조닝화
STEP 4) 프로그램 & 라인 정리
안다미로 배움공간
늘해랑 이야기공간
다온쉼터 공간
시나브로 공간

CEILING PROCESS DIAGRAM

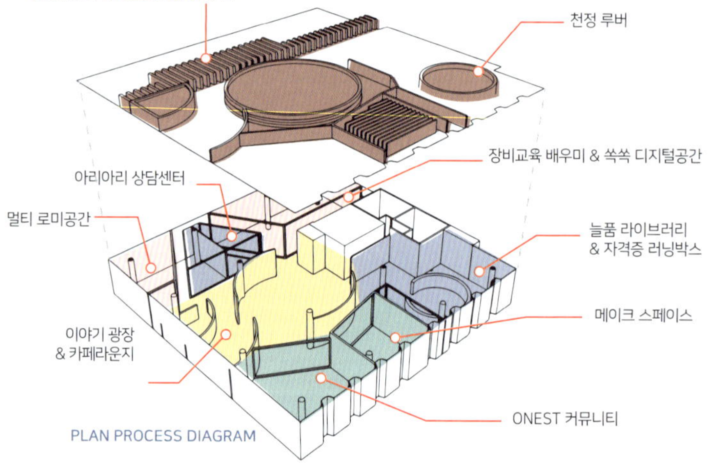
천정 루버
장비교육 배우미 & 쏙쏙 디지털공간
아리아리 상담센터
멀티 로미공간
늘품 라이브러리 & 자격증 러닝박스
메이크 스페이스
이야기 광장 & 카페라운지
ONEST 커뮤니티

PLAN PROCESS DIAGRAM

PLAN

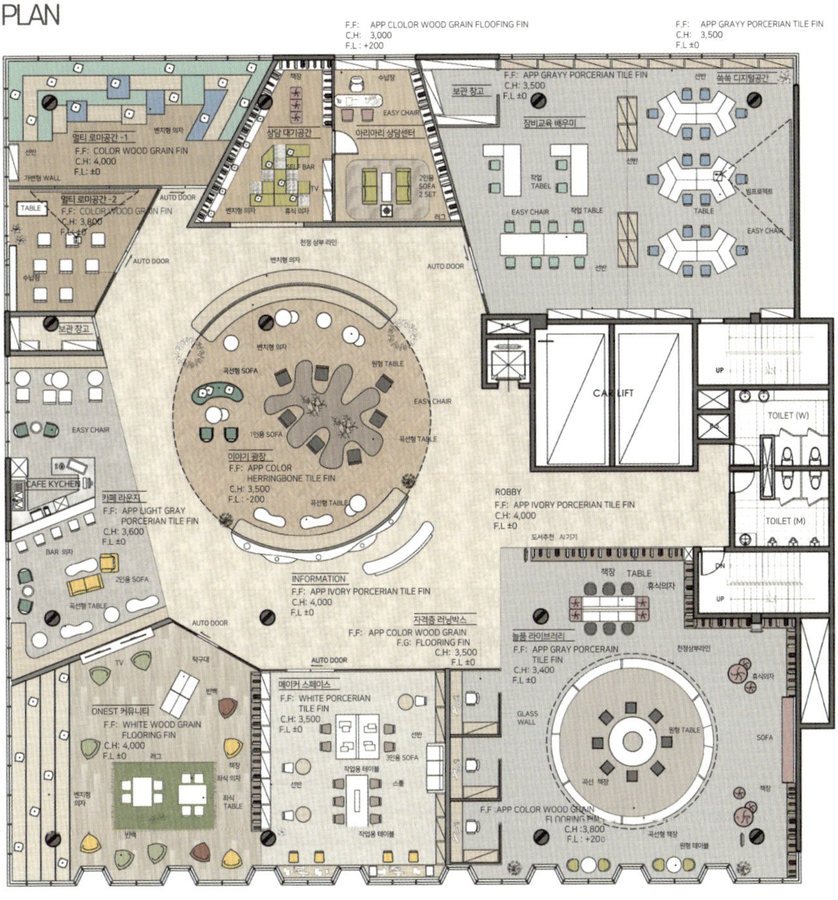

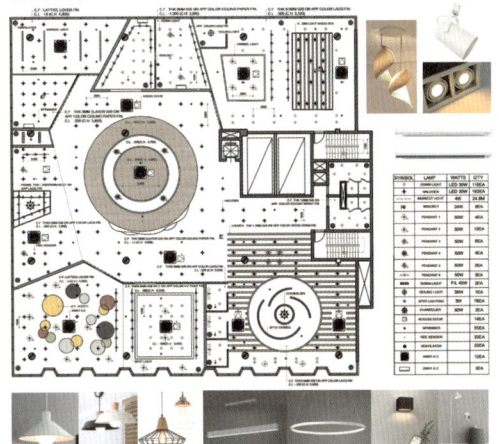

COLOR & MATERAIL

ZONE-1) 담음이 넘치도록, 안다미로 배움공간
"활력있는 익숙함"

ZONE-2) 해처럼 활기찬, 늘햇랑 이야기공간
"감성적 열정"

ZONE-3) 모르는 사이에 조금씩, 시나브로 공간
"발상의 안정감"

ZONE-4) 좋은 일이 다가오는, 다온 쉼터공간
"에너지의 확장"

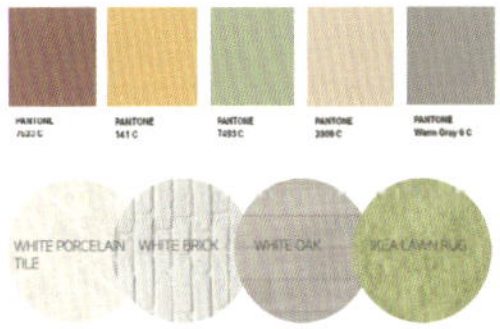

CEILING

ELEVATION - A

ELEVATION - B

ELEVATION - C

In-between Connection

좋은 일이 다가오는 다온 쉼터공간 [ONEST 커뮤니티]

메이커 스페이스와 마찬가지로 과도한 업무로 인해 취미생활과 휴식을 제대로 취하지 못하는 사용자들을 위한 취미쉼터 공간이다.
하지만 메이커 스페이스와는 다른 동적인 분위기의 공간으로 활동적인 취미, 영화, 오락적인 요소들이 분포되어있는 공간으로 계획한다.

좋은 일이 다가오는 다온 쉼터공간 [메이크스페이스]

취미생활을 제대로 하지 못하는 사용자들을 위한 취미 공방으로, 사용자의 특성과 연관이 있는 목재, 미니어쳐, AI기기를 만들 수 있는 이 공간에서 스트레스와 피로를 마음껏 풀고 흥미를 가득 채울 수 있도록 해주는 서정적인 공간을 계획한다.

해처럼 활기찬 늘해랑 이야기 공간 [이야기 광장, 카페 라운지]

이야기 광장은 같은 관심사를 가지고 있는 사용자들끼리 모여 서로가 아는 정보를 공유하며 교류할 수 있는 공간이다. 안다미로 배움공간과는 다르게 따뜻한 톤의 컬러와 재…
또한 간단하게 한끼를 채울 수 있는, 커피한잔의 여유를 가지면서 사용자들끼리 이야기할 수 있는 공간이며. 카페를 통해서 자연스럽게 자리에 앉을 수 있도록 서정적인 분위…

공간의 안정감을 더해주도록 한다.
, 이용자들의 소통이 이루어 지는 공간으로 마련한다.

"One More Step" Digital Learning Center
정보취약계층을 위한 한걸음 더 배움터

안재영
AN JAE YOUNG

fldn0916@naver.com

Awards
2020 GTQ 1급자격증 취득
2020 한국실내디자인학회 특선
2020 한국공간디자인대전 특선

2021 실내건축기사 자격증 취득

코로나 19로 인해 급격하게 가속화하는 비대면, 디지털 사회속, 키오스크와 같은 비대면 서비스들이 자연스럽게 늘어나면서 생활에 편리함을 주는 디지털 기기들이 한편으로는 디지털 소외계층 발생이라는 사회문제를 나타나고 있다. 언제부턴가 어디를 가더라도 무인 주문기로 주문을 해야 하는 경우가 많고, 학교가 아닌 집에서의 홀로 원격수업을 듣는 맞벌이 가정이나 한부모 가정 등의 아이들이 생겨나고 있다. 빠르게 변화하는 뉴노멀 시대에서 적응하는 자는 살아남고 적응하지 못하는 사람들은 사회에서의 소외가 발생하고 있으며, 사회변화를 위한 역할과 행동을 요구할 경우, 그러한 실천을 할 수 있도록 환경과 여건을 만드는 수단이 주어져야 한다고 생각한다.

Embrace Digital, Lead A Better Life
'디지털을 품다, 더 나은 삶을 잇다'

정보 취약계층이 배제되거나 소외되지 않도록 차별없는 디지털 환경을 조성하며, 디지털 환경에 적응하는 길잡이가 되는 공간.

스마트 놀이터
배움과 재미가 같이 있는 디지털 배움 공간으로, 맞벌이나 한부모 가정으로 수업에 어려움을 느끼는 도움이 필요한 초등학교 저학년을 케어와 교육을 할 수 있는 공간이다.

BACKGROUND

코로나 19로 급격하게 가속화하는 비대면, 디지털 사회속에서 우리에게 편리함을 주는 기기가 한편으로는 변화속도를 따라가지 못하고 있는 정보취약계층을 증가시키고 있다.

영업점은 줄고 무인서비스가 늘어나며 맞벌이가구, 한부모 가정 등의 저학년 아이들의 원격수업 도움이 부족하는 4차 산업혁명 속 디지털 소외가 발생하고 있다.

디지털 소외 계층이 인터넷을 이용하지 않는 이유
- 78.9% 사용 방법을 모르거나 어려워서
- 37.6% 인터넷 이용 요금이 부담스러워서
- 31.3% 이용할 기기가 없어서
- 28.5% 신체적 제약으로 인해

*자료 : 과학기술정보통신부

온라인 위주의 각종 예매 시스템
- 기차 예매 : 홈페이지나 어플 위주의 예매 시스템
- 체육시설 : 시민회관 등 운동 프로그램 온라인 예약제 운영
- 영화 예매 : 각종 공연 문화재 관람 등 온라인 위주 예매
- 푸드 키오스크 : 무인 주문기 등 키오스크 이용한 음식주문 시스템

필요 공간?

온라인 수업 맞춤 돌봄 케어가능한 공간
맞벌이나 한부모 가정에서 원격수업의 도움이 필요한 초등 저학년들 모아 과제 제출 도움 서비스

저학년 맞춤 디지털 리터러시 배움터
디지털 기술, 정보 등을 읽고, 분석하며 쓸 줄 아는 능력과 소양을 기르며, 스스로 판단하는 능력

IT 교육 배움터 공간
원하는 것이 있으나 사용법을 몰라 불편을 겪었던 장노년층들을 위한 배움 교실

노년배 IT 봉사단 운영
IT 교육의 일정 수준을 갖춘 노년배들 중심의 봉사활동 공간

+ 클래스 101
기존의 프로그램들은 어느정도 따라가긴 배우는 것에서 끝나는 것이 아니라 한발 더 나아가 자기가 배운 디지털 기술을 응용하여, 하고 싶은 또는 배우고 싶은 다른 취미 프로그램들을 같이 즐길 수 있는 공간을 제공한다.

준비물까지 챙겨주는 온라인 취미 클래스
온라인 플랫폼을 통해서 원하는 취미 클래스의 동영상 강의를 듣는다는 간단한 컨셉 / 다른 유저들이 진행이나 과제를 함께 보고 커뮤니케이션 할 수 있는 장점이 있다.

혼자 있는 시간이 많은 아동들과 디지털의 어려움에서 벗어난 노인들은 더나아가 자신의 자기계발 혹은 취미활동을 찾게 될 것이다. 같은 취미를 공유하는 사람과 사람간의 소통, 혼자 배우기 보단 같이 배우다 보면 자신감도 생기고, 정서적인 부분도 채울 수 있다.

SITE

영진 종합 사회복지관
위치 : 부산광역시 해운대구 반여로 165 [반여동 1247]
연면적 : 2,139.80㎡ (약 648.42평) 지하 1층, 지상 4층
시설 형태 : 사회 복지 시설
완공 연도 : 1989년 6월 24일
계획 면적 : 1,283.83㎡
(약 389.04평 1층, 2층, 3층) (층당 약 129.68평)

지역주민의 참여와 협력을 통하여 지역사회복지문제를 예방하고 해결하기 위하여 종합적인 복지서비스를 제공하는 시설

기존의 복지관	주로 장애인과 노인 또는 다문화 아동 / 지역주민 등의 다양한 타겟층을 위한 복합 복지 시설로 사용되고 있다.
노인과 아동	53곳 중에 대표적으로, 서구 / 남구 / 용호 / 반석 / 영진 종합사회복지관 정도가 운영되고 있다.
노후화	동구나 수영구, 기독교, 장선, 금곡, 영진이 1990년도 전에 개관된 오래된 종합사회복지관이었다.
현시설 문제점	현 시설의 교육문화 프로그램들이 코비드 시대에 맞지 않는 과거의 프로그램들이 진행중이며, 미래지향적이지 못하다.

- 교통시설 : 여러 노선의 지하철과 버스 정류장이 분포되어 있어 교통이 편리하다.
- 주거시설 : 맞벌이 가정과 사회취약계층이 혼합된 지역으로서 사각지대에 놓인 지역주민을 보호하는 체계적인 시스템 필요하다.
- 교육시설 (학교) : 많은 교육기관이 있어 도움이 필요한 학생들과, 맞벌이 자녀가 많이 있다.
- 복지센터 : 2.5km안에 복지센터들이 많이 있다. 복지센터에서 이루어지는 프로그램들로 인해, 도움이 필요한 인근주변 사람들이 모인다. 유동인구가 많아 가까운 거리에 종합복지관을 기획한다.

TARGET

MAIN TARGET
온라인 수업에 어려움을 겪는 맞벌이 가족 등의 초등학생 (돌봄취약계층), 디지털의 변화에 적응하지 못해 생활에 어려움을 느끼는 장노년층

<연령별 디지털 정보화 수준>
- 70대 이상 36.9%
- 60대 63.9%
- 50대 86.2%
- 40대 110.7%
- 30대 123.9%
- 20대 127.8%
- 10대 114.7%
- 일반 국민 100%

있음 30.5% / 없음 60.5%
<가정 학습 지원 여부>

<장노년층 비자발적 인터넷 미이용 이유>
- 89.8% 사용방법을 모르거나
- 35.5% 인터넷 이용료가 부담스러워서
- 30.2% 이용할 기기가 없어서
- 20.0% 신체적 제약으로 인해

이처럼 맞벌이 부모나 맞벌이·한부모·조손·다문화가정같은 코로나로 인한 원격수업의 도움이 필요한 돌봄 취약계층을 타겟으로 한다.

홈페이지나 앱 위주의 대중교통·예매 시스템, 무인 주문기 등의 키오스크를 이용한 음식주문 시스템들은 디지털에 익숙한 20.30세대에게는 편리한 시스템이지만, 디지털에 익숙하지 않은 세대에게는 '두려움의 대상'이다.

SUB TARGET
디지털문해교육사, 문화교육사

기존의 문해교육사란..?
- 글을 읽고 이해하는 지식과 기술을 가르치는 사람

디지털 문해교육사란..?
- 디지털기기(스마트폰, 스마트패드, 무인기기 등)를 이용하는데 필요한 활용 능력을 갖출 수 있도록 하는 교육사

<문해교육 학습 이유>
순위	이유	%
1	자신감 향상	19.1%
2	재미있음	16.9%
3	치매예방 등 건강	15.1%

<일상생활에 어려움을 느끼는 요소>
순위	요소	%
1	무인기기 활용	26.9%
2	신분증 진위	18.4%
3	금융기관 방문	15.1%

SPACE PROGRAM

3 [A Practical Exercise Space]
'너도 할수 있다' 배움터

배움나눔방, 스마트 시니어 체험존, 노노 봉사단방, 추억만들기방

디지털을 잘 모르는 어르신이라면 누구나 참여하여, 서로를 도와주면서 누구하나 주눅들지 않고 자신감을 찾을 수 있는 디지털 실습 체험형 공간을 만든다.

2 [Learning and Utilization Space]
스스로 지키미 놀이터

스마트 놀이터, 에듀테크 응용방, 디지털 리터러시 교실, 같이가치방

쾌적한 환경에서 학생들이 올바른 정보를 찾아 공유하며, 자발적으로 응용하는 프로그램 활동을 통해 배움을 즐길 수 있고, 판단력을 기를 수 있는 참여형 교육공간을 만든다.

1 [Community Space]
한 걸음 더 나눔터

센터 안내실, 기다림방, 취미고고(GoGo)장, 도란도란 쉼디방

방문객들을 맞이 할 수 있는 편안한 분위기의 공간을 조성하고, 센터의 연계 프로그램들을 누구나 신청만 하면 즐기며, 보람을 찾을 수 있는 공간을 만든다.

CONCEPT

Twin Generation Multicultural Playground
[트윈세대 멀티문화놀이터]

트윈 세대 놀이터는 노인과 아동이 모두 놀 수 있는 복합놀이터를 의미하며, 여러 프로그램들을 함께 구성해 한 공간에 다른 두 세대가 함께 즐길 수 있도록 멀티 시스템을 갖춘 공간의 개념이다. 커뮤니티 공간의 멀티문화 놀이터가 많은 세대들의 배움과 문화활동까지 즐길 수 있는 소통과 교류의 장으로 새롭게 조성된 공간의 개념이다.

기존의 배움터에서 벗어나 사용자와의 사회, 사람, 디지털적 유대관계를 강화하여 다양한 관계 유지 및 개선하며, 노인과 아동이 배움을 펼치는 공간으로 배움에서 더 나아가 취미라는 즐거움을 통해 극대화되는 사용자 중심의 교육과 지식과 경험을 공유하는 커뮤니티의 디지털 배움터이다.

Flexibility in Use — 사용의 유연성

양극의 두 세대가 존재하는 공간에서 개개인의 역량에 맞는 다양한 학습활동과 태도를 유도하기 위해 구조의 다기능성과 요소의 가변성을 가진 공간을 형성한다.

공간의 다기능성
단순히 공간에 놓여지는 가구가 아닌 하나의 구조체로 다양하고 유동적인 행위를 유발한다. 가구의 기능은 사용자가 직접 선택하도록 설계되어 있으며 이러한 유연한 구조를 통해 다기능성과 공간 절약의 통합적 구성을 이루게 된다.

용도에 따른 수납공간의 변형   행위에 따른 경계의 모호성

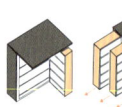 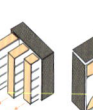   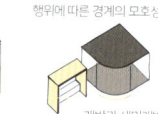 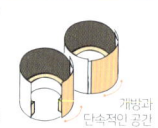

바닥의 가변성
바닥의 단차를 이용하여, 공간의 상승, 공간의 하강, 기울임등을 사용하여 주사용자간의 자연스러운 커뮤니티 공간을 유도하고, 다양한 스케일의 고정 공간 구성으로 주사용자의 발달 단계에 따라 다른 용도의 '놀이터'를 제공함으로써 주 사용자의 호기심을 자극하는 공간을 구성한다.

Base Floor   + 레벨 변화

공간의 가변성
사용자 요구의 다양성을 고려하여, 공적인 공간과 사적인 공간의 자유로운 변형을 통한 상호작용을 유발하며, 공간과 개인, 공간과 공간 사이에서 인터렉티브한 관계를 형성하게 한다.

벽의 가변성

Base Wall   공적 공간과 사적 공간 생성   공적 공간과 사적 공간의 혼용   공간 분리

계단형 소통공간   기울임   + 완만한 경사

천장의 가변성 다양한 스케일의 형상물을 연령에 맞추어 다용도로 사용하며, 조명에 따라 다양한 분위기의 공간연출을 유도한다. (반사 등을 이용)

    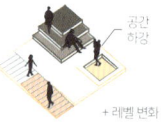 
Base Ceiling   + 조명   다양한 형태의 천장   용도에 따른 다양한 분위기 형성   + 레벨 변화   단차의 따른 다양한 공간 형성

Reflecting User
사용자 맞춤의 공간

최소한의 움직임을 유발하며 효율적으로 편안하게 이용할 수 있는 디자인으로 사용자 중심의 아동과 노인을 고려한 맞춤형 공간을 형성하며, 사용자의 삶의 질이 향상되는 질적 공간을 형성한다.

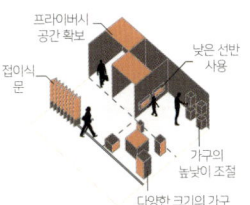
공평한 사용이 가능한 디자인
프라이버시 공간 확보 / 접이식 문 / 낮은 선반 사용 / 가구의 높낮이 조절 / 다양한 크기의 가구

낮은 가구나 높낮이 조절이 가능한 가구를 사용하고, 불안 배제와 안심을 확보하기 위해 프라이버시 공간을 제공한다.

편리함을 더해주는 디자인
엘리베이터 설치 / 센서 조명 설치 / 여유 공간 확보 / 가구 모서리 방지 / 이동이 편리한 가구

직관적인 사용이 가능하도록 하며, 간단한 조작으로도 공간을 충분히 사용할 수 있도록 디자인한다.

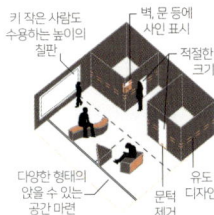
접근, 사용 및 인지 가능한 디자인
키 작은 사람도 수용하는 높이의 칠판 / 벽, 문 등에 사인 표시 / 적절한 문 크기 / 다양한 형태의 앉을 수 있는 공간 마련 / 유도 디자인 / 문턱 제거

쉽게 인지할 수 있도록 벽 등에 사인 표시를 하며, 정보의 효과적인 전달을 위해 가독성을 최대화하고 접근을 용이한 디자인을 한다.

안정성 있는 디자인
계단 난간 설치 / 계단 논슬립 설치 / 안전 핸드레일 설치 / 가구 모서리 방지 / 완만한 경사

사고를 방지하는 기본 구조와 형태를 띠고 위험 요소를 제거 및 최소화하여 안전한 공간을 디자인한다.

Activity-oriented playground
프로그램 활동 중심의 공간

프로그램 활동의 중심의 디자인으로, 학습자-컨텐츠 간의 활발한 상호작용을 유도하고 학습자를 다양한 체험에 쉽게 노출되도록 하는 공간이며, 각기 다른 영역이 통합되고, 연결되어 공간 기능이 복합화 되는 공간을 형성한다.

소통 활동 중심
사람과 사회를 잇는

사회 관계를 유지하여 주 사용자들 간의 상호 의존을 촉진시킴으로써 사회적 고립을 막는다.

상담을 할 수 있는 공간

담소를 나눌 수 있는 공간

여럿이 만남 또는 함께 하는 공간

주민들의 카페 공간

학습 활동 중심
사람과 사람을 잇는

자기 계발 및 사람간의 소통을 통해 보다 효과적인 배움을 통한 자기만족 및 자신감을 되찾는 공간이다.

개인 연습 공간 / 개인 스터디 공간

터치 스크린 / 토론 형식 공간

인터랙티브 월 / 지식을 공유할 수 있는 공간

세미나형 공간

체험 활동 중심
사람과 디지털을 잇는

물리적 공간과 새로운 관계성을 형성하며, 공간과 개인, 공간과 사람 사이에서 인터랙티브한 관계를 형성하는 매개 사용된다.

봉사 활동 공간

공용 테이블 / 공동 작업 공간

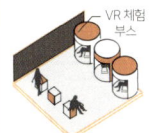
VR 체험 부스 / VR 체험 공간

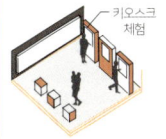
키오스크 체험 / 키오스크 체험 공간

Affordance 행동 유도성

사용자의 행동을 자연스럽게 유도하는 개념으로, 사물이나 환경이 가진 속성으로 행동을 수행하도록 하며, 디지털과 쉽고 편하게 상호작용할 수 있는 공간을 형성한다.

인지심리적 공간 경험에 대한 다차원성을 반영하는 교감적, 행태적 공간으로써 심리적 공간 개념을 적용하여 구성하였다.

Base Floor / + 블록을 떼어내면 또다른 기억을 남기고 새로운 의미 도출 / + 거울에 비치는 다양한 모습으로 행동 야기

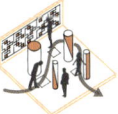
+ 공간 속의 메시지를 유희적으로 이끌어냄

+ 행태를 고려한 가구 디자인

물리적 공간에 제약이나 놀이요소를 고려하여 사용자가 행동함으로써 내재되어 있는 디자인 메타포를 통한 메시지를 발견할 수 있도록 유도하였다.

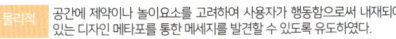

+ 연상대상과 유사성

+ 놀이의 요소를 가미하여 공간을 체험하도록 유도

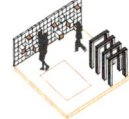
+ 공간의 제약의 전환

+ 공간의 제약의 전환

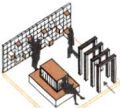
+ 쇼파의 등받이 공간을 책장 역할로 전환시킴

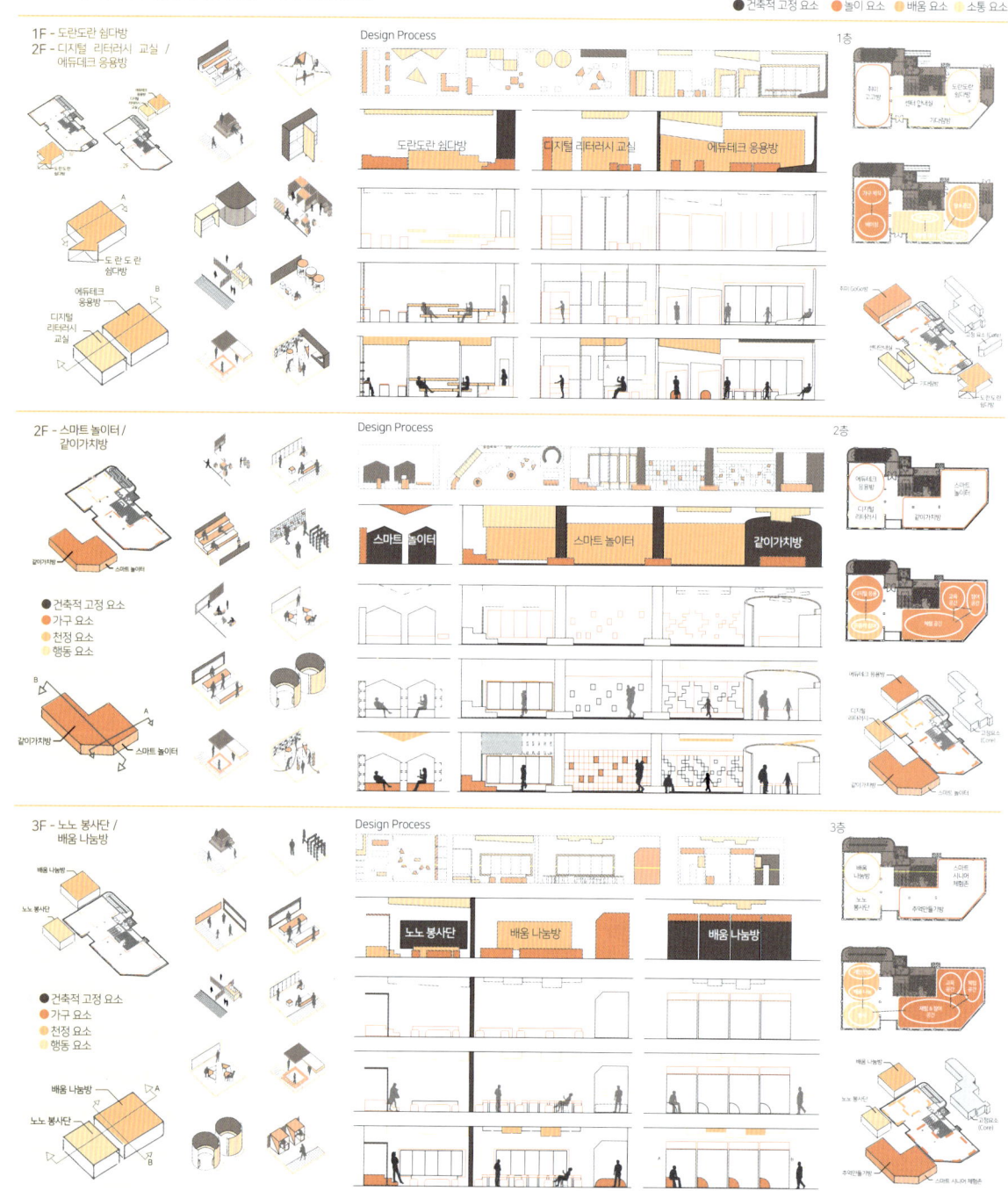

1 PLAN

ELEVATION - A

ZONE - 도란도란 쉼다방

싱그러운 편안함

다양한 사람들이 머물다가며, 이야기를 통해 커뮤니티가 활성화 될 수 있도록 편안함을 주는 컬러의 베이지 컬러와 포근한 옐로우와 식물의 그린을 사용하여 공간에 적용하였다.

2 PLAN

ELEVATION - B

ZONE - 에듀테크 응용방, 디지털 리터러시 교실

책임감있는 안정감

집중력을 높여주는 블루 계열의 컬러를 사용하여, 교육공간에서 주사용자들이 놀이와 공부에 대한 집중력을 향상 시켜주도록 공간의 포인트 컬러로 적용하였다.

3 PLAN

ELEVATION - C

ZONE - 노노 봉사단, 배움 나눔방

"활력있는 자신감"

주사용자가 노인 인것을 고려하여 비교적 잘 볼 수 있는 순색 계열의 빨강을 포인트 컬러로 적용하였다. 낯선 경험을 하는 노인을 위해 편안한 분위기의 베이지 컬러를 적용하였다.

한 걸음 더 나눔터
도란도란 쉼다방

주민들이 직접 운영하는 카페로 주민들의 일자리를 제공하는 동시에 다양한 사람들이 머물다가는 공간이다. 좌식과 입식을 병용하여, 자유로운 분위기를 형성하여 주민들과 방문객들의 자유로운 커뮤니티 공간을 제공한다.

'너도 할 수 있다' 배움터
노노 봉사단방, 배움 나눔방

디지털을 잘 모르는 어르신이라면 누구나 참여하여, 서로를 도와주고 보듬아주며 누구하나 주눅들지 않고 자신감을 찾을 수 있는 디지털 배움 공간이다. 또한, IT교육의 일정 수준을 갖춘 노년배들을 중심으로한 노인이 노인을 케어하는 봉사단의 공간을 제공한다.

스스로 지키미 놀이터
에듀테크 응용방, 디지털 리터러시 교실

디지털 리터러시 교실은 쾌적한 환경에서 학생들이 올바른정보를 찾아 공유하며,

자발적으로 응용하는 프로그램 활동을 통해 배움을 즐길 수 있고, 누군가의 주장에

올바른 판단력을 기를 수 있는 참여형 교육공간이다.

또한, 에듀테크 응용방은 교육과 기술이 합쳐진 공간으로,

디지털 기술을 응용하여, 코딩을 사용하여 움직이는'언플러그드 코딩 기반의

공간'이나 VR체험 교육 공간 등 자유롭게 디지털 기술을 활용할 수 있는 공간을

제공한다.

졸업생들의 수상 기록

2020 한국실내 디자인학회 주제공모전

특선	정하빈, 변혜림	space change over time
특선	박유정, 남승욱	Greenly Commons In Old City
특선	우성혜, 안재영	In the chase of stars into the story
입선	김현정, 김유림	TOY STORY
입선	황정민, 김민주	wake up
입선	성민경, 서자은	SEQUENCE FLOW
입선	나광원, 곽윤호	빛, 숲을 조각하다
입선	원정은, 강서연	Find color through light
입선	허준보, 송도겸	맛있는 빛의 향연

2020 AI-ICT CULTURE CONTENTS 아이디어 공모전

대상	허준보	LIKE HUMAN, LIKE ROBOT
최우수상	강서연	스며들다
최우수상	정하빈	전통한식 문화체험 전시관
최우수상	정은재	Xinchao
최우수상	곽윤호	청소년 꿈, 체험 진로 탐색 디지털아카이브
최우수상	주소정	AUGMENTED REALITY, TWO BOUNDARIES MEET
우수상	박세란	ENJOY THE BOHEMIAN FESTIVAL
우수상	김민석	세상을 잇(IT)다
우수상	황정민	소방관 이야기 체험 전시관
우수상	손지연	IN THE STREET
우수상	서자은	DEVOTED TO ANOTHER COUNTRY
우수상	안재영	팔로우 인 더 풋 스텝
우수상	강선희	흰여울 동네 발전소
우수상	박유정	ASK IN CONFUSION
우수상	송민승	MOUNTPEDIA
우수상	최영호	TROPICAL LAND
특별상	김진영	PLAY OF CITY
특별상	허화영	온택트 힐링
특별상	최지원	STALLA HOME
특별상	우성혜	VOID
특별상	성종현	잠 못 드는 밤
특별상	성형석	AMBIGUOUS ADVENTURE
특별상	이성혁	비빔밥의 재구성
특별상	송도겸	MAKING MEMORIES
특별상	강범준	TRASPATO
특별상	박자룡	PASSEGGIATA

제 13 회 한국공간 디자인대전

은상	남승욱	팜 커뮤니티 (커뮤니티 공간)
우수상	윤수민	들락날락
우수상	성민경	자유로운 라미프스타일의 공간을 맛내다
우수상	박유정	전염병인식개선전시관
특별상	허준보	Coexistence of virtual and real
특별상	원정은	"경계 없는 커뮤니티" 한 땀 한 땀
특선	김현정	E-learning 컨텐츠 제작 오피스
특선	허화영	부산관광콘텐츠 오피스
특선	김민주	on n off
특선	곽윤호	Dreams come true
특선	안재영	갈맷길 스토리 홍보관
장려상	김유림	SNS 애플리케이션 운영 오피스
장려상	김희연	브렌디드 티 엔 스페이스
장려상	황정민	CAFEREST
장려상	이유미	피규어 원형 제작 오피스
장려상	백상민	동래향교 역사 홍보관
장려상	서자은	외국인 독립운동가 전시관
장려상	강서연	세대차이감소 교육 전시관
입선	주소정	모바일 애플리케이션 개발 오피스
입선	정하빈	풍경(風景)을 통해 경계의 가치를 보다
입선	나광원	시니어 모델 전시관

2020 한국공간디자인대전 은상

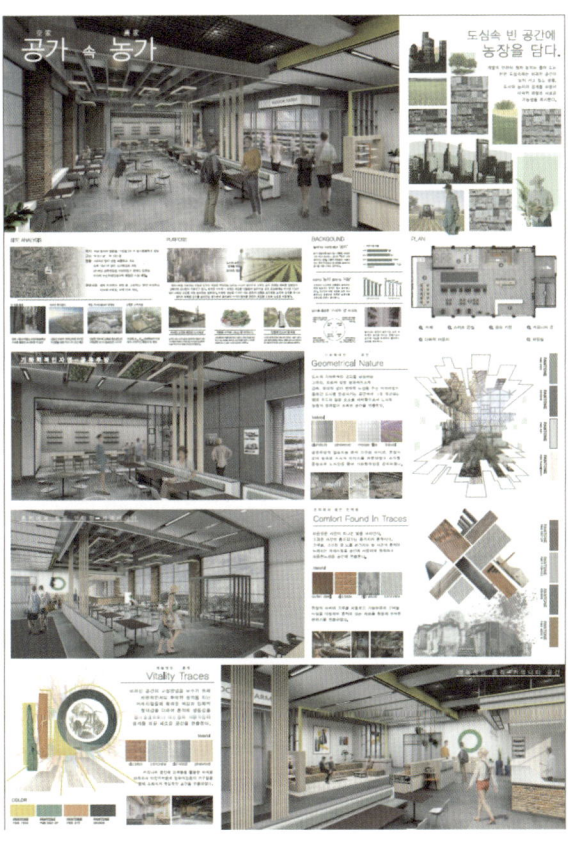

남승욱

2020 한국공간디자인대전 우수상

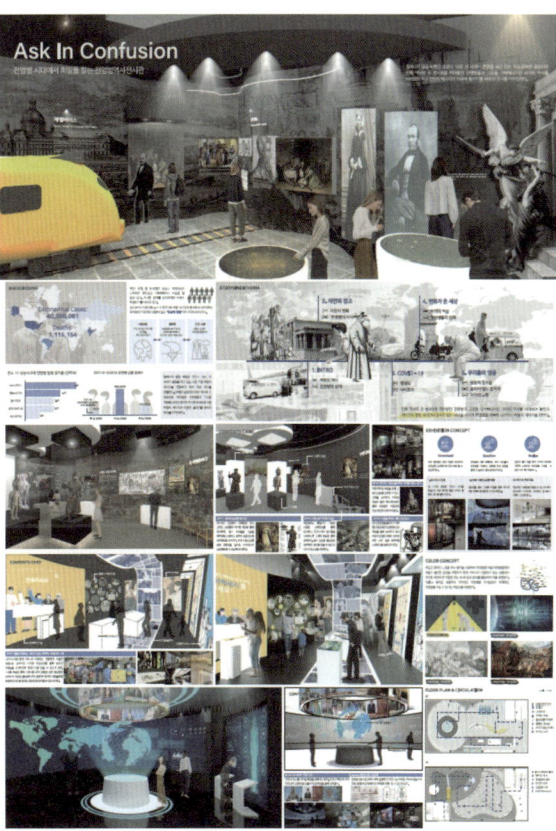

박유정

2020 한국공간디자인대전 우수상

성민경

2020 한국공간디자인대전 우수상

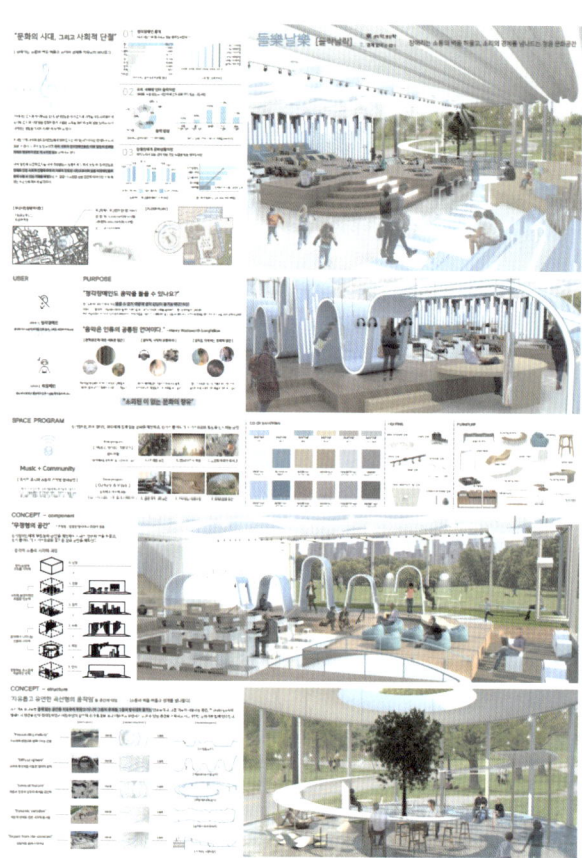

윤수민

2020 한국공간디자인대전   특별상

허준보

2020 한국공간디자인대전   특별상

원정은

2020 한국실내디자인학회 주제공모전　　특선

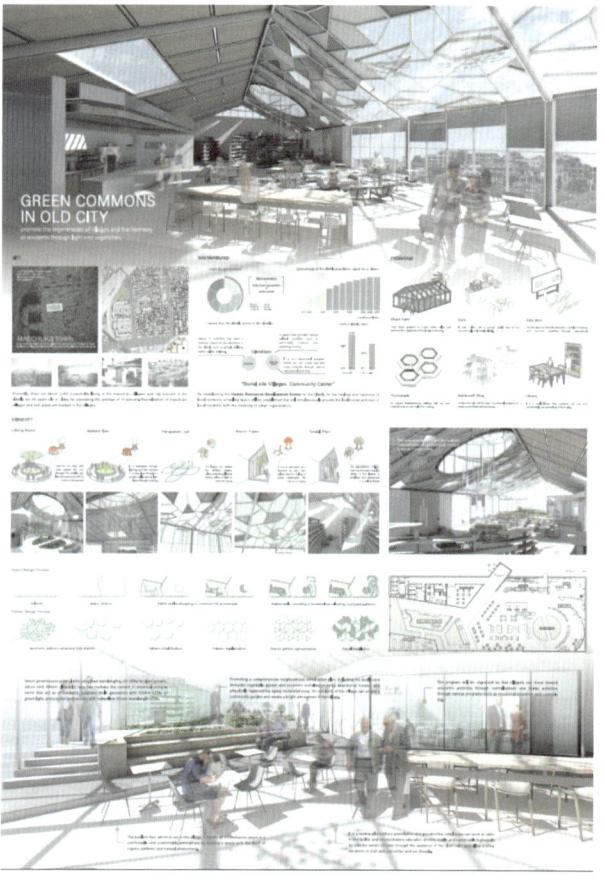

남승욱, 박유정

2020 한국실내디자인학회 주제공모전　　특선

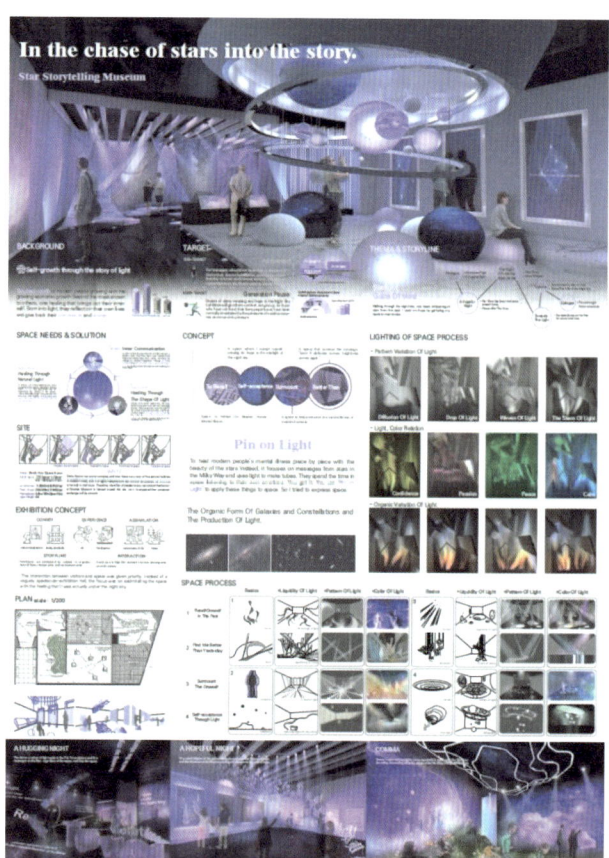

안재영, 우성혜

2020 한국실내디자인학회 주제공모전   특선

변혜림, 정하빈

동명대학교 실내건축학과 최근 5개년간 수상 기록

2019년

부산국제건축문화제 실내건축대전

상	수상자	작품명
은상	박동현	예술로 목욕하다, 유휴공간의 재발견 예술도시 : 락
특선	이유진	자연과 함께하는 광안리 해양레저정보센터
장려상	강민지·김수현	INSTITUTE FOR CREATION WEBTOON
장려상	김지혜	주민들의안식처 마을 사랑방 : 다온
장려상	한지숙	마음챙김을 위한 감삼 테라피 전시관
입선	최호진	부산, 피란수도 역사생활 문화관
입선	정무근·송민승·임대원	PROMENADE OF RESTO

실내건축대전공간문화대전

상	수상자	작품명
대상	정무근·김은영	한국의 남원, 현대를 잇다
최우수상	주병무	RETRACE
우수상	강서연	LIFE IS SWEET
	이다희	솜씨당
	김수현	SEATOPIA
특별상	김다연	CHFHDDL
	최영호	힐링이 필요해
	이준혁	자전거 샵 인테리어
	김종현, 이아연	WORTH TOGETHER
	주소정	오블릭
	조유미·박주하	전지적 제자시점
	김지혜	CREATE BEAUTY
	강민지	HAPPY BIRTHDAY

차세대공간대전

상	수상자	작품명
특선	정무근·김현근	STEAM EDUCATIONAL EXPERIENCE CENTER
입선	조세현·장혜원	KINIOR PLAYGROUND
입선	이아연·정영희·조영현	Salvation Movement Women History Exhibition Hall
입선	김종현·임대원	CULTURE COLOR HEALING SPACE
입선	이다희·송민승	TELEDEMOCRACY
입선	천혜원·김은영	4TH INDUSTRIAL ETHICS EDUCATION EXHIBITION

국제사이버 디자인 트레드대전

상	수상자	작품명
특별상	김동현	How Do I Look ?
특별상	김동현	How Do I Look ?
특선	김요셉	Continew
입선	김희연	호랑이 기운
	성민경	IN A STORY
	허준보	SWAGGER
	허회영	일상을 향_수놓다

SPACE DESIGN CREATOR AWARD

상	수상자	작품명
대상	김현근	TIME LAPSE
최우수상	이홍선	맥락
	김민석	CHILD RUN
우수상	장혜원	부산피란민 이야기
	이아연·정영희	구국운동 여성사 전시관
	설현수·허화영	SLOW CHEESE
	김다연	한옥마을
장려상	조영빈	기행
	정은재	틀 안에 자연을 담다
특별상	주소정	마음에 점을 찍다
	김희연·송도겸	I DO DESIGN FOR THE TACOS
	천혜원	ACCESS SERVER
	조영현·임대원	공방
	김은영	ZOO UNVSVAL
	조세현	HOLLY DAY BATH
	최수연	기부체험전시관
	박세란	ATTIC BEDROOM
	하지원	GRAY KITCHEN
	허준보	SWAGGER

SPACE DESIGN CREATOR AWARD

상	수상자	작품명
동상	장혜원	부산 피란수도 이야기_ 피난인들의 이야기 역사관
우수상	조영현·임대원	공예_ 그 자치를 높이다
우수상	박성환	觸惑_ 환경을 생각한 일상 속 보물찾기
특별상	정무근·이다희	Startups Office_ 신생창업지원센터
특별상	이아연	COLOR ENLIGHTENMENT
특선	김현근	TIME LAPSE_ 부산영화산업전시관
특선	천혜원·송민승	Market's METAMORPHOSIS
특선	강유림·이유진	VOCURATION_ 청소년들을 위한 미래사회 직업 체험관
특선	이홍찬	새로운 숨결을 새기다_ 도시농업 홍보관
장려상	오소진	ESCAPE_ 선글라스 의식개선 홍보관

장려상	최은지	제 2의 나의 집, OFFICE	입선	박영준	직장인을 위한 건강 및 직업병 치유 라이프
장려상	강선희	心連_ 엄마를 잇는 마음			헬스케어 센터
입선	이흥선	맥락_ 소상공인을 위한 광고 공유센터			
입선	조세현	Holy bath day_ 친환경 창업오피스	국제청소년공간대전		
입선	조영빈	기행_ TRAVEL CONTENTS 제작 오피스	대상	최우성·김루나·김진아	흔적을 다시 열다
입선	윤하경	어둠을 보고 자연을 지켜라_	장려상	전혜린·김다영	청소년을 위한 학교폭력 예방 마음 치유소
		재생에너지전시관	특선	이현지·최민희	Healing Dogs Exhibition
입선	최수연	A GIFT FOR YOU_ 기부체험전시관	특선	변규리·최윤선	청소년을 위한 우리말 전시관
입선	허지현	일산을 들여다 보다	특선	김소정·김동현	Paradigm shift of Eyes
			특선	박지흠·김석철	Dream come true
			입선	박지선·임예란	Table Talk
			입선	정수진·송효진	꿈꾸는 이들의 아지트

2018년

			입선	배병국·박성수	쓰레기, 예술이 되다
국제청소년공간대전			입선	서동현·이찬주	우리같이 밥 먹고 갈래요?
특선	이유진·김지혜·최강타	청소년을 위한 미래농업 홍보관	입선	이병홍·김진희	잠 못 드는 청소년을 위한 수면장애 클리닉
특선	김수현·이효중	IOT LIBRARY LAB			
특선	조유미·이찬일·송한호	신조어 인식개선 전시관	KOSID 대한민국실내건축대전		
입선	김우람·전수빈	보수동 라키비움	우수상	임예란·박지선	소설을 통한 여성인권 전시관
입선	김소정·박동현	영상예술 복합문화 공간	특선	최민희·이현지	50년대 부산가요 전시관
입선	최호진·안시현	독립투사 박재혁 추모 전시관	입선	김루나·최우성	This ability - one-stop sheltered workshop for the disabled
			입선	최지원·김진아	다독다독-Adolescent specialty theme library
한국공간디자인대전					
우수상	최호진·안시현	1인 크리에이터를 위한 창의지원센터	입선	김진현·박민혁	DIY 셀프 인테리어 오피스
우수상	박동현·강민지·김소정	싱글족을 위한 맞춤형 DIY 공간 컨설팅 오피스	입선	이찬주·서동현	020 완당
우수상	박형식·김선협	Gallery	입선	김정한·이채원	Engrave upon one's mind
특선	유휘재·김민채	카페브러리	입선	김동후·김태환	IMAGINARY WALL
특선	김지혜·이유진	TASTE OF NOSTALGIA			
특선	이중훈·김수현	APPROCEAN CITY	한국공간디자인대전		
특선	전혜린	PORTFOLIO	동상	이병홍·김진희	Smart Farm Restaurant
장려상	전성준·류동훈	바나가 위엄해	우수상	김진아·김루나·최지원	VIRTUAL RUSH
입선	김나경·이보람	미래식량 전시관	우수상	김소성·김동현·박동현	INDUSTRY 4.0 FUTURE LOADING...
			우수상	변규리·최윤선	BIOCOSMATIC PLAGSHIP STORE 'ELSKIN'
실내건축공간문화대전					
대상	김소정		특별상	김다영·전혜린·김건현	THE PAST AND FUTURE COEXIST
최우수상	유휘재 / 이현지 / 안시현		특별상	김석철·박지흠	Youth store
우수상	강서연·회효진·최민희·전수빈·김나경·김지혜·박동현·김현근·정무근		특별상	김태환·김동후	Imaginary wall
			특별상	배병국·김우람·박성수	향, 스타일로 느끼다
특별상	김종현 / 이유진 / 김민채 / 강민지 / 김수현 / 박유정·허예솜 / 김진현 / 최윤선 / 김기호 / 김우람·이보람 / 전혜린 / 김동현 / 송효진 / 이세현 / 임예란		특선	최민희·이현지	Food Tech
			특선	박지선·임예란·임영민	Another Family, Intelligent Daddy
			장려상	김정한·이채원	春の雪(봄의 눈)
			입선	송효진·정수진	FUTURE WAVES - 4차 산업 혁명전시관
			입선	전수빈·박현수·신정훈	괜찮아, 자연스러워졌어.

2017년

2016년

KOSID 부산국제건축문화제 실내건축대전			KOSID 부산국제건축문화제 실내건축대전		
금상	김건현·임영민·최지원	HEALTH CARE MEDI-CULTURE	은상	정혜정·김호यान·이윤정	고시생들을 위한 PUBLIC SHARE HOUSE
은상	이윤정·하상식	아이 사랑 나눔터	동상	송유민·송다정·임진섭	REST AREA FOR BOSUDONG ALLY
특선	이규승	저소득층 노인을 위한 커뮤니티 케어공간 2020	특선	현종민·김진아·최지원	청각장애 아동을 위한 DAY CARE CENTER
특선	김성준	점바치 역사 문화쉼터			
가작	정다현	CONTACT US - 외국인 유학생들을 위한 복합 문화공간			

국제청소년공간대전

상	수상자	작품명
우수상	이주만·조수진·함민정	청소년과 홀로노인을 위한 커뮤니티 케어 공간
장려상	하상식·이윤정	소풍농월
장려상	최우성·송다정	항일의 꽃으로 피어나다
장려상	임영민·김건현·전혜린	청소년을 위한 IT 상상 발전소
장려상	안지혜·김혜승	청소년 심리를 위한 모래놀이 치료 체험 전시관
특선	김성준·이현욱·허몽몽	폭력으로 상처받은 청소년을 위한 자아치유 공간
특선	장홍우·박동휘	LEGO ARCHITECTURE 전시관
입선	임진섭·박영준	저소득층 청소년을 위한 봉사센터

차세대문화공간대전

상	수상자	작품명
가작	이현욱·김성준·허몽몽	장애인을 위한 창업 오피스
특선	박청아·강민혁·전혜린	창업을 꿈꾸는 싱글맘을 위한 CO-WORKING SPACE
입선	최지원·김진아·현종민	남겨진 흔적 위 삶을 기억하다
입선	송다정·최우성	IOT D.WALL 워킹맘을 위한 재택 오피스

한국공간디자인대전

상	수상자	작품명
금상	이윤정·하상식	TASTE OF ASIA
우수상	정수빈·강지혜·김성준	NUMANITY
우수상	박선용·임진우	온새미로
우수상	정다현·최태현	선택의 자유에서 행복이 싹 튼다
특별상	김진아·최지원·박청아	NFΩ HARMONISM
특선	김건현·임영민	OLDIES BUT GOODIES
특선	안지혜·김혜승	도심 속 휴양지
특선	송다정·최우성·이현욱	DOMUS
입선	박영준·임진섭·허몽몽	눈물 속 작은 빛의 행복

2015년

국제청소년공간대전

상	수상자	작품명
우수상	안윤섭·신정호	홀씨 하나, 큰 숲을 이루다
장려상	김가람·조수진	Moving X,Y,Z
장려상	정혜정·함민정	Grow up in a crack
장려상	신은지·김루나	Small Luxury FOR Health
특선	강동우·조광래	길 찾기 학교
특선	김경민·허성녕	다르지만, 다르지않다
특선	문유진·강민지	DREAMS COME TRUE
입선	박희진·김우경	SHOW-BOX
입선	배성일·송유민	CITTASLOW
입선	신지원·이소연	영도에 살어리랏다
입선	이주만·임지윤 T	emperature Feel Line

KOSID 부산국제건축문화제 실내건축대전

상	수상자	작품명
대상	박지원·류소영	Incubating Space For The Twenties
금상	하나리·이지현	CULTURE NETWORK PLATFORM
은상	김경빈·정기환·신정호	KIWOOM
은상	황인성·조상현	Review the old, Try the New
장려상	오세훈·백승천·현종민	M,T HOUSE 2.0
특별상	여은비·임효섭·서귀민	It takes the whole village to bring up a child
특선	김민재·백배성·조광래	Train into the past
특선	진승표·박민경·손우진	Well dying

DGID

상	수상자	작품명
특선	이지현·하나리	Hi & High Project
장려상	박민경·손종인	UNI-SQUARE
입선	서하경·방태환·박소은	부산이야기홍보관
입선	이해주·권오주·손우진	할머니는 1학년

한국공간디자인대전

상	수상자	작품명
동상	김루나·신은지	SHAREALITY
우수상	김우경·박희진	FEELING OF COLOR
특별상	함민정·정혜정	CLUB KITCHEN
특별상	이주만·임지윤	FIND NEW SPARE VALUE
특별상	강동우·조광래·김건현	VAMOS
특선	신지원·이소연	OUR LES FEMMES
장려상	김현표·박지혜	FLOWER VILLAGE
장려상	황진관·이석현	色에 담긴 철학
장려상	배성일·송유민	BOUNDARY CROSSER
장려상	박원준·주호연·임영민	실내공원 북 카페
입선	김가람·조수진	美와昧

차세대문화공간대전

상	수상자	작품명
최우수상	김지수	AH4U(소외계층 1인 주거공간 계획)
장려상	황진관·이석현	CULTURE FOLLOWING
장려상	김수신·김가람	현, 아름다운 공명
장려상	함민정·정혜정	한국정신문화 홍보관
특선	이소연·신지원	NON BOUNDARY SPACE
특선	류서빈·김민재·황인성	MACKENZIE MEMORIAL SPACE
특선	김우경·박희진	추억 속에서 꿈을 그리다
특선	송유민·배성일	TAKE COLOR ON OUR COLOR
특선	김루나·신은지	부용정: 연화문위에 피어난 꽃
특선	강민지	168 계단에서 기억을 그리다
입선	조광래·강동우	빛을 향한 동행
입선	임지윤·이주만	궁무
입선	신정호·안윤섭	그 순간, 시간을 거닐다

2016 한국공간디자인대전　　　　　　　　금상

이윤정, 하상식

2017 국제청소년공간대전　　　　　　　　대상

최우성, 김루나, 김진아

2018 국제청소년공간대전   특선

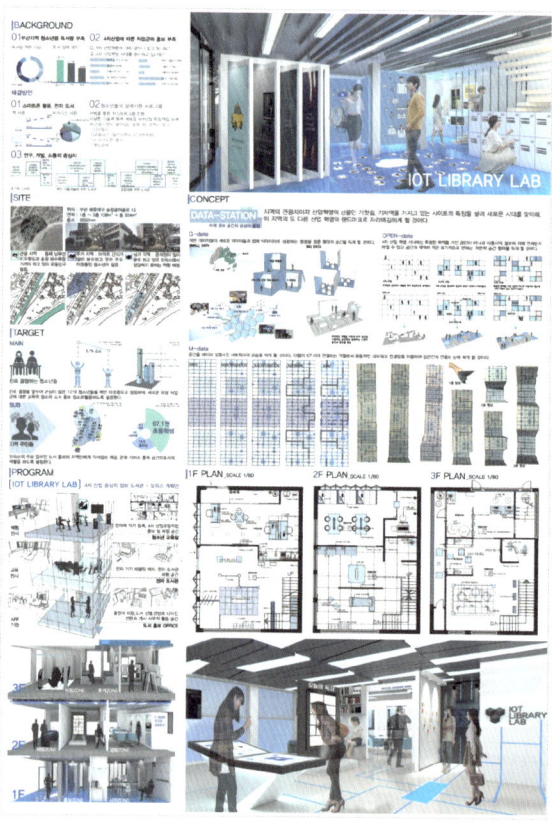

김수현, 이효중

2018 국제청소년공간대전   특선

이유진, 김지혜, 최강타

2018 한국공간디자인대전 — 우수상

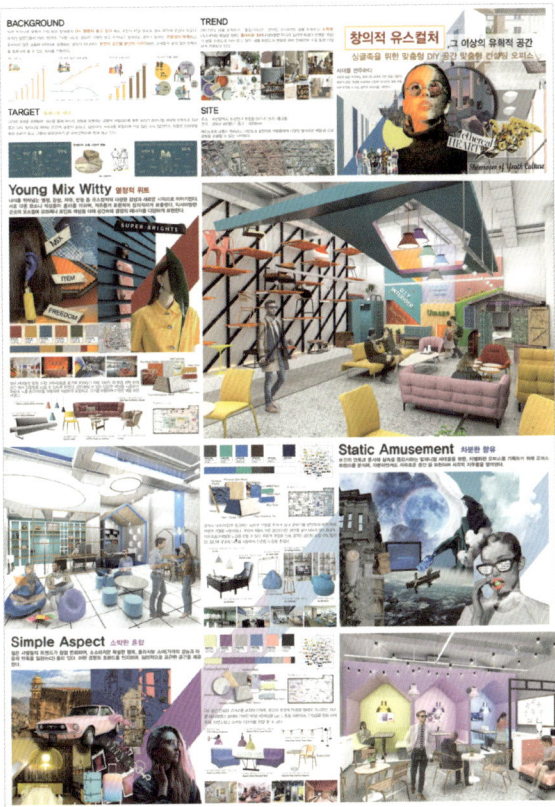

박동현, 강민지

2018 한국공간디자인대전 — 우수상

최호진, 안시현

2019 공간디자인대전 — 우수상

임대원, 조영현

2019 공간디자인대전 — 특별상

이아연

2019 공간디자인대전   특별상

정무근, 이다희

2019 제16회 부산건축제 실내건축대전   은상

박동현

2019 제16회 부산건축제 실내건축대전   특선

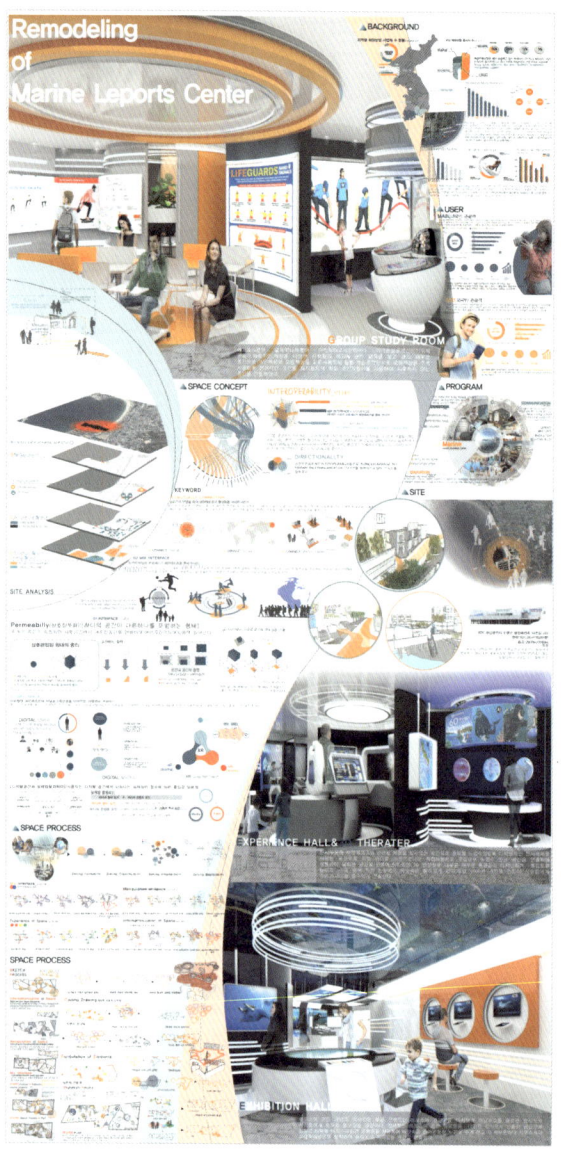

이유진

2019 제16회 부산건축제 실내건축대전   장려상

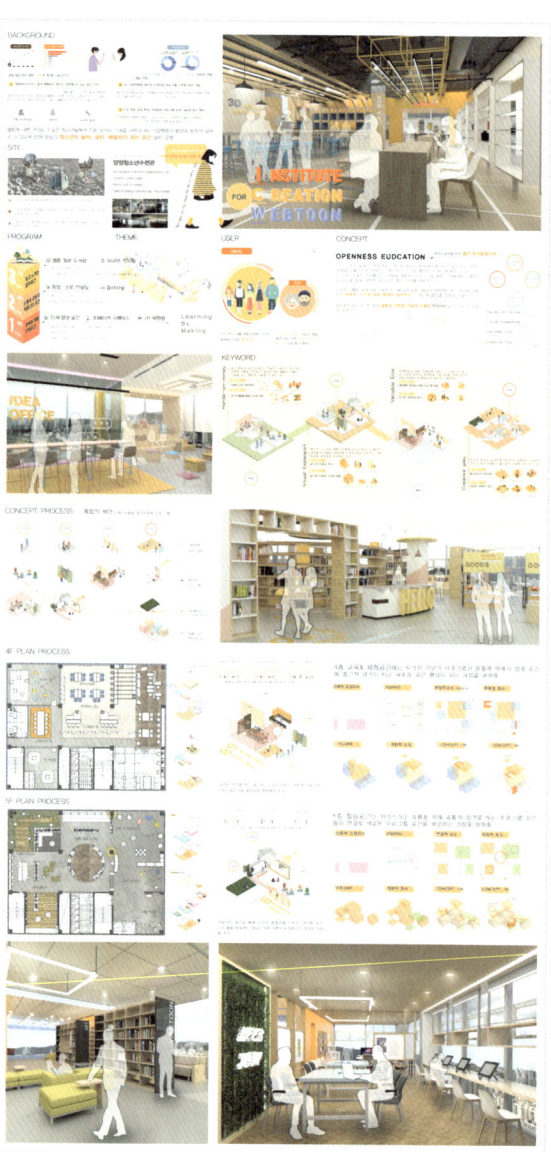

강민지, 김수현

2019 제16회 부산건축제 실내건축대전   장려상

김지혜

2019 차세대문화공간공모전   특선

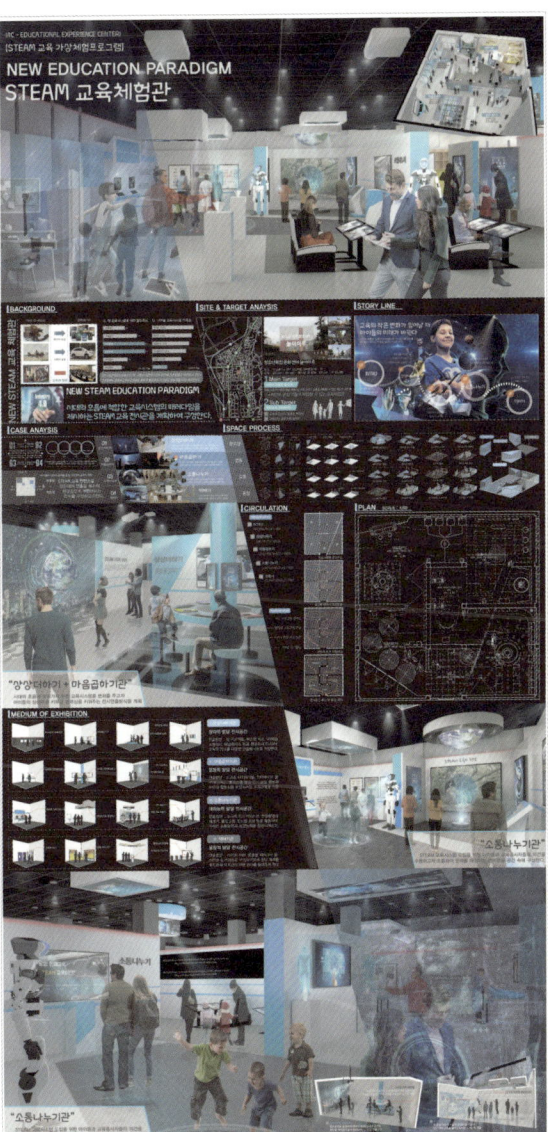

정무근, 김현근

STUDIO **702**

STUDIO **703**

박유정 | PARKYUJEONG
yujeong090@naver.com

원정은 | WON JUNG EUN
wonj3331@naver.com

곽윤호 | KWAK YOUN HO
yhkwak5409@gmail.com

나광원 | NA GWANG WON
nnn9702@naver.com

김민석 | NIM MIN SEOK
krh7456@naver.com

성민경 | SEONG MIN GYEONG
alsrud5640@naver.com

남승욱 | NAM SEUNGUK
skarkejdtood@naver.com

성종현 | SUNGJONGHYUN
tjdwhde6@naver.com

강서연 | KANG SEO YEON
peachpink622@naver.com

김도길 | KIM DO GILL
ehrlf65@naver.com

김유림 | KIM YU RIM
fncldk@naver.com

최윤록 | GHOI YOUN LOACK
chldsbfhr@naver.com

변혜림 | HYELIM BYEON
byeon0225@naver.com

정주훈 | JUNG JU HOON
goh700@naver.com

정하빈 | JEONG HA BIN
gkqls99318@gmail.com

서자은 | SEOJAEUN
seozaeun@naver.com

김민주 | KIMMINJOO
joo4800kr@naver.com

안재영 | AN JAE YOUNG
fldn0916@naver.com

백상민 | BAEK SANG MIN
qta8719@naver.com

허예솜 | HEOYESOM
ysh071102@naver.com

주소정 | JU SO JEONG
1207sojung@naver.com

김준현 | KINJOONHEYON
ekeladl13@naver.com

송도겸 | SONG DO GYEUM
thdehrua@naver.com

김성진 | KIN SUNG JIN
godwls9595@naver.com

김건훈 | KIM GEON HOON
geonhoon4665@naver.com

허준보 | HEO JUN BO
wnsqh970@naver.com

우성혜 | WOO SEONG HYE
woosh0501@gmail.com

허화영 | HEO HWA YOUNG
shabang4860@naver.com

이유미 | LEE YOU MI
youmi2358@naver.com

성형석 | SEONG HYUNG SEOK
shs8784@naver.com

김현정 | KIM HYUN JEONG
stacienala@naver.com

송영진 | SONG YOUNG JIN
thddudwls524@naver.com

임헌택 | IM HUN TACK
gisxor@naver.com

황정욱 | HWANG JEONG WOOK
hjwook0305@naver.com

제 17회 졸업작품전 지도교수

702　STUDIO　　- 최준혁 교수님

703　STUDIO　　- 이승헌 교수님

제 17회 졸업작품전 준비위원회

졸업작품전 총괄지도　- 이승헌 교수님

졸업작품준비 위원장　- 정주훈

총무　　　　　　　　- 서자은

전시기획부　　　　　- 나광원, 황정욱

편집부　　　　　　　- 원정은, 성민경

행사　　　　　　　　- 송도겸, 우성혜

웹디자인　　　　　　- 백상민, 허화영

from concept to results
동명대학교 건축·디자인대학 실내건축학과 제17회 졸업작품집

발 행 일　|　2021. 11. 15
발 행 처　|　동명대학교 건축·디자인대학 실내건축학과
지도교수　|　이권영, 이진욱, 최준혁, 이승헌, 이은정

펴 낸 이　|　강찬석
펴 낸 곳　|　도서출판 미세움
등　　록　|　제313-2007-000133호
I S B N　|　979-11-88602-45-2　　93630
정　　가　|　20,000원